全国中医药行业高等教育"十四五"规划教材

全国高等中医药院校规划教材（第十一版）

药用植物学

（新世纪第五版）

（供中药学、中药资源与开发、中草药栽培与鉴定、药学等专业用）

主 编 刘春生 谷 巍

U0364463

中国中医药出版社

·北 京·

图书在版编目（CIP）数据

药用植物学 / 刘春生，谷巍主编 . —5 版 . —北京：
中国中医药出版社，2021.6（2024.5重印）
全国中医药行业高等教育"十四五"规划教材
ISBN 978-7-5132-6861-5

Ⅰ . ①药… Ⅱ . ①刘… ②谷… Ⅲ . ①药用植物学—
中医学院—教材 Ⅳ . ① Q949.95

中国版本图书馆 CIP 数据核字（2021）第 053593 号

融合出版数字化资源服务说明

全国中医药行业高等教育"十四五"规划教材为融合教材，各教材相关数字化资源（电子教材、PPT 课件、视频、复习思考题等）在全国中医药行业教育云平台"医开讲"发布。

资源访问说明

扫描右方二维码下载"医开讲 APP"或到"医开讲网站"（网址：www.e-lesson.cn）注册登录，输入封底"序列号"进行账号绑定后即可访问相关数字化资源（注意：序列号只可绑定一个账号，为避免不必要的损失，请您刮开序列号立即进行账号绑定激活）。

资源下载说明

本书有配套 PPT 课件，供教师下载使用，请到"医开讲网站"（网址：www.e-lesson.cn）认证教师身份后，搜索书名进入具体图书页面实现下载。

中国中医药出版社出版

北京经济技术开发区科创十三街 31 号院二区 8 号楼
邮政编码　100176
传真　010-64405721
三河市同力彩印有限公司印刷
各地新华书店经销

开本 889×1194　1/16　印张 20　字数 533 千字
2021 年 6 月第 5 版　2024 年 5月第 5 次印刷
书号　ISBN 978-7-5132-6861-5

定价　85.00 元
网址　www.cptcm.com

服 务 热 线　010-64405510　微信服务号　zgzyycbs
购 书 热 线　010-89535836　微商城网址　https://kdt.im/LIdUGr
维 权 打 假　010-64405753　天猫旗舰店网址　https://zgzyycbs.tmall.com

如有印装质量问题请与本社出版部联系（010-64405510）
版权专有　侵权必究

全国中医药行业高等教育"十四五"规划教材
全国高等中医药院校规划教材（第十一版）

《药用植物学》
编 委 会

全国中医药行业高等教育"十四五"规划教材
全国高等中医药院校规划教材（第十一版）

专家指导委员会

名誉主任委员

余艳红（国家卫生健康委员会党组成员，国家中医药管理局党组书记、局长）

王永炎（中国中医科学院名誉院长、中国工程院院士）

陈可冀（中国中医科学院研究员、中国科学院院士、国医大师）

主任委员

张伯礼（天津中医药大学教授、中国工程院院士、国医大师）

秦怀金（国家中医药管理局副局长、党组成员）

副主任委员

王　琦（北京中医药大学教授、中国工程院院士、国医大师）

黄璐琦（中国中医科学院院长、中国工程院院士）

严世芸（上海中医药大学教授、国医大师）

高　斌（教育部高等教育司副司长）

陆建伟（国家中医药管理局人事教育司司长）

委　员（以姓氏笔画为序）

丁中涛（云南中医药大学校长）

王　伟（广州中医药大学校长）

王东生（中南大学中西医结合研究所所长）

王维民（北京大学医学部副主任、教育部临床医学专业认证工作委员会主任委员）

王耀献（河南中医药大学校长）

牛　阳（宁夏医科大学党委副书记）

方祝元（江苏省中医院党委书记）

石学敏（天津中医药大学教授、中国工程院院士）

田金洲（北京中医药大学教授、中国工程院院士）

仝小林（中国中医科学院研究员、中国科学院院士）

宁　光（上海交通大学医学院附属瑞金医院院长、中国工程院院士）

匡海学（黑龙江中医药大学教授、教育部高等学校中药学类专业教学指导委员会主任委员）

吕志平（南方医科大学教授、全国名中医）

吕晓东（辽宁中医药大学党委书记）

朱卫丰（江西中医药大学校长）

朱兆云（云南中医药大学教授、中国工程院院士）

刘　良（广州中医药大学教授、中国工程院院士）

刘松林（湖北中医药大学校长）

刘叔文（南方医科大学副校长）

刘清泉（首都医科大学附属北京中医医院院长）

李可建（山东中医药大学校长）

李灿东（福建中医药大学校长）

杨　柱（贵州中医药大学党委书记）

杨晓航（陕西中医药大学校长）

肖　伟（南京中医药大学教授、中国工程院院士）

吴以岭（河北中医药大学名誉校长、中国工程院院士）

余曙光（成都中医药大学校长）

谷晓红（北京中医药大学教授、教育部高等学校中医学类专业教学指导委员会主任委员）

冷向阳（长春中医药大学校长）

张忠德（广东省中医院院长）

陆付耳（华中科技大学同济医学院教授）

阿吉艾克拜尔·艾萨（新疆医科大学校长）

陈　忠（浙江中医药大学校长）

陈凯先（中国科学院上海药物研究所研究员、中国科学院院士）

陈香美（解放军总医院教授、中国工程院院士）

易刚强（湖南中医药大学校长）

季　光（上海中医药大学校长）

周建军（重庆中医药学院院长）

赵继荣（甘肃中医药大学校长）

郝慧琴（山西中医药大学党委书记）

胡　刚（江苏省政协副主席、南京中医药大学教授）

侯卫伟（中国中医药出版社有限公司董事长）

姚　春（广西中医药大学校长）

徐安龙（北京中医药大学校长、教育部高等学校中西医结合类专业教学指导委员会主任委员）

高秀梅（天津中医药大学校长）

高维娟（河北中医药大学校长）

郭宏伟（黑龙江中医药大学校长）

唐志书（中国中医科学院副院长、研究生院院长）

彭代银（安徽中医药大学校长）

董竞成（复旦大学中西医结合研究院院长）

韩晶岩（北京大学医学部基础医学院中西医结合教研室主任）

程海波（南京中医药大学校长）

鲁海文（内蒙古医科大学副校长）

翟理祥（广东药科大学校长）

秘书长（兼）

陆建伟（国家中医药管理局人事教育司司长）

侯卫伟（中国中医药出版社有限公司董事长）

办公室主任

周景玉（国家中医药管理局人事教育司副司长）

李秀明（中国中医药出版社有限公司总编辑）

办公室成员

陈令轩（国家中医药管理局人事教育司综合协调处处长）

李占永（中国中医药出版社有限公司副总编辑）

张岠宇（中国中医药出版社有限公司副总经理）

芮立新（中国中医药出版社有限公司副总编辑）

沈承玲（中国中医药出版社有限公司教材中心主任）

编审专家组

全国中医药行业高等教育"十四五"规划教材
全国高等中医药院校规划教材（第十一版）

组　长

余艳红（国家卫生健康委员会党组成员，国家中医药管理局党组书记、局长）

副组长

张伯礼（天津中医药大学教授、中国工程院院士、国医大师）

秦怀金（国家中医药管理局副局长、党组成员）

组　员

陆建伟（国家中医药管理局人事教育司司长）

严世芸（上海中医药大学教授、国医大师）

吴勉华（南京中医药大学教授）

匡海学（黑龙江中医药大学教授）

刘红宁（江西中医药大学教授）

翟双庆（北京中医药大学教授）

胡鸿毅（上海中医药大学教授）

余曙光（成都中医药大学教授）

周桂桐（天津中医药大学教授）

石　岩（辽宁中医药大学教授）

黄必胜（湖北中医药大学教授）

前　言

为全面贯彻《中共中央 国务院关于促进中医药传承创新发展的意见》和全国中医药大会精神，落实《国务院办公厅关于加快医学教育创新发展的指导意见》《教育部 国家卫生健康委 国家中医药管理局关于深化医教协同进一步推动中医药教育改革与高质量发展的实施意见》，紧密对接新医科建设对中医药教育改革的新要求和中医药传承创新发展对人才培养的新需求，国家中医药管理局教材办公室（以下简称"教材办"）、中国中医药出版社在国家中医药管理局领导下，在教育部高等学校中医学类、中药学类、中西医结合类专业教学指导委员会及全国中医药行业高等教育规划教材专家指导委员会指导下，对全国中医药行业高等教育"十三五"规划教材进行综合评价，研究制定《全国中医药行业高等教育"十四五"规划教材建设方案》，并全面组织实施。鉴于全国中医药行业主管部门主持编写的全国高等中医药院校规划教材目前已出版十版，为体现其系统性和传承性，本套教材称为第十一版。

本套教材建设，坚持问题导向、目标导向、需求导向，结合"十三五"规划教材综合评价中发现的问题和收集的意见建议，对教材建设知识体系、结构安排等进行系统整体优化，进一步加强顶层设计和组织管理，坚持立德树人根本任务，力求构建适应中医药教育教学改革需求的教材体系，更好地服务院校人才培养和学科专业建设，促进中医药教育创新发展。

本套教材建设过程中，教材办聘请中医学、中药学、针灸推拿学三个专业的权威专家组成编审专家组，参与主编确定，提出指导意见，审查编写质量。特别是对核心示范教材建设加强了组织管理，成立了专门评价专家组，全程指导教材建设，确保教材质量。

本套教材具有以下特点：

1.坚持立德树人，融入课程思政内容

将党的二十大精神进教材，把立德树人贯穿教材建设全过程、各方面，体现课程思政建设新要求，发挥中医药文化育人优势，促进中医药人文教育与专业教育有机融合，指导学生树立正确世界观、人生观、价值观，帮助学生立大志、明大德、成大才、担大任，坚定信念信心，努力成为堪当民族复兴重任的时代新人。

2.优化知识结构，强化中医思维培养

在"十三五"规划教材知识架构基础上，进一步整合优化学科知识结构体系，减少不同学科教材间相同知识内容交叉重复，增强教材知识结构的系统性、完整性。强化中医思维培养，突出中医思维在教材编写中的主导作用，注重中医经典内容编写，在《内经》《伤寒论》等经典课程中更加突出重点，同时更加强化经典与临床的融合，增强中医经典的临床运用，帮助学生筑牢中医经典基础，逐步形成中医思维。

3.突出"三基五性"，注重内容严谨准确

坚持"以本为本"，更加突出教材的"三基五性"，即基本知识、基本理论、基本技能，思想性、科学性、先进性、启发性、适用性。注重名词术语统一，概念准确，表述科学严谨，知识点结合完备，内容精炼完整。教材编写综合考虑学科的分化、交叉，既充分体现不同学科自身特点，又注意各学科之间的有机衔接；注重理论与临床实践结合，与医师规范化培训、医师资格考试接轨。

4.强化精品意识，建设行业示范教材

遴选行业权威专家，吸纳一线优秀教师，组建经验丰富、专业精湛、治学严谨、作风扎实的高水平编写团队，将精品意识和质量意识贯穿教材建设始终，严格编审把关，确保教材编写质量。特别是对32门核心示范教材建设，更加强调知识体系架构建设，紧密结合国家精品课程、一流学科、一流专业建设，提高编写标准和要求，着力推出一批高质量的核心示范教材。

5.加强数字化建设，丰富拓展教材内容

为适应新型出版业态，充分借助现代信息技术，在纸质教材基础上，强化数字化教材开发建设，对全国中医药行业教育云平台"医开讲"进行了升级改造，融入了更多更实用的数字化教学素材，如精品视频、复习思考题、AR/VR等，对纸质教材内容进行拓展和延伸，更好地服务教师线上教学和学生线下自主学习，满足中医药教育教学需要。

本套教材的建设，凝聚了全国中医药行业高等教育工作者的集体智慧，体现了中医药行业齐心协力、求真务实、精益求精的工作作风，谨此向有关单位和个人致以衷心的感谢！

尽管所有组织者与编写者竭尽心智，精益求精，本套教材仍有进一步提升空间，敬请广大师生提出宝贵意见和建议，以便不断修订完善。

国家中医药管理局教材办公室

中国中医药出版社有限公司

2023年6月

编写说明

　　本教材是根据国务院《中医药健康服务发展规划（2015—2020 年）》的精神，在国家中医药管理局教材办公室宏观指导下，以全面提高中医药人才的培养质量、积极与实践接轨为目标，依据中医药行业人才培养规律和实际需求，由国家中医药管理局教材办公室组织建设，旨在体现近年来高等中医药教育教学改革和科研成果，全面推进素质教育。

　　药用植物学是中药学与植物学的交叉学科。药用植物学时刻关注中药生产和科研中产生的新问题，不断吸收植物学研究的新成果，为解决中药学科新问题提供新的理论、知识和技术。目前，药用植物学已经形成了以药用植物形态构造为基础和分类鉴定为核心，以药用植物生长发育、品质形成和新资源开发为特色的综合性学科。

　　本版教材遵循国家"十四五"规划教材编写的指导思想，密切结合中药生产和科研实践，吸收"十三五"教材的长处，具有以下特色：

　　1. 重视调查研究，贴近教学实际　在本版教材编写之前，在全国各中医院校药用植物学专任教师范围内进行调研。依据调研结果，根据大多数院校的教学内容，重新梳理了植物形态构造部分的知识体系；重新划分了重点掌握的科、熟悉的科和一般了解的科，增加了重点科花和 / 或果实的解剖图。

　　2. 突出中药特色，凸显中医思维　本版教材以药用植物形态、构造和分类知识为核心，以药用植物生长发育、药用植物品质形成及药用植物新资源为特色，为学生从事中药资源和中药鉴定相关工作奠定基础。在分类鉴定部分突出《中国药典》收载的物种，通过学习，使学生对我国中药基原植物有更清晰的认识；重新梳理了药用植物生长发育、品质形成和新资源的知识体系（第八、九、十章），更加突出服务中药材生产和质量的特色内容。

　　3. 展示彩色图片，提升教材可读性　本版教材在强调科学性、先进性的基础上，突出了教材的可读性。选用大量药用植物彩色图片，不仅清晰显示药用植物的特征，还能使学生在学习药用植物学时，欣赏精美的药用植物图片，提高美学素质。

　　4. 立足中国，放眼世界药用植物　教材收入的药用植物以《中国药典》2020 年版收载的药材和饮片原植物为主。名称以黑体、药材名称以蓝色显示者为《中国药典》2020 年版正文收载的药材和饮片的原植物，药用部位后括号内为药材名；以正文颜色字体显示并有药材名者，为《中国药典》2020 年版成方制剂中收载的药材和饮片的原植物；以正文颜色字体显示而没有药材名者，为《中国药典》2020 年版未收载但各地常用的药用植物。本版教材还收载了国外常用药用植物，主要包括美国 FDA 批准的常用膳食补充剂原植物，如卡瓦胡椒、玛咖和北美黄连等，以扩大学生的国际视野。

　　5. 规范药用植物学名，搭建中药学和植物学桥梁　对收录的药用植物学名进行了逐一核对，特别是将命名人的缩写按现行标准进行了统一，对《中国药典》里明显错误的学名进行了修改。对《中国药典》2020 年版所用学名与《中国植物志》英文版等文献新接受学名不一致者，在附录二里列出。

本版教材由刘春生、谷巍主编。具体编写分工：主编刘春生负责教材内容的整体设计，并撰写了绪论。主编谷巍领衔，田方老师协助，组织俞冰、许亮、纪宝玉、汪文杰、宋军娜老师负责形态构造部分的梳理和修订。副主编晁志领衔，童毅老师协助，组织张磊、齐伟辰、徐海燕、严寒静、郭敏、张新慧、索郎拉宗、付利娟、白吉庆老师负责分类鉴定部分的梳理和修订。副主编彭华胜领衔，刘长利老师协助，组织朱芸、张传领老师负责药用植物的生长发育、品质的形成、新资源和分类鉴定概述的梳理和修订。副主编王光志领衔，樊锐锋老师协助，组织张坚、李宏哲老师负责全书彩图和花解剖图的设计。副主编杨成梓领衔，崔治家老师协助，负责多媒体和电子教材设计。副主编葛菲领衔，樊杰老师协助，对本版教材草稿进行审读，形成初稿，初稿完成后，周日宝副主编，江维克、郭庆梅、石晋丽老师对教材进行了再次审读修改，最后由主编定稿。

本书在编写过程中得到中国工程院肖培根院士、南京中医药大学谈献和教授的指导，此外药用植物学同行也无私提供了部分优质彩色照片，在此一并表示谢意。

尽管所有组织者、编写者竭尽心智，精益求精，本版教材仍难免有不足之处，恳请广大师生在使用过程中提出宝贵意见，以便再版时修订提高。

《药用植物学》编委会

2021 年 5 月

目 录

扫一扫，查阅
本书数字资源

绪　论

　　我国中医学历史悠久，所用药材来源复杂。《中国药典》（2020年版）收载药用植物620种（包括种下等级），分属于150科；据20世纪80年代开展的第3次全国中药资源调查数据统计，我国有药用植物11146种（包括种下等级），分属于383科。药用植物是中药资源的主体，约占中药资源总数的87%。除我国传统医学外，印度医学、希腊–阿拉伯医学、非洲和拉美的传统医学、北欧和澳大利亚原住民也使用药用植物防病治病。

一、药用植物及药用植物学的概念

　　药用植物（medicinal plant）是能够调整人体机能、治疗疾病的所有植物的总称，包括我国的中药植物、民族药植物、民间药植物、药食两用植物和国外药用植物等。

　　药用植物学（pharmaceutical botany）是研究药用植物形态构造、分类鉴定、生长发育、品质形成及新资源的一门学科。药用植物学的内涵随着中药生产实践和科研创新的需求不断调整。

二、药用植物学的形成和发展

（一）药用植物学的萌芽时期

　　药用植物学的萌芽时期指采取定性、类比方法对药用植物进行描述，用人为方法对药用植物进行分类的时期。我国最早的药物学专著《神农本草经》将药物分为上、中、下三品。《名医别录》载："人参生上党山谷及辽东。"梁代陶弘景在《本草经集注》中描述白术："白术叶大有毛而作桠……赤术叶细无桠。"唐代陈藏器在《本草拾遗》中描述石松："生天台山石上，似松，高一二尺。"宋代苏颂在《本草图经》中描述黄芪："独茎或作丛生，枝干去地二三寸。其叶扶疏作羊齿状，又如蒺藜苗。七月中开黄紫花。其实作荚子，长寸许。"明代李时珍在《本草纲目》中对药用植物进行了更为详细的描述，如丹参"一枝五叶，叶如野苏而尖，青色皱毛，小花成穗如蛾形，中有细子，其根皮丹而肉紫"，李时珍还以"物以类从，目随纲举"为原则，以部为"纲"，以类为"目"，将药物分为16部60类，将药用植物归属为草、谷、菜、果、木五部。人类在采集药用植物的过程中，积累了丰富的认、采经验，但相关知识零散记载于历代本草文献中，没有形成专门的知识体系。该时期重要的本草文献有《神农本草经》《名医别录》《本草经集注》《新修本草》《本草图经》《证类本草》《本草衍义》《本草品汇精要》《本草蒙筌》《本草纲目》《植物名实图考》等著作。

（二）药用植物品种整理和资源调查时期

　　"丸散膏丹，神仙难辨"，中药基原不清、鉴定困难一直是中药学科面临的核心问题之一。植物学传入中国后，以药用植物为研究对象，以植物形态学、植物分类学和植物解剖学知识为基础，以药用植物分类鉴定为主要目的，产生了药用植物学。在这一时期，人们利用植物形态学、植物分类学、植物解剖学知识研究药用植物，如采用植物学名词术语对药用植物进行规范化描述，采用植物分类系统对药用植物进行分类，采用拉丁学名对药用植物进行命名，采用显微技术对药用植物内部构造进行描述。这一时期，人们对药用植物的认识产生了质的飞跃，形成了为中药品种整理和中药资源调查提供技术支撑的药用植物学发展阶段。

在这一时期，我国药用植物学取得了很大的成绩。首先，药用植物学高等教育走入正轨。1974年上海人民出版社出版了第一部供中医药院校使用的《药用植物学》教材。2003年中国中医药出版社出版了第一部全国中医药行业高等教育规划教材《药用植物学》，简称"十五"行业规划教材，其后又相继出版了全国中医药行业高等教育"十一五""十二五""十三五"规划教材《药用植物学》。另外，药用植物学科研也取得了巨大成绩。1955～1965年出版了《中国药用植物志》（共8册），1985年出版了第9册，共收载450种药用植物；1959～1961年出版了《中药志》，收载药用植物2100余种，并于1982～1994年进行了修订；1976年、1978年出版了《全国中草药汇编》（上、下册）及彩色图谱，其中正文收载植物药2074种，附录中收载植物药1514种，2014年对其进行修订后，内容更加完善；1977年出版了《中药大辞典》（上、下册），收载植物药4773种；1999年出版了《中华本草》等，都是药用植物科研成果的体现。

（三）药用植物栽培时期

由于中药材用量不断增加，野生药用植物资源不能满足市场需求，中药资源短缺现象越来越严重。1998年国家食品药品监督局开始中药材GAP认证，中药栽培产业迅速发展，彻底改变了中药材的生产方式，大多数中药商品已经从野生资源逐渐发展到栽培资源，这种中药材生产方式的变革对药用植物学产生了巨大的影响。

在中药栽培的科研和生产实践中，产量和质量一直是产业关注的热点，为达到高产优质的目标，中药栽培的基础知识，如植物生理学、植物生态学、分子生物学等学科的方法技术通过学科交叉逐渐引入药用植物学，成为研究药用植物产量提升和品质形成的重要工具，形成药用植物学新的学科生长点，药用植物学进入一个新的发展阶段。

三、药用植物学的性质和任务

（一）药用植物学的性质

药用植物学是中药学和药学专业的一门专业基础课，凡涉及植物类中药或天然药物的品种、资源、质量的学科均与药用植物学有着密不可分的关系。药用植物学是正确理解中药功效的基础，是学习中药鉴定学、生药学、中药资源学、中药栽培学、中药化学和天然药物化学的基础，不掌握药用植物学的理论、知识和技能就不能很好地学习这些课程。

（二）药用植物学的任务

1. 掌握药用植物形态、构造和分类鉴定　植物形态是学习中药性状鉴定的基础；植物显微构造是学习中药显微鉴定的基础。植物分类鉴定是进行中药品种整理、中药资源调查、保证中药真实性的重要工具。不掌握植物形态知识，学习中药性状鉴定就成为无本之木；不掌握植物的显微构造知识，就不能学好中药显微鉴定；没有扎实的植物分类鉴定功底，就不能正确进行中药品种整理、资源调查及真伪鉴定。因此，掌握药用植物形态构造及分类鉴定知识和技能是药用植物学的核心任务。

2. 研究药用植物的种质资源评价和种子种苗鉴定 药用植物种质资源评价、种子种苗鉴定是药用植物传统分类鉴定的延伸。随着中药栽培产业的发展，种质资源评价成为新品种选育的关键，中药种业逐渐成为产业关注的新热点。目前 DNA 条形码等分子生物学技术在植物分类学领域的应用迅速发展，以经典植物分类学方法为基础，结合现代分子生物学技术，使植物分类学家们对植物的系统进化及物种形成机制认识更加深入，分类鉴定结果更为客观，以分子证据为主建立的 APG 系统已经成为最受人关注的被子植物分类系统。在以 DNA 条形码对物种进行评价的基础上，特异引物 PCR 技术、PCR-RFLP 技术及 DNA 条形码技术已被引入《中国药典》用于中药鉴定，分子生物学技术也成为研究药用植物种质资源评价和种子种苗鉴定的新技术，成为药用植物学的新任务。

3. 研究药用植物的生长发育 药用植物的生长发育和药材产量具有密切关系，在药用植物生长发育过程中，植物激素具有重要的调控作用，在阐明植物激素和植物生长发育关系的基础上，植物生长调节剂在中药栽培中的应用越来越广泛，但滥用植物生长调节剂又可能导致中药品质下降，还可能导致人们对中药安全性的疑虑，因此，研究药材的生长发育规律，研究植物生长调节剂对产量、质量和安全性的影响也成为药用植物学的新任务。

4. 研究药用植物的品质形成 药用植物品质形成包括优形、优质和优效等指标。药用植物有效成分的形成是药用植物通过体内一系列酶促反应，逐步合成药用植物有效成分的过程。解析药用植物有效成分的生物合成途径是揭示药用植物质量形成机制的基础，已经成为药用植物学科研最具活力的前沿；药用植物有效成分与物种、地理分布、生态环境、生长年限和生长部位密切相关。探寻药用植物优形、优质、优效等品质形成规律，为优质中药材生产奠定基础，是药用植物学另一个新任务。

5. 研究药用植物的新资源 自《神农本草经》始，药用植物的种类在传承中不断创新，在稳定中不断变化，药用植物新资源是中药品种创新的主要来源。利用我国历代本草文献、民族药和民间用药经验、外国药用植物用药经验及植物亲缘关系挖掘药用植物新资源是药用植物学的任务之一。我国学者获得 2015 年诺贝尔奖的青蒿素研究就是从本草文献中挖掘药用植物新资源的成功案例，研究者受《肘后备急方》中"青蒿一握，以水二升，渍，绞取汁，尽服之"的启发，发现青蒿低温提取物具有显著的抗疟原虫活性，这是青蒿素研究取得突破的一个重要事件，青蒿素研究中另一个突破性事件是通过本草考证发现历代使用的青蒿基原的主流品种为植物黄花蒿，而不是青蒿，为中药青蒿的药理、化学研究提供了准确的实验材料。如果没有青蒿药材基原的准确辨识，没有对青蒿本草文献用药经验的重视，青蒿素的发现可能还要走更长的路。再如，灯盏细辛治疗中风偏瘫是利用民族药知识挖掘药用植物新资源的典型案例，翻白草降血糖是利用民间用药经验挖掘药用植物新资源的典型案例，红豆杉抗肿瘤、萝芙木降血压是利用药用植物的亲缘关系挖掘药用植物新资源的成功案例，玛咖是利用国外用药经验挖掘药用植物新资源的成功案例。

四、药用植物学的思维方法和学习方法

（一）药用植物学的学习方法

1. 仔细观察，相互参比，掌握药用植物学概念 药用植物学的概念术语较多，学习者可通过仔细观察熟悉的蔬菜、花卉和园林植物，通过相关特征，在比较基础上，掌握药用植物概念。

2. 纵横联系，系统比较，掌握药用植物学知识　药用植物分类知识具有较强的系统性、相似性、关联性，学习者应通过比较相似的科、属和种的异同，快速掌握其特征。

3. 重视实验，注重实践，掌握药用植物学技能　课程实验是学习药用植物学的基本保障，植物园和自然环境是学习药用植物学的重要阵地，采药实习是本课程独具特色的综合训练教学环节。学习者应重视实验课的技能训练，经常到植物园和自然环境观察，到采药基地反复实践，快速掌握药用植物学的知识和技能。

（二）药用植物学的思维方法

1. 利用亲缘关系思考　通过药用植物学的学习，我们掌握了药用植物的亲缘关系，在辨状定种的基础上，首先考虑它有哪些近缘植物，然后思考这些近缘植物对中药鉴定和临床疗效的影响。通过亲缘关系的相互联系认识药用植物，是药用植物学最具特色的思维方法。

2. 利用归纳法总结　根据低级分类单位特征归纳出更高级分类单位的特征，如根据种的特征归纳出属特征，根据属特征归纳出科特征。归纳法能够使我们更快地掌握科（属）特征，是药用植物学常用的高效学习方法。

3. 利用演绎法推理　根据科（属）的共性特征能够预测其中某个药用植物的特征，当我们知道某药用植物的科（属）后，就能根据科（属）的共性特征预测该药用植物的特征。演绎法使我们能够更精准地预测某个药用植物的特征，是药用植物学常用的推理方法。

五、药用植物学课程思政

1. 发扬"神农尝百草"精神，培养创新意识　新鲜采集的药用植物称为鲜药，是最原始的中药使用形式。我国劳动人民通过"神农尝百草"实践，发现鲜药功能，然后逐渐演化成目前的中药功效。学习药用植物学，要发扬"神农尝百草"的创新精神，认真领会《实践论》的光辉思想，积极参与药用植物生产实践和科研实践，在实践中发现问题，培养分析问题、解决问题的能力，培养创新意识和创新技能。

2. 思考药用植物特征，培养积极人生观　有些药用植物在逆境中，可以通过器官变态更好地适应环境，有些药用植物在逆境中能形成更优质的药材。通过药用植物学的学习，探讨药用植物生长生存和演化规律，培养"变则通，通则达，达则兼济天下"的精神，培养"艰难困苦，玉汝于成"的意识，形成面对逆境，百折不挠的积极人生观。

3. 讨论药用植物学名，激发爱国热情　每一种药用植物的植物学名命名人是这个植物的发现者或合格发表者，通过对药用植物命名人的讨论，了解我国植物的采集和发现历史，使同学们了解，只有国家富强，才有科学的春天，鼓励同学们热爱科学，积极投身解决我国中药"卡脖子"问题的科研队伍，激发同学们投入为人民谋幸福、为民族谋复兴的伟大事业。

4. 通过采药实习，提高综合素质　采药实习是药用植物学最有特色的教学环节，在教学过程中，首先要学习药用植物分类鉴定技能，其次，通过欣赏美丽的药用植物，提高美学欣赏水平；通过艰苦的爬山、采药活动，提高劳动技能和劳动意识；通过观察植物特征、查阅检索表、压制标本，培养分工协作和奋斗精神；各个学校还可深入挖掘实习基地的红色基因，进行思政教育。

5. 观察药用植物，培养"和"的处事态度　野生状态下的药用植物常和其他植物伴生，和谐共处，病虫害也少有发生，我们在工作生活中也要学会和持不同意见的人共处，取长补短，共同为中药事业做贡献。

植物的细胞

植物细胞（cell）是构成植物体形态结构和生命活动的基本单位。单细胞植物是在一个细胞内完成一切生命活动；多细胞植物则由许多形态和功能不同的细胞组成，细胞间相互依存，彼此协作，共同完成复杂的生命活动。

第一节　植物细胞的形状和大小

一、植物细胞的形状

植物细胞形状多样，随植物种类和存在部位、机能不同而异，有球形、类球形、纺锤形、多面体状或圆柱状等多种。单细胞植物体或排列松散的细胞常呈类圆形、椭圆形和球形；紧密排列的细胞呈多面体形等；具有支持作用的细胞呈纺锤形、圆柱形、不规则形等，细胞壁常增厚；具有输导作用的细胞则多呈长管状。

二、植物细胞的大小

植物细胞大小有差异，一般细胞直径在 10 ~ 100μm。一些特殊的细胞如部分细菌、支原体（mycoplasma）细胞直径只有 0.1μm；有些植物的贮藏组织细胞直径可达 1mm（1mm=1000μm）；苎麻纤维一般长达 200mm，有的甚至可达 550mm；最长的细胞是无节乳汁管，长达数米至数十米不等。

观察植物细胞常借助显微镜。光学显微镜的分辨极限不小于 0.2μm，有效放大倍数一般不超过 1200 倍。用电子显微镜可观察更细微的结构，其有效放大倍数可超过 100 万倍。用光学显微镜观察到的细胞构造称为显微结构（microscopic structure），在电子显微镜下观察到的结构称为超微结构（ultramicroscopic structure）或称为亚显微结构（submicroscopic structure）。

第二节　植物细胞的基本结构

不同的植物细胞形状和构造亦不相同，同一个细胞在不同的发育阶段，其构造也不一样，在 1 个细胞内不可能同时看到植物细胞的全部构造。为了便于学习和掌握细胞的构造，将各种细胞的主要细胞器、后含物等集中在 1 个细胞里加以说明，这个细胞称为典型的植物细胞或模式植物细胞（图 1-1）。

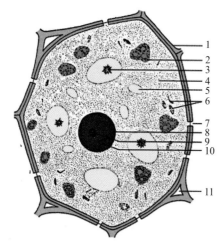

图 1-1　典型的植物细胞构造

1.细胞壁；2.具同化淀粉的叶绿体；3.晶体；
4.细胞质；5.液泡；6.线粒体；7.纹孔；
8.细胞核；9.核仁；10.核质；11.细胞间隙

典型的植物细胞的基本结构外面包围着一层比较坚韧的细胞壁，其内有生命的物质总称为原生质体，主要包括细胞质、细胞核、质体、线粒体等；细胞中还含有多种非生命的物质，它们是原生质体的代谢产物，称后含物。另外，细胞内还存在一些生理活性物质，包括酶、维生素、植物激素、抗生素和植物杀菌素等。

一、原生质体

原生质体（protoplast）是细胞内有生命的物质的总称，包括细胞质、细胞核、质体、线粒体、高尔基体、核糖体、溶酶体等，是细胞的主要部分。

原生质体的构成物质基础是原生质（protoplasm）。原生质是细胞结构和生命物质的基础，化学成分十分复杂，主要成分是蛋白质、核酸（nucleic acid）、水、类脂、糖等。核酸有两类，一类是脱氧核糖核酸（deoxyribonucleic acid），简称 DNA，另一类是核糖核酸（ribonucleic acid），简称 RNA。DNA 是遗传物质，决定生物的遗传和变异；RNA 是把遗传信息从细胞核传送到细胞质中，在细胞质中指导蛋白质的合成。

原生质是一种无色半透明、具有弹性、略比水重（相对密度为 1.025 ～ 1.055）、有折光性的半流动亲水胶体（hydrophilic colloid）。原生质的化学成分在新陈代谢中不断地变化，其相对成分为水 85% ～ 90%，蛋白质 7% ～ 10%，脂类物质 1% ～ 2%，其他有机物 1% ～ 1.5%，无机物 1% ～ 1.5%。在干物质中，蛋白质是最主要的成分。

（一）细胞质

细胞质（cytoplasm）外围包被质膜，内部为半透明、半流动、无固定结构的细胞质基质，分布于细胞壁与细胞核之间，是原生质体的基本组成部分。在细胞质中分散着细胞器如细胞核、质体、线粒体和后含物等。幼嫩的植物细胞，细胞质充满整个细胞，随着细胞的生长发育和长大成熟，液泡逐渐形成和扩大，将细胞质挤到细胞的周围，紧贴着细胞壁。细胞质与细胞壁相接触的膜称为细胞质膜或质膜，与液泡相接触的膜称为液泡膜，它们控制着细胞内外水分和物质的交换。

1.质膜（细胞质膜，plasma membrane）　是指细胞质与细胞壁相接触的 1 层生物膜，在光学显微镜下不易直接识别，一般采用高渗溶液处理，产生质壁分离现象后来观察。

（1）质膜的结构：在电子显微镜下，质膜具有明显的 3 层结构，两侧呈暗带，主要成分为蛋白质；中间夹有 1 层明带，主要成分为脂类，3 层的总厚度约为 7.5nm。这种在电子显微镜下显示出具有 3 层结构成为一个单位的膜，称单位膜（unit membrane）。细胞核、叶绿体、线粒体等细胞器表面的包被膜一般都是单位膜，其厚度、结构和性质存在差异。

（2）质膜的功能

①选择透性：质膜对不同物质的通过具有选择性，它能阻止糖和可溶性蛋白质等许多有机物从细胞内渗出，同时又能使水、盐类和其他必需的营养物质从细胞外进入，从而使得细胞具有一

个合适而稳定的内环境。选择透性与质膜的分子结构密切相关，会因不同细胞、同一个细胞不同部位、膜构造的不同等而呈现差异，同时也会因植物的生长发育状况、环境条件和病虫害等的影响而发生变化。

②渗透现象：质膜的透性还表现出一种半渗透现象，由于渗透的动能，所有分子不断运动，并从高浓度区向低浓度区扩散，引起质壁分离。

③调节代谢作用：质膜通过多种途径调节细胞代谢。不同的细胞对多种介质、激素、药物等都有高度选择性。细胞膜上的特异受体蛋白质与激素、药物等结合后发生变构现象，改变了细胞膜的通透性，进而调节细胞内各种代谢活动。

④对细胞识别的作用：细胞对同种和异种细胞以及对本身和异己物质的识别过程称为细胞识别。单细胞植物及高等植物的许多重要生命活动都要依靠细胞的识别能力，细胞识别的功能是和细胞质膜分不开的，对外界因素的识别过程主要靠细胞质膜。

2. 细胞质基质（cytoplasmic matrix） 细胞质中除细胞器以外的无定形部分，称为细胞质基质。细胞质基质是一种黏稠的胶体，蛋白质含量20%～30%，细胞中的许多代谢活动都在细胞质基质中进行。此外，细胞与环境，以及各细胞器之间的物质运输、能量交换、信息传递等都要通过细胞质基质来完成。细胞质基质具有自主流动性，在光学显微镜下可以观察到的叶绿体运动，就是细胞质基质流动的结果。这种运动能促进细胞内营养物质的流动，有利于新陈代谢的进行，对于细胞的生长发育、通气和创伤的恢复都有一定的促进作用。

（二）细胞器

细胞器（organelle）是细胞质内具有一定形态结构、成分和特定功能的微小器官，也称拟器官。细胞器包括细胞核、质体、线粒体、液泡、内质网、高尔基体、核糖核蛋白体和溶酶体等（图1-2）。前四者可以在光学显微镜下观察到，其他则只能在电子显微镜下看到。

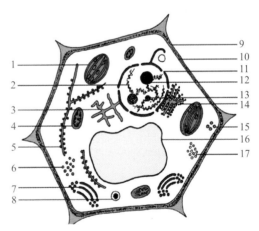

图1-2 电子显微镜下植物细胞构造
1.叶绿体；2.染色体；3.内质网（光滑的）；4.线粒体；5.核糖体；6.游离核糖体；7.高尔基体；8.微粒体；9.细胞壁；10.细胞膜；11.核孔；12.核仁；13.着丝点；14.内质网（粗糙的）；15.油滴；16.液泡；17.糖原微粒

1. 细胞核（nucleus） 除细菌和蓝藻外，所有的植物细胞都具有细胞核。高等植物的细胞中，通常1个细胞只具有1个细胞核，但一些低等植物如藻类、菌类和被子植物的乳汁管细胞以及花粉囊成熟期绒毡层具有双核或多核；维管植物的成熟筛管细胞在早期发育过程中有细胞核，细胞成熟后细胞核消失。细胞核一般呈圆球形、椭圆形、卵圆形，或稍伸长。也有细胞核呈其他形状，如某些植物花粉的营养核呈不规则的裂瓣状。细胞核的直径一般在10～20μm，大小相差很大，如一些真菌的细胞核直径只有1μm，苏铁受精卵的细胞核直径可达1mm。在幼小细胞中，细胞核位于细胞中央，随着细胞的长大和中央液泡的形成，细胞核常被挤压到细胞的一侧，常呈扁球形，或被线状的细胞质悬挂在细胞的中央。

生活细胞的细胞核具有较高的折光率，在光学显微镜下观察到其内部呈无色透明、均匀状态，比较黏滞，经过固定和染色后可以看到其复杂的内部构造。细胞核包括核膜、核仁、核液和染色质等四部分。

（1）核膜（nuclear membrane）：是位于细胞核外周将核内物质与细胞质分开的 1 层界膜。在光学显微镜下观察，核膜为 1 层薄膜；在电子显微镜下观察，核膜是双层结构膜，这两层膜都是由蛋白质和磷脂的双分子层构成，厚 4 ～ 6nm，内外两层膜之间有 1 间隙，宽约 200Å，核膜的外膜较厚，可向外延伸到细胞质中与内质网相连，内膜与染色质紧密接触。核膜上有均匀或不均匀分布的许多小孔，称为核孔（nuclear pore），直径约为 50nm，它是细胞核与细胞质进行物质交换的通道。核内的 RNA 可能通过核孔进到细胞质中，而糖类、盐类和蛋白质（组蛋白、精蛋白、核糖核酸酶等）能透过核膜进入核内。核孔的开启或关闭与植物的生理状态有着密切的关系。

（2）核仁（nucleolus）：是细胞核中折光率更强的小球状体，通常有 1 个或几个。在电子显微镜下，核仁还呈现出颗粒区、纤维区以及无定形的基质等部分。核仁主要是由蛋白质、RNA 组成，还可能有少量的类脂和 DNA。核仁在细胞分裂前期开始变形，颗粒和纤丝渐渐消失于周围的核质中，当核膜破裂进入中期，核仁也就消失，末期重新开始形成。核仁是核内 RNA（rRNA）和核糖体合成的主要场所。

（3）核液（nuclear sap）：是充满在核膜内的透明而黏滞性较大的液胶体，其中分散着核仁和染色质。核液的主要成分是蛋白质、RNA 和多种酶，这些物质保证了 DNA 的复制和 RNA 的转录。

（4）染色质（chromatin）：是分散在细胞核液中易被碱性染料（如藏花红、甲基绿）着色的物质。在细胞分裂间期的核中，染色质不明显，或者为染色深的染色质网。当细胞核进行分裂时，染色质成为螺旋状扭曲的染色质丝，进而形成棒状的染色体（chromosome）。各种植物染色体的数目、形状和大小是不相同的，但对于同一物种来说则是相对稳定不变的。染色质主要由 DNA 和蛋白质所组成，还含有 RNA。

由于细胞的遗传物质主要集中在细胞核内，所以细胞核被认为是控制细胞遗传和发育的特殊细胞器，是遗传物质存在和复制的场所，决定蛋白质的合成，控制质体、线粒体中主要酶的形成，从而控制和调节细胞的其他生理活动。细胞失去细胞核，将导致细胞死亡；同样，细胞核也不能脱离细胞质而孤立存在。

2. 质体（plastid）　质体是植物细胞特有的细胞器，与碳水化合物的合成和贮藏密切相关。质体在细胞中数目不一，由蛋白质、类脂等组成，其体积比细胞核小，但比线粒体大。质体可分为含色素和不含色素两种类型，含色素的质体有叶绿体和有色体两种，不含色素的质体有白色体（图 1-3）。

（1）叶绿体（chloroplast）：高等植物的叶绿体多为球形、卵形或透镜形的绿色颗粒状，厚度为 1 ～ 3μm，直径 4 ～ 10μm，其数量在不同细胞内可有不同，如蓖麻的叶肉细胞每平方毫米大约有 403000 颗叶绿体。低等植物中，叶绿体的形状、数目和大小随不同植物和不同细胞而不同。

在电子显微镜下，叶绿体呈现复杂的结构，外面由双层膜包被，其内部是无色的溶胶状蛋白质基质，在基质中分布着许多含有叶绿素的基粒（grana），每个基粒是由许多双层膜片围成的扁平状圆形的类囊体叠成，在基粒之间有基质片层将基粒连接起来。

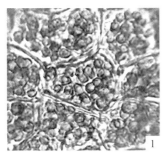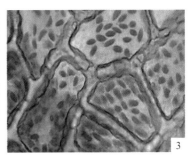

图 1-3　质体的种类

1. 叶绿体（葫芦藓，谷巍提供）；2. 白色体（紫鸭跖草，马琳提供）；3. 有色体（辣椒，谷巍提供）

叶绿体主要由蛋白质、类脂、核糖核酸和色素组成，此外还含有与光合作用有关的酶和多种维生素等。叶绿体所含的色素有叶绿素 a（chlorophyll a）、叶绿素 b（chlorophyll b）、胡萝卜素（carotin）和叶黄素（xanthophyll），均为脂溶性色素，其中叶绿素是主要的光合色素，能吸收和利用太阳光能，将从空气中吸收来的二氧化碳和根从土壤中吸收来的水分、养料合成有机物，把光能转变为化学能贮藏起来，同时放出氧气。胡萝卜素和叶黄素不能直接参与光合作用，只能把吸收的光能传递给叶绿素，起辅助光合作用的功能。因此叶绿体是进行光合作用和同化的场所。叶绿体中所含的色素以叶绿素为多，遮盖了其他色素，所以呈现绿色。

叶绿体广泛存在于绿色植物的叶、茎、花萼和果实的绿色部分，如叶肉组织、幼茎的皮层，曝光的薄壁组织和厚角组织，根一般不含叶绿体。

（2）有色体（chromoplast）：在细胞中常呈针形、圆形、杆形、多角形或不规则形状，所含色素主要是胡萝卜素和叶黄素等，使植物呈现黄色、橙红色或橙色。有色体主要存在于花、果实和根中，在蒲公英、唐菖蒲和金莲花的花瓣中，以及红辣椒、番茄的果实或胡萝卜的根中都可以看到有色体。

除了有色体，多种水溶性色素也与植物的颜色有关。应该注意有色体和色素的区别：有色体是质体，是一种细胞器，存在于细胞质中，具有一定的形状和结构，主要为黄色、橙红色或橙色；色素通常是溶解在细胞液中，呈均匀状态，主要为红色、蓝色或紫色，如花青素。

有色体对植物的生理作用还不十分清楚，现认为其存在于花部，使花呈现鲜艳色彩，有利于昆虫传粉。

（3）白色体（leucoplast）：是一类不含色素的质体，通常呈圆形、椭圆形、纺锤形或其他形状的小颗粒。多见于不曝光的器官如块根或块茎等的细胞中，也存在于曝光的器官，如鸭跖草属植物叶的表皮细胞中。白色体与积累贮藏物质有关，它包括合成淀粉的造粉体、合成蛋白质的蛋白质体和合成脂肪和脂肪油的造油体。

在电子显微镜下可观察到有色体和白色体都由双层膜包被，但内部没有发达的膜结构，不形成基粒和片层。

叶绿体、有色体和白色体都是由前质体发育分化而来的，在一定的条件下，一种质体可以转化成另一种质体。如番茄的子房是白色的，说明子房壁细胞内的质体是白色体，白色体内含有原叶绿素，当受精后的子房发育成幼果，暴露于光线中时，原叶绿素形成叶绿素，白色体转化成叶绿体，这时幼果是绿色的，果实成熟过程中又由绿变红，是因为叶绿体转化成有色体的结果。胡萝卜根露在地面经日光照射会变成绿色，这是有色体转化为叶绿体的缘故。

3. 线粒体（mitochondria）　线粒体是细胞质内呈颗粒状、棒状、丝状或分枝状的细胞器，比质体小，直径一般为 0.5～1.0μm，长 1～2μm，需要特殊的染色才能在光学显微镜下观察。

在电子显微镜下可见线粒体由内、外两层膜组成，内层膜延伸到线粒体内部折叠形成管状或隔板状突起，这种突起称嵴（cristae），嵴上附着许多酶，在两层膜之间及中心的腔内是以可溶性蛋白为主的基质。线粒体的化学成分主要是蛋白质和拟脂。研究发现，线粒体的超微结构还会随着不同生理状态而有所变化，也有学者认为嵴的数量变化常常是发生呼吸作用强弱的标志，有大量的嵴就会摄取大量的氧气。如冬小麦经过秋末低温锻炼，进入初冬时，其生长锥和幼叶细胞中的线粒体数目便有所增加，体形变大，嵴的数量也增加；但是，在不耐寒的春小麦细胞中的线粒体则不发生这些变化。又如薯类、果品等在贮藏过程中遇到冻害时，线粒体会发生很大变化。

线粒体是细胞中碳水化合物、脂肪和蛋白质等物质进行氧化（呼吸作用）的场所，在氧化过程中释放出细胞生命活动所需的能量，因此线粒体被称为细胞的"动力工厂"；此外，线粒体对物质合成、盐类的积累等起着一定的作用。

4. 液泡（vacuole）　液泡是植物细胞特有的结构。在幼小的细胞中，液泡体积小，数量多，并不明显。随着细胞的成长，许多细小的液泡逐渐变大，最后合并形成几个大型液泡或一个大的中央液泡，它可占据整个细胞体积的90%以上，而细胞质和细胞核被中央液泡推挤贴近细胞壁（图1-4）。电子显微镜观察的资料表明，在大多数情况下，液泡和内质网紧密结合在一起，形成一连续系统。

液泡外被一层膜是有生命的，称为液泡膜（tonoplast），是原生质体的组成部分之一。膜内充满细胞液（cell sap），是细胞新陈代谢过程产生的混合液，它是无生命的非原生质体的组成部分。细胞液的成分非常复杂，在不同植物、不同器官、不同组

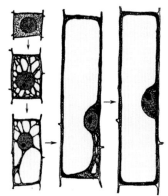

图 1-4　洋葱根尖细胞
（示液泡形成各阶段）

织中的细胞中其成分也各不相同，同时也与发育过程、环境条件等因素有关。各种细胞的细胞液可能包含的主要成分除水外，还有各种代谢物如糖类（saccharides）、盐类（salts）、生物碱（alkaloids）、苷类（glucosides）、单宁（tannin）、有机酸（organic acids）、挥发油（volatile oil）、色素（pigments）、草酸钙结晶（calcium oxalate crystal）等，其中很多化学成分具有强烈生理活性，为植物药的有效成分。

液泡膜具有特殊的选择透性。液泡的主要功能是积极参与细胞内的分解活动、调节细胞的渗透压、参与细胞内物质的积累与移动，在维持细胞质内环境的稳定上起着重要的作用。

5. 内质网（endoplasmic reticulum）　内质网是分布在细胞质中由单层膜构成的网状管道系统，管道以各种形态延伸或扩展成为管状、泡囊状或片状结构。内质网的一些分支可与细胞核的外膜相连，另一些分支则与质膜相连，形成细胞中的膜系统（membrane system）。内质网膜也穿过细胞壁连接相邻细胞的膜系统。

内质网可分两种类型：一种是膜的表面附着许多核糖核蛋白体（核糖体）的小颗粒，称粗糙内质网，主要功能是合成输出蛋白质（即分泌蛋白），产生构成新膜的脂蛋白和初级溶酶体所含的酸性磷酸酶。另一种是表面没有核糖核蛋白体的小颗粒，称光滑内质网，主要功能是多样的，如合成、运输类脂和多糖。两种内质网可以互相转化，也可同时存在于一个细胞内。

细胞中内质网数量的多少与细胞的年龄、生理状态、功能以及所处的部位和外界条件有关。在细胞成长分化过程中，内质网由少增多，同时膜表面的核蛋白体也增多；而在成熟细胞中，往往只有少量的内质网；在代谢活跃的细胞内往往有着更发达的内质网，如分泌细胞和胚乳细胞，

这些细胞对营养供应起着重要作用；当细胞受损伤的时候，内质网会大量增加。

6. 高尔基体（Golgi body） 高尔基体是高尔基于 1898 年首先在动物神经细胞中发现的，几乎所有动物和植物细胞中都普遍存在。高尔基体分布于细胞质中，主要分布在细胞核的周围或上方，由单层膜所构成的平行排列的扁平囊泡、小泡和大泡（分泌泡）组成。高尔基体的功能是合成和运输多糖，并且能够合成果胶、半纤维素和木质素，参与细胞壁的形成。高尔基体还与溶酶体的形成有关。此外，高尔基体和细胞的分泌作用也有关系，如松树的树脂道上皮细胞分泌树脂，根冠细胞分泌黏液等。

7. 核糖体（ribosome） 核糖体又称核糖核蛋白体或核蛋白体，每个细胞中核糖体可达数百万个。核糖体是细胞中的超微颗粒，通常呈球形或长圆形，直径为 10～15nm，游离在细胞质中或附着于内质网上。核糖体由 45%～65% 的蛋白质和 35%～55% 的核糖核酸组成，其中核糖核酸含量占细胞中核糖核酸总量的 85%。核糖体是蛋白质合成的场所。

8. 溶酶体（lysosome） 溶酶体分散在细胞质中，是由单层膜构成的小颗粒，一般直径为 0.1～1μm，数目不定，膜内含有各种能水解不同物质的消化酶，如蛋白酶、核糖核酸酶、磷酸酶、糖苷酶等，当溶酶体膜破裂或损伤时，酶释放出来，同时也被活化。溶酶体的功能主要是分解大分子，消化和消除残余物，如植物细胞分化成导管、纤维细胞等的过程中的原生质体解体消失。此外，溶酶体还有保护作用，溶酶体膜能使溶酶体的内含物与周围细胞质分隔，显然这层界膜能抗御溶酶体的分解作用，并阻止酶进入周围细胞质内，保护细胞免于自身消化。

二、细胞后含物

后含物（ergastic substance）指细胞原生质体在代谢过程中产生的非生命物质，有的是可能再被利用的贮藏营养物质，如淀粉、蛋白质、脂肪和脂肪油等；有的是一些废弃的物质，如草酸钙晶体、碳酸钙结晶等。后含物多以液体或晶体或非结晶固体状态存在于液泡或细胞质中。细胞中后含物的种类、形态和性质随植物种类不同而异，其特征常是中药鉴定的依据之一。

1. 淀粉（starch） 淀粉是由葡萄糖分子聚合而成，以淀粉粒（starch grain）的形式贮藏在植物的根、茎及种子等器官的薄壁细胞细胞质中，如马铃薯、半夏、葛根、贝母等。淀粉粒由造粉体积累贮藏淀粉所形成。积累淀粉时，先从一处开始，形成淀粉粒的核心，称脐点（hilum）；然后环绕着脐点有许多明暗相间的同心轮纹，称层纹（annular striation lamellae），若用乙醇处理，淀粉脱水，层纹随之消失。层纹的形成是由于直链淀粉和支链淀粉相互交替分层积累的缘故，直链淀粉较支链淀粉对水的亲和力强，两者遇水膨胀性不一样，从而显出了折射率的差异。淀粉粒多呈圆球形、卵圆形或多角形，脐点的形状有点状、线状、裂隙状、分叉状、星状等。脐点有的位于中央，如小麦、蚕豆等；或偏于一端，如马铃薯、藕、甘薯等。层纹的明显程度也因植物种类的不同而异（图 1-5）。

淀粉粒分 3 种类型：①单粒淀粉粒（simple starch grain），只有 1 个脐点，周围具层纹围绕；②复粒淀粉粒（compound starch grains），具有 2 个或 2 个以上脐点，各脐点分别有各自的层纹围绕；③半复粒淀粉粒（half compound starch grains），具有 2 个或 2 个以上脐点，各脐点除有本身的层纹环绕外，外面还有共同的层纹。不同的植物淀粉粒在形态、类型、大小、层纹和脐点等方面各有其特征，因此淀粉粒的形态特征可作为鉴定中药材的依据之一。

淀粉不溶于水，在热水中膨胀而糊化。直链淀粉遇碘液显蓝色，支链淀粉遇碘液显紫红色。一般植物同时含有两种淀粉，加入碘液显蓝色或紫色。用甘油醋酸试液装片，置偏光显微镜下观察，淀粉粒常显偏光现象，已糊化的淀粉粒无偏光现象。

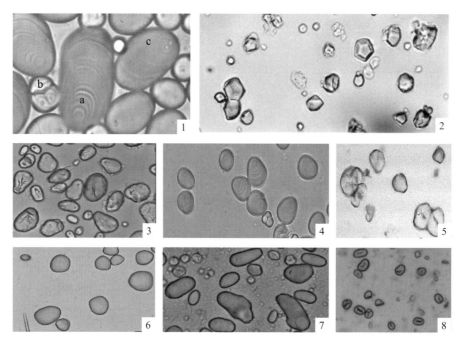

图 1-5 各种淀粉粒（谷巍提供）

1. 马铃薯（a. 单粒，b. 复粒，c. 半复粒）；2. 粉葛；3. 川贝母；4. 浙贝母；5. 玉米；6. 山药；7. 藕；8. 绿豆

2. 菊糖（inulin） 菊糖由果糖分子聚合而成，多存在于菊科、桔梗科和龙胆科部分植物根的薄壁细胞中，山茱萸果皮中亦有。菊糖能溶于水，不溶于乙醇。将含有菊糖的材料浸入乙醇中，一周以后做成切片，置显微镜下观察，可在细胞中看见球状、半球状或扇状的菊糖结晶（图 1-6）。菊糖加 10% α-萘酚的乙醇溶液后再加硫酸显紫红色，并很快溶解。

3. 蛋白质（protein） 贮藏蛋白质在细胞中常呈固体状态，生理活性稳定，不同于原生质体中呈胶体状态的有生命的蛋白质，是非活性的、无生命的物质。贮藏蛋白质常以结晶体或是无定形的小颗粒形式存在于细胞质、液泡、细胞核和质体中。结晶蛋白质具有晶体和胶体的二重性，称拟晶体（crystalloid）。蛋白质的拟晶体有不同的形状，但常常呈方形，如马铃薯块茎中近外

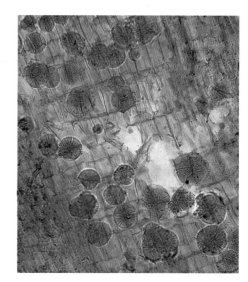

图 1-6 菊糖结晶（桔梗，王海提供）

围的薄壁细胞中的方形拟晶体。无定形的蛋白质常被一层膜包裹成圆球状的颗粒，称为糊粉粒（aleurone grain）。有些糊粉粒既包含有定形蛋白质，又包含有拟晶体，成为复杂的形式。

糊粉粒多分布于植物种子的胚乳或子叶中，有时它们集中分布在某些特殊的细胞层，特称为糊粉层（aleurone layer）。如谷物类种子胚乳最外面的 1 层或多层细胞即为糊粉层。蓖麻和油桐的胚乳细胞中的糊粉除了拟晶体外还含有磷酸盐球形体。糊粉粒和淀粉粒常在同一细胞中互相混杂（图 1-7）。

将蛋白质溶液放在试管里，加数滴浓硝酸并微热，可见黄色沉淀析出，冷却片刻再加过量氨液，沉淀变为橙黄色，称蛋白质黄色反应；蛋白质遇碘试液显棕色或黄棕色；加硫酸铜和苛性碱的水溶液则显紫红色；加硝酸汞试液显砖红色。

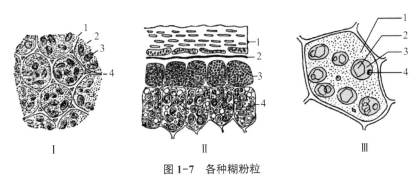

图 1-7 各种糊粉粒

Ⅰ. 豌豆的子叶细胞：1. 细胞壁；2. 糊粉粒；3. 淀粉粒；4. 细胞间隙
Ⅱ. 小麦颖果外部的构造：1. 果皮；2. 种皮；3. 糊粉层细胞；4. 胚乳细胞
Ⅲ. 蓖麻的胚乳细胞：1. 糊粉粒；2. 蛋白质拟晶体；3. 基质；4. 球晶体

4. 脂肪（fat）和脂肪油（fat oil） 脂肪和脂肪油是由脂肪酸和甘油结合而成的脂。在常温下呈固体或半固体的称为脂，如可可豆脂；呈液体的称为脂肪油，如大豆油、芝麻油、花生油等。脂肪和脂肪油通常呈小滴状分散在细胞质中，不溶于水，易溶于有机溶剂，比重比较小，折光率强，常存在于植物的种子里，有的种子所含脂肪达到种子干重的 45% ～ 60%。脂肪是贮藏营养物质最为经济的形式。有些树干的薄壁细胞中贮藏的淀粉在冬季可转化为脂肪，在次年春天再转化为淀粉，以便可贮藏更多的能量。

脂肪和脂肪油加苏丹Ⅲ试液显橘红色、红色或紫红色；加紫草试液显紫红色；加四氧化锇显黑色。

5. 晶体（crystal） 晶体是植物细胞生理代谢过程中产生的废弃物，常见有两种类型：草酸钙结晶和碳酸钙结晶。

（1）草酸钙结晶（calcium oxalate crystal）：是植物体在代谢过程中产生的草酸与钙盐结合而成的晶体，可以减少过多的草酸对植物所产生的毒害，具有解毒作用。草酸钙结晶呈无色半透明或稍暗灰色，以不同的形状分布于细胞液中，一般一种植物只能见到一种形状，但少数植物也有两种或多种形状的，如曼陀罗叶含有簇晶、方晶和砂晶。草酸钙结晶的形状和大小在不同种植物或在同一植物的不同部位有一定的区别，并随着器官的衰老而增多，可作为中药材鉴定的依据之一。

常见的草酸钙结晶形状有以下几种（图 1-8）：

① 方晶（solitary crystal）：又称单晶或块晶，通常呈正方形、长方形、斜方形、八面形、三棱形等形状，常为单独存在的单晶体，如甘草根及根状茎、黄柏树皮、秋海棠叶柄等细胞中的晶体。有时呈双晶（twin crystals），如莨菪。

② 针晶（acicular crystal）：晶体呈两端尖锐的针状，多成束存在，称针晶束（raphides）。一般存在于含有黏液的细胞中，如半夏块茎、黄精和玉竹根状茎中的晶体。也有的针晶不规则地分散在细胞中，如苍术根状茎中的晶体。

③ 簇晶（cluster crystal；rosette aggregate）：晶体由许多八面体、三棱形单晶体聚集而成，通常呈三角状星形或球形，如人参根、大黄根及根状茎中的晶体。

④ 砂晶（micro-crystal，crystal sand）：晶体呈细小的三角形、箭头状或不规则形，通常密集于细胞腔中。因此，聚集有砂晶的细胞颜色较暗，很容易与其他细胞相区别，如颠茄叶、牛膝根、枸杞根皮中的晶体。

⑤ 柱晶（columnar crystal；styloid）：晶体呈长柱形，长度为直径的 4 倍以上，形如柱状。如射干根状茎中的晶体。

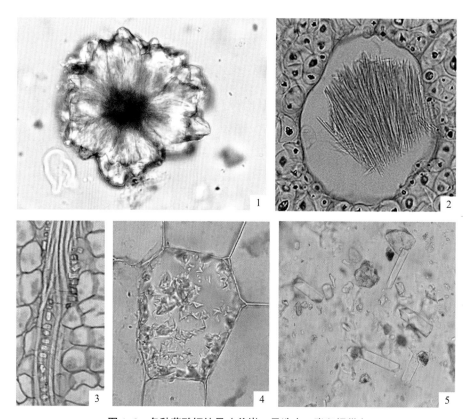

图 1-8　各种草酸钙结晶（谷巍、吴浩忠、张坚提供）
1.簇晶（大黄根状茎）；2.针晶（半夏块茎）；3.方晶（甘草根）；4.砂晶（牛膝根）；5.柱晶（射干根状茎）

草酸钙结晶不溶于稀醋酸；加稀盐酸溶解而无气泡产生；但遇 10% ~ 20% 硫酸溶液便溶解并形成针状的硫酸钙结晶析出。

（2）碳酸钙结晶（calcium carbonate crystal）：多存在于爵床科、桑科等植物叶表皮细胞中，如穿心莲叶、无花果叶、大麻叶等。碳酸钙结晶是由细胞壁的特殊瘤状突起上聚集的大量碳酸钙或少量的硅酸钙形成，一端与细胞壁相连，另一端悬于细胞腔内，状如一串悬垂的葡萄（图 1-9），通常呈钟乳体状态存在，故又称钟乳体（cystolith）。

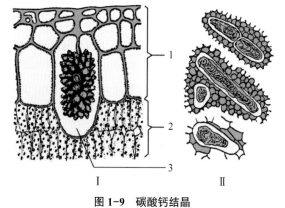

图 1-9　碳酸钙结晶
Ⅰ.切面观（1.表皮和皮下层，2.栅栏组织，3.钟乳体和细胞腔）；Ⅱ.表面观

碳酸钙结晶加醋酸或稀盐酸则溶解，同时有 CO_2 气泡产生，可与草酸钙结晶相区别。

除草酸钙结晶和碳酸钙结晶以外，还有石膏结晶，如柽柳叶细胞；除上述结晶形式外，植物某些次生代谢产物也可以形成结晶，如靛蓝结晶、橙皮苷结晶、芸香苷结晶等。

三、细胞壁

细胞壁（cell wall）是植物细胞特有的结构，是包围在原生质体外面的具有一定硬度和弹性的薄层，由原生质体分泌的非生命物质（纤维素、果胶质和半纤维素）形成。细胞壁对原生质体起保护作用，能使细胞保持一定的形状和大小，与植物组织的吸收、蒸腾、物质的运输和分泌有关。细胞壁与液泡、质体一起构成了植物细胞不同于动物细胞的三大结构特征。由于植物的种类、细胞的年龄和细胞执行功能的不同，细胞壁在成分和结构上的差别很大。

（一）细胞壁的分层

在显微镜下，细胞壁可分为胞间层、初生壁和次生壁三层（图 1-10）。

1. 胞间层（intercellular layer） 胞间层又称中胶层（middle lamella），是相邻细胞所共有的薄层，是细胞分裂时最早形成的分隔层，由一种无定形、胶状的果胶（pectin）类物质所组成。胞间层可把两个细胞粘连在一起。果胶质能溶于酸、碱溶液，又能被果胶酶分解，使相邻细胞部分或全部分离。细胞在生长分化过程中，胞间层可以被果胶酶部分溶解，这部分细胞壁彼此分开而形成的间隙称为细胞间隙（intercellular space）。细胞间隙能起到通气和贮藏气体的作用。果实如西红柿、桃、梨等在成熟过程中由硬变软，就是因为果肉细胞的胞间层被果胶酶溶解而使细胞彼此分离所致。在实验室常用硝酸和氯酸钾的混合液、氢氧化钾

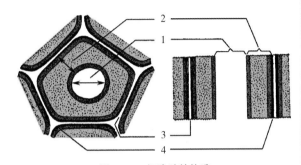

图 1-10　细胞壁的构造
1. 细胞腔；2. 三层次生壁；3. 胞间层；4. 初生壁

或碳酸钠溶液等解离剂，把植物类药材制成解离组织后进行观察鉴定。

2. 初生壁（primary wall） 初生壁是细胞分裂后在胞间层两侧最初沉淀的壁层，由原生质体分泌的纤维素、半纤维素和果胶类物质组成。纤维素构成初生壁的框架，而果胶类物质、半纤维素等填充于框架之中。初生壁一般较薄，厚 1 ～ 3μm，可以随着细胞生长而延伸。原生质体分泌的物质可以不断填充到细胞壁的结构中去，使初生壁继续增长，这称为填充生长。原生质体分泌的物质增加在胞间层的内侧使细胞壁略有增厚，这称为附加生长。代谢活跃的细胞通常终身只具有初生壁。在电子显微镜下可看到初生壁的物质排列成纤维状，称为微纤丝。微纤丝是由平行排列的长链状的纤维素分子所组成。

3. 次生壁（secondary wall） 次生壁是在细胞停止增大以后在初生壁内侧继续形成的壁层，是由原生质体分泌的纤维素、半纤维素，以及木质素（lignin）和其他物质层层填积形成。次生壁一般比较厚而且坚韧，厚 5 ～ 10μm。次生壁在细胞成熟时形成，往往是在细胞特化时进行，随着原生质体停止活动，次生壁也停止沉积。植物细胞一般都有初生壁，但不是都具有次生壁。具有次生壁的细胞其初生壁显得很薄，并且两相邻细胞的初生壁和它们之间的胞间层三者已形成一种整体结构，称为复合中层（compound middle lamella），有时也包括早期形成的次生壁。在较厚的次生壁中，一般又可分为内、中、外 3 层，并以中间的次生壁层较厚。因此，一个典型的具次生壁的厚壁细胞如纤维或石细胞，细胞壁可见 5 层结构，即胞间层、初生壁、3 层次生壁。在电子显微镜下，次生壁也是由微纤丝所构成，但微纤丝交织排列的方向与初生壁中的微纤丝略有不同，从微纤丝的排列趋向来看，较晚形成的初生壁和最初形成的次生壁常无区别。

（二）纹孔和胞间连丝

细胞壁形成时，次生壁在初生壁内不均匀增厚，在很多地方留有一些没有增厚的呈孔状凹陷

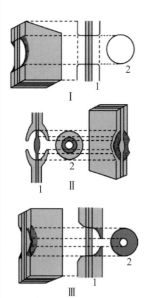

图1-11 纹孔

Ⅰ.单纹孔；Ⅱ.具缘纹孔；

Ⅲ.半缘纹孔

1.切面观；2.表面观

的结构，称为纹孔（pit）。纹孔处（图1-11）只有胞间层和初生壁，没有次生壁，为比较薄的区域。相邻两细胞的纹孔常在相同部位成对存在，称为纹孔对（pit pair）。纹孔对之间的薄膜称为纹孔膜（pit membrane）；纹孔膜两侧没有次生壁的腔穴常呈圆筒形或半球形，称为纹孔腔（pit cavity），由纹孔腔通往细胞腔的开口称为纹孔口（pit aperture）。纹孔的存在有利于细胞间的水和其他物质的运输。

1. 纹孔（pit） 纹孔具有一定的形状和结构，常见的有单纹孔和具缘纹孔。纹孔对有单纹孔对、具缘纹孔对和半缘纹孔对3种类型，常简称为单纹孔、具缘纹孔和半缘纹孔。

（1）单纹孔（simple pit）：结构简单，其构造是次生壁上未加厚的部分，呈圆筒形，即从纹孔膜至纹孔口的纹孔腔呈圆筒状。单纹孔多存在于加厚壁的薄壁细胞、韧型纤维和石细胞的细胞壁中。当次生壁很厚时，单纹孔的纹孔腔就很深，状如1条长而狭窄的孔道或沟，称为纹孔道或纹孔沟。

（2）具缘纹孔（bordered pit）：纹孔周围的次生壁向细胞腔内形成拱状突起，中央有1个小的开口，这种纹孔称为具缘纹孔。突起的部分称为纹孔缘，纹孔缘所包围的里面部分呈半球形，即为纹孔腔。在显微镜下，从正面观察具缘纹孔呈现2个同心圆，外圈是纹孔膜的边缘，内圈是纹孔口的边缘。松科和柏科等裸子植物管胞上的具缘纹孔，纹孔膜中央特别厚，形成纹孔塞。纹孔塞具有活塞作用，能调节胞间液流，这种具缘纹孔从正面观察呈现3个同心圆。具缘纹孔常分布于纤维管胞、孔纹导管和管胞中。

（3）半缘纹孔（half bordered pit）：由单纹孔和具缘纹孔分别排列在纹孔膜两侧所构成，是导管或管胞与薄壁细胞相邻接的细胞壁上所形成的纹孔对，从正面观察具2个同心圆。观察植物类药材粉末时，半缘纹孔与不具纹孔塞的具缘纹孔较难区别。

2. 胞间连丝（plasmodesmata） 许多纤细的原生质丝从纹孔穿过纹孔膜和初生壁上的微细孔隙，连接相邻细胞，这种原生质丝称为胞间连丝。它使植物体的各个细胞彼此连接成一个整体，有利于细胞间物质运输和信息的传递。在电子显微镜下，可见胞间连丝中有内质网连接相邻细胞内质网系统。胞间连丝一般不明显，柿、黑枣、马钱子等种子内的胚乳细胞由于细胞壁较厚，胞间连丝较为显著，但需经过染色处理才能在显微镜下观察到（图1-12）。

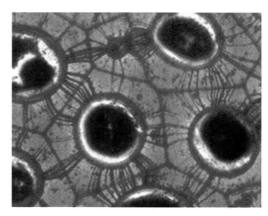

图1-12 柿胚乳细胞胞间连丝（谷巍提供）

（三）细胞壁的特化

细胞壁主要是由纤维素构成，纤维素细胞壁遇氧化铜氨试液能溶解；加氯化锌碘试液显蓝色或紫色。由于环境的影响和生理机能的不同，植物细胞壁常常发生各种不同的特化，常见的有木质化、木栓化、角质化、黏液质化和矿质化等。

1. 木质化（lignification）　细胞壁内增加了木质素，可使细胞壁的硬度增强，细胞群的机械力增加。木质化细胞壁变得很厚时，其细胞多趋于衰老或死亡，如导管、管胞、木纤维、石细胞等的细胞壁。

木质化细胞壁加入间苯三酚试液和浓盐酸后，因木质化程度不同，显红色或紫红色反应；加氯化锌碘显黄色或棕色反应。

2. 木栓化（suberization）　细胞壁中增加了脂肪性化合物木栓质（suberin），木栓化细胞壁常呈黄褐色，不易透气和透水，使细胞内的原生质体与外界隔离而坏死，成为死细胞。木栓化细胞对植物内部组织具有保护作用，如树干外面的褐色树皮是由木栓化细胞和其他死细胞组成的混合体。

木栓化细胞壁加苏丹Ⅲ试液显橘红色或红色；遇氢氧化钾加热，则木栓质溶解成黄色油滴状。

3. 角质化（cutinization）　原生质体产生的脂肪性化合物角质（cutin）无色透明，不但在细胞壁内增加使细胞壁角质化，还常常积聚在细胞壁的表面形成角质层（cuticle）。角质化细胞壁或角质层可防止水分过度蒸发和微生物的侵害，增加对植物内部组织的保护作用。

角质化细胞壁或角质层的化学反应与木栓化类同，加入苏丹Ⅲ试液显橘红色或红色；但遇碱液加热能较持久地保持。

4. 黏液质化（mucilagization）　黏液质化是细胞壁中所含的果胶质和纤维素等成分变成黏液的一种变化。黏液质化所形成的黏液在细胞表面常呈固体状态，吸水膨胀成黏滞状态。车前子、芥菜子、亚麻子和丹参果实的表皮细胞中都具有黏液化细胞。

黏液化细胞壁加入玫红酸钠乙醇溶液可染成玫瑰红色；加入钌红试液可染成红色。

5. 矿质化（mineralization）　细胞壁中增加硅质（如二氧化硅或硅酸盐）或钙质等，增强了细胞壁的坚固性，使茎、叶的表面变硬变粗，增强植物的机械支持能力，如禾本科植物的茎、叶，木贼茎以及硅藻的细胞壁内都含有大量的硅酸盐。

硅质化细胞壁不溶于硫酸或醋酸，可区别于草酸钙和碳酸钙。

第二章
植物的组织

扫一扫，查阅本章数字资源，含PPT、音视频、图片等

　　植物在生长过程中，经过细胞的分裂、生长和分化，形成了各种组织（tissue）。植物组织是由许多来源相同、形态构造相似、生理功能相同、相互密切联系的细胞组成的细胞群。植物体内既有由同一类型细胞构成的简单组织，也有由不同类型细胞构成的复合组织。每种组织有其独立性，行使不同功能，同时不同组织间相互协同，完成器官的生理功能。低等植物无组织分化。

　　通常根据形态结构和功能不同，将植物组织分为分生组织、薄壁组织、保护组织、机械组织、输导组织和分泌组织。后五类是由分生组织细胞分裂和分化所形成的，具有一定形态特征和一定生理功能的细胞群，称为成熟组织（mature tissue）或永久组织（permanent tissue）。但成熟组织有时可根据植物体生长发育需要而发生变化，如薄壁组织可以转化成次生分生组织或机械组织等。

　　由于植物类群或存在部位的不同，植物体内的各种组织具有不同的特征，常可作为中药显微鉴定中的重要依据。

第一节　植物组织类型

一、分生组织

　　分生组织（meristem）是一群有着连续或周期性分生能力的细胞群。分生组织的细胞通常体积较小，多为等径的多面体，排列紧密，没有细胞间隙，细胞壁薄，不具纹孔，细胞质浓，细胞核大，无明显液泡和质体分化，但含线粒体、高尔基体、核蛋白体等细胞器，如顶端分生组织；有的分生组织细胞呈长纺锤形，液泡较发达，如侧生分生组织。分生组织分布在植物体的各个生长部位，如根尖、茎尖等。分生组织的细胞代谢功能旺盛，具有强烈的分生能力，不断分生新细胞，其中一部分细胞连续保持高度的分生能力，另一部分细胞经过分化，形成不同的成熟组织，使植物体不断生长。植物体内的分生组织根据不同的分类方法有以下类型。

（一）根据分生组织的性质、来源分类

　　1. 原分生组织（promeristem）　原分生组织来源于种子的胚，是由胚保留下来的具有分裂能力的细胞群，位于根、茎最先端的部位，即生长点。这些细胞没有任何分化，可长期保持分裂机能，特别是在生长季节其分裂机能更加旺盛。

　　2. 初生分生组织（primary meristem）　分生组织位于原分生组织之后，是由原分生组织细胞分裂出来的细胞所组成的，这部分细胞一方面仍保持分裂能力，另一方面细胞已经开始分化。如茎的初生分生组织可分化为3种不同组织，即原表皮层（protoderm）、基本分生组织（ground meristem）和原形成层（procambium）。由这 3 种初生分生组织再进一步分化发育形成其他各种组织构造。

3. 次生分生组织（secondary meristem） 分生组织是由已经分化成熟的表皮、皮层、髓射线、中柱鞘等部位的薄壁组织，经过生理和结构上的变化，细胞质变浓，液泡缩小，恢复分裂能力，成为次生分生组织。如大多数双子叶植物和裸子植物根的形成层、茎的束间形成层、木栓形成层等，这些分生组织一般成环状排列，与轴相平行。次生分生组织不断分生和分化出次生保护组织和次生维管组织，形成根和茎的次生构造，使其不断增粗。

（二）根据分生组织在植物体内所处位置分类

1. 顶端分生组织（apical meristem） 分生组织是位于根、茎最顶端的分生组织（图 2-1），即根、茎顶端的生长锥。这部分细胞能较长期保持旺盛的分生能力。由顶端分生组织细胞不断分裂、分化出植物体的各种初生组织，进行初生生长，使根和茎不断伸长生长。

2. 侧生分生组织（lateral meristem） 侧生分生组织来源于成熟组织，主要存在于裸子植物和双子叶植物的根和茎内，包括维管形成层和木栓形成层，它们在植物体的周围成环状排列并与纵轴平行。侧生分生组织的活动可分化出各种次生组织，进行次生生长，使根和茎不断加粗。单子叶植物体内没有侧生分生组织，故一般不能增粗。

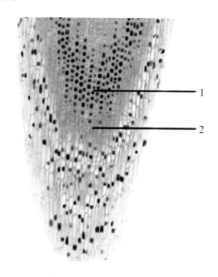

图 2-1 根尖顶端分生组织
（洋葱根尖，郭庆梅提供）
1. 根尖生长点；2. 根冠分生组织

3. 居间分生组织（intercalary meristem） 居间分生组织是从顶端分生组织细胞保留下来的一部分分生组织，位于茎、叶、子房柄、花柄等成熟组织之间，它们分生能力有限，只能保持一定时间的分裂与生长，而后转变为成熟组织。居间分生组织常可在禾本科植物茎的节间基部产生，如薏苡、水稻等的拔节、抽穗，即与居间分生组织的活动有关。韭菜等植物叶子上部被割除后，还可以长出新的叶片来，就是叶基部居间分生组织活动的结果。花生胚珠受精后，位于子房柄的居间分生组织开始活动，使子房柄伸长，子房被推入土中发育成果实，所以花生的果实生长在地下。

综合上述，各种分生组织的特征可以看出，顶端分生组织就其发生来说属于原分生组织，但原分生组织和早期的初生分生组织之间无明显分界，所以顶端分生组织也包括初生分生组织；侧生分生组织相当于次生分生组织；居间分生组织则相当于初生分生组织。

二、薄壁组织

薄壁组织（parenchyma）也称为基本组织（ground tissue），在植物体中分布最广，是植物体重要的组成部分。薄壁组织在植物体或器官中可形成一个连续的组织，如根、茎中的皮层和髓部、叶的叶肉、花的各部分、果实的果肉以及种子的胚乳等，全部或主要由薄壁组织构成，而植物体的其他组织如机械组织、输导组织等则分布于薄壁组织中，并通过薄壁组织有机地结合，形成各种器官的构造。薄壁组织在植物体内担负着同化、贮藏、吸收、通气等功能。薄壁组织细胞较大，排列疏松，形状多为球形、椭圆形、圆柱形、长方形、多面体等，均为生活细胞。细胞壁通常较薄，主要是由纤维素、半纤维素和果胶质构成，纹孔是单纹孔，液泡较大。

薄壁组织细胞分化程度较浅，具有潜在的分生能力，在某些条件下可转变为分生组织或进一步发育成其他组织，如石细胞等。薄壁组织对创伤恢复、不定根和不定芽的产生、嫁接的成活以及组织离体培养等具有实际意义。分离的薄壁组织或单个薄壁细胞，在一定组织培养条件下，都可能发育成为完整植株。

根据细胞结构和生理功能不同，薄壁组织通常分为以下几类（图2-2）。

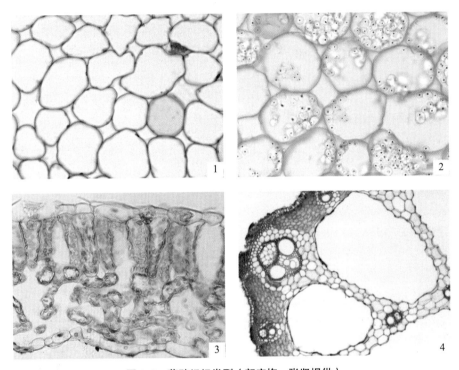

图 2-2　薄壁组织类型（郭庆梅，张坚提供）
1. 基本薄壁组织（薄荷茎）；2. 贮藏薄壁组织（毛茛根）；
3. 同化薄壁组织（薄荷叶）；4. 通气薄壁组织（水稻叶）

（一）基本薄壁组织

基本薄壁组织存在于植物体各部分中，主要起填充和联系其他组织的作用，其液泡较大，排列疏松，具细胞间隙。在一定条件下能转化为次生分生组织。如根、茎的皮层和髓部。

（二）同化薄壁组织

同化薄壁组织又称为绿色薄壁组织，细胞含有较多叶绿体，能进行光合作用。多存在于植物体绿色部位，如叶肉、茎的幼嫩部分、绿色萼片及果实等器官表面易受光照的部分。

（三）贮藏薄壁组织

贮藏薄壁组织是能够积聚营养物质（淀粉、蛋白质、脂肪和糖类等）的薄壁组织。多存在于植物的根、茎、果实和种子中。肉质植物如仙人掌属、芦荟属以及景天科等植物的茎和叶片中，常有非常发达的贮水薄壁组织，也属于贮藏薄壁组织。

（四）吸收薄壁组织

吸收薄壁组织的主要生理功能是从外界吸收水分和营养物质，并将吸收的物质经皮层运输到输导组织中去。吸收薄壁组织主要位于根尖端的根毛区，该部位的部分细胞壁向外突起形成根毛。根的吸收与运输功能主要是由根毛和皮层来实现的。

（五）通气薄壁组织

通气薄壁组织常存在于水生植物和沼泽植物体内，通气薄壁组织中具有特别发达的细胞间隙，这些细胞间隙逐渐互相连接，最后形成四通八达的管道或形成较大气腔，不仅贮存了大量的空气，有利于水生植物的气体流通，同时对植物也有着漂浮和支持作用。

三、保护组织

保护组织（protective tissue）包被在植物各个器官的表面，由一层或数层细胞构成，细胞排列紧密，无间隙，细胞壁角质化或木栓化加厚，能防止水分的过分蒸腾，控制和进行气体交换以及防止微生物、病虫的侵害以及外界的机械损伤等，对植物起保护作用。根据来源和结构的不同，保护组织分为表皮（epidermis）和周皮（periderm）。

（一）表皮

表皮是由初生分生组织的原表皮分化而来，属于初生保护组织，存在于植物没有进行次生生长的根、茎、叶、花、果实和种子等器官的表面。表皮通常由一层生活细胞构成，少数植物原表皮层细胞可与表面平行分裂，产生2～3层细胞，形成所谓的"复表皮"，如夹竹桃和印度橡胶树叶等。

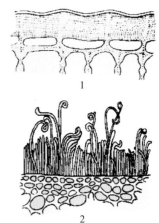

表皮细胞常为扁平的方形、长方形、多角形或波状不规则形，彼此嵌合，紧密排列，无胞间隙；细胞内有细胞核、大型液泡及少量细胞质，一般不含叶绿体，并可贮有各种代谢产物。表皮细胞的细胞壁一般是厚薄不一的，外壁较厚，侧壁较薄，内壁最薄。表皮细胞的外壁不仅增厚，还常有不同类型的特殊结构和附属物。如有些植物表皮细胞外壁角质化，并在表面形成一层明显的角质层。有的植物蜡质渗入到角质层里面或分泌到角质层之外，形成蜡被（图2-3），可防止植物体内的水分过分散失，如甘蔗茎和蓖麻茎、樟树叶、葡萄果实、乌桕种子等表面都具有明显的白粉状蜡被。还有的植物表皮细胞矿质化，如木贼和禾本科植物的硅质化细胞壁等，可使器官表面粗糙、坚实。

图 2-3　角质层与蜡被
1. 表皮及其角质层；2. 表皮上的蜡被（甘蔗茎）

除典型的表皮细胞外，表皮上还有不同类型的特化细胞，如各种类型的气孔（stoma）和毛茸（epidermal hair）。

1. 气孔　双子叶植物叶表皮上常由两个特化成半月形的细胞凹入面相对形成孔隙，这两个特化的表皮细胞称为保卫细胞（guard cell），孔隙连同周围的两个保护细胞合称气孔器（stomatal apparatus），简称气孔。有时气孔也专指保卫细胞形成的孔隙。气孔是植物体表面进行气体交换的通道，能控制气体交换和调节水分蒸散。

保卫细胞比周围的表皮细胞小，是生活细胞，细胞质丰富，细胞核明显，含有叶绿体。细胞壁增厚不一，一般保卫细胞和表皮细胞相邻处的细胞壁较薄，而两保卫细胞相对合处的细胞壁较厚，因此当保卫细胞充水膨胀时，向表皮细胞一方弯曲成弓形，将气孔器分离部分的细胞壁拉开，使中间气孔张开，利于气体交换及水分的蒸腾和散失。当保卫细胞失水时，膨压降低，保卫细胞向回收缩，细胞也相应变直一些，于是气孔缩小以至闭合，控制气体交换及水分散失。气孔的张开和关闭都受着外界环境条件如温度、湿度、光照和二氧化碳浓度等多种因素的影响。

气孔多分布在叶片和幼嫩的茎枝上，在表皮上呈散列或成行分布。气孔的数量和大小常随器官的不同和所处的环境条件不同而异，如叶片的气孔较多，茎上的气孔较少，而根上几乎没有。

即使在同一种植物的不同叶上、同一叶片的不同部位，气孔的数量和大小都可能有所不同。在叶片上气孔可出现在叶的两面，也可能发生在一面。气孔在表皮上的位置可处在不同的水平面上，可与表皮细胞同在一平面上，有的又可凹入或凸出叶表面（图2-4）。

有些植物的气孔器在保卫细胞周围还有1个或多个与表皮细胞形状不同的细胞，称副卫细胞（subsidiary cell，accessory cell）。副卫细胞的形状、数目及排列顺序与植物种类有关。组成气孔器的保卫细胞和副卫细胞的排列关系称为气孔轴式或气孔类型。双子叶植物的常见气孔轴式（图2-5）有如下几类。

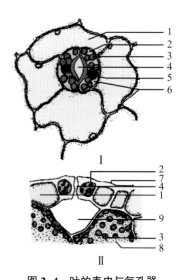

图2-4 叶的表皮与气孔器
Ⅰ.表面观；Ⅱ.切面观
1.副卫细胞；2.保卫细胞；3.叶绿体；4.气孔；5.细胞核；6.细胞质；7.角质层；8.栅栏组织细胞；9.气室

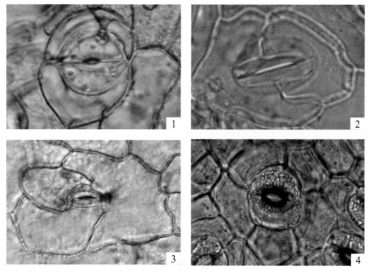

图2-5 气孔的轴式（郭庆梅提供）
1.平轴式（鸡矢藤叶）；2.直轴式（薄荷叶）；3.不等式（菘蓝叶）；4.不定式（齿叶冬青叶）

（1）平轴式（平列式，paracytic type）：气孔周围通常有2个副卫细胞，其长轴与保卫细胞和气孔的长轴平行。常见于茜草科（如茜草）、豆科（如番泻叶）等植物的叶。

（2）直轴式（横列式，diacytic type）：气孔周围通常有2个副卫细胞，但其长轴与保卫细胞和气孔的长轴垂直。常见于石竹科（如瞿麦）、唇形科（如薄荷、紫苏）和爵床科（如穿心莲）等植物的叶。

（3）不等式（不等细胞型，anisocytic type）：气孔周围的副卫细胞为3～4个，但大小不等，其中一个明显小。常见于十字花科（如菘蓝）、茄科（如烟草）等植物的叶。

（4）不定式（无规则型，anomocytic type）：气孔周围的副卫细胞数目不定，其大小基本相同，而形状与其他表皮细胞基本相似。常见于菊科（如菊）、桑科（如桑）、蔷薇科（如枇杷）等植物的叶。

（5）环式（辐射型，actinocytic type）：气孔周围的副卫细胞数目不定，其形状比其他表皮细胞狭窄，围绕气孔器排列成环状。如茶、桉等植物的叶。

单子叶植物气孔的类型也很多，禾本科和莎草科植物的保卫细胞组成特殊的气孔类型。从表面看，两个狭长的保卫细胞呈两头大中间窄，好像并排的一对哑铃，中间窄的部分细胞壁特别厚，两端球形部分的细胞壁比较薄，当保卫细胞充水时，两端膨胀为小球形，气孔开启；当水分减少时，保卫细胞萎缩，气孔关闭或减小。在保卫细胞的两边还有两个平行排列、略呈三角形的副卫细胞，对气孔的开启有辅助作用（图2-6），如淡竹叶等。

裸子植物的气孔一般都凹入叶表面很深的位置，常常悬挂在呈拱盖状的副卫细胞之下。裸子植物气孔的类型较多，对于气孔类型的分类需要考虑副卫细胞的排列关系与来源。

图 2-6　玉蜀黍叶的表皮与气孔
1. 表面观；2. 切面观

各种植物具有不同类型的气孔轴式，而在同一植物的同一器官上也常有两种或两种以上类型，且分布情况也不同，对植物分类鉴定和药材鉴定有一定价值。

2.毛茸　植物体表面还存在有多种类型的毛茸，有的毛茸可长期存在，也有的毛茸很早脱落。毛茸具有保护、减少水分过分蒸发、分泌物质等作用。此外，毛茸还有保护植物免受动物啃食和帮助种子散播的作用。根据毛茸的结构和功能常可分为腺毛和非腺毛两种类型。

（1）腺毛（glandular hair）：能分泌挥发油、树脂、黏液等物质的毛茸，由多细胞构成，有腺头和腺柄之分。腺头通常膨大呈圆球形，能产生分泌物如挥发油、树脂、黏液等，由1个或几个分泌细胞组成；腺柄也有单细胞和多细胞之分，如薄荷、车前、莨菪、洋地黄、曼陀罗等叶上的腺毛。在薄荷等唇形科植物叶片上还有一种无柄或短柄的腺毛，头部常呈扁球形，由8个或6～7个细胞排列在同一平面上，称为腺鳞。还有一些较为特殊类型的腺毛，如广藿香茎、叶和绵马贯众叶柄及根状茎中的腺毛存在于薄壁组织内部的细胞间隙中，称为间隙腺毛。食虫植物的腺毛能分泌多糖类物质以吸引昆虫，同时还可分泌特殊的消化液，能将捕捉到的昆虫消化掉等（图2-7）。

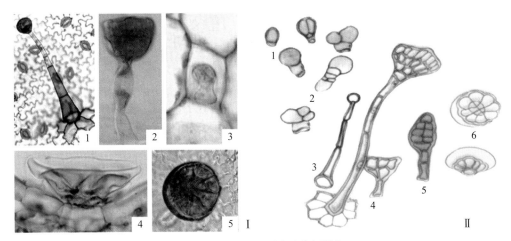

图 2-7　各种腺毛（郭庆梅提供）
Ⅰ. 1. 腺毛（天竺葵）；2. 腺毛（金银花）；3. 间隙腺毛（广藿香茎）；4. 腺鳞（薄荷叶）；5. 腺鳞（天仙子）
Ⅱ. 1. 密蒙花；2. 洋地黄叶；3. 洋金花；4. 金银花；5. 旋覆花；6. 薄荷叶腺鳞（上：顶面观，下：侧面观）

（2）非腺毛（non-glandular hair）：非腺毛无头、柄之分，末端通常尖狭，不能分泌物质，单纯起保护作用。组成非腺毛的细胞数目有 1 个或多个，形状有线状、分枝状、丁字形、星状、鳞片状等，有的非腺毛的细胞内有晶体沉积（图 2-8）。

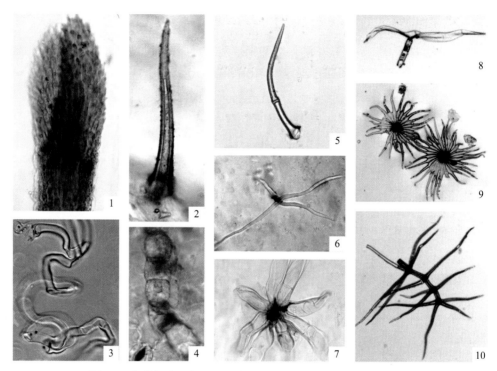

图 2-8　各种非腺毛（1 ～ 7 由郭庆梅提供，8 ～ 10 由白吉庆提供）
1. 乳头状毛（款冬花）；2. 线状毛（金银花）；3. 线状毛（益母草叶）；4. 线状毛（蒲公英叶）；5. 线状毛（薄荷叶）；
6. 分枝毛（密蒙花）；7. 星状毛（石韦叶）；8. 丁字毛（菊叶）；9. 鳞毛（胡颓子）；10. 分枝毛（三球悬铃木叶）

不同植物毛茸的形态各异，可作为中药鉴定的重要依据之一。在同一种植物甚至同一器官上也可存在不同形态的毛茸。例如在薄荷叶上既有非腺毛，又有腺毛和腺鳞。有的植物花瓣表皮细胞向外突出如乳头状，称为乳头状细胞或乳头状突起，可以认为是表皮细胞与毛茸的中间形式。

（二）周皮

当植物体进行次生生长时，由于根和茎加粗生长，原有的初生保护组织表皮被破坏，植物体相应地形成次生保护组织——周皮，来代替表皮行使保护作用。周皮是由木栓层（cork，phellem）、木栓形成层（phellogen，cork cambium）、栓内层（phelloderm）形成的复合组织（图 2-9）。

植物叶、花、果实的表面通常只具有表皮，而双子叶植物根和茎在幼嫩时短期为表皮，随后因进行次生生长而具有周皮。

木栓形成层是表皮、皮层、中柱鞘或韧皮部的薄壁细胞恢复分裂能力形成的次生分生组织，细胞形状较规则，多呈扁长方形。多发生于裸子植物门和被子植物门双子叶植物的根和茎次生生长时。木栓形成层细胞活动时，向外切向分裂，产生的细胞分化成木栓层，向内分裂形成栓内层。随着植物的生长，木栓层细胞的层数不断增加，细胞多呈扁平状，排列紧密整齐，无细胞间隙，细胞壁栓质化，常较厚，细胞内原生质体解体，为死亡细胞。栓质化细胞壁不易透水、透气，是很好的保护组织。栓内层由生活的薄壁细胞组成，通常细胞排列疏松，茎中栓内层细胞常含叶绿体，所以又称绿皮层。

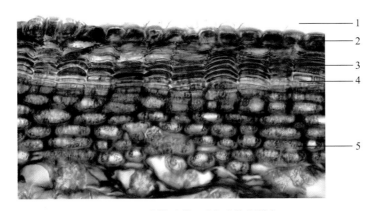

图 2-9　木栓形成层（郭庆梅提供）
1. 角质层；2. 表皮；3. 木栓层；4. 木栓形成层；5. 栓内层

皮孔（lenticel）也是植物气体交换的通道。最初的皮孔常于气孔下面发生，此处木栓形成层比其他部分更为活跃，向外分生大量的非木栓化薄壁细胞，细胞呈椭圆形、圆形等，排列疏松，细胞间隙比较发达，称为填充细胞。由于快速不断的分生，填充细胞数量增多，结果将表皮突破，形成圆形或椭圆形裂口，称为皮孔。在木本植物的茎、枝表面上常可见到各种形状的突起就是皮孔，其形态、大小和分布可作为鉴定依据之一（图 2-10）。

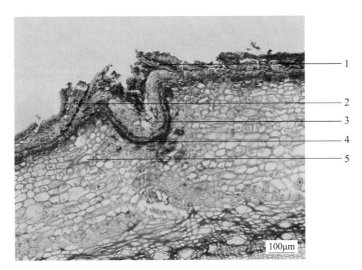

图 2-10　椴树茎上的皮孔（彭华胜提供）
1. 木栓层；2. 表皮；3. 填充细胞；4. 木栓形成层；5. 栓内层

四、机械组织

机械组织（mechanical tissue）的共同特点是细胞壁增厚，在植物体内起巩固和支持作用。植物的幼嫩器官没有机械组织或机械组织很不发达，而是依靠细胞内膨压使其保持正常生长状态。根据细胞的形态及细胞壁增厚的方式，机械组织可分为厚角组织和厚壁组织。

（一）厚角组织

厚角组织（collenchyma）细胞是生活细胞，细胞内含有原生质体，常含有叶绿体，可进行光合作用，具有一定的潜在分生能力。在纵切面上厚角组织细胞是细长形的，两端可略呈平截状、斜状或尖形；在横切面上细胞常呈多角形、不规则形等。其细胞最显著的特征是具有不均匀加厚的初生壁，一般在角隅处加厚，也有的在切向壁或靠胞间隙处加厚。细胞壁的主要成分是纤维素和果胶质，不含木质素，硬度不强。厚角既有一定的坚韧性，又有可塑性和延伸性；既可支持植物直立，也适应植物的迅速生长（图2-11）。

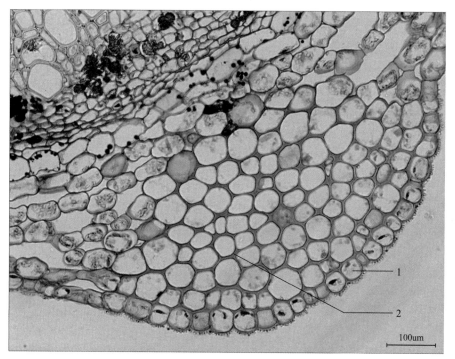

图 2-11 厚角组织（薄荷茎，郭庆梅提供）
1. 表皮；2. 厚角组织

厚角组织多直接位于表皮下面，或离开表皮只有1层或几层细胞，或成环成束分布，如益母草、薄荷、芹菜、南瓜等植物茎的棱角处就是厚角组织集中分布的位置。厚角组织常存在于双子叶草本植物茎和尚未进行次生生长的木质茎中，以及叶片主脉上下两侧、叶柄、花柄的外侧部分，根内很少形成厚角组织，但如果暴露在空气中，则可发生。

根据厚角组织细胞壁加厚方式的不同，常可分为3种类型。

1. 真厚角组织　真厚角组织又称为角隅厚角组织，细胞壁显著加厚的部分发生在几个相邻细胞的角隅处。真厚角组织是最普遍存在的一种类型，如薄荷属、曼陀罗属、南瓜属、桑属、榕属、酸模属和蓼属的植物。

2. 板状厚角组织　板状厚角组织又称为片状厚角组织，细胞的切向壁增厚。如细辛属、大黄属、地榆属、泽兰属、接骨木属的植物。

3. 腔隙厚角组织　腔隙厚角组织是具有细胞间隙的厚角组织，细胞面对胞间隙部分增厚。如夏枯草属、锦葵属、鼠尾草属、豚草属等植物。

（二）厚壁组织

厚壁组织（sclerenchyma）是植物体中重要的支持组织，细胞具有全面增厚的次生壁，并大多为木质化的细胞壁，壁常较厚，常有明显的层纹和纹孔，细胞腔较小，比较坚硬；成熟后一般没有生活的原生质体，成为死亡细胞。厚壁组织常单个或成群分布在其他组织中。根据细胞的形态不同，可分为纤维和石细胞。

1. 纤维（fiber） 纤维通常为两端尖斜的长形细胞，尖端彼此镶嵌成束。纤维细胞具有明显增厚的次生壁，加厚的主要成分是纤维素和木质素，常木质化而坚硬，壁上有少数纹孔，细胞腔小或几乎没有（图2-12）。

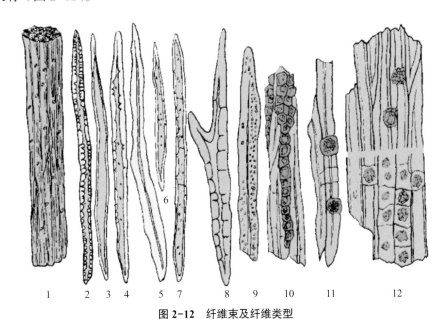

图2-12 纤维束及纤维类型

1.纤维束；2～12.纤维类型［2～7依次为五加皮、苦木、关木通、肉桂、丹参、姜的分隔纤维，
8.分枝纤维（东北铁线莲），9.嵌晶纤维（冷饭团），10.晶鞘纤维（黄柏，含方晶），
11.晶鞘纤维（石竹，含簇晶），12.晶鞘纤维（柽柳，含石膏结晶）］

纤维广泛分布于植物器官的各组织中，可以在维管组织中，或在薄壁组织中，皮层或髓中也可产生纤维细胞，单个或成束分布。根据纤维在植物体内发生的位置，纤维通常可分为木纤维和木质部外纤维。

（1）木纤维（xylem fiber）：木纤维分布在被子植物的木质部中，为长轴形纺锤状细胞，长度约为1mm，具木质化的次生壁，细胞腔小，壁上具有不同形状的退化具缘纹孔或裂隙状单纹孔。木纤维细胞壁的增厚程度随植物种类和生长部位以及生长时期不同而异。如黄连、大戟、川乌、牛膝等木纤维壁较薄，而栎树、栗树的木纤维细胞壁则常强烈增厚。就生长季节来说，春季生长的木纤维细胞壁较薄，而秋季生长的木纤维细胞壁较厚。

木纤维细胞壁厚而坚硬，增加了植物体的机械支持作用，但木纤维细胞的弹性、韧性较差，脆而易断。

在某些植物的次生木质部中还有一种纤维，通常为木质部中最长的细胞，壁厚并具有裂缝式的单纹孔，纹孔数目较少，这种纤维称为韧型纤维（libriform fiber）。如沉香、檀香等木质部中的纤维。

木纤维仅存在于被子植物的木质部中，为被子植物木质部的主要组成部分，而在裸子植物的木质部中没有纤维，主要由管胞组成，管胞同时具有输导和机械作用，也是裸子植物原始于被子植物的特征之一。

（2）木质部外纤维（extraxylary fiber）：木质部外纤维多分布在韧皮部，常称为韧皮纤维。在一些植物的基本组织或皮层等组织中也常存在，如一些单子叶植物特别是禾本科植物的茎中，常在表皮下不同位置有由基本组织发生的纤维呈环状存在；在维管束周围有由原形成层分化的纤维形成的维管束鞘。在一些藤本双子叶植物茎的皮层中，也常有环状排列的皮层纤维，以及靠近维管束的环管纤维等。

木质部外纤维细胞多呈长纺锤形，两端尖，细胞壁厚，细胞腔成缝隙状，横切面观细胞常呈圆形、长圆形等，细胞壁常呈现出同心纹层。细胞壁增厚的成分主要是纤维素，木质化程度较低或不木质化，具有较大的韧性，拉力较强，如苎麻、亚麻等。但也有一些植物木质部外纤维木质化程度较深，如洋麻、黄麻、苘麻以及一些禾本科植物的纤维。

此外，在药材鉴定中，还可以见到以下几种特殊类型：

①分隔纤维（septet fiber）：是一种细胞腔中生有薄横隔膜的纤维，如在姜、葡萄属植物的木质部和韧皮部中，以及茶藨子的木质部里有分布。

②嵌晶纤维（intercalary crystal fiber）：纤维细胞次生壁外层嵌有一些细小的草酸钙方晶和砂晶，如冷饭团的根和南五味子的根皮中的纤维嵌有方晶，草麻黄茎的纤维嵌有细小的砂晶。

③晶鞘纤维（crystal fiber）：由纤维束及其外侧包围的许多含有晶体的薄壁细胞组成的复合体称晶鞘纤维，又称晶纤维。这些薄壁细胞中有的含有方晶，如甘草、黄柏、葛根等；有的含有簇晶，如石竹、瞿麦等；有的含有石膏结晶，如柽柳等。

④分枝纤维（branched fiber）：长梭形纤维顶端具有明显的分枝，如东北铁线莲根中的纤维。

2. 石细胞（sclereid，stone cell） 石细胞广泛分布于植物体内，是特别硬化的厚壁细胞。形状多样，多为近等径形的，长宽比一般不超过 6～8 倍。石细胞多由薄壁细胞的细胞壁强烈增厚而形成，也有由分生组织活动的衍生细胞所产生。石细胞的形状变化较大，有椭圆形、类圆形、类方形、不规则形、分枝状、星状、柱状、骨状、毛状等。石细胞的次生壁极度木质化增厚，有较强的支持作用。

由于石细胞细胞壁极度增厚，使细胞腔变得更小，细胞壁的内表面积也越小，细胞壁上的单纹孔因此变长而形成沟状，数量较多的纹孔沟在细胞壁内表面彼此汇合而成分枝状。石细胞多见于茎、叶、果实、种子中，可单个或成群分散于植物组织中，也可连成环状，如肉桂的石细胞。梨的果肉中普遍存在着石细胞，石细胞的多少也是评价梨品质的一个标准。石细胞更常存在于某些植物的果皮和种皮中，组成坚硬的保护组织，如椰子、核桃等坚硬的内果皮及菜豆、栀子种皮的石细胞等。石细胞亦常见于茎的皮层中，如黄柏、黄藤；或存在于髓部，如三角叶黄连、白薇等；或存在于维管束中，如厚朴、杜仲、肉桂等。

石细胞的形状变化很大，是中药鉴定重要的依据。如梨果肉中的圆形或类圆形石细胞，黄芩、川乌根中长方形、类方形、多角形的石细胞，乌梅种皮中壳状、盔状石细胞，厚朴、黄柏中的不规则状石细胞。此外，还有一些较特殊类型的石细胞，如山茶叶柄中的长分枝状石细胞，山桃种皮中犹如非腺毛状的石细胞等。

此外，在药材鉴定中，还可以见到以下几种特殊类型（图2-13）：

①分隔石细胞：石细胞腔内产生薄的横隔膜，如虎杖根及根状茎中的石细胞。

②嵌晶石细胞：石细胞的次生壁外层嵌有非常细小的草酸钙晶体，并常稍突出于表面，如南五味子根皮中的石细胞。

③含晶石细胞：在石细胞内含有各种形状的草酸钙结晶，如侧柏种子、桑寄生茎及叶内均存在含有草酸钙方晶的石细胞；龙胆根内有含砂晶的石细胞；紫菀根及根状茎内有含簇晶的石细胞等。

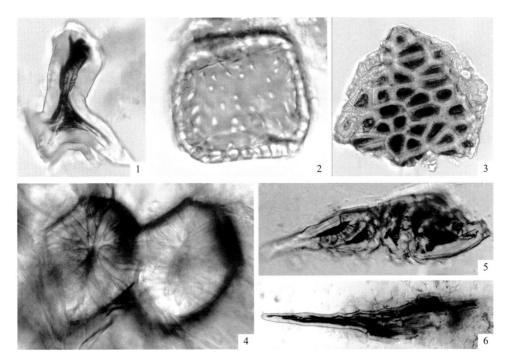

图 2-13　石细胞类型（郭庆梅提供）

1. 厚朴；2 ～ 3. 五味子（2. 种皮内层石细胞，3. 种皮外层石细胞）；4. 梨（果肉）；5. 黄柏；6. 虎杖（分隔石细胞）

五、输导组织

输导组织（conducting tissue）是植物体内运输水分和各种营养物质的组织。虽然在低等植物或高等植物的某些组织中存在细胞间传输，但仅是一种原始的或辅助的输导方式。在植物长期的进化过程中，蕨类植物、裸子植物、被子植物形成了发达的、进化的输导组织系统，成为维管植物最重要的组织特征。

输导组织的细胞一般呈上下相接的长管状，贯穿于植物体内使各个器官成为连续的系统。根据输导组织运输物质的不同，可分为两大类：一类是木质部中的导管和管胞，主要运输水分和溶解于水中的无机盐、营养物质等；另一类是韧皮部中的筛管、伴胞和筛胞，主要运输溶解状态的同化产物。

（一）导管和管胞

1. 导管（vessel）　导管是被子植物的主要输水组织，仅少数原始被子植物和一些寄生植物无导管，如金粟兰科草珊瑚属植物等，而少数进化的裸子植物类群，如麻黄科植物和少数蕨类植物也有导管存在。导管是由一系列长管状或筒状的导管分子（vessel element，vessel member）通过横壁彼此首尾相连，成为一个贯通的管状结构。导管的横壁溶解后形成穿孔，具有穿孔的横壁称穿孔板。导管的长度数厘米至数米不等，直径大小也不相同，直径越大输送水分的效率越高。导管分子幼时是生活的细胞，在成熟过程中细胞壁的次生壁常木质化增厚，成熟后细胞的原生质体分解成为死细胞。因此一般认为导管是许多死亡细胞连成的管状结构。但在葡萄卷须中的导管分子含有原生质体和细胞核，也有人在麻黄、丝瓜和棉花的导管中观察到原生质体和细胞核。

由于每个导管分子横壁的溶解，使其输水效率较高，每个导管分子的侧壁上还存在许多不同类型的纹孔，相邻的导管又可以靠侧壁上的纹孔运输水分。如导管分子之间的横壁溶解成一个大的穿孔称为单穿孔板，有些植物中的导管分子横壁并未完全消失，而在横壁上形成许多大小形态不同的穿孔，如椴树和一些双子叶植物的导管其横壁留有几条平行排列的长形梯状穿孔板，麻黄属植物导管分子具有很多圆形的穿孔所形成的麻黄式穿孔板，而紫葳科一些植物导管分子之间形成了网状穿孔板等（图 2-14）。

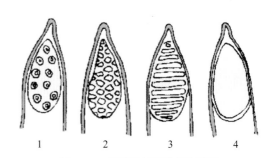

图 2-14　导管分子穿孔板的类型
1. 麻黄式穿孔板；2. 网状穿孔板；3. 梯状穿孔板；
4. 单穿孔板

　　导管在形成过程中，其木质化的次生壁并不是均匀增厚，而是形成了不同的纹理或纹孔。根据导管增厚所形成的纹理不同，常可分为下列几种类型（图 2-15，2-16）。

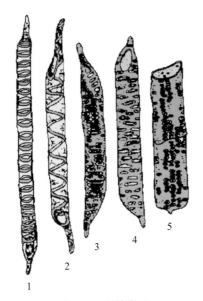

图 2-15　导管类型
1. 环纹导管；2. 螺纹导管；3. 梯纹
导管；4. 网纹导管；5. 孔纹导管

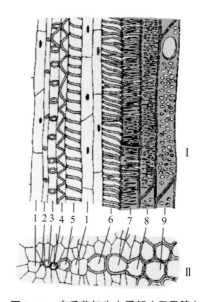

图 2-16　南瓜茎初生木质部（示导管）
Ⅰ. 纵切面；Ⅱ. 横切面
1. 木薄壁细胞；2 ～ 3. 环纹导管；4 ～ 6. 螺纹导管；
7. 梯纹导管；8. 梯 – 网纹导管；9. 孔纹导管

　　（1）环纹导管（annular vessel）：导管壁上呈环状的木质化增厚，这种增厚的环纹之间仍为薄壁的初生壁，有利于随器官的生长而伸长。环纹导管直径较小，常出现在器官的幼嫩部分，如南瓜茎、凤仙花的幼茎中，半夏的块茎中。

　　（2）螺纹导管（spiral vessel）：在导管壁上木质化增厚的次生壁呈 1 条或数条螺旋带状，容易与初生壁分离，不妨碍导管的伸长生长。螺纹导管的直径也较小，多存在于植物器官的幼嫩部分，如南瓜茎、天南星块茎。常见的"藕断丝连"中的丝就是螺纹导管中螺旋带状的次生壁与初生壁分离的现象。

　　（3）梯纹导管（scalariform vessel）：在导管壁上增厚的木质化次生壁与未增厚的初生壁部分间隔成梯形。这种导管木质化的次生壁占有较大比例，分化程度较深，不易进行伸长生长。多存在于器官的成熟部分，如葡萄茎、常山根中。

　　（4）网纹导管（reticulate vessel）：导管增厚的木质化次生壁交织成网状，网孔是未增厚的部分。网纹导管的直径较大，多存在于器官的成熟部分，如大黄根状茎、苍术根状茎中。

（5）孔纹导管（pitted vessel）：导管次生壁几乎全面木质化增厚，未增厚部分为单纹孔或具缘纹孔，前者为单纹孔导管，后者为具缘纹孔导管。导管直径较大，多存在于器官的成熟部分，如甘草根、赤芍根、拳参根状茎中。

一种植物的木质部中并不具有全部类型的导管，但常可见一种植物的某器官中具有不止一种导管类型，如南瓜茎的纵切片中常可见到典型的环纹和螺纹存在于同一导管上。导管类型之间还有一些中间类型，如大黄根状茎中常可见到网纹未增厚的部分横向延长，出现了梯纹和网纹的中间类型，这种类型又往往称为梯－网纹导管。

环纹导管、螺纹导管在器官的形成过程中出现较早，多存在于植物体的幼嫩部分，可随植物器官的生长而伸长，一般直径较小，输导能力较差，次生壁加厚较少，属于原始的初生类型。而网纹导管、孔纹导管在器官中出现较晚，并多存在于器官的成熟部分，壁增厚的面积很大，管壁较坚硬，有很强的机械作用，能抵抗周围组织的压力，保持其输导作用，属于进化的次生类型。

随着植物的生长以及新的导管产生，一些较早形成的导管常相继失去其输导功能，相邻薄壁细胞膨胀，并常通过导管壁上未增厚部分或纹孔侵入导管腔内，形成大小不等的囊状突出物，这种突入生长并堵塞导管的囊状突出物称侵填体（tylosis）。初期，由原生质和细胞核等随细胞壁的突进而流入其中，后来则有单宁、树脂等后含物的填充，这时植物体内的水溶液运输并不是由单一导管从下直接向上输导的，而是经过多条导管曲折向上输导的。侵填体的产生对病菌侵害起到一定防腐作用，其中有些物质是中药有效成分。

2. 管胞（tracheid）　管胞是绝大部分蕨类植物和裸子植物的输水组织，同时还具有支持作用。在被子植物的木质部中也可发现管胞，特别是叶柄和叶脉中，但数量较少。管胞和导管分子在形态上有明显的不同，管胞是单个细胞，呈长管状，但两端尖斜，不形成穿孔，相邻管胞彼此间不能靠首尾连接进行输导，而是通过相邻管胞侧壁上的纹孔输导水分，所以其输导功能比导管低，为一类较原始的输导组织。管胞与导管一样，由于其细胞壁次生加厚，并木质化，细胞内原生质体消失而成为死亡细胞，并其木质化次生壁的增厚也常形成各种纹理，如环纹、螺纹、梯纹、孔纹等类型。导管、管胞在药材粉末鉴定中有时较难分辨，常采用解离的方法将细胞分开，观察管胞分子的形态（图2-17，2-18）。

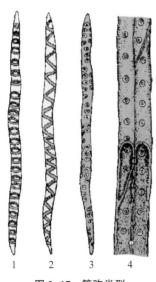

图2-17　管胞类型
1.环纹管胞；2.螺纹管胞；
3.梯纹管胞；4.孔纹管胞

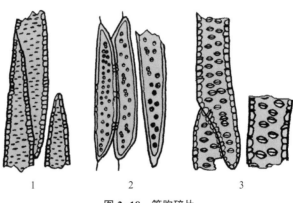

图2-18　管胞碎片
1.麦冬；2.关木通；3.白芍

裸子植物的管胞一般长约 5mm，在松科、柏科一些植物的管胞上可见到一种典型的具有纹孔塞的具缘纹孔。

此外，在次生木质部中有一种长梭形细胞称为纤维管胞（fiber tracheid），它是管胞和纤维的中间类型，末端较尖，细胞壁上具双凸镜状或裂缝状开口的纹孔，厚度常介于管胞和纤维之间，如沉香、芍药、天门冬、威灵仙、紫草、升麻、钩藤、冷饭团等。

（二）筛管、伴胞和筛胞

1. 筛管（sieve tube）　筛管主要存在于被子植物的韧皮部中，是运输光合作用产生的有机物质如糖类和其他可溶性有机物等的管状结构，是由一些生活的管状细胞纵向连接而成的。组成筛管的每一个管状细胞称为筛管分子（图 2-19），在结构上有以下特点：

（1）组成筛管的细胞是生活细胞，但细胞成熟后细胞核消失。

（2）组成筛管的细胞的细胞壁是初生壁，主要由纤维素构成。

（3）相连的筛管分子的横壁上有许多小孔，称为筛孔（sieve pore），具有筛孔的横壁称为筛板（sieve plate）。筛板两边的原生质丝通过筛孔彼此相连，与胞间连丝的情况相似，但较粗壮，称为联络索（connecting strand）。有些植物的筛孔也见于筛管的侧壁上，通过侧壁上的筛孔，使相邻筛管彼此联系。在筛管的筛板上或筛管的侧壁上筛孔集中分布的区域又称为筛域（sieve area）。在一个筛板上如果只有一个筛域的称为单筛板（simple sieve plate）；如果分布数个筛域的则称为复筛板（compound sieve plate）。联络索通过筛孔上下相连，彼此贯通，形成同化产物运输的通道。

筛管在发育的早期阶段，还有细胞核，并有浓厚的细胞质、线粒体等；在筛管形成过程中，细胞核逐渐溶解而消失，细胞质减少，线粒体变小；在筛管形成后，筛管细胞成为无核的生活细胞。但有人认为筛管细胞始终有细胞核存在，并且是多核结构，因核小而分散，不易观察到。

筛板形成后，在筛孔的四周围绕联络索可逐渐积累一些特殊的碳水化合物，称为胼胝质（callose）；随着筛管的不断老化，胼胝质将会不断增多，最后形成垫状物，称为胼胝体（callus）。一旦胼胝体形成，筛孔将会被堵塞，联络索中断，筛管也将失去运输功能。

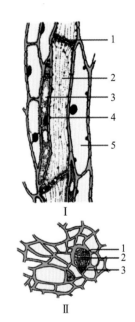

图 2-19　烟草韧皮部（示筛管及伴胞）
Ⅰ. 纵切面；Ⅱ. 横切面
1. 筛板；2. 筛管；3. 伴胞；4. 白色体；
5. 韧皮薄壁细胞

筛管分子一般在春天形成层活动期间形成，在秋天停止输导而死亡。一些多年生的双子叶植物如葡萄属植物的筛管当年春天形成，往往在冬季来临前形成胼胝体，暂时停止输导作用，而在来年春季胼胝体溶解，筛管又逐渐恢复输导功能；另一些较老的筛管形成胼胝体后，将会永远失去输导功能而被新筛管所取代。多年生单子叶植物的筛管可长期保持输导功能，甚至整个生活期。

2. 伴胞（companion cell）　被子植物筛管分子的旁边，常有 1 个或几个小型并细长的薄壁细胞和筛管紧紧贴生在一起，称为伴胞。伴胞和筛管是由同一筛管母细胞分裂而来，其中大的细胞发育成筛管，小的发育成伴胞。伴胞与筛管相邻的壁上常有许多纹孔，有胞间连丝相互联系，细胞质浓，细胞核大，含有多种酶类物质，生理活动旺盛，研究表明筛管的运输功能和伴胞的生理活动密切相关，筛管死亡后，伴胞将随着失去生理活性。

3. 筛胞（sieve cell）　筛胞是蕨类植物和裸子植物运输光合作用产生的有机物质的输导分子。筛胞是单个细胞，无伴胞存在，形状狭长，直径较小，两端尖斜，没有特化的筛板，只有存在于侧壁上的筛域。筛胞不能像筛管那样首尾相连接，只能是彼此重叠而存在，靠侧壁上筛域的筛孔运输，所以输导机能较差，是比较原始的输导有机养料的结构。

六、分泌组织

植物在新陈代谢过程中，一些细胞能分泌某些特殊物质，如挥发油、乳汁、黏液、树脂、蜜液、盐类等，这种细胞称为分泌细胞（secretory cell），由分泌细胞所构成的组织称为分泌组织（secretory tissue）。分泌组织可以分布在植物体的各个部位。分泌组织所产生的分泌物，可以防止组织腐烂，帮助创伤愈合，免受动物吃食，排除或贮积体内废弃物等；有的还可以引诱昆虫，以利于传粉。有许多分泌物可作药用，如乳香、没药、松节油、樟脑、蜜汁、松香以及各种芳香油等。分泌组织的形态结构及分泌物在某些植物科属鉴别上也有一定的价值。

根据分泌细胞排出的分泌物是积累在植物体内部还是排出体外，常把分泌组织分为外部分泌组织和内部分泌组织（图 2-20）。

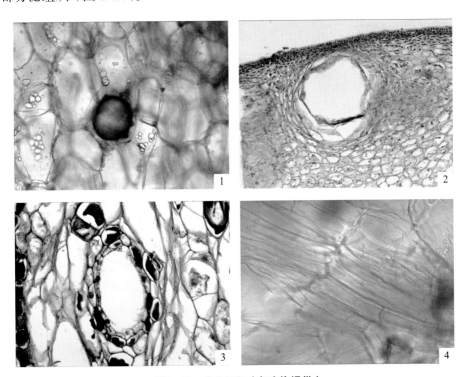

图 2-20　分泌组织（郭庆梅提供）
1. 油细胞（生姜）；2. 分泌腔（柑橘）；3. 树脂道（松属木材的横切面）；4. 乳汁管（蒲公英根）

（一）外部分泌组织

外部分泌组织是分布在植物体体表部分的分泌结构，并将分泌物排出体外，如腺毛、蜜腺等。

1. 腺毛 腺毛是具有分泌作用的表皮毛，常由表皮细胞分化而来。腺毛有腺头、腺柄之分，腺头细胞能分泌物质，腺头细胞覆盖着较厚的角质层，其分泌物可由分泌细胞排出细胞体外而积聚在细胞壁和角质层之间。分泌物可由角质层渗出，或角质层破裂后散发出来。腺毛多存在于植物的茎、叶、芽鳞、子房、花萼、花冠等部分。滨藜属植物等的叶表面有一种可分泌盐的腺毛，由1个柄细胞和1个基细胞组成。

2. 蜜腺（nectary） 蜜腺是能分泌蜜液的腺体，由1层表皮细胞及其下面数层细胞特化而成。与相邻细胞相比，腺体细胞的细胞壁比较薄，无角质层或角质层很薄，细胞质较浓。细胞质产生蜜液并通过角质层扩散或经腺体表皮上的气孔排出。蜜腺下常有维管组织分布。一般位于花萼、花冠、子房或花柱的基部，为花蜜腺。具蜜腺的花均为虫媒花，如油菜、荞麦、酸枣、槐。蜜腺除存在于花部外，还存在于茎、叶、托叶、花柄处，为花外蜜腺。如蚕豆托叶上的紫黑色腺点、桃和樱桃叶片基部均具蜜腺。枣、白花菜，以及大戟属植物的花序中也有不同形态的蜜腺。

（二）内部分泌组织

内部分泌组织分布在植物体内，分泌物也积存在体内。根据它们的形态结构和分泌物的不同，可分为分泌细胞、分泌腔、分泌道和乳汁管。

1. 分泌细胞 分泌细胞是分布在植物体内部的具有分泌能力的细胞，通常比周围细胞大，它们并不形成组织，以单个细胞或细胞团（列）分散在其他组织中。分泌细胞多呈圆球形、椭圆形、囊状、分枝状等，分泌物积聚于该细胞中，当分泌物充满整个细胞时，细胞也往往木栓化，这时的分泌细胞失去分泌功能，而其作用就犹如贮藏室。由于分泌物质不同，又可分为油细胞如姜、肉桂、菖蒲等，黏液细胞如半夏、玉竹、山药、白及等，单宁细胞如豆科、蔷薇科、壳斗科、冬青科、漆树科的一些植物等，芥子酶细胞如十字花科、白花菜科植物等。

2. 分泌腔（secretory cavity） 分泌腔也称为分泌囊或油室，分泌物常聚集于囊状结构的胞间隙中，可成圆球形，如柑橘类果皮和叶肉以及桉叶叶肉中。根据其形成的过程和结构，常可分为两类。

（1）溶生式分泌腔（lysigenous secretory cavity）：薄壁组织中的一群分泌细胞随产生分泌物质逐渐增多，最后这些分泌细胞本身破裂溶解，在体内形成1个含有分泌物的腔室，腔室周围的细胞常破碎不完整，如柑橘的果皮、叶等。

（2）裂生式分泌腔（schizogenous secretory cavity）：是由一群分泌细胞彼此分离形成细胞间隙，随着分泌的物质逐渐增多，细胞间隙也逐渐扩大而形成的腔室，分泌细胞不被破坏，完整地包围着腔室，如苍术、金丝桃、漆树、桃金娘、紫金牛植物的叶片以及当归的根中的分泌腔等。

3. 分泌道（secretory canal） 分泌道是由一些分泌细胞彼此分离形成的1个长管状间隙的腔道，周围分泌细胞称为上皮细胞（epithelial cell），上皮细胞产生的分泌物贮存于腔道中。在松柏类和一些木本双子叶植物中可观察到贮存不同分泌物的分泌道。由于贮藏分泌物的不同又分为树脂道、油管和黏液道等，如松树茎中的分泌道贮藏着由上皮细胞分泌的树脂，称为树脂道（resin canal）；小茴香果实的分泌道贮藏着挥发油，称为油管（vitta）；美人蕉和椴树的分泌道贮藏着黏液，称为黏液道（slime canal）或黏液管（slime duct）。

4. 乳汁管（laticifer） 乳汁管是由能分泌乳汁的单个长管状细胞或一系列细胞通过端壁溶解连接而成，常可分枝，在植物体内形成系统。构成乳汁管的细胞主要是生活细胞，细胞质稀薄，通常具有多数细胞核，液泡里含有大量乳汁。但有研究指出，乳汁存在于整个细胞质中，并非仅存在于细胞液中，如巴西橡胶树。乳汁具黏滞性，常呈白色或乳白色，也有黄色或橙色。乳汁的成分很复杂，因植物种类不同而异，主要为糖类、蛋白质、橡胶、生物碱、苷类、酶、单宁等物质。乳汁管分布在器官的薄壁组织内，如皮层、髓部以及子房壁内等，具有贮藏和运输营养物质的机能。具有乳汁管的植物很多，如菊科蒲公英属、莴苣属；大戟科大戟属、橡胶树属；桑科桑属、榕树属；桔梗科党参属、桔梗属等。

根据乳汁管的发育和结构可将其分成两类：

（1）无节乳汁管（nonarticulate laticifer）：1 个乳汁管仅由 1 个细胞构成，这个细胞又称为乳汁细胞。细胞分枝或不分枝，长度可达数米，如夹竹桃科、萝藦科、桑科以及大戟科的大戟属等一些植物的乳汁管。

（2）有节乳汁管（articulate laticifer）：1 个乳汁管是由许多细胞连接而成的，连接处的细胞壁溶解贯通，成为多核巨大的管道系统，乳汁管可分枝或不分枝，如菊科、桔梗科、罂粟科、旋花科、番木瓜科以及大戟科的橡胶树属等一些植物的乳汁管。

第二节　维管束及其类型

一、维管束的组成

维管束（vascular bundle）是蕨类植物、裸子植物、被子植物等维管植物的输导系统。维管束是一种束状结构，贯穿于整个植物体的内部，除了具有输导功能外，同时对植物体还起着支持作用。维管束主要由韧皮部与木质部组成，在被子植物中，韧皮部是由筛管、伴胞、韧皮薄壁细胞和韧皮纤维组成，木质部由导管、管胞、木薄壁细胞和木纤维组成；裸子植物和蕨类植物的韧皮部主要是由筛胞和韧皮薄壁细胞组成，木质部由管胞和木薄壁细胞组成。

裸子植物和双子叶植物的维管束在木质部和韧皮部之间常有形成层存在，能持续不断的分生生长，所以这种维管束称为无限型维管束或开放型维管束（open bundle）；蕨类植物和单子叶植物的维管束中没有形成层，不能进行不断的分生生长，所以这种维管束称为有限型维管束或闭锁型维管束（closed bundle）。

二、维管束的类型

根据维管束中韧皮部与木质部排列方式的不同，以及形成层的有无，将维管束分为下列几种类型（图 2-21）：

1. 有限外韧型维管束（closed collateral vascular bundle）　韧皮部位于外侧，木质部位于内侧，中间没有形成层。如单子叶植物茎的维管束。

2. 无限外韧型维管束（open collateral vascular bundle）　无限外韧维管束与有限外韧维管束的不同点是韧皮部与木质部之间有形成层，可使植物逐渐增粗生长。如裸子植物和双子叶植物茎中的维管束。

3. 双韧型维管束（bicollateral vascular bundle）　木质部内外两侧都有韧皮部，在外侧韧皮部与木质部间有形成层。常见于茄科、葫芦科、夹竹桃科、萝藦科、旋花科、桃金娘科等植物茎中的维管束。

4. 周韧型维管束（amphicribral vascular bundle）　木质部位于中间，韧皮部围绕在木质部的四周。如百合科、禾本科、棕榈科、蓼科及蕨类的某些植物中的维管束。

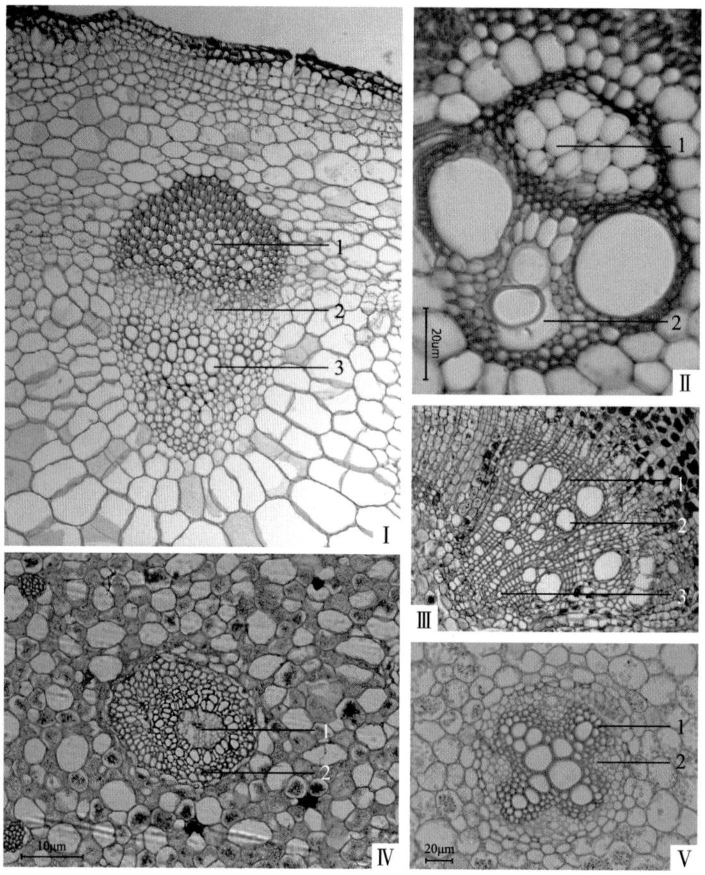

图2-21　维管束类型详图（郭庆梅提供）
Ⅰ.无限外韧型维管束（向日葵茎）1.初生韧皮纤维；2.韧皮部；3.木质部
Ⅱ.有限外韧型维管束（水稻茎）1.韧皮部；2.木质部
Ⅲ.双韧型维管束（厚藤茎）1.外韧皮部；2.木质部；3.内韧皮部
Ⅳ.周木型维管束（石菖蒲根状茎）1.韧皮部；2.木质部
Ⅴ.辐射型维管束（毛茛根）1.木质部；2.韧皮部

5. 周木型维管束（amphivasal vascular bundle）　韧皮部位于中间，木质部围绕在韧皮部的四周。常见于少数单子叶植物的根状茎，如菖蒲、石菖蒲、铃兰等。

6. 辐射型维管束（radial vascular bundle）　韧皮部和木质部相互间隔成辐射状排列，并形成一圈。多数单子叶植物根的维管束为多元型并排列成一圈，中间多具有宽阔的髓部；在双子叶植物根的初生构造中木质部常分化到中心，呈星角状，韧皮部位于两角之间，彼此相间排列，这类维管束称为辐射维管束。

根（root）是维管植物为适应陆地生活而逐渐进化，通常生长在土壤中的营养器官，具有向地性、向湿性、背光性等生长特点，有吸收、固着、贮藏等功能。根从土壤中吸收水分、无机盐等，输送到植物体其他部分满足其生长需要。根的顶端不断向下生长，形成庞大的根系，将植物体固着于土壤中。根能合成植物激素等，对植物体生长、发育有重要作用。根中贮存着丰富的营养物质和次生代谢产物，是药用植物重要的入药部位，中药材人参、三七、地骨皮、牡丹皮等均是以根或根皮入药。

第一节　根的形态和类型

一、根的类型

根多呈圆柱形，向下逐渐变细，多级分枝，形成根系。根无节与节间，通常不生芽、叶和花，细胞内通常不含叶绿体。

（一）主根和侧根

植物种子的胚根直接发育形成的根，称主根（main root）。当主根生长到一定长度时，侧向生出许多支根，称为侧根（lateral root）。侧根可逐级发生。在主根和侧根上均可形成小分枝称纤维根（fibrous root）。

（二）定根和不定根

由胚根直接或间接发育而来的主根、侧根和纤维根，有着固定的生长部位，称为定根（normal root）。由胚轴、茎、叶或其他部位发生的根，没有固定生长部位，称为不定根（adventitious root）。

（三）直根系和须根系

根系（root system）为一株植物地下部分全部根的总称。由于根的发生和形态不同，根系可分为直根系（tap root system）和须根系（fibrous root system）两类（图3-1）。

1. 直根系　主根发达，主根与侧根界限明显的根系称直根系。外形可见粗壮的主根和逐渐变细的各级侧根。直根系是裸子植物和大多数双子叶植物的主要根系类型，如党参、蒲公英等的根系。

2. 须根系　主根不发达或早期死亡，在胚轴或茎基部的节上生出许多粗细长短相仿的不定根，形成没有主次之分的根系，称为须根系。须根系是单子叶植物的主要根系类型。

直根系（土牛膝）　　　　　　　须根系（葱）

图 3-1　直根系和须根系（王光志提供）
1. 主根；2. 侧根；3. 纤维根

二、根的变态

　　植物的根在长期生长过程中，其形态结构和生理功能发生了特化，称作根的变态。常见根的变态类型有以下几种（图 3-2，3-3）。

图 3-2　变态根的类型（一）
1. 肉质直根（甘草，张新慧提供）；2. 块根（何首乌，严寒静提供）；3. 块根（大百部，杨成梓提供）

（一）贮藏根

　　根的一部分或全部因贮藏营养物质而呈肉质肥大，称为贮藏根（storage root）。依据其形态又可分为肉质直根（fleshy tap root）和块根（root tuber）。肉质直根主要由主根发育而成，其上

图 3-3　变态根的类型（二）

1.支持根（露兜树，郭庆梅提供）；2.水生根（满江红，葛菲提供）；3.气生根（榕树，刘长利提供）；
4.呼吸根（池杉，林青青提供）；5.攀缘根（常春藤，王光志提供）；6.寄生根（菟丝子，王光志提供）

部具有胚轴和节间很短的茎。外形上有的肥大呈圆锥状，如白芷、桔梗等；有的肥大呈圆柱状，如丹参、菘蓝、甘草等；有的肥大呈圆球状，如芜菁的根。块根主要是由侧根或不定根膨大发育而成，在其膨大部分上端没有茎和胚轴。外形上往往不规则，一株植物可形成多个块根，如何首乌、天门冬、百部等。

（二）支持根

有些植物常自茎节上产生一些不定根伸入土中，能从土壤中吸收水分和无机盐，显著增强了对植物体的支持作用，这样的根称支持根（prop root）。如薏苡、露兜树、玉米、甘蔗等在接近地面茎节上生出并扎入地下的不定根。

（三）气生根

由茎产生并暴露在空气中的不定根称气生根（aerial root），具有在潮湿空气中吸收和贮藏水分的能力。气生根多见于热带植物，如石斛、榕树、吊兰等植物的气生根。

（四）攀缘根

攀缘植物在其地上茎干上生出不定根，以使植物能攀附于树干、石壁、墙垣或其他物体，称攀缘根（climbing root）。如常春藤、凌霄、薜荔等植物的攀缘根。

（五）水生根

水生植物的根一般呈须状，垂直漂浮在水中，纤细柔软并常带绿色，称水生根（water root）。

如满江红、睡莲、菱等的根。

（六）呼吸根

生长在湖沼或热带海滩地带的某些植物，由于植株的一部分被淤泥淹没，呼吸十分困难，因而有部分根从淤泥或水中垂直向上生长，暴露于空气中进行呼吸，这种根称为呼吸根（respiratory root）。如红树、木榄、水杉等具有呼吸根。

（七）寄生根

一些寄生植物产生的不定根伸入寄主植物体内吸取水分和营养物质，以维持自身的生活，称为寄生根（parasitic root）。如菟丝子、列当、桑寄生、槲寄生等。其中菟丝子、列当等植物体内不含叶绿体，不能自制养料而完全依靠吸收寄主体内的养分维持生活的，称全寄生植物或非绿色寄生植物；桑寄生、槲寄生等植物含叶绿体，既能自制部分养料，又依靠寄生根吸收寄主体内的养分，称为半寄生植物或绿色寄生植物。

第二节　根的构造

一、根尖的构造

根尖（root tip）是指根的顶端到着生根毛的区域，是根中生命活动最旺盛、最重要的部分。根的伸长、对水分与养分的吸收，以及根内组织的形成均主要在此进行，因此根尖的损伤会直接影响根的继续生长和吸收作用的进行。根据根尖细胞生长和分化的程度不同，可将根尖划分为四个部分：根冠（root cap）、分生区（meristematic zone）、伸长区（elongation zone）、成熟区（maturation zone）（图3-4）。

（一）根冠

根冠位于根的最顶端，是组成根尖的一部分。根冠由多层不规则排列的薄壁细胞组成，像帽子一样包被在生长锥的外围，起着保护根尖的作用。当根不断向下延伸生长时，根冠与土壤发生摩擦，引起外围细胞破碎、死亡和脱落，但由于分生区的细胞不断分裂，使根冠可以陆续得到补充，始终保持一定的形状和厚度。根冠的外层细胞在受损后能产生黏液，有助于减少根尖与土壤的摩擦。绝大多数植物的根尖都有根冠，但寄生根和菌根无根冠存在。根冠细胞内常含有淀粉粒。

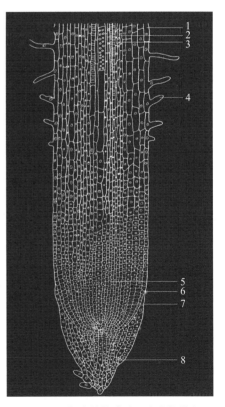

图 3-4　根尖的构造（王光志提供）
1. 表皮；2. 内皮层；3. 中柱鞘；
4. 根毛；5. 原形成层；6. 原表皮；
7. 基本分生组织；8. 根冠

（二）分生区

分生区是位于根冠上方或内侧顶端的分生组织。其最先端的一群细胞属于原分生组织。分生区不断地进行细胞分裂而增生细胞，一部分向先端发展，形成根冠细胞；一部分向根后方的伸长区发展，经过细胞的生长、分化，逐渐形成根成熟区的各种结构。分生区在分裂过程中始终保持它原有的体积。

（三）伸长区

伸长区位于分生区上方到出现根毛的地方，此处细胞分裂已逐渐停止，细胞显著沿根的长轴方向延伸，体积扩大，因此称为伸长区。伸长区的细胞开始出现了分化，细胞的形状已有差异，相继出现了导管和筛管。根的长度生长是分生区细胞的分裂和伸长区细胞的延伸共同活动的结果，特别是伸长区细胞的延伸，使根不断地向土壤深处推进，有利于根不断转移到新的环境，以吸取更多的矿质营养。

（四）成熟区

成熟区紧接伸长区，其区域的各种细胞已停止伸长，并且多已分化成熟，形成了各种初生组织，故称为成熟区。成熟区的显著特点是部分表皮细胞的外壁向外突出形成根毛（root hair），所以成熟区又叫根毛区。根毛的生活期很短，老的根毛陆续死亡，从伸长区上部又陆续生出新的根毛。根毛虽细小，但数量极多，大大增加了根的吸收面积。水生植物一般无根毛。

二、双子叶植物根的初生生长和初生构造

根的初生生长（primary growth）是指根尖顶端分生组织细胞经分裂、生长、分化，逐渐形成原表皮层、基本分生组织和原形成层等初生分生组织，使根延长生长的过程。最外层的原表皮层细胞进行垂周分裂，增加表面积，进一步分化为根的表皮。基本分生组织在中间，进行垂周分裂和平周分裂，增大体积，进而分化为根的皮层。原形成层在最内层，分化为根的维管柱，形成中柱鞘、初生木质部和初生韧皮部。在初生生长过程中所产生的各种成熟组织，称初生组织（primary tissue），由初生组织所形成的表皮、皮层和维管柱构成的结构，称根的初生构造（primary structure）。

在根尖的成熟区做一横切，观察双子叶植物根的初生构造，从外到内依次为表皮（epidermis）、皮层（cortex）和维管柱（vascular cylinder）三部分（图3-5）。

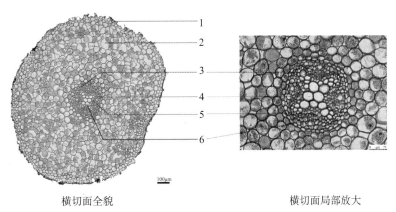

横切面全貌　　　　　　　　　横切面局部放大

图3-5　双子叶植物根的初生构造（毛茛，彭华胜提供）
1. 表皮；2. 皮层；3. 内皮层；4. 中柱鞘；5. 初生韧皮部；6. 初生木质部

1. 表皮 根的表皮是成熟区最外面的一层细胞，是由原表皮发育而成。表皮细胞近似长柱形，排列整齐紧密，无细胞间隙，细胞壁薄，非角质化，富有通透性，不具气孔。一部分表皮细胞的外壁向外突出，延伸成根毛。这些特征与根的吸收功能密切相关，所以有吸收表皮之称。

2. 皮层 皮层是表皮以内维管束以外的多层薄壁细胞，由基本分生组织发育而成。皮层细胞排列疏松，常有明显的细胞间隙，占根中相当大的部分。通常可分为外皮层（exodermis）、皮层薄壁组织和内皮层（endodermis）。

（1）外皮层：外皮层是多数植物根的皮层最外层紧邻表皮的 1 层细胞，细胞排列整齐、紧密。当表皮被破坏后，此层细胞的细胞壁常增厚并栓质化，代替表皮起保护作用。

（2）皮层薄壁组织：皮层薄壁组织（中皮层）位于外皮层和内皮层之间。其细胞层数较多，细胞壁薄，排列疏松，有细胞间隙，具有将根毛吸收的溶液转送到根的维管柱中，又可将维管柱内的有机养料转送出来的作用，有的还有贮藏作用。所以皮层为兼有吸收、运输和贮藏作用的基本组织。

（3）内皮层：内皮层为皮层最内侧的一层细胞，细胞排列整齐、紧密，无细胞间隙。内皮层细胞壁常增厚，可分为两种类型：一种是内皮层细胞的径向壁（侧壁）和上下壁（横壁）局部增厚（木质化或木栓化），增厚部分呈带状，环绕径向壁和上下壁而成一整圈，称为凯氏带（Casparian strip）（图 3-6）。凯氏带的宽度不一，但常远比其所在的细胞壁狭窄，故从横切面观，径向壁增厚的部分成点状，故又叫凯氏点（Casparian dots）。另一种是内皮层细胞进一步发育，其径向壁、上下壁以及内切向壁（内壁）显著增厚，只有外切向壁（外壁）比较薄，因此横切面观时，内皮层细胞壁增厚部分呈马蹄形。

3. 维管柱 根的内皮层以内的所有组织构造统称为维管柱，在横切面上占较小面积。维管柱结构比较复杂，通常包括中柱鞘（pericycle）、初生木质部（primary xylem）和初生韧皮部（primary phloem）3 部分，少数双子叶植物还具有髓部。

（1）中柱鞘：紧贴内皮层，为维管柱最外侧的组织，由原形成层细胞发育而成，也称维管柱鞘。多数双子叶植物的中柱鞘通常由 1 层薄壁细胞构成；少数由两层至多层细胞构成，如柳、桃、桑以及裸子植物等。根的中柱鞘细胞个体较大，排列整齐，其分化程度较低，具有潜在的分生能力，在一定时期可以产生侧根、不定根、不定芽以及木栓形成层和一部分形成层等。

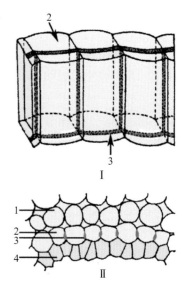

图 3-6 内皮层及凯氏带
Ⅰ. 内皮层细胞立体观（示凯氏带）；
Ⅱ. 内皮层细胞横切面观（示凯氏点）
1. 皮层细胞；2. 内皮层；3. 凯氏带（点）；
4. 中柱鞘

（2）初生木质部和初生韧皮部：根的初生构造中木质部和韧皮部为根的输导系统，在根的最内侧，由原形成层直接分化而成。一般初生木质部分为数束，横切面上呈星角状，与初生韧皮部相间排列，是根的初生构造特点。根的初生木质部分化成熟的顺序是自外向内的，称外始式（exarch）。初生木质部的外侧，即最先分化成熟的木质部，称原生木质部（protoxylem），其导管直径较小，多呈环纹或螺纹；后分化成熟的木质部，称后生木质部（metaxylem），其导管直径较大，多呈梯纹、网纹或孔纹。这种分化成熟的顺序，表现了形态构造和生理功能的统一性，因为最初形成的导管出现在木质部的外侧，由根毛吸收的水分和无机盐类等物质，通过皮层传到导管中的距离就短些，有利于水分等物质的迅速运输。初生木质部的结构比较简单，被子植物的初生木质部由导管、管胞、木纤维和木薄壁细胞组成；裸子植物的初生木质部主要有管胞。

根的初生木质部束（星角）的数目随植物种类而异，如十字花科、伞形科的一些植物和多数裸子植物的根中，只有两束初生木质部，称二原型（diarch）；毛茛科的唐松草属有 3 束，叫三原型（triarch）；葫芦科、杨柳科及毛茛科毛茛属的一些植物有 4 束，叫四原型（tetrarch）；棉花和向日葵有 4～5 束，蚕豆有 4～6 束。双子叶植物初生木质部的束数较少，多为二原型至六原型。每种植物的根中，其初生木质部束的数目是相对稳定的，但也常发生变化，同种植物的不同品种或同株植物的不同根，也可能出现不同的束数。近年的试验表明，在离体培养根中，培养基中吲哚乙酸的含量可以影响初生木质部束的数目。

初生韧皮部发育成熟的方式也是外始式，即原生韧皮部（protophloem）在外侧，后生韧皮部（metaphloem）在内侧。在同一根内，初生韧皮部束的数目和初生木质部束的数目相同；被子植物的初生韧皮部一般由筛管和伴胞、韧皮薄壁细胞组成，偶有韧皮纤维；裸子植物的初生韧皮部主要有筛胞。

初生木质部和初生韧皮部之间有 1 至多层薄壁细胞，在双子叶植物根中，这些细胞以后可以进一步转化为形成层的一部分，由此产生根的次生构造。多数双子叶植物根的中央部分往往由初生木质部中的后生木质部占据，因此不具有髓部。但部分双子叶植物根的中央部分未分化形成木质部，由薄壁细胞（如乌头、龙胆、桑等）形成髓部。

三、双子叶植物根的次生生长和次生构造

由于根中次生分生组织的分裂、分化，不断产生新的组织，使根逐渐加粗。这种使根增粗的生长称为次生生长（secondary growth），由次生生长所产生的各种组织叫次生组织（secondary tissue），由这些组织所形成的结构叫次生构造（secondary structure）。绝大多数蕨类植物、单子叶植物的根，在整个生活期中，不发生次生生长，一直保持着初生构造。而多数双子叶植物和裸子植物的根，可发生次生生长，形成次生构造。次生构造是由次生分生组织形成层和木栓形成层细胞分裂、分化产生的。

（一）形成层的产生及其活动

当根进行次生生长时，在初生木质部与初生韧皮部之间的一些薄壁细胞恢复分裂功能，转变为形成层片段，并逐渐向初生木质部束外侧的中柱鞘部位发展，使相接连的中柱鞘细胞也开始分化成为形成层的一部分，这样形成层就由片段连成 1 个凹凸相间的形成层环，并逐渐形成圆环状形成层（图 3-7）。

形成层的原始细胞只有 1 层，但在生长季节，由于刚分裂出来的尚未分化的衍生细胞与原始细胞相似，而成多层细胞，合称为形成层区。通常讲的形成层就是指形成层区。横切面观，多为数层排列整齐的扁平细胞。

形成层细胞不断进行平周分裂，向内产生新的木质部，加于初生木质部的外侧，称次生木质部（secondary xylem），包括导管、管胞、木薄壁细胞和木纤维；向外产生新的韧皮部，加于初生韧皮部的内侧，称次生韧皮部（secondary phloem），包括筛管、伴胞、韧皮薄壁细胞和韧皮纤维。由于位于韧皮部内侧的形成层分裂速度较快，次生木质部产生的量比较多，因此，形成层凹

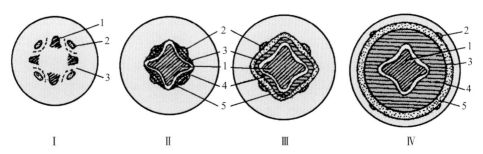

图 3-7　根的次生生长图解（横剖面示形成层的产生与发展）
Ⅰ.幼根的情况，初生木质部在成熟，点线示形成层起始的地方；
Ⅱ.形成层已成连续组织，初生的部分已产生次生结构，初生韧皮部已受挤压；
Ⅲ.形成层全部产生次生结构，但仍凹凸不齐，初生韧皮部挤压更甚；
Ⅳ.形成层已成完整的圆环。
1.初生木质部；2.初生韧皮部；3.形成层；4.次生木质部；5.次生韧皮部

入的部分大量向外推移，致使凹凸相间的形成层环逐渐变成圆环状。此时的维管束便由初生构造的木质部与韧皮部相间排列转变为木质部在内侧、韧皮部在外侧的外韧型维管束。次生木质部和次生韧皮部合称次生维管组织，是次生构造的主要部分（图 3-8）。

　　形成层细胞活动时，在一定部位也分生一些薄壁细胞，这些薄壁细胞沿径向延长，呈辐射状排列，贯穿在次生维管组织中，称次生射线（secondary ray），位于木质部的叫木射线（xylem ray），位于韧皮部的叫韧皮射线（phloem ray），两者合称为维管射线（vascular ray），具有横向运输水分和营养物质的功能。

　　在次生生长过程中，因新生的次生维管组织总是添加在初生韧皮部的内侧，初生韧皮部遭受挤压而被破坏，成为没有细胞形态的颓废组织（obliterated tissue）（即筛管、伴胞及其他薄壁细胞被挤压破坏，细胞间界限不清）。由于形成层产生的次生木质部的数量比较多，并添加在初生木质部之外，因此，生长年限较长的树根主要是木质部，质地坚固。

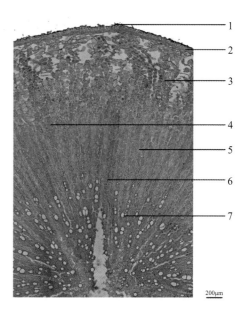

图 3-8　根的次生构造（蒙古黄芪，彭华胜提供）
1.木栓层；2.栓内层；3.纤维束；4.韧皮部；
5.韧皮射线；6.形成层；7.木质部

　　在根的次生韧皮部中，常分布各种分泌组织，如马兜铃根的油细胞，人参根的树脂道，当归根的油室，蒲公英根的乳汁管。有的薄壁细胞（包括射线薄壁细胞）中常含有结晶体及贮藏有糖类、生物碱等，多与药用有关。

（二）木栓形成层的发生与周皮的形成

　　由于次生生长使根不断地加粗，外侧的表皮及部分皮层因不能相应加粗而被破坏，此时，中柱鞘细胞恢复分生能力，形成木栓形成层，木栓形成层向外产生木栓层，向内形成栓内层。当木栓层形成时，根在外形上由白色逐渐转变为褐色，由较细软而逐渐转变为较粗硬。根的栓内层为数层薄壁细胞，一般不含叶绿体，排列疏松，有的栓内层比较发达，成为"次生皮层"，但通常仍称为皮层。木栓层、木栓形成层、栓内层三者合称周皮（periderm）。在周皮形成以后，其外侧的各种组织（表皮和皮层）由于失去内部水分和营养的供应而全部枯死，所以一般根的次生构造中没有表皮和皮层。

随着根的进一步加粗，到一定时候，原木栓形成层便终止活动。在其内侧部分薄壁细胞（皮层和韧皮部内）又能恢复分生能力而产生新的木栓形成层，进而形成新的周皮。植物学上的根皮是指周皮这一部分，而根皮类药材中的"根皮"，则是指形成层以外的部分，主要包括韧皮部和周皮，如五加皮、地骨皮、牡丹皮等。

四、双子叶植物根的异常生长和异常构造

某些双子叶植物的根，除了正常的次生构造外，还产生一些异常的结构类型，形成根的异常构造（anomalous structure），也称三生构造（tertiary structure）。常见的有以下几种类型（图3-9）。

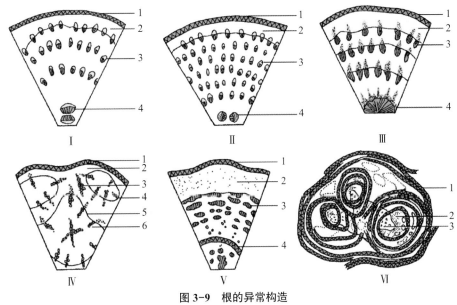

图 3-9　根的异常构造
Ⅰ.牛膝；Ⅱ.川牛膝；Ⅲ.商陆（1.木栓层，2.皮层，3.异常维管束，4.正常维管束）；
Ⅳ.何首乌（1.木栓层，2.皮层，3.单独维管束，4.复合维管束，5.形成层，6.木质部）；
Ⅴ.黄芩（1.木栓层，2.皮层，3.木质部，4.木栓细胞环）；
Ⅵ.甘松（1.木栓层，2.韧皮部，3.木质部）

（一）同心环状排列的异常维管组织

有些双子叶植物如商陆、牛膝和川牛膝的根中，当正常的次生生长发育到一定阶段，次生维管柱的外围又形成多轮呈同心环状排列的异常维管组织。其根的初生木质部为二原型，当根的直径达 0.5 ～ 1.2mm 时，维管形成层的活动减弱。此时，次生韧皮部束外缘的韧皮薄壁细胞首先进行多次不定向的细胞分裂，形成许多排列整齐的薄壁细胞。然后，其中一些细胞发生二次平周分裂。结果，在两个大的次生韧皮部束外侧各形成一个短的弧状异常形成层片段，每一个异常形成层片段沿着次生韧皮部束的外缘延伸，靠近宽大的韧皮射线，其末端部分向内扩展，靠近正常的维管形成层。最后，韧皮射线也发生平周分裂，与弧状异常形成层片段连成环状。因此，第一轮异常形成层由韧皮薄壁细胞和韧皮射线细胞共同形成。

此类异常维管束的轮数因植物种而异。在牛膝根中，异常维管束排成 2 ～ 4 轮；川牛膝的异常维管束排成 3 ～ 8 轮；美洲商陆根中可形成 6 轮。每轮异常维管束的数目与根的粗细和该轮异

常维管束所在的位置有关。在同一种植物中，根的直径愈粗，每轮异常维管束的数目愈多。

（二）附加维管柱

有些双子叶植物如何首乌的根，在维管柱外围的薄壁组织中能产生新的附加维管柱（auxillary stele），形成异常构造。在正常次生结构的发育过程中，次生韧皮部外缘保留着初生韧皮纤维束。它们的外侧为数层由中柱鞘衍生的薄壁组织细胞。在异常次生生长开始时，一些初生韧皮纤维束周围的薄壁组织细胞脱分化，细胞内贮藏的淀粉粒逐渐减少以至消失，接着其中细胞发生以纤维束为中心的切向分裂，从而形成一圈异常形成层，它向内产生木质部，向外产生韧皮部，形成异常维管束。异常维管束有单独和复合的，其构造与中央维管柱很相似。所以在何首乌块根的横切面上可以看到一些大小不等的圆圈状花纹，药材鉴别上称为"云锦花纹"。

（三）木间木栓

有些双子叶植物的根，在次生木质部内也形成木栓带，称为木间木栓（interxylary cork）或内涵周皮（included periderm）。木间木栓通常由次生木质部薄壁组织细胞脱分化形成木栓形成层，进一步分裂分化形成木间木栓。如黄芩的老根中央可见木栓环，新疆紫草根中央也有木栓环带，甘松根中的木间木栓环包围一部分韧皮部和木质部而把维管柱分隔成2～5束。在根的较老部分，这些束往往由于束间组织死亡裂开而互相脱离，成为单独的束，使根形成数个分支。

五、侧根的形成

主根、侧根或不定根所产生的支根统称为侧根。侧根起源于根内中柱鞘，其发生方式为内起源（endogenous origin）。当侧根形成时，母根中柱鞘上一定部位的细胞经脱分化恢复分裂，经过数次平周分裂，产生一团新的细胞，形成侧根原基（lateral root primordium）。侧根原基细胞经继续分裂、分化，逐渐形成生长锥和根冠，生长锥细胞继续进行分裂、生长和分化，以根冠为先导向外推进，并分泌水解酶等，将部分皮层和表皮细胞溶解，从而侧根原基能够穿透皮层、突破表皮而伸出母根外，随后各种组织相继分化成熟，侧根维管组织与母根维管组织连接成连续的维管系统。侧根的发生在成熟区已经开始，但侧根突破表皮露出母根外，却在根成熟区之后的部位。这一特性使侧根的产生不至于破坏母根成熟区的根毛，从而不会影响根的吸收功能。

各种植物侧根发生的部位通常是固定的，与其初生木质部束数有一定关系。一般情况下，在二原型根中，侧根发源于原生木质部和原生韧皮部之间的中柱鞘部分或正对着原生木质部的中柱鞘部分。在前一种情况下，侧根数为原生木质部辐射角的倍数，如胡萝卜为二原型木质部，侧根有四行；在后一种情况下，侧根只有两行，如萝卜的根。在三原型、四原型根中，侧根多发生于正对原生木质部的中柱鞘处，初生木质部辐射角有几个，常产生几行侧根。在多原型根中，侧根常在正对着原生韧皮部的中柱鞘处形成。从母根的外部观察，侧根在母根上沿着长轴纵向排列，行列数目等于初生木质部的束数。

六、单子叶植物根的构造

单子叶植物只有初生生长，终生仅具初生结构，其根的构造与双子叶植物的初生构造相似，也由表皮、皮层和维管柱三部分组成，但尚有下列几方面的特点（图3-10）。

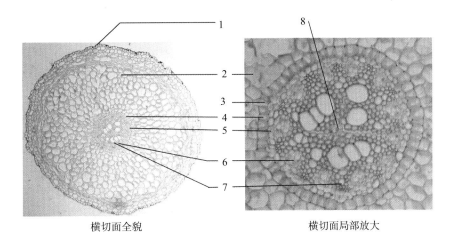

横切面全貌　　　　　　　　　　横切面局部放大

图 3-10　单子叶植物根横切面（鸢尾，张坚提供）
1. 表皮；2. 皮层；3. 通道细胞；4. 内皮层；5. 中柱鞘；6. 初生韧皮部；7. 初生木质部；8. 髓部

1. 表皮　表皮细胞 1 层，生长周期短，根毛枯死后，常解体而死亡脱落。少数根的表皮分裂成多层细胞，细胞壁木栓化，形成"根被"（velamen），如百部、麦冬等。

2. 皮层　根发育后期，外皮层常特化成栓化的组织，当表皮和根毛枯死后，替代表皮行使保护作用。大部分单子叶植物的内皮层细胞其径向壁、上下壁及内切向壁（内壁）显著增厚，只有外切向壁（外壁）比较薄，因此，横切面观时内皮层细胞增厚部分呈马蹄形，保留有通道细胞（passage cell）。也有的内皮层细胞壁全部木栓化加厚，无通道细胞，由胞间连丝进行物质运输。

3. 维管柱　中柱鞘细胞发育后期常部分或全部木化为厚壁组织，如竹类、菝葜等。维管柱为多原型，即至少六原型（hexarch），髓部发达，如百部块根。部分植物髓部细胞增厚木化而成厚壁组织，如鸢尾。

第四章

茎

茎是种子植物重要的营养器官，连接根和叶、花、果实，通常生长在地面以上，也有些植物的茎生长在地下。当种子萌发成幼苗时，由胚芽连同胚轴开始发育形成主茎，经过顶芽和腋芽的背地生长，重复分枝，形成植物体地上部分的茎。

茎有输导、支持、贮藏和繁殖功能。茎将根部吸收的水分和无机盐以及叶制造的有机物质，输送到叶、花、果实中并支持其正常生长。许多植物的茎贮藏有水分和营养物质，如仙人掌的茎贮存水分，甘蔗的茎贮存蔗糖，半夏的块茎贮存淀粉等。有些植物的茎上能产生不定根和不定芽，可作为繁殖材料。

许多植物的茎的全部或部分可以药用，如木通、密花豆的藤茎，钩藤的带钩茎枝，降香的心材，通草的茎髓，杜仲、黄柏的茎皮，黄连、半夏、川贝母等的地下茎。

第一节 茎的形态和类型

一、茎的形态

茎的形状随植物种类而异，通常为圆柱形。但有些植物的茎有特殊的形状，是重要的鉴别依据，如薄荷、紫苏等唇形科植物的茎为方形，荆三棱、香附等莎草科植物的茎为三角形，仙人掌的茎为扁平形等。茎的中心常为实心，但连翘、南瓜等植物的茎是空心的。禾本科植物芦苇、麦、竹等的茎中空，且有明显的节，特称为秆。

茎上生有芽（bud），位于顶端的称顶芽，位于叶腋（茎与叶柄间的夹角）的称腋芽。茎上着生叶和腋芽的部位称节（node），节与节之间称节间（internode）。具有节与节间是茎在外形上与根的最主要区别。一般植物茎的节部仅在叶着生处稍有膨大，而有些植物的节部膨大明显呈环状，如牛膝、石竹、玉米等；也有些植物的节部细缩，如藕。各种植物节间的长短也不一致，长的可达几十厘米，如竹、南瓜；短的还不到1mm，其叶在茎节簇生呈莲座状，如蒲公英。

在木本植物的茎枝上，常见有叶痕（leaf scar）、托叶痕（stipule scar）、芽鳞痕（bud scale scar）等，分别是叶、托叶、芽鳞脱落后留下的痕迹；有些茎枝表面可见各种形状的浅褐色点状突起皮孔。这些特征常作为鉴别木本植物和茎木类、皮类药材的依据（图4-1）。

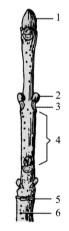

图 4-1 茎的外形
1. 顶芽；2. 腋芽；
3. 叶痕；4. 节间；
5. 芽鳞痕；6. 皮孔

木本植物上着生叶和芽的茎称为枝条（shoot）。有些植物如苹果、梨、松和银杏等植物的茎具有两种枝条，一种节间较长，其上的叶螺旋状排列，称长枝（long shoot）；另一种节间较短，其上的叶多簇生，称短枝（spur shoot）。一般短枝着生在长枝上，能生花结果，所以又称果枝。

不同类型的茎在植物形态建成过程中与环境密切相关。植物对光照强度反应不同，常形成不同的生态习性。对光照要求高的阳性植物的茎通常较粗，节间较短，分枝也多。生长在强烈阳光下的高山植物，节间强烈缩短，变成莲座状。光质对植物形态的建立也有影响，蓝紫光和青光对植物生长和幼芽的形成有很大作用，能抑制植物的伸长而使植物形成矮粗的形态；红光、橙光有促进茎延长的作用。

二、芽的类型

芽是尚未发育的枝条、花或花序。

根据芽的生长位置，芽可分为定芽（normal bud）和不定芽（adventitious bud）。定芽有固定的生长位置，又分为生于顶端的顶芽（terminal bud）、生于叶腋的腋芽（侧芽，axillary bud）和生于顶芽或腋芽旁的副芽（accesory bud）。不定芽的生长无固定位置，如生在茎的节间、根、叶及其他部位上的芽。

根据芽的性质分为发育成枝和叶的叶芽（枝芽，leaf bud）、发育成花或花序的花芽（flower bud）和同时发育成枝、叶和花的混合芽（mixed bud）。

根据芽的外面有无鳞片包被分为鳞芽（scaly bud）和裸芽（naked bud）。

根据芽的活动能力分为活动芽（active bud）和休眠芽（潜伏芽，dormant bud）。其中休眠芽的休眠期是相对的，在一定条件下可以萌发，如树木砍伐后，树桩上常见休眠芽萌发出的新枝条。

三、茎的类型

（一）按茎的质地分

1. 木质茎（woody stem） 茎的质地坚硬，木质部发达。具木质茎的植物称木本植物。木本植物可分为乔木（tree）、灌木（shrub）、亚灌木和木质藤本等类型。其中植物体高大，有一个明显主干，上部分枝的为乔木，如银杏、杜仲、樟树等；主干不明显，在基部同时发出若干丛生植株的为灌木，如连翘、夹竹桃、枸杞等；仅在基部木质化，上部草质的为亚灌木，如草麻黄；茎细长不能直立，常缠绕或攀附他物向上生长的为木质藤本，如五味子、络石等。

2. 草质茎（herbaceous stem） 茎的质地柔软，木质部不发达。具草质茎的植物称草本植物。草本植物根据其生命周期的长短可分为一年生草本（annual herb）、二年生草本（biennial herb）和多年生草本（perennial herb）等类型。多年生草本中地上部分每年死亡，而地下部分仍保持生活能力的称宿根草本，如人参等。若草本植物的茎缠绕或攀附他物向上生长或平卧地面生长的称草质藤本，如鸡矢藤、马兜铃等。

3. 肉质茎（succulent stem） 茎的质地柔软多汁，肉质肥厚，称肉质茎。如仙人掌科、景天科植物。

（二）按茎的生长习性分

1. 直立茎（erect stem）　茎直立生长于地面，不依附他物。如银杏、杜仲、紫苏、决明等。

2. 缠绕茎（twining stem）　茎细长，自身不能直立生长，常缠绕他物作螺旋式上升。如五味子、何首乌、牵牛、马兜铃等。

3. 攀缘茎（climbing stem）　茎细长，自身不能直立生长，常依靠攀缘结构依附他物上升。常见的攀缘结构有茎卷须（如栝楼、葡萄等）、叶卷须（如豌豆等）、吸盘（如爬山虎等）、钩或刺（如钩藤、葎草等）、不定根（如络石、薜荔等）。

4. 匍匐茎（stolon）　茎细长，平卧地面，沿地面蔓延生长，节上生有不定根。如连钱草、草莓、番薯等；节上不产生不定根的称平卧茎，如地锦草等（图4-2）。

图4-2　茎的类型
1.乔木（银杏，江维克提供）；2.灌木（连翘，白吉庆提供）；
3.草本（桔梗，刘计权提供）；4.缠绕茎（圆叶牵牛，刘长利提供）；
5.攀缘茎（常春藤，马琳提供）；6.匍匐茎（草莓，刘长利提供）；7.平卧茎（蒺藜，刘长利提供）

四、茎的变态

茎与根一样，为适应环境，也常发生形态结构和生理功能的特化，形成各种变态茎。根据茎的生长习性，分为地上茎（aerial stem）的变态和地下茎（subterraneous stem）的变态。可从其着生的位置及其具有茎的典型特征等加以鉴别。

（一）地上茎的变态

1. 叶状茎（leafy stem）或叶状枝（leafy shoot）　茎变为绿色的扁平状或针叶状，茎上的叶小而不明显，多为鳞片状、线状或刺状。如仙人掌、竹节蓼、天门冬等。

2. 刺状茎（枝刺或棘刺，shoot thorn）　茎变为刺状。山楂、酸橙等的刺状茎不分枝；皂荚、枸橘等的刺状茎有分枝。根据刺状茎生于叶腋的特征，可与叶刺相区别。月季、花椒茎上的皮刺是由表皮细胞突起形成，无固定的生长位置，易脱落，可与枝刺相区别。

3. 钩状茎（hook-like stem） 茎的一部分（常为侧枝）变为钩状，粗短、坚硬不分枝。如钩藤。

4. 茎卷须（stem dendril） 茎的一部分（常为侧枝）变为卷须状，柔软卷曲。如栝楼、丝瓜等葫芦科植物。葡萄的顶芽变成茎卷须，腋芽代替顶芽继续发育，使茎成为合轴式生长，而茎卷须被挤到叶柄对侧。

5. 小块茎（tubercle）和小鳞茎（bulblet） 有些植物的腋芽、叶柄上的不定芽可变态形成块状物，称小块茎。如山药的零余子、半夏的珠芽。有些植物在叶腋或花序处由腋芽或花芽形成有鳞片覆盖的块状物，如卷丹腋芽形成的小鳞茎，小根蒜、大蒜花序中花芽形成的小鳞茎。小块茎和小鳞茎均有繁殖作用（图4-3）。

图4-3 地上茎的变态

1. 叶状茎（仙人掌，刘计权提供）；2. 钩状茎（钩藤，杨成梓提供）；3. 刺状茎（皂荚，白吉庆提供）；
4. 茎卷须（冬瓜，刘长利提供）；5. 小块茎（黄独，王光志提供）；6. 小鳞茎（小根蒜，王海提供）

（二）地下茎的变态

1. 根状茎（根茎，rhizome） 根状茎常横卧地下，节和节间明显，节上有退化的鳞片叶，具顶芽和腋芽。不同植物根状茎形态各异，如人参的根状茎短而直立，称芦头；姜、白术的根状茎呈团块状；白茅、芦苇的根状茎细长。黄精、玉竹等的根状茎上具有明显的圆形疤痕，这是地上茎脱落后留下的茎痕。

2. 块茎（tuber） 块茎肉质肥大，呈不规则块状，节间极短；节上具芽及退化或早期枯萎脱落的鳞片叶，如天麻、半夏、马铃薯等。

3. 球茎（corm） 球茎肉质肥大，呈球形或扁球形，具明显的节和缩短的节间，节上有较大的膜质鳞片，顶芽发达，腋芽常生于其上半部，基部生不定根，如慈菇、荸荠等。

4. 鳞茎（bulb） 鳞茎呈球形或扁球形，茎极度缩短为鳞茎盘，被肉质肥厚的鳞叶包围，顶端有顶芽，叶腋有腋芽，基部生不定根。洋葱鳞叶阔，内层被外层完全覆盖，称有被鳞茎；百合、贝母鳞叶狭，呈覆瓦状排列，外层无被覆盖称无被鳞茎（图4-4）。

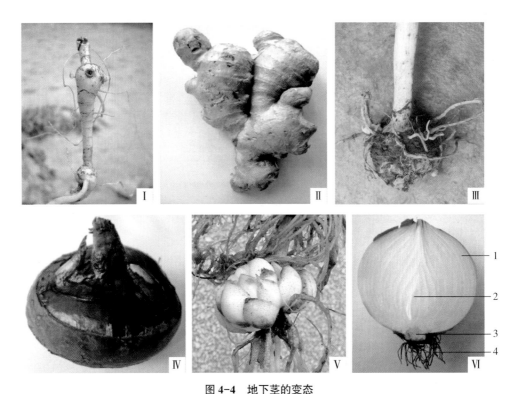

图 4-4　地下茎的变态

I.根状茎（黄精，王海提供）；II.根状茎（姜，刘计权）；III.块茎（天南星，王光志提供）；

IV.球茎（荸荠，刘计权）；V.鳞茎（百合，葛菲提供）；VI.鳞茎

（洋葱纵切：1.鳞片叶，2.顶芽，3.鳞茎盘，4.不定根，刘计权提供）

第二节　茎的构造

种子植物的主茎由胚芽发育而来，侧枝由腋芽发育而来。主茎或侧枝的顶端均具有顶芽，保持顶端生长能力，使植物体不断长高。生长在不同环境的植物，茎的构造有所差别。如阳生植物茎的细胞体积较小，细胞壁厚，木质部和机械组织发达，维管束数目较多。阴生植物的茎通常较细长，节间较长，分枝较少，细胞体积较大，细胞壁薄，木质化程度低，机械组织较不发达，维管束数目较少。

一、茎尖的构造

茎尖是指主茎或侧枝的顶端，其结构与根尖相似，由分生区（生长锥）、伸长区和成熟区 3部分组成。但茎尖顶端没有类似根冠的构造，而是由幼小的叶片包围，具有保护茎尖的作用。在生长锥四周能形成叶原基（leaf primordium）或腋芽原基（axillary bud primordium）的小突起，后发育成叶或腋芽，腋芽则发育成枝。成熟区的表皮不形成根毛，但常有气孔和毛茸（图 4-5，4-6）。

二、双子叶植物茎的初生生长和初生构造

由生长锥分裂出来的细胞逐渐分化为原表皮层、基本分生组织和原形成层等初生分生组织。这些分生组织细胞继续分裂分化，进行初生生长，形成茎的初生构造。

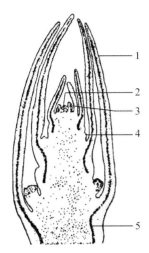

图 4-5 忍冬芽的纵切面
1.幼叶；2.生长点；3.叶原基；
4.腋芽原基；5.原形成层

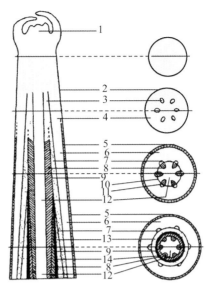

图 4-6 茎尖的纵切面和不同部位上横切面图解
1.分生组织；2.原表皮；3.原形成层；4.基本分生组织；
5.表皮；6.皮层；7.初生韧皮部；8.初生木质部；
9.维管形成层；10.束间形成层；11.束中形成层；
12.髓；13.次生韧皮部；14.次生木质部

通过茎的成熟区的横切面，可观察到茎的初生构造由外而内分别为表皮、皮层和维管柱 3 部分（图 4-7）。

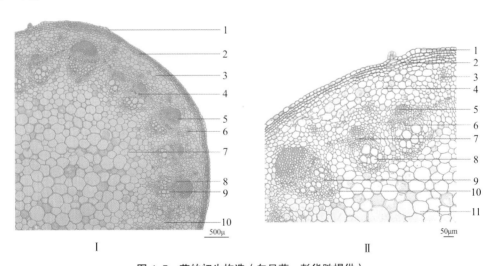

图 4-7 茎的初生构造（向日葵，彭华胜提供）
Ⅰ.向日葵幼茎初生构造（1.表皮，2.厚角组织，3.皮层，4.形成层，
5.初生韧皮纤维，6.分泌道，7.髓；8.初生韧皮部，9.初生木质部，10.髓射线）；
Ⅱ.向日葵幼茎横切面局部放大（1.表皮，2.厚角组织，3.分泌道，4.皮层，
5.初生韧皮纤维，6.束中形成层，7.初生韧皮部，8.初生木质部，9.木纤维，10.髓射线，11.髓）

1. 表皮 由原表皮层发育而来，是由一层长方形、扁平、排列整齐无细胞间隙的细胞组成。一般不具叶绿体，少数植物茎的表皮细胞含有花青素，使茎呈紫红色，如甘蔗、蓖麻。表皮还有各式气孔存在，也有的表皮有各式毛茸。表皮细胞的外壁稍厚，通常角质化形成角质层。少数植物的表皮还具蜡被。

2. 皮层 皮层是由基本分生组织发育而来，位于表皮内侧与维管柱之间，由多层生活细胞构成。茎的皮层不如根的皮层发达，从横切面看所占的比例较小。皮层细胞大、细胞壁薄，常为多面体、球形或椭圆形，排列疏松，具细胞间隙。靠近表皮的皮层细胞常具叶绿体，故嫩茎呈绿色。皮层主要由薄壁组织构成，但在近表皮部分常有厚角组织，以加强茎的韧性。有的厚角组织排成环形，如葫芦科和菊科某些植物；有的分布在茎的棱角处，如薄荷。有些皮层中含有纤维、石细胞，如黄柏、桑；有的还有分泌组织，如向日葵。马兜铃和南瓜等的皮层内侧具有成环包围着初生维管束的纤维，称周维纤维或环管纤维。茎的皮层最内1层细胞大多仍为薄壁细胞，无内皮层，故皮层与维管柱之间无明显分界。少数植物茎的皮层最内1层细胞中含有大量淀粉粒，称淀粉鞘（starch sheath），如蚕豆、蓖麻。

3. 维管柱 维管柱包括呈环状排列的初生维管束、髓部和髓射线等，在茎的初生构造中占较大的比例。

（1）初生维管束（primary vascular bundle）：双子叶植物的初生维管束包括初生韧皮部、初生木质部和束中形成层（fascicular cambium）。藤本植物和大多数草本植物的维管束之间距离较大，即维管束束间区域较宽；而木本植物的维管束排列紧密，束间区域较窄，维管束似乎连成一圆环状。

初生韧皮部：位于维管束外侧，由筛管、伴胞、韧皮薄壁细胞和韧皮纤维组成，分化成熟方向与根中相同，为外始式。原生韧皮部薄壁细胞发育成的纤维常成群地位于韧皮部外侧，称初生韧皮纤维束，如向日葵的帽状初生韧皮纤维束，这些纤维可加强茎的韧性。

初生木质部：位于维管束内侧，由导管、管胞、木薄壁细胞和木纤维组成，其分化成熟方向与根相反，为内始式（endarch）。

束中形成层（fascicular cambium）：位于初生韧皮部和初生木质部之间，为原形成层遗留下来，由1～2层具有分生能力的细胞组成，可使维管束不断长大，茎不断加粗。

（2）髓（pith）：位于茎的中心部位，由基本分生组织产生的薄壁细胞组成。草本植物茎的髓部较大，木本植物茎的髓部一般较小，但有些植物的木质茎有较大的髓部，如通脱木、旌节花、接骨木、泡桐等。有些植物的髓局部破坏，形成一系列的横髓隔，如猕猴桃、胡桃。有些植物茎的髓部在发育过程中消失形成中空的茎，如连翘、南瓜。有些植物茎的髓部最外层有一层紧密的、小型的、壁较厚的细胞围绕着大型的薄壁细胞，这层细胞称环髓带（perimedullary region）或髓鞘，如椴树。

（3）髓射线（medullary ray）：也称初生射线（primary ray），位于初生维管束之间的薄壁组织，内通髓部，外达皮层。在横切面上呈放射状，是茎中横向运输的通道，并具贮藏作用。双子叶草本植物的髓射线较宽，木本植物的髓射线较窄。髓射线细胞分化程度较浅，具潜在分生能力，在一定条件下，会分裂产生不定芽、不定根。当次生生长开始时，与束中形成层相邻的髓射线细胞能转变为形成层的一部分，即束间形成层（interfascicular cambium）。

三、双子叶植物茎的次生生长和次生构造

双子叶植物茎在初生构造形成后，接着进行次生生长，维管形成层和木栓形成层的细胞进行分裂活动，形成次生构造，使茎不断加粗。木本植物的次生生长可持续多年，故次生构造发达。草本植物的次生生长有限，故次生构造不发达。

（一）双子叶植物木质茎的次生构造

1. 维管形成层及其活动 维管形成层简称形成层。当茎进行次生生长时，邻接束中形成层的髓射线细胞恢复分生能力，转变为束间形成层，并和束中形成层连接，形成一个完整的形成层圆

筒，从横切面上看，为完整的环状。

形成层细胞多呈纺锤形，液泡明显，称纺锤原始细胞；少数细胞近等径，称射线原始细胞。形成层成环后，纺锤原始细胞开始进行切向分裂，向内产生次生木质部，增添于初生木质部外侧；向外产生次生韧皮部，增添于初生韧皮部内侧，并将初生韧皮部挤向外侧。由于形成层向内产生的木质部细胞多于向外产生的韧皮部细胞，所以通常次生木质部比次生韧皮部大得多，在生长多年的木本植物茎中更为明显。同时，射线原始细胞也进行分裂产生次生射线细胞，存在于次生维管组织中，形成横向的联系组织，称维管射线。

初生构造中位于髓射线部分的形成层细胞有些分裂分化形成维管组织，有些则形成维管射线，所以使木本植物维管束之间的距离变窄。藤本植物次生生长时，束间形成层只分裂分化成薄壁细胞，所以藤本植物的次生构造中维管束间距离较宽。

在茎加粗生长的同时，形成层细胞也进行径向或横向分裂，增加细胞数量，扩大本身的周长，以适应内侧木质部增大的需求，同时形成层的位置也逐渐向外推移。

（1）次生木质部：是木本植物茎次生构造的主要部分，也是木材的主要来源。次生木质部由导管、管胞、木薄壁细胞、木纤维和木射线组成。导管主要是梯纹、网纹和孔纹导管，其中孔纹导管最普遍。

形成层的活动受季节影响很大，在不同季节所形成的木质部形态构造有所差异。温带和亚热带的春季或热带的雨季，由于气候温和，雨量充足，形成层活动旺盛，这时形成的次生木质部中的细胞径大壁薄，质地较疏松，色泽较淡，称早材（early wood）或春材（spring wood）。温带的夏末秋初或热带的旱季，形成层活动逐渐减弱，所形成的细胞径小壁厚，质地紧密，色泽较深，称晚材（late wood）或秋材（autumn wood）。在一年里早材和晚材中细胞由大到小，颜色由浅到深逐渐转变，没有明显的界限，但当年的秋材与第二年的春材却界限分明，形成同心环层，称年轮（annual ring）或生长轮（growth ring）。但有的植物（如柑橘）一年可以形成3轮，这些年轮称假年轮，这是由于形成层有节奏地活动，每年有几个循环的结果。假年轮的形成也有的是由于一年中气候变化特殊，或被害虫吃掉了树叶，生长受影响而引起。

在木质茎横切面上，可见到靠近形成层的部分颜色较浅，质地较松软，称边材（sap wood），边材具输导作用。而中心部分，颜色较深，质地较坚固，称心材（heart wood），心材中一些细胞常积累代谢产物，如挥发油、单宁、树胶、色素等，有些射线细胞或轴向薄壁细胞通过导管或管胞上的纹孔侵入导管或管胞内，形成侵填体（tylosis），使导管或管胞堵塞，失去运输能力。心材比较坚硬，不易腐烂，且常含有某些化学成分。沉香、苏木、檀香、降香等茎木类药材均为心材入药（图4-8）。

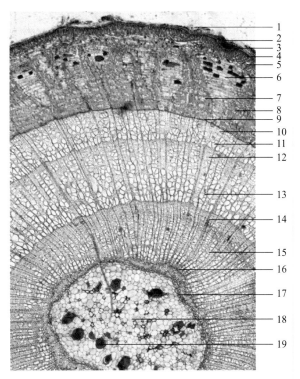

图 4-8 双子叶植物茎（椴）三年生构造（刘计权提供）
1. 枯萎的表皮；2. 木栓层；3. 木栓形成层；4. 厚角组织；5. 皮层薄壁组织；6. 韧皮射线；7. 韧皮纤维；8. 次生韧皮部；9. 形成层；10. 晚材（第三年木质部）；11. 早材（第三年木质部）；12. 晚材（第二年木质部）；13. 早材（第二年木质部）；14. 木射线；15. 次生木质部（第一年木质部）；16. 初生木质部（第一年木质部）；17. 环髓带；18. 髓；19. 黏液细胞

鉴定茎木类药材时，常采用 3 种切面即横切面、径向切面、切向切面进行比较观察。在木材的 3 个切面中，射线的形态特征较为明显，常作为判断切面类型的重要依据。

横切面（transverse section）：是与纵轴垂直所作的切面。可见年轮为同心环状；射线为纵切面，呈辐射状排列，可见射线的长度和宽度。

径向切面（radial section）：是通过茎的中心沿直径作纵切的平面。年轮呈纵向平行的带状；射线横向分布，与年轮垂直，可见到射线的高度和长度。

切向切面（tangential section）：是不通过茎的中心而垂直于茎的半径所作纵切的平面。可明显看到年轮呈 U 形的波纹；可见射线的横断面，细胞群呈纺锤状，作不连续地纵行排列，可见射线的宽度和高度（图 4-9，4-10）。

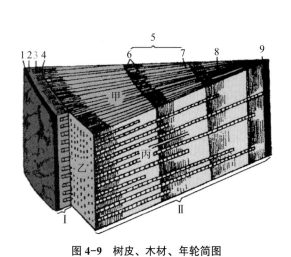

图 4-9　树皮、木材、年轮简图

甲. 横切面；乙. 切向切面；丙. 径向切面；
Ⅰ. 树皮；Ⅱ. 木材
1. 木栓组织；2. 皮层；3. 韧皮部；4. 形成层；5. 年轮；
6. 晚材；7. 早材；8. 射线；9. 髓

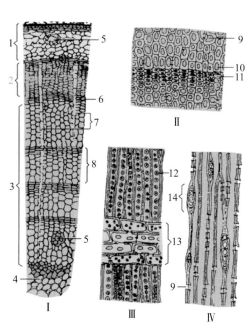

图 4-10　松茎三切面

Ⅰ. 横切面；Ⅱ. 早材、晚材；Ⅲ. 径向切面；
Ⅳ. 切向切面
1. 木栓及皮层；2. 韧皮部；3. 木质部；4. 髓；5. 树脂道；6. 形成层；7. 髓射线；8. 年轮；9. 具缘纹孔切面（管胞）；10. 早材；11. 晚材；12. 具缘纹孔表面观；13. 髓射线纵切；14. 髓射线横切

（2）次生韧皮部：由于形成层向外分裂产生的次生韧皮部远不如内分裂产生的次生木质部数量多，因此次生韧皮部的体积远小于次生木质部。次生韧皮部形成时，初生韧皮部被挤压到外侧，形成颓废组织。次生韧皮部常由筛管、伴胞、韧皮纤维和韧皮薄壁细胞组成。次生韧皮部中的薄壁细胞含有多种营养物质和生理活性物质。有的还有石细胞，如肉桂、厚朴、杜仲；有的具乳汁管，如夹竹桃。

木质茎中的韧皮射线和木射线相连，但形态各异，其长短宽窄因植物种类而异。横切面上看，一般木射线比较窄而平直规则，韧皮射线则较宽而不规则。

2. 木栓形成层及周皮　茎的次生生长使茎不断增粗，但表皮一般不能相应增大而死亡。此时，多数植物茎由表皮内侧皮层细胞恢复分裂机能形成木栓形成层进而产生周皮，代替表皮行使保护作用。一般木栓形成层的活动只不过数月，大部分树木又可依次在其内侧产生新的木栓形成木本植物上着生叶和芽的茎称为枝条（shoot）。有些植物如苹果、梨、松和银杏等植物的茎具有两种枝条，一种节间较长，其上的叶螺旋状排列，称长枝（long shoot）；另一种节间较短，其上的叶多簇生，称短枝（spur shoot）。一般短枝着生在长枝上，能生花结果，所以又称果枝。

不同类型的茎在植物形态建成过程中与环境密切相关。植物对光照强度反应不同，常形成不同的生态习性。对光照要求高的阳性植物的茎通常较粗，节间较短，分枝也多。生长在强烈阳光下的高山植物，节间强烈缩短，变成莲座状。光质对植物形态的建立也有影响，蓝紫光和青光对植物生长和幼芽的形成有很大作用，能抑制植物的伸长而使植物形成矮粗的形态；红光、橙光有促进茎延长的作用。

二、芽的类型

芽是尚未发育的枝条、花或花序。

根据芽的生长位置，芽可分为定芽（normal bud）和不定芽（adventitious bud）。定芽有固定的生长位置，又分为生于顶端的顶芽（terminal bud）、生于叶腋的腋芽（侧芽，axillary bud）和生于顶芽或腋芽旁的副芽（accesory bud）。不定芽的生长无固定位置，如生在茎的节间、根、叶及其他部位上的芽。

根据芽的性质分为发育成枝和叶的叶芽（枝芽，leaf bud）、发育成花或花序的花芽（flower bud）和同时发育成枝、叶和花的混合芽（mixed bud）。

根据芽的外面有无鳞片包被分为鳞芽（scaly bud）和裸芽（naked bud）。

根据芽的活动能力分为活动芽（active bud）和休眠芽（潜伏芽，dormant bud）。其中休眠芽的休眠期是相对的，在一定条件下可以萌发，如树木砍伐后，树桩上常见休眠芽萌发出的新枝条。

三、茎的类型

（一）按茎的质地分

1. 木质茎（woody stem） 茎的质地坚硬，木质部发达。具木质茎的植物称木本植物。木本植物可分为乔木（tree）、灌木（shrub）、亚灌木和木质藤本等类型。其中植物体高大，有一个明显主干，上部分枝的为乔木，如银杏、杜仲、樟树等；主干不明显，在基部同时发出若干丛生植株的为灌木，如连翘、夹竹桃、枸杞等；仅在基部木质化，上部草质的为亚灌木，如草麻黄；茎细长不能直立，常缠绕或攀附他物向上生长的为木质藤本，如五味子、络石等。

2. 草质茎（herbaceous stem） 茎的质地柔软，木质部不发达。具草质茎的植物称草本植物。草本植物根据其生命周期的长短可分为一年生草本（annual herb）、二年生草本（biennial herb）和多年生草本（perennial herb）等类型。多年生草本中地上部分每年死亡，而地下部分仍保持生活能力的称宿根草本，如人参等。若草本植物的茎缠绕或攀附他物向上生长或平卧地面生长的称草质藤本，如鸡矢藤、马兜铃等。

3. 肉质茎（succulent stem） 茎的质地柔软多汁，肉质肥厚，称肉质茎。如仙人掌科、景天科植物。

（二）按茎的生长习性分

1. 直立茎（erect stem） 茎直立生长于地面，不依附他物。如银杏、杜仲、紫苏、决明等。

2. 缠绕茎（twining stem） 茎细长，自身不能直立生长，常缠绕他物作螺旋式上升。如五味子、何首乌、牵牛、马兜铃等。

3. 攀缘茎（climbing stem） 茎细长，自身不能直立生长，常依靠攀缘结构依附他物上升。常见的攀缘结构有茎卷须（如栝楼、葡萄等）、叶卷须（如豌豆等）、吸盘（如爬山虎等）、钩或刺（如钩藤、葎草等）、不定根（如络石、薜荔等）。

4. 匍匐茎（stolon） 茎细长，平卧地面，沿地面蔓延生长，节上生有不定根。如连钱草、草莓、番薯等；节上不产生不定根的称平卧茎，如地锦草等（图4-2）。

图4-2 茎的类型
1.乔木（银杏，江维克提供）；2.灌木（连翘，白吉庆提供）；
3.草本（桔梗，刘计权提供）；4.缠绕茎（圆叶牵牛，刘长利提供）；
5.攀缘茎（常春藤，马琳提供）；6.匍匐茎（草莓，刘长利提供）；7.平卧茎（蒺藜，刘长利提供）

四、茎的变态

茎与根一样，为适应环境，也常发生形态结构和生理功能的特化，形成各种变态茎。根据茎的生长习性，分为地上茎（aerial stem）的变态和地下茎（subterraneous stem）的变态。可从其着生的位置及其具有茎的典型特征等加以鉴别。

（一）地上茎的变态

1. 叶状茎（leafy stem）或叶状枝（leafy shoot） 茎变为绿色的扁平状或针叶状，茎上的叶小而不明显，多为鳞片状、线状或刺状。如仙人掌、竹节蓼、天门冬等。

2. 刺状茎（枝刺或棘刺，shoot thorn） 茎变为刺状。山楂、酸橙等的刺状茎不分枝；皂荚、枸橘等的刺状茎有分枝。根据刺状茎生于叶腋的特征，可与叶刺相区别。月季、花椒茎上的皮刺是由表皮细胞突起形成，无固定的生长位置，易脱落，可与枝刺相区别。

3. 钩状茎（hook-like stem） 茎的一部分（常为侧枝）变为钩状，粗短、坚硬不分枝。如钩藤。

4. 茎卷须（stem dendril） 茎的一部分（常为侧枝）变为卷须状，柔软卷曲。如栝楼、丝瓜等葫芦科植物。葡萄的顶芽变成茎卷须，腋芽代替顶芽继续发育，使茎成为合轴式生长，而茎卷须被挤到叶柄对侧。

5. 小块茎（tubercle）和小鳞茎（bulblet） 有些植物的腋芽、叶柄上的不定芽可变态形成块状物，称小块茎。如山药的零余子、半夏的珠芽。有些植物在叶腋或花序处由腋芽或花芽形成有鳞片覆盖的块状物，如卷丹腋芽形成的小鳞茎、小根蒜、大蒜花序中花芽形成的小鳞茎。小块茎和小鳞茎均有繁殖作用（图4-3）。

图 4-3 地上茎的变态
1. 叶状茎（仙人掌，刘计权提供）；2. 钩状茎（钩藤，杨成梓提供）；3. 刺状茎（皂荚，白吉庆提供）；
4. 茎卷须（冬瓜，刘长利提供）；5. 小块茎（黄独，王光志提供）；6. 小鳞茎（小根蒜，王海提供）

（二）地下茎的变态

1. 根状茎（根茎，rhizome） 根状茎常横卧地下，节和节间明显，节上有退化的鳞片叶，具顶芽和腋芽。不同植物根状茎形态各异，如人参的根状茎短而直立，称芦头；姜、白术的根状茎呈团块状；白茅、芦苇的根状茎细长。黄精、玉竹等的根状茎上具有明显的圆形疤痕，这是地上茎脱落后留下的茎痕。

2. 块茎（tuber） 块茎肉质肥大，呈不规则块状，节间极短；节上具芽及退化或早期枯萎脱落的鳞片叶，如天麻、半夏、马铃薯等。

3. 球茎（corm） 球茎肉质肥大，呈球形或扁球形，具明显的节和缩短的节间，节上有较大的膜质鳞片，顶芽发达，腋芽常生于其上半部，基部生不定根，如慈菇、荸荠等。

4. 鳞茎（bulb） 鳞茎呈球形或扁球形，茎极度缩短为鳞茎盘，被肉质肥厚的鳞叶包围，顶端有顶芽，叶腋有腋芽，基部生不定根。洋葱鳞叶阔，内层被外层完全覆盖，称有被鳞茎；百合、贝母鳞叶狭，呈覆瓦状排列，外层无被覆盖称无被鳞茎（图4-4）。

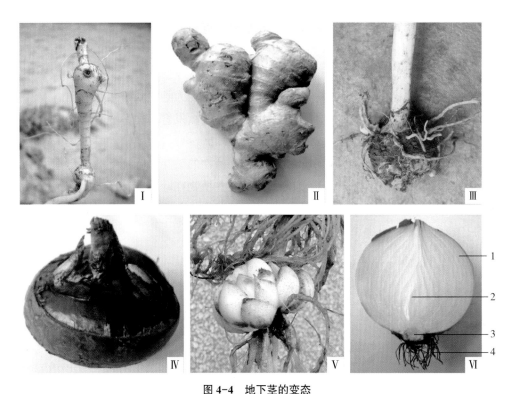

图4-4　地下茎的变态

I.根状茎（黄精，王海提供）；Ⅱ.根状茎（姜，刘计权提供）；Ⅲ.块茎（天南星，王光志提供）；
Ⅳ.球茎（荸荠，刘计权提供）；Ⅴ.鳞茎（百合，葛菲提供）；Ⅵ.鳞茎
（洋葱纵切：1.鳞片叶，2.顶芽，3.鳞茎盘，4.不定根，刘计权提供）

第二节　茎的构造

　　种子植物的主茎由胚芽发育而来，侧枝由腋芽发育而来。主茎或侧枝的顶端均具有顶芽，保持顶端生长能力，使植物体不断长高。生长在不同环境的植物，茎的构造有所差别。如阳生植物茎的细胞体积较小，细胞壁厚，木质部和机械组织发达，维管束数目较多。阴生植物的茎通常较细长，节间较长，分枝较少，细胞体积较大，细胞壁薄，木质化程度低，机械组织较不发达，维管束数目较少。

一、茎尖的构造

　　茎尖是指主茎或侧枝的顶端，其结构与根尖相似，由分生区（生长锥）、伸长区和成熟区3部分组成。但茎尖顶端没有类似根冠的构造，而是由幼小的叶片包围，具有保护茎尖的作用。在生长锥四周能形成叶原基（leaf primordium）或腋芽原基（axillary bud primordium）的小突起，后发育成叶或腋芽，腋芽则发育成枝。成熟区的表皮不形成根毛，但常有气孔和毛茸（图4-5，4-6）。

二、双子叶植物茎的初生生长和初生构造

　　由生长锥分裂出来的细胞逐渐分化为原表皮层、基本分生组织和原形成层等初生分生组织。这些分生组织细胞继续分裂分化，进行初生生长，形成茎的初生构造。

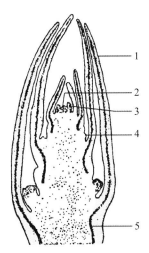

图 4-5 忍冬芽的纵切面
1. 幼叶；2. 生长点；3. 叶原基；
4. 腋芽原基；5. 原形成层

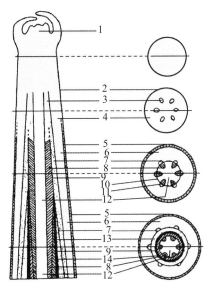

图 4-6 茎尖的纵切面和不同部位上横切面图解
1. 分生组织；2. 原表皮；3. 原形成层；4. 基本分生组织；
5. 表皮；6. 皮层；7. 初生韧皮部；8. 初生木质部；
9. 维管形成层；10. 束间形成层；11. 束中形成层；
12. 髓；13. 次生韧皮部；14. 次生木质部

通过茎的成熟区的横切面，可观察到茎的初生构造由外而内分别为表皮、皮层和维管柱 3 部分（图 4-7）。

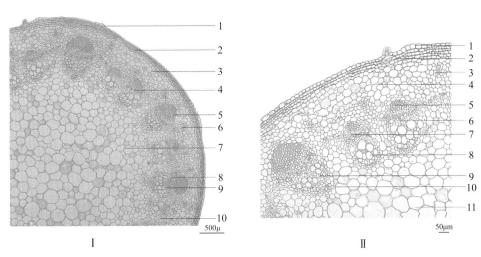

图 4-7 茎的初生构造（向日葵，彭华胜提供）
Ⅰ. 向日葵幼茎初生构造（1. 表皮，2. 厚角组织，3. 皮层，4. 形成层，
5. 初生韧皮纤维，6. 分泌道，7. 髓；8. 初生韧皮部，9. 初生木质部，10. 髓射线）；
Ⅱ. 向日葵幼茎横切面局部放大（1. 表皮，2. 厚角组织，3. 分泌道，4. 皮层，
5. 初生韧皮纤维，6. 束中形成层，7. 初生韧皮部，8. 初生木质部，9. 木纤维，10. 髓射线，11. 髓）

1. 表皮 由原表皮层发育而来，是由一层长方形、扁平、排列整齐无细胞间隙的细胞组成。一般不具叶绿体，少数植物茎的表皮细胞含有花青素，使茎呈紫红色，如甘蔗、蓖麻。表皮还有各式气孔存在，也有的表皮有各式毛茸。表皮细胞的外壁稍厚，通常角质化形成角质层。少数植物的表皮还具蜡被。

2. 皮层　皮层是由基本分生组织发育而来，位于表皮内侧与维管柱之间，由多层生活细胞构成。茎的皮层不如根的皮层发达，从横切面看所占的比例较小。皮层细胞大、细胞壁薄，常为多面体、球形或椭圆形，排列疏松，具细胞间隙。靠近表皮的皮层细胞常具叶绿体，故嫩茎呈绿色。皮层主要由薄壁组织构成，但在近表皮部分常有厚角组织，以加强茎的韧性。有的厚角组织排成环形，如葫芦科和菊科某些植物；有的分布在茎的棱角处，如薄荷。有些皮层中含有纤维、石细胞，如黄柏、桑；有的还有分泌组织，如向日葵。马兜铃和南瓜等的皮层内侧具有成环包围着初生维管束的纤维，称周维纤维或环管纤维。茎的皮层最内1层细胞大多仍为薄壁细胞，无内皮层，故皮层与维管柱之间无明显分界。少数植物茎的皮层最内1层细胞中含有大量淀粉粒，称淀粉鞘（starch sheath），如蚕豆、蓖麻。

3. 维管柱　维管柱包括呈环状排列的初生维管束、髓部和髓射线等，在茎的初生构造中占较大的比例。

（1）初生维管束（primary vascular bundle）：双子叶植物的初生维管束包括初生韧皮部、初生木质部和束中形成层（fascicular cambium）。藤本植物和大多数草本植物的维管束之间距离较大，即维管束束间区域较宽；而木本植物的维管束排列紧密，束间区域较窄，维管束似乎连成一圆环状。

初生韧皮部：位于维管束外侧，由筛管、伴胞、韧皮薄壁细胞和韧皮纤维组成，分化成熟方向与根中相同，为外始式。原生韧皮部薄壁细胞发育成的纤维常成群地位于韧皮部外侧，称初生韧皮纤维束，如向日葵的帽状初生韧皮纤维束，这些纤维可加强茎的韧性。

初生木质部：位于维管束内侧，由导管、管胞、木薄壁细胞和木纤维组成，其分化成熟方向与根相反，为内始式（endarch）。

束中形成层（fascicular cambium）：位于初生韧皮部和初生木质部之间，为原形成层遗留下来，由1～2层具有分生能力的细胞组成，可使维管束不断长大，茎不断加粗。

（2）髓（pith）：位于茎的中心部位，由基本分生组织产生的薄壁细胞组成。草本植物茎的髓部较大，木本植物茎的髓部一般较小，但有些植物的木质茎有较大的髓部，如通脱木、旌节花、接骨木、泡桐等。有些植物的髓局部破坏，形成一系列的横髓隔，如猕猴桃、胡桃。有些植物茎的髓部在发育过程中消失形成中空的茎，如连翘、南瓜。有些植物茎的髓部最外层有一层紧密的、小型的、壁较厚的细胞围绕着大型的薄壁细胞，这层细胞称环髓带（perimedullary region）或髓鞘，如椴树。

（3）髓射线（medullary ray）：也称初生射线（primary ray），位于初生维管束之间的薄壁组织，内通髓部，外达皮层。在横切面上呈放射状，是茎中横向运输的通道，并具贮藏作用。双子叶草本植物的髓射线较宽，木本植物的髓射线较窄。髓射线细胞分化程度较浅，具潜在分生能力，在一定条件下，会分裂产生不定芽、不定根。当次生生长开始时，与束中形成层相邻的髓射线细胞能转变为形成层的一部分，即束间形成层（interfascicular cambium）。

三、双子叶植物茎的次生生长和次生构造

双子叶植物茎在初生构造形成后，接着进行次生生长，维管形成层和木栓形成层的细胞进行分裂活动，形成次生构造，使茎不断加粗。木本植物的次生生长可持续多年，故次生构造发达。草本植物的次生生长有限，故次生构造不发达。

（一）双子叶植物木质茎的次生构造

1. 维管形成层及其活动　维管形成层简称形成层。当茎进行次生生长时，邻接束中形成层的髓射线细胞恢复分生能力，转变为束间形成层，并和束中形成层连接，形成一个完整的形成层圆

筒，从横切面上看，为完整的环状。

形成层细胞多呈纺锤形，液泡明显，称纺锤原始细胞；少数细胞近等径，称射线原始细胞。形成层成环后，纺锤原始细胞开始进行切向分裂，向内产生次生木质部，增添于初生木质部外侧；向外产生次生韧皮部，增添于初生韧皮部内侧，并将初生韧皮部挤向外侧。由于形成层向内产生的木质部细胞多于向外产生的韧皮部细胞，所以通常次生木质部比次生韧皮部大得多，在生长多年的木本植物茎中更为明显。同时，射线原始细胞也进行分裂产生次生射线细胞，存在于次生维管组织中，形成横向的联系组织，称维管射线。

初生构造中位于髓射线部分的形成层细胞有些分裂分化形成维管组织，有些则形成维管射线，所以使木本植物维管束之间的距离变窄。藤本植物次生生长时，束间形成层只分裂分化成薄壁细胞，所以藤本植物的次生构造中维管束间距离较宽。

在茎加粗生长的同时，形成层细胞也进行径向或横向分裂，增加细胞数量，扩大本身的周长，以适应内侧木质部增大的需求，同时形成层的位置也逐渐向外推移。

（1）次生木质部：是木本植物茎次生构造的主要部分，也是木材的主要来源。次生木质部由导管、管胞、木薄壁细胞、木纤维和木射线组成。导管主要是梯纹、网纹和孔纹导管，其中孔纹导管最普遍。

形成层的活动受季节影响很大，在不同季节所形成的木质部形态构造有所差异。温带和亚热带的春季或热带的雨季，由于气候温和，雨量充足，形成层活动旺盛，这时形成的次生木质部中的细胞径大壁薄，质地较疏松，色泽较淡，称早材（early wood）或春材（spring wood）。温带的夏末秋初或热带的旱季，形成层活动逐渐减弱，所形成的细胞径小壁厚，质地紧密，色泽较深，称晚材（late wood）或秋材（autumn wood）。在一年里早材和晚材中细胞由大到小，颜色由浅到深逐渐转变，没有明显的界限，但当年的秋材与第二年的春材却界限分明，形成同心环层，称年轮（annual ring）或生长轮（growth ring）。但有的植物（如柑橘）一年可以形成3轮，这些年轮称假年轮，这是由于形成层有节奏地活动，每年有几个循环的结果。假年轮的形成也有的是由于一年中气候变化特殊，或被害虫吃掉了树叶，生长受影响而引起。

在木质茎横切面上，可见到靠近形成层的部分颜色较浅，质地较松软，称边材（sap wood），边材具输导作用。而中心部分，颜色较深，质地较坚固，称心材（heart wood），心材中一些细胞常积累代谢产物，如挥发油、单宁、树胶、色素等，有些射线细胞或轴向薄壁细胞通过导管或管胞上的纹孔侵入导管或管胞内，形成侵填体（tylosis），使导管或管胞堵塞，失去运输能力。心材比较坚硬，不易腐烂，且常含有某些化学成分。沉香、苏木、檀香、降香等茎木类药材均为心材入药（图4-8）。

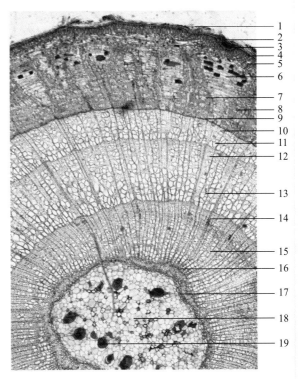

图4-8 双子叶植物茎（椴）三年生构造（刘计权提供）

1. 枯萎的表皮；2. 木栓层；3. 木栓形成层；4. 厚角组织；5. 皮层薄壁组织；6. 韧皮射线；7. 韧皮纤维；8. 次生韧皮部；9. 形成层；10. 晚材（第三年木质部）；11. 早材（第三年木质部）；12. 晚材（第二年木质部）；13. 早材（第二年木质部）；14. 木射线；15. 次生木质部（第一年木质部）；16. 初生木质部（第一年木质部）；17. 环髓带；18. 髓；19. 黏液细胞

　　鉴定茎木类药材时，常采用 3 种切面即横切面、径向切面、切向切面进行比较观察。在木材的 3 个切面中，射线的形态特征较为明显，常作为判断切面类型的重要依据。

　　横切面（transverse section）：是与纵轴垂直所作的切面。可见年轮为同心环状；射线为纵切面，呈辐射状排列，可见射线的长度和宽度。

　　径向切面（radial section）：是通过茎的中心沿直径作纵切的平面。年轮呈纵向平行的带状；射线横向分布，与年轮垂直，可见到射线的高度和长度。

　　切向切面（tangential section）：是不通过茎的中心而垂直于茎的半径所作纵切的平面。可明显看到年轮呈 U 形的波纹；可见射线的横断面，细胞群呈纺锤状，作不连续地纵行排列，可见射线的宽度和高度（图 4-9，4-10）。

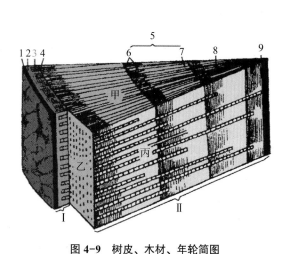

图 4-9　树皮、木材、年轮简图

甲.横切面；乙.切向切面；丙.径向切面；
Ⅰ.树皮；Ⅱ.木材

1.木栓组织；2.皮层；3.韧皮部；4.形成层；5.年轮；
6.晚材；7.早材；8.射线；9.髓

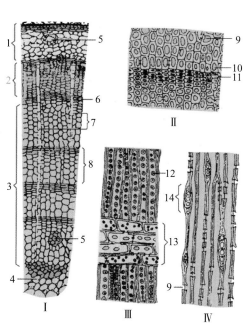

图 4-10　松茎三切面

Ⅰ.横切面；Ⅱ.早材、晚材；Ⅲ.径向切面；
Ⅳ.切向切面

1.木栓及皮层；2.韧皮部；3.木质部；4.髓；5.树脂道；6.形成层；7.髓射线；8.年轮；9.具缘纹孔切面（管胞）；10.早材；11.晚材；12.具缘纹孔表面观；13.髓射线纵切；14.髓射线横切

　　（2）次生韧皮部：由于形成层向外分裂产生的次生韧皮部远不如向内分裂产生的次生木质部数量多，因此次生韧皮部的体积远小于次生木质部。次生韧皮部形成时，初生韧皮部被挤压到外侧，形成颓废组织。次生韧皮部常由筛管、伴胞、韧皮纤维和韧皮薄壁细胞组成。次生韧皮部中的薄壁细胞含有多种营养物质和生理活性物质。有的还有石细胞，如肉桂、厚朴、杜仲；有的具乳汁管，如夹竹桃。

　　木质茎中的韧皮射线和木射线相连，但形态各异，其长短宽窄因植物种类而异。横切面上看，一般木射线比较窄而平直规则，韧皮射线则较宽而不规则。

　　2. 木栓形成层及周皮　茎的次生生长使茎不断增粗，但表皮一般不能相应增大而死亡。此时，多数植物茎由表皮内侧皮层细胞恢复分裂机能形成木栓形成层进而产生周皮，代替表皮行使保护作用。一般木栓形成层的活动只不过数月，大部分树木又可依次在其内侧产生新的木栓形成

（isolateral leaf），如番泻叶和桉叶。在叶肉组织中，有的植物含有油室，如桉叶、橘叶等；有的植物含有草酸钙簇晶、方晶、砂晶等，如桑叶、枇杷叶等；有的还含有石细胞，如茶叶。

叶肉组织在上下表皮的气孔内侧，形成一较大的腔隙，称孔下室（气室）。这些腔隙与栅栏组织和海绵组织的胞间隙相通，有利于内外气体的交换。

3.叶脉　叶脉主要为叶肉中的维管束，主脉和各级侧脉的构造不完全相同。主脉和较大侧脉是由维管束和机械组织组成。维管束的构造和茎相同，由木质部和韧皮部组成，木质部位于向茎面，韧皮部位于背茎面。在木质部和韧皮部之间常具形成层，但分生能力很弱，活动时间很短，只产生少量的次生组织。在维管束的上下侧，常具厚壁或厚角组织包围，这些机械组织在叶的背面最为发达，因此主脉和大的侧脉在叶片背面常成明显突起。侧脉越分越细，构造也越趋简化，最初消失的是形成层和机械组织，其次是韧皮部，木质部的构造也逐渐简单。到了叶脉的末端木质部中只留下 1～2 个短的螺纹管胞，韧皮部中则只有短而狭的筛管分子和增大的伴胞。

近年来研究发现，在许多植物的小叶脉内常有特化的细胞——具有向内生长的细胞壁，由于壁的向内生长形成许多不规则的指状突起，因而大大增加了壁的内表面与质膜表面积，使质膜与原生质体的接触更为密切，此种细胞称为传递细胞（transfer cell）。传递细胞能够更有效地从叶肉组织输送光合作用产物到达筛管分子。

叶片主脉部位的上下表皮内侧一般为厚角组织和薄壁组织，无叶肉组织。但有些植物在主脉的上方有一层或几层栅栏组织，与叶肉中的栅栏组织相连接，如番泻叶、石楠叶，是叶类药材的鉴别特征（图 5-19）。

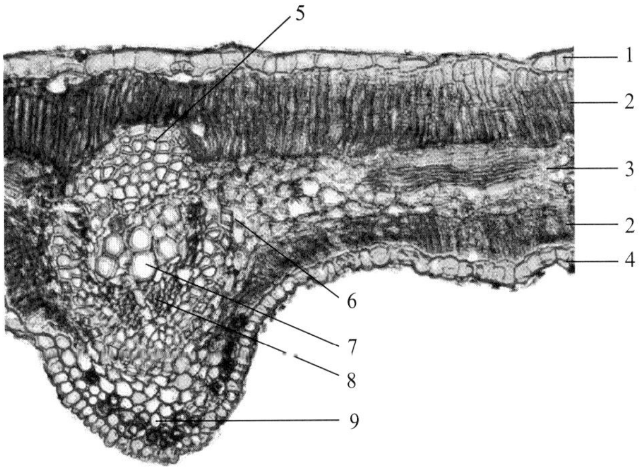

图 5-19　番泻叶横切面详图（俞冰提供）
1. 上表皮；2. 栅栏组织；3. 海绵组织；
4. 下表皮；5. 厚壁组织；6. 草酸钙方晶；
7. 木质部；8. 韧皮部；9. 厚角组织

二、单子叶植物叶的构造特征

单子叶植物的叶在内部构造上和双子叶植物一样具有表皮、叶肉和叶脉 3 种基本结构。现以禾本科植物的叶片为例加以说明（图 5-20）。

1.表皮　表皮细胞的排列比双子叶植物规则，排列成行，有长细胞和短细胞两种类型，长细胞长方柱形，长径与叶的纵长轴平行，外壁角质化，并含有硅质。短细胞又分为硅质细胞和栓质细胞两种类型，硅质细胞的胞腔内充满硅质体，故禾本科植物叶坚硬而表面粗糙；栓质细胞胞壁木栓化。此外，在上表皮中有一些特殊的大型薄壁细胞，称泡状细胞（bulliform cell），细胞具有大型液泡，在横切面上排列略呈扇形，干旱时由于这些细胞失水收缩，引起整个叶片卷曲成筒，可减少水分蒸发，故又称运动细胞（motor cell）。表皮上下两面都分布有气孔，气孔是由 2 个狭长或哑铃状的保卫细胞构成，两端头状部分的细胞壁较薄，中部柄状部分细胞壁较厚，每个保卫细胞外侧各有 1 个略呈三角形的副卫细胞。

2.叶肉　禾本科植物的叶片多呈直立状态，叶片两面受光近似，因此一般叶肉没有栅栏组织和海绵组织的明显分化，属于等面叶类型，但也有个别植物叶的叶肉组织分化成栅栏组织和海绵组织，属于两面叶类型。如淡竹叶的叶肉组织中栅栏组织为 1 列圆柱形的细胞，海绵组织由 1 ～ 3 列（多 2 列）排成较疏松的不规则的圆形细胞组成。

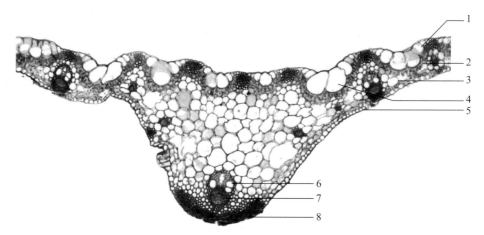

图 5-20　淡竹叶横切面详图（俞冰提供）

1. 上表皮；2. 栅栏组织；3. 海绵组织；4. 泡状细胞；5. 下表皮；6. 木质部；7. 韧皮部；8. 厚壁组织

3. 叶脉　叶脉内的维管束近平行排列，主脉粗大，维管束为有限外韧型。主脉维管束的上下两方常有厚壁组织分布，并与表皮层相连，增强了机械支持作用。在维管束外围常有 1 ～ 2 层或多层细胞包围，构成维管束鞘（vascular bundle sheath）。如玉米、甘蔗的叶脉由 1 层较大的薄壁细胞组成，水稻、小麦的叶脉则由 1 层薄壁细胞和 1 层厚壁细胞组成。

三、气孔指数、栅表比和脉岛数

1. 气孔指数（stomatal index）　叶片单位面积上气孔数占表皮细胞数（包括气孔在内）的百分比称为气孔指数。测定叶类的气孔指数可用来作为区别不同种的药用植物或叶类、全草类中药的参考依据。

$$气孔指数 = \frac{单位面积上的气孔数}{单位面积上的气孔数 + 单位面积上的表皮细胞数} \times 100\%$$

如蓼蓝 *Polygonum tinctorium* Ait. 叶片的上、下表皮的气孔指数分别为 8.4% ～ 11.4%、22.4% ～ 28.0%，大青 *Clerodendrum cyrtophyllum* Turcz. 叶片的上、下表皮的气孔指数分别为 0.70% ～ 10.2%、22.1% ～ 32.5%，气孔指数可以作为区别前者（蓼大青叶）和其混淆品的指标。

2. 栅表比（palisade ratio）　一个表皮细胞下的平均栅栏细胞数目称为"栅表比"。栅表比可用来区别不同种的植物。如尖叶番泻 *Cassia acutifolia* Delile 叶片的栅表比为 1∶（4.5 ～ 18.0），狭叶番泻 *C. angustifolia* Vahl. 叶片的栅表比为 1∶（4.0 ～ 12.0）。

3. 脉岛数（vein islet number）　叶肉中最微细的叶脉所包围的叶肉组织为一个脉岛（vein islet）。单位面积中的脉岛个数称为脉岛数。同种植物的叶其单位面积（平方毫米）中脉岛的数目通常是恒定的，且不受植物的年龄和叶片大小的影响，故可用作鉴定的依据，如杜虹花 *Callicarpa formosana* Rolfe. 叶的脉岛数为 11.31±1.82 个 / 平方毫米，大叶紫珠 *C. macrophylla* Vahl. 叶的脉岛数为 3.83±1.44 个 / 平方毫米，华紫珠 *C. cathayana* H. T. Chang 叶的脉岛数为 4.66±1.73 个 / 平方毫米，脉岛数可以作为区别杜虹花（紫珠叶）和其混淆品的指标。

第六章

花

扫一扫，查阅本章数字资源，含PPT、音视频、图片等

花（flower）是由花芽发育而成的适应生殖、节间极度缩短、不分枝的变态枝。花是种子植物特有的繁殖器官，通过传粉和受精，可以形成果实或种子，起着繁衍后代延续种族的作用。裸子植物的花构造较简单，无花被，单性，形成球花。被子植物的花高度进化，构造复杂，形式多样，一般所说的花是指被子植物的花。

很多植物的花可供药用。花类药材中有的是植物的花蕾，如辛夷、金银花、丁香、槐米等；有的是已开放的花，如洋金花、木棉花、金莲花等；有的是花的一部分，如莲须是雄蕊，玉米须是花柱，番红花是柱头，松花粉、蒲黄是花粉粒，莲房则是花托；也有的是花序，如菊花、旋覆花、款冬花等。

第一节 花的形态和类型

花的形态和构造随植物种类而异。与其他器官相比，花的形态构造特征较稳定，变异较小，植物在长期进化过程中所发生的变化也往往从花的构造中得到反映，因此掌握花的特征对植物分类、全草类和花类药材鉴定等都有极其重要的意义。

一、花的组成

典型的花由花梗（pedicel）、花托（receptacle）、花萼（calyx）、花冠（corolla）、雄蕊群（androecium）和雌蕊群（gynoecium）等部分组成（图6-1）。其中花梗和花托是茎枝的延伸和变态结构，主要起支持作用。花萼和花冠合称花被（perianth），有保护花蕊和引诱昆虫传粉等作用。雄蕊群和雌蕊群具有生殖功能，是花中最重要的部分。

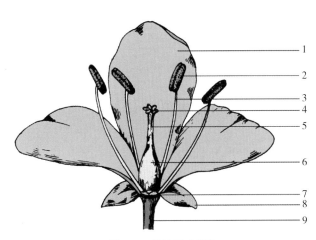

图 6-1 花的组成部分
1.花冠；2～3.雄蕊（2.花药，3.花丝）；4～6.雌蕊（4.柱头，5.花柱，6.子房）；7.花托；8.花萼；9.花梗

二、花的形态

（一）花梗

花梗又称花柄，通常绿色、圆柱形，是花与茎的连接部分，使花处于一定的空间位置。花梗

的有无、长短、粗细、形状等因植物的种类而异。果实形成时，花梗便成为果柄。

（二）花托

花托是花梗顶端膨大的部分。花托的形状随植物种类而异。大多数植物的花托呈平坦或稍凸起的圆顶状，有的呈圆柱状，如木兰、厚朴；有的呈圆锥状，如草莓；有的呈倒圆锥状，如莲；有的凹陷呈杯状，如金樱子、蔷薇、桃。有的的花托在雌蕊基部或在雄蕊与花冠之间形成肉质增厚，扁平垫状、杯状或裂瓣状结构，常可分泌蜜汁，称花盘（disc），如柑橘、卫矛、枣等。有的花托从雌蕊基部向上延伸成一柱状体，称雌蕊柄（gynophore），如黄连、落花生等。也有的花托从花冠以内的部分延伸成一柱状体，称雌雄蕊柄（androgynophore），如白花菜、西番莲等。

（三）花被

花被是花萼和花冠的总称。多数植物的花被分化为花萼与花冠，如桃、杜鹃、木槿、紫荆等。有一些植物的花被片无明显的分化，形态相似，如厚朴、五味子、百合、黄精等。

1. 花萼　花萼是一朵花中所有萼片（sepals）的总称，位于花的最外层。萼片一般呈绿色的叶片状，其形态和构造与叶片相似。

萼片彼此分离的称离生萼（chorisepalous calyx），如毛茛、菘蓝等植物的花萼；萼片中下部联合的称合生萼（gemosepalous calyx），如丹参、桔梗等，联合的部分称萼筒或萼管，分离的部分称萼齿或萼裂片，萼筒形状和萼裂片数目在同种花中通常稳定。有些植物的萼筒一边向外凸起成伸长的管状，称距（spur），如旱金莲、凤仙花等。一般植物的花萼在花枯萎时脱落，有些植物的花萼在开花前即脱落，称早落萼（caducous calyx），如延胡索、白屈菜等。有些植物的花萼在花枯萎时不脱落并随果实一起增大，称宿存萼（persistent calyx），如柿、酸浆等。萼片一般排成一轮，若在花梗顶端紧邻花萼下方另有一轮类似萼片状的苞片，称副萼（epicalyx），如棉花、蜀葵等。有的萼片大而颜色鲜艳呈花瓣状，称瓣状萼，如乌头、铁线莲等。此外，菊科植物的花萼常变态成羽毛状，称冠毛（pappus），如蒲公英等；苋科植物的花萼常变成半透明的膜质状，如牛膝、青葙等。

2. 花冠　花冠是一朵花中所有花瓣（petals）的总称，位于花萼的内侧，常具各种鲜艳的颜色。有的花瓣基部具有能分泌蜜汁的腺体，使花具有香味，有利于招引昆虫传播花粉。

花瓣彼此分离的称离瓣花冠（choripetalous corolla），为离瓣花亚纲植物所具有，如甘草、仙鹤草等。花瓣彼此联合的称合瓣花冠（synpetalous corolla），为合瓣花亚纲植物所具有，其下部联合的部分称花冠筒或花筒，上部分离的部分称花冠裂片，如丹参、桔梗等。有些植物的花瓣基部延长成管状或囊状，亦称距，如紫花地丁、延胡索等。有些花冠瓣片前端宽大，中部急剧缩窄并下延，下延的部分称爪（claw），如油菜、石竹等。有些植物的花冠内侧或花冠与雄蕊之间生有瓣状附属物，称副花冠（corona），如徐长卿、水仙等。

花冠有多种形态，同种植物花瓣及花冠裂片的数目、形态、排列等特征突出而稳定，形成不同的花冠类型（图6-2），可作为植物分类鉴定的重要依据，甚至成为某些植物的独有特征。常见的花冠类型有：

（1）**十字形**（cruciform）：花瓣4枚，分离，常具爪，上部外展呈十字形排列，如菘蓝、油菜、诸葛菜等十字花科植物的花冠。

（2）**蝶形**（papilionaceous）：花瓣5枚，分离，上方1枚位于最外侧且最大，称旗瓣，侧方2枚较小称翼瓣，最下方2枚最小，先端有少许联合，且位于最内侧，瓣片前端常联合并向上弯曲，称龙骨瓣，如甘草、槐花等蝶形花亚科植物的花冠。若上方旗瓣最小且位于最内侧，侧方2枚翼瓣次之，迭压旗瓣，最下方2枚龙骨瓣最大，且无联合，迭压翼瓣，称假蝶形花冠（false papilionaceous），如决明、苏木等云实亚科植物的花冠。

图 6-2　花冠的类型（王光志提供）
1. 十字形（诸葛菜）；2. 蝶形（豌豆）；3. 管状（红花）；4. 漏斗状（圆叶牵牛）；
5. 高脚碟状（蓝花丹）；6. 钟状（沙参）；7. 辐状（单花红丝线）；8. 唇形（丹参）；9. 舌状（蒲公英）

（3）唇形（labiate）：花冠下部联合成筒状，前端分裂成两部分，上下排列为二唇形，上唇中部常凹陷，再分裂为2枚裂片，下唇常再分裂为3枚裂片，如益母草、丹参等唇形科植物的花冠。

（4）管状（tubular）：花冠合生，花冠筒细长管状，前端5齿裂，辐射状排列，如菊科植物红花的花冠、紫菀中央盘花的花冠等。

（5）舌状（liguliform）：花冠基部联合呈一短筒，上部向一侧延伸成扁平舌状，前端5齿裂，如菊科植物蒲公英的花冠、紫菀与向日葵的花冠等。

（6）漏斗状（funnelform）：花冠筒较长，自下向上逐渐扩大，上部外展呈漏斗状，前端一般无明显裂片，有时会在维管束延伸至前缘处形成微凸或小缺刻，如牵牛等旋花科植物和曼陀罗等部分茄科植物的花冠。

（7）高脚碟状（salverform）：花冠下部细长呈管状，上部分裂并水平展开呈碟状，如水仙、长春花等植物的花冠。

（8）钟状（companulate）：花冠筒阔而短，上部裂片扩大平缓外展似钟形，如沙参、桔梗等桔梗科植物的花冠。

（9）辐状或轮状（wheel-shaped）：花冠筒甚短而广展，裂片由基部向四周扩展，形如车轮状，如龙葵、枸杞等部分茄科植物的花冠。

3. 花被卷叠式   花被卷叠式是指花未开放时花被各片彼此的叠压方式，花蕾即将绽开时观察尤为明显。常见的花被卷叠式（图6-3）有：

（1）镊合状（valvate）：花被各片的边缘彼此互相接触排成一圈，但互不重叠，如桔梗、葡萄的花冠。若花被各片的边缘稍向内弯称内向镊合，如沙参的花冠；若花被各片的边缘稍向外弯称外向镊合，如蜀葵的花萼。

（2）旋转状（contorted）：花被各片彼此以一边重叠成回旋状，如夹竹桃、龙胆的花冠。

（3）覆瓦状（imbricate）：花被边缘彼此覆盖，但其中有1片完全在外面，有1片完全在内面，如山茶的花萼、紫草的花冠。

（4）重覆瓦状（quincuncial）：花被边缘彼此覆盖，覆瓦状排列的花被片中有2片完全在外面，有2片完全在内面，如桃、野蔷薇的花冠。

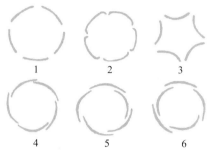

图 6-3   花被卷叠式
1. 镊合状；2. 内向镊合状；3. 外向镊合状；
4. 旋转状；5. 覆瓦状；6. 重覆瓦状

（四）雄蕊群

雄蕊群是1朵花中所有雄蕊（stamen）的总称。雄蕊位于花被的内侧，常直接着生在花托上或贴生在花冠上。

1. 雄蕊的组成   典型的雄蕊由花丝和花药两部分组成。少数植物的花一部分雄蕊不具花药或仅见其痕迹，称不育雄蕊或退化雄蕊，如鸭跖草的雄蕊；还有少数植物的雄蕊特化成花瓣状，如姜、美人蕉等的雄蕊。

（1）花丝（filament）：为雄蕊下部细长的柄状部分，其基部着生于花托上，上部承托花药。花丝的粗细、长短随植物种类而异。

（2）花药（anther）：为花丝顶部膨大的囊状体，是雄蕊的主要部分。花药常分成左右两瓣，中间借药隔（connective）相连，药隔中维管束与花丝维管束相连。每瓣各由2个药室（anther cell）或称花粉囊（pollen sac）组成，排列成蝴蝶状，药室内含大量花粉粒。也有的雄蕊只有2个药室。雄蕊成熟时，花药自行裂开，花粉粒散出。

花药开裂的方式有多种，常见的有：①纵裂，即花粉囊沿纵轴开裂，如水稻、百合等。②孔裂，即花粉囊顶端裂开1小孔，花粉粒由孔中散出，如杜鹃等。③瓣裂，即花粉囊上形成1～4个向外展开的小瓣，成熟时瓣片向上掀起，散出花粉粒，如樟、淫羊藿等。此外还有横裂，即花粉囊沿中部横裂一缝，花粉粒从缝中散出（图6-4）。

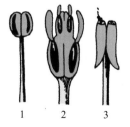

图 6-4   花药开裂的方式图
1. 纵裂；2. 瓣裂；3. 孔裂

花药在花丝上着生的方式也不一致，常见的有：①丁字着药：花药背部中央一点着生在花丝顶端，各瓣平行斜展，与花丝略呈丁字形，如水稻、百合等。②个字着药：花药两瓣上部借药隔联合部位着生在花丝上，下部分离并侧向斜展，花药与花丝呈个字形，如泡桐、玄参等。③广歧着药：花药两瓣完全分离平展近乎一直线，药隔中部着生在花丝顶端，如薄荷、益母草等。④全着药：花药自上而下全部贴生在花丝上，如紫玉兰等。⑤基着药：花药基部着生在花丝顶端，如樟、茄等。⑥背着药：花药仅背部中央贴生于花丝上，花药两瓣平行纵列，称背着药，如杜鹃、马鞭草等（图6-5）。

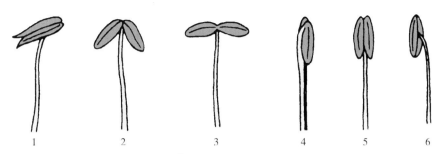

图 6-5　花药着生方式

1. 丁字着药；2. 个字着药；3. 广歧着药；4. 全着药；5. 基着药；6. 背着药

2. 雄蕊的类型　一朵花中雄蕊的数目、长短、离合、排列方式等随植物种类而异，形成不同的雄蕊类型。其中雄蕊数目往往与花瓣同数或为其倍数，数目超过 10 枚的称雄蕊多数。花中的雄蕊相互分离的，称离生雄蕊。有些植物的雄蕊部分或全部联合在一起或长短不一。常见的特殊雄蕊类型（图 6-6）有：

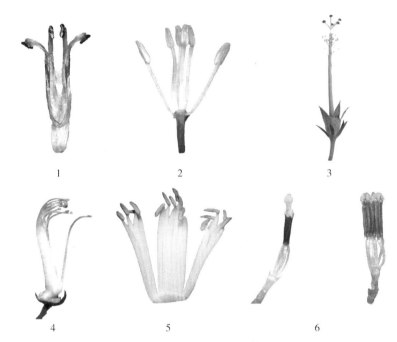

图 6-6　雄蕊的类型（杨成梓提供）

1. 二强雄蕊（唇形科水苏）；2. 四强雄蕊（十字花科欧洲油菜）；3. 单体雄蕊（锦葵科朱槿）
4. 二体雄蕊（豆科紫藤）；5. 多体雄蕊（芸香科柚）；6. 聚药雄蕊（菊科向日葵）

（1）单体雄蕊（monadelphous stamen）：花中所有雄蕊的花丝联合成 1 束，呈筒状，花药分离，如蜀葵、木槿等锦葵科植物和远志等远志科植物以及苦楝、香椿等楝科植物的雄蕊。

（2）二体雄蕊（diadelphous stamen）：花中雄蕊的花丝分别联合成 2 束，如延胡索、紫堇等罂粟科植物有 6 枚雄蕊，分为 2 束，每束 3 枚；甘草、野葛等许多豆科植物有 10 枚雄蕊，其中 9 枚联合，1 枚分离。

（3）二强雄蕊（didynamous stamen）：花中共有 4 枚雄蕊，其中 2 枚花丝较长，2 枚花丝较短，如益母草、薄荷等唇形科植物，马鞭草、牡荆等马鞭草科植物和玄参、地黄等玄参科植物的雄蕊。

（4）四强雄蕊（tetradynamous stamen）：花中共有 6 枚雄蕊，其中 4 枚花丝较长，2 枚较短，如菘蓝、独行菜等十字花科植物的雄蕊。

（5）多体雄蕊（polyadelphous stamen）：花中雄蕊多数，花丝联合成多束，如贯叶金丝桃、地耳草等藤黄科植物和橘、酸橙等部分芸香科植物的雄蕊。

（6）聚药雄蕊（synantherous stamen）：花中雄蕊的花药联合成筒状，花丝分离，如蒲公英、白术等菊科植物的雄蕊。

（五）雌蕊群

雌蕊群是 1 朵花中所有雌蕊（pistil）的总称，位于花的中心部分。

1. 雌蕊的组成　雌蕊是由心皮（carpel）构成的。心皮是适应生殖的变态叶。裸子植物的心皮（又称大孢子叶或珠鳞）展开成叶片状，胚珠裸露在外，被子植物的心皮边缘愈合成雌蕊，胚珠包被在雌蕊囊状的子房内，这是裸子植物与被子植物的主要区别。当心皮卷合形成雌蕊时，其边缘的愈合缝线称腹缝线（ventral suture），心皮中脉部分的缝线称背缝线（dorsal suture），胚珠常着生在腹缝线上。

雌蕊的外形似瓶状，由子房、花柱和柱头 3 部分组成。

（1）子房（ovary）：是雌蕊基部膨大的囊状部分，常呈椭圆形、卵形等形状，其底部着生在花托上。子房的外壁称子房壁，子房壁以内的腔室称子房室，其内着生胚珠，因此子房是雌蕊最重要的部分。

（2）花柱（style）：是子房上端收缩变细并上延的颈状部位，也是花粉管进入子房的通道。花柱的粗细、长短、有无随植物种类而异，如玉米的花柱细长如丝，莲的花柱粗短如棒，而木通、罂粟则无花柱，其柱头直接着生于子房的顶端，唇形科和紫草科植物的花柱插生于纵向分裂的子房基部，称花柱基生（gynobasic）。有些植物的花柱与雄蕊合生成一柱状体，称合蕊柱（gynostemium），如白及等兰科植物。

（3）柱头（stigma）：是花柱顶部稍膨大的部分，为承受花粉的部位。柱头常成圆盘状、羽毛状、星状、头状等多种形状，其上带有乳头状突起，并常能分泌黏液，有利于花粉的附着和萌发。

2. 雌蕊的类型　根据组成雌蕊的心皮数目及与心皮联合与否，形成不同的雌蕊类型（图6-7）。常见的有：

（1）单雌蕊（simple pistil）：是由 1 个心皮构成的雌蕊，如甘草、野葛等豆科植物和桃、杏等部分蔷薇科植物的雌蕊。

（2）复雌蕊（syncarpous pistil）：是由 1 朵花内的 2 个或 2 个以上心皮彼此联合构成的复合雌蕊，如菘蓝、丹参、向日葵等为二心皮复雌蕊；大戟、百合、南瓜等为三心皮复雌蕊；卫矛等为四心皮复雌蕊；贴梗海棠、桔梗、木槿等为五心皮复雌蕊；橘、蜀葵等的雌蕊则由 5 个以上的心皮联合而成。组成雌蕊的心皮数往往可由柱头和花柱的分裂数、子房上的主脉数以及子房室数等来判断。

（3）离生雌蕊（apocarpous pistil）：是 1 朵花内有 2 至多数单雌蕊，彼此分离，聚集在花托上的雌蕊类型，如毛茛、乌头等毛茛科植物和厚朴、五味子等木兰科植物的雌蕊。

3. 子房的位置及花位　由于花托的形状、结构不同，子房在花托上着生位置和愈合程度及其与花被、雄蕊之间关系也发生变化。子房与花托的愈合情况以子房位置表示，子房与花被、雄蕊的位置关系反映花位情况（图6-8）。

（isolateral leaf），如番泻叶和桉叶。在叶肉组织中，有的植物含有油室，如桉叶、橘叶等；有的植物含有草酸钙簇晶、方晶、砂晶等，如桑叶、枇杷叶等；有的还含有石细胞，如茶叶。

叶肉组织在上下表皮的气孔内侧，形成一较大的腔隙，称孔下室（气室）。这些腔隙与栅栏组织和海绵组织的胞间隙相通，有利于内外气体的交换。

3.叶脉　叶脉主要为叶肉中的维管束，主脉和各级侧脉的构造不完全相同。主脉和较大侧脉是由维管束和机械组织组成。维管束的构造和茎相同，由木质部和韧皮部组成，木质部位于向茎面，韧皮部位于背茎面。在木质部和韧皮部之间常具形成层，但分生能力很弱，活动时间很短，只产生少量的次生组织。在维管束的上下侧，常具厚壁或厚角组织包围，这些机械组织在叶的背面最为发达，因此主脉和大的侧脉在叶片背面常成明显突起。侧脉越分越细，构造也越趋简化，最初消失的是形成层和机械组织，其次是韧皮部，木质部的构造也逐渐简单。到了叶脉的末端木质部中只留下1～2个短的螺纹管胞，韧皮部中则只有短而狭的筛管分子和增大的伴胞。

近年来研究发现，在许多植物的小叶脉内常有特化的细胞——具有向内生长的细胞壁，由于壁的向内生长形成许多不规则的指状突起，因而大大增加了壁的内表面与质膜表面积，使质膜与原生质体的接触更为密切，此种细胞称为传递细胞（transfer cell）。传递细胞能够更有效地从叶肉组织输送光合作用产物到达筛管分子。

叶片主脉部位的上下表皮内侧一般为厚角组织和薄壁组织，无叶肉组织。但有些植物在主脉的上方有一层或几层栅栏组织，与叶肉中的栅栏组织相连接，如番泻叶、石楠叶，是叶类药材的鉴别特征（图5-19）。

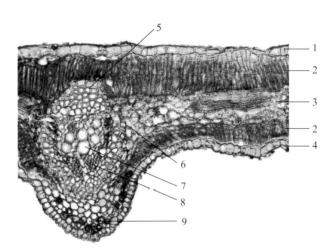

图5-19　番泻叶横切面详图（俞冰提供）
1. 上表皮；2. 栅栏组织；3. 海绵组织；
4. 下表皮；5. 厚壁组织；6. 草酸钙方晶；
7. 木质部；8. 韧皮部；9. 厚角组织

二、单子叶植物叶的构造特征

单子叶植物的叶在内部构造上和双子叶植物一样具有表皮、叶肉和叶脉3种基本结构。现以禾本科植物的叶片为例加以说明（图5-20）。

1.表皮　表皮细胞的排列比双子叶植物规则，排列成行，有长细胞和短细胞两种类型，长细胞长方柱形，长径与叶的纵长轴平行，外壁角质化，并含有硅质。短细胞又分为硅质细胞和栓质细胞两种类型，硅质细胞的胞腔内充满硅质体，故禾本科植物叶坚硬而表面粗糙；栓质细胞胞壁木栓化。此外，在上表皮中有一些特殊的大型薄壁细胞，称泡状细胞（bulliform cell），细胞具有大型液泡，在横切面上排列略呈扇形，干旱时由于这些细胞失水收缩，引起整个叶片卷曲成筒，可减少水分蒸发，故又称运动细胞（motor cell）。表皮上下两面都分布有气孔，气孔是由2个狭长或哑铃状的保卫细胞构成，两端头状部分的细胞壁较薄，中部柄状部分细胞壁较厚，每个保卫细胞外侧各有1个略呈三角形的副卫细胞。

2.叶肉　禾本科植物的叶片多呈直立状态，叶片两面受光近似，因此一般叶肉没有栅栏组织和海绵组织的明显分化，属于等面叶类型，但也有个别植物叶的叶肉组织分化成栅栏组织和海绵组织，属于两面叶类型。如淡竹叶的叶肉组织中栅栏组织为 1 列圆柱形的细胞，海绵组织由 1～3 列（多 2 列）排成较疏松的不规则的圆形细胞组成。

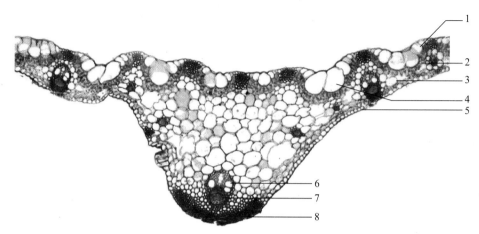

图 5-20　淡竹叶横切面详图（俞冰提供）
1. 上表皮；2. 栅栏组织；3. 海绵组织；4. 泡状细胞；5. 下表皮；6. 木质部；7. 韧皮部；8. 厚壁组织

3. 叶脉　叶脉内的维管束近平行排列，主脉粗大，维管束为有限外韧型。主脉维管束的上下两方常有厚壁组织分布，并与表皮层相连，增强了机械支持作用。在维管束外围常有 1～2 层或多层细胞包围，构成维管束鞘（vascular bundle sheath）。如玉米、甘蔗的叶脉由 1 层较大的薄壁细胞组成，水稻、小麦的叶脉则由 1 层薄壁细胞和 1 层厚壁细胞组成。

三、气孔指数、栅表比和脉岛数

1. 气孔指数（stomatal index）　叶片单位面积上气孔数占表皮细胞数（包括气孔在内）的百分比称为气孔指数。测定叶类的气孔指数可用来作为区别不同种的药用植物或叶类、全草类中药的参考依据。

$$气孔指数 = \frac{单位面积上的气孔数}{单位面积上的气孔数 + 单位面积上的表皮细胞数} \times 100\%$$

如蓼蓝 *Polygonum tinctorium* Ait. 叶片的上、下表皮的气孔指数分别为 8.4%～11.4%、22.4%～28.0%，大青 *Clerodendrum cyrtophyllum* Turcz. 叶片的上、下表皮的气孔指数分别为 0.70%～10.2%、22.1%～32.5%，气孔指数可以作为区别前者（蓼大青叶）和其混淆品的指标。

2. 栅表比（palisade ratio）　一个表皮细胞下的平均栅栏细胞数目称为"栅表比"。栅表比可用来区别不同种的植物。如尖叶番泻 *Cassia acutifolia* Delile 叶片的栅表比为 1：（4.5～18.0），狭叶番泻 *C. angustifolia* Vahl. 叶片的栅表比为 1：（4.0～12.0）。

3. 脉岛数（vein islet number）　叶肉中最微细的叶脉所包围的叶肉组织为一个脉岛（vein islet）。单位面积中的脉岛个数称为脉岛数。同种植物的叶其单位面积（平方毫米）中脉岛的数目通常是恒定的，且不受植物的年龄和叶片大小的影响，故可用作鉴定的依据，如杜虹花 *Callicarpa formosana* Rolfe. 叶的脉岛数为 11.31±1.82 个 / 平方毫米，大叶紫珠 *C. macrophylla* Vahl. 叶的脉岛数为 3.83±1.44 个 / 平方毫米，华紫珠 *C. cathayana* H. T. Chang 叶的脉岛数为 4.66±1.73 个 / 平方毫米，脉岛数可以作为区别杜虹花（紫珠叶）和其混淆品的指标。

第六章
花

扫一扫，查阅本章数字资源，含PPT、音视频、图片等

花（flower）是由花芽发育而成的适应生殖、节间极度缩短、不分枝的变态枝。花是种子植物特有的繁殖器官，通过传粉和受精，可以形成果实或种子，起着繁衍后代延续种族的作用。裸子植物的花构造较简单，无花被，单性，形成球花。被子植物的花高度进化，构造复杂，形式多样，一般所说的花是指被子植物的花。

很多植物的花可供药用。花类药材中有的是植物的花蕾，如辛夷、金银花、丁香、槐米等；有的是已开放的花，如洋金花、木棉花、金莲花等；有的是花的一部分，如莲须是雄蕊，玉米须是花柱，番红花是柱头，松花粉、蒲黄是花粉粒，莲房则是花托；也有的是花序，如菊花、旋覆花、款冬花等。

第一节　花的形态和类型

花的形态和构造随植物种类而异。与其他器官相比，花的形态构造特征较稳定，变异较小，植物在长期进化过程中所发生的变化也往往从花的构造中得到反映，因此掌握花的特征对植物分类、全草类和花类药材鉴定等都有极其重要的意义。

一、花的组成

典型的花由花梗（pedicel）、花托（receptacle）、花萼（calyx）、花冠（corolla）、雄蕊群（androecium）和雌蕊群（gynoecium）等部分组成（图6-1）。其中花梗和花托是茎枝的延伸和变态结构，主要起支持作用。花萼和花冠合称花被（perianth），有保护花蕊和引诱昆虫传粉等作用。雄蕊群和雌蕊群具有生殖功能，是花中最重要的部分。

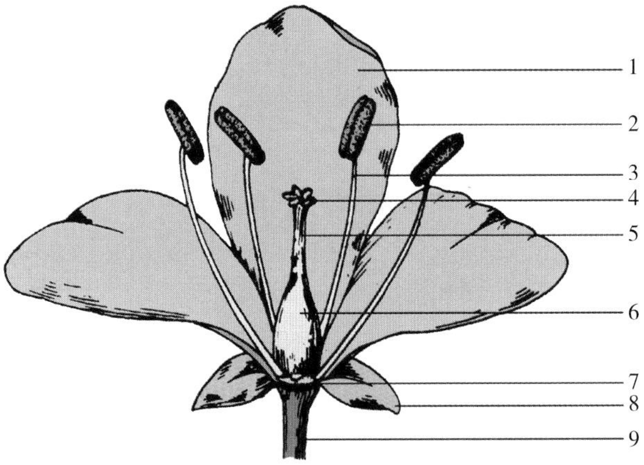

二、花的形态

（一）花梗

花梗又称花柄，通常绿色、圆柱形，是花与茎的连接部分，使花处于一定的空间位置。花梗

图 6-1　花的组成部分
1.花冠；2～3.雄蕊（2.花药，3.花丝）；4～6.雌蕊（4.柱头，5.花柱，6.子房）；7.花托；8.花萼；9.花梗

的有无、长短、粗细、形状等因植物的种类而异。果实形成时，花梗便成为果柄。

（二）花托

花托是花梗顶端膨大的部分。花托的形状随植物种类而异。大多数植物的花托呈平坦或稍凸起的圆顶状，有的呈圆柱状，如木兰、厚朴；有的呈圆锥状，如草莓；有的呈倒圆锥状，如莲；有的凹陷呈杯状，如金樱子、蔷薇、桃。有的花托在雌蕊基部或在雄蕊与花冠之间形成肉质增厚，扁平垫状、杯状或裂瓣状结构，常可分泌蜜汁，称花盘（disc），如柑橘、卫矛、枣等。有的花托从雌蕊基部向上延伸成一柱状体，称雌蕊柄（gynophore），如黄连、落花生等。也有的花托从花冠以内的部分延伸成一柱状体，称雌雄蕊柄（androgynophore），如白花菜、西番莲等。

（三）花被

花被是花萼和花冠的总称。多数植物的花被分化为花萼与花冠，如桃、杜鹃、木槿、紫荆等。有一些植物的花被片无明显的分化，形态相似，如厚朴、五味子、百合、黄精等。

1. 花萼　花萼是一朵花中所有萼片（sepals）的总称，位于花的最外层。萼片一般呈绿色的叶片状，其形态和构造与叶片相似。

萼片彼此分离的称离生萼（chorisepalous calyx），如毛茛、菘蓝等植物的花萼；萼片中下部联合的称合生萼（gemosepalous calyx），如丹参、桔梗等，联合的部分称萼筒或萼管，分离的部分称萼齿或萼裂片，萼筒形状和萼裂片数目在同种花中通常稳定。有些植物的萼筒一边向外凸起成伸长的管状，称距（spur），如旱金莲、凤仙花等。一般植物的花萼在花枯萎时脱落，有些植物的花萼在开花前即脱落，称早落萼（caducous calyx），如延胡索、白屈菜等。有些植物的花萼在花枯萎时不脱落并随果实一起增大，称宿存萼（persistent calyx），如柿、酸浆等。萼片一般排成一轮，若在花梗顶端紧邻花萼下方另有一轮类似萼片状的苞片，称副萼（epicalyx），如棉花、蜀葵等。有的萼片大而颜色鲜艳呈花瓣状，称瓣状萼，如乌头、铁线莲等。此外，菊科植物的花萼常变态成羽毛状，称冠毛（pappus），如蒲公英等；苋科植物的花萼常变成半透明的膜质状，如牛膝、青葙等。

2. 花冠　花冠是一朵花中所有花瓣（petals）的总称，位于花萼的内侧，常具各种鲜艳的颜色。有的花瓣基部具有能分泌蜜汁的腺体，使花具有香味，有利于招引昆虫传播花粉。

花瓣彼此分离的称离瓣花冠（choripetalous corolla），为离瓣花亚纲植物所具有，如甘草、仙鹤草等。花瓣彼此联合的称合瓣花冠（synpetalous corolla），为合瓣花亚纲植物所具有，其下部联合的部分称花冠筒或花筒，上部分离的部分称花冠裂片，如丹参、桔梗等。有些植物的花瓣基部延长成管状或囊状，亦称距，如紫花地丁、延胡索等。有些花冠瓣片前端宽大，中部急剧缩窄并下延，下延的部分称爪（claw），如油菜、石竹等。有些植物的花冠内侧或花冠与雄蕊之间生有瓣状附属物，称副花冠（corona），如徐长卿、水仙等。

花冠有多种形态，同种植物花瓣及花冠裂片的数目、形态、排列等特征突出而稳定，形成不同的花冠类型（图 6-2），可作为植物分类鉴定的重要依据，甚至成为某些植物的独有特征。常见的花冠类型有：

（1）十字形（cruciform）：花瓣 4 枚，分离，常具爪，上部外展呈十字形排列，如菘蓝、油菜、诸葛菜等十字花科植物的花冠。

（2）蝶形（papilionaceous）：花瓣 5 枚，分离，上方 1 枚位于最外侧且最大，称旗瓣，侧方 2 枚较小称翼瓣，最下方 2 枚最小，先端有少许联合，且位于最内侧，瓣片前端常联合并向上弯曲，称龙骨瓣，如甘草、槐花等蝶形花亚科植物的花冠。若上方旗瓣最小且位于最内侧，侧方2枚翼瓣次之，迭压旗瓣，最下方2枚龙骨瓣最大，且无联合，迭压翼瓣，称假蝶形花冠（false papilionaceous），如决明、苏木等云实亚科植物的花冠。

图 6-2 花冠的类型（王光志提供）
1. 十字形（诸葛菜）；2. 蝶形（豌豆）；3. 管状（红花）；4. 漏斗状（圆叶牵牛）；
5. 高脚碟状（蓝花丹）；6. 钟状（沙参）；7. 辐状（单花红丝线）；8. 唇形（丹参）；9. 舌状（蒲公英）

（3）唇形（labiate）：花冠下部联合成筒状，前端分裂成两部分，上下排列为二唇形，上唇中部常凹陷，再分裂为2枚裂片，下唇常再分裂为3枚裂片，如益母草、丹参等唇形科植物的花冠。

（4）管状（tubular）：花冠合生，花冠筒细长管状，前端5齿裂，辐射状排列，如菊科植物红花的花冠、紫菀中央盘花的花冠等。

（5）舌状（liguliform）：花冠基部联合呈一短筒，上部向一侧延伸成扁平舌状，前端5齿裂，如菊科植物蒲公英的花冠、紫菀与向日葵的花冠等。

（6）漏斗状（funnelform）：花冠筒较长，自下向上逐渐扩大，上部外展呈漏斗状，前端一般无明显裂片，有时会在维管束延伸至前缘处形成微凸或小缺刻，如牵牛等旋花科植物和曼陀罗等部分茄科植物的花冠。

（7）高脚碟状（salverform）：花冠下部细长呈管状，上部分裂并水平展开呈碟状，如水仙、长春花等植物的花冠。

（8）钟状（companulate）：花冠筒阔而短，上部裂片扩大平缓外展似钟形，如沙参、桔梗等桔梗科植物的花冠。

（9）辐状或轮状（wheel-shaped）：花冠筒甚短而广展，裂片由基部向四周扩展，形如车轮状，如龙葵、枸杞等部分茄科植物的花冠。

3. 花被卷叠式 花被卷叠式是指花未开放时花被各片彼此的叠压方式，花蕾即将绽开时观察尤为明显。常见的花被卷叠式（图6-3）有：

（1）镊合状（valvate）：花被各片的边缘彼此互相接触排成一圈，但互不重叠，如桔梗、葡萄的花冠。若花被各片的边缘稍向内弯称内向镊合，如沙参的花冠；若花被各片的边缘稍向外弯称外向镊合，如蜀葵的花萼。

（2）旋转状（contorted）：花被各片彼此以一边重叠成回旋状，如夹竹桃、龙胆的花冠。

（3）覆瓦状（imbricate）：花被边缘彼此覆盖，但其中有1片完全在外面，有1片完全在内面，如山茶的花萼、紫草的花冠。

（4）重覆瓦状（quincuncial）：花被边缘彼此覆盖，覆瓦状排列的花被片中有2片完全在外面，有2片完全在内面，如桃、野蔷薇的花冠。

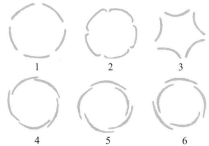

图6-3 花被卷叠式
1.镊合状；2.内向镊合状；3.外向镊合状；
4.旋转状；5.覆瓦状；6.重覆瓦状

（四）雄蕊群

雄蕊群是1朵花中所有雄蕊（stamen）的总称。雄蕊位于花被的内侧，常直接着生在花托上或贴生在花冠上。

1. 雄蕊的组成 典型的雄蕊由花丝和花药两部分组成。少数植物的花一部分雄蕊不具花药或仅见其痕迹，称不育雄蕊或退化雄蕊，如鸭跖草的雄蕊；还有少数植物的雄蕊特化成花瓣状，如姜、美人蕉等的雄蕊。

（1）花丝（filament）：为雄蕊下部细长的柄状部分，其基部着生于花托上，上部承托花药。花丝的粗细、长短随植物种类而异。

（2）花药（anther）：为花丝顶部膨大的囊状体，是雄蕊的主要部分。花药常分成左右两瓣，中间借药隔（connective）相连，药隔中维管束与花丝维管束相连。每瓣各由2个药室（anther cell）或称花粉囊（pollen sac）组成，排列成蝴蝶状，药室内含大量花粉粒。也有的雄蕊只有2个药室。雄蕊成熟时，花药自行裂开，花粉粒散出。

花药开裂的方式有多种，常见的有：①纵裂，即花粉囊沿纵轴开裂，如水稻、百合等。②孔裂，即花粉囊顶端裂开1小孔，花粉粒由孔中散出，如杜鹃等。③瓣裂，即花粉囊上形成1～4个向外展开的小瓣，成熟时瓣片向上掀起，散出花粉粒，如樟、淫羊藿等。此外还有横裂，即花粉囊沿中部横裂一缝，花粉粒从缝中散出（图6-4）。

花药在花丝上着生的方式也不一致，常见的有：①丁字着药：花药背部中央一点着生在花丝顶端，各瓣平行斜展，与花丝略呈丁字形，如水稻、百合等。②个字着药：花药两瓣上部借药隔联合部位着

图6-4 花药开裂的方式图
1.纵裂；2.瓣裂；3.孔裂

生在花丝上，下部分离并侧向斜展，花药与花丝呈个字形，如泡桐、玄参等。③广歧着药：花药两瓣完全分离平展近乎一直线，药隔中部着生在花丝顶端，如薄荷、益母草等。④全着药：花药自上而下全部贴生在花丝上，如紫玉兰等。⑤基着药：花药基部着生在花丝顶端，如樟、茄等。⑥背着药：花药仅背部中央贴生于花丝上，花药两瓣平行纵列，称背着药，如杜鹃、马鞭草等（图6-5）。

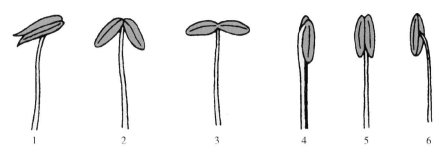

图 6-5 花药着生方式
1. 丁字着药；2. 个字着药；3. 广歧着药；4. 全着药；5. 基着药；6. 背着药

2. 雄蕊的类型 一朵花中雄蕊的数目、长短、离合、排列方式等随植物种类而异，形成不同的雄蕊类型。其中雄蕊数目往往与花瓣同数或为其倍数，数目超过 10 枚的称雄蕊多数。花中的雄蕊相互分离的，称离生雄蕊。有些植物的雄蕊部分或全部联合在一起或长短不一。常见的特殊雄蕊类型（图 6-6）有：

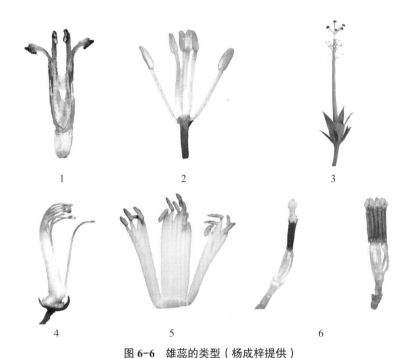

图 6-6 雄蕊的类型（杨成梓提供）
1. 二强雄蕊（唇形科水苏）；2. 四强雄蕊（十字花科欧洲油菜）；3. 单体雄蕊（锦葵科朱槿）
4. 二体雄蕊（豆科紫藤）；5. 多体雄蕊（芸香科柚）；6. 聚药雄蕊（菊科向日葵）

（1）单体雄蕊（monadelphous stamen）：花中所有雄蕊的花丝联合成 1 束，呈筒状，花药分离，如蜀葵、木槿等锦葵科植物和远志等远志科植物以及苦楝、香椿等楝科植物的雄蕊。

（2）二体雄蕊（diadelphous stamen）：花中雄蕊的花丝分别联合成 2 束，如延胡索、紫堇等罂粟科植物有 6 枚雄蕊，分为 2 束，每束 3 枚；甘草、野葛等许多豆科植物有 10 枚雄蕊，其中 9 枚联合，1 枚分离。

（3）二强雄蕊（didynamous stamen）：花中共有 4 枚雄蕊，其中 2 枚花丝较长，2 枚花丝较短，如益母草、薄荷等唇形科植物，马鞭草、牡荆等马鞭草科植物和玄参、地黄等玄参科植物的雄蕊。

（4）四强雄蕊（tetradynamous stamen）：花中共有 6 枚雄蕊，其中 4 枚花丝较长，2 枚较短，如菘蓝、独行菜等十字花科植物的雄蕊。

（5）多体雄蕊（polyadelphous stamen）：花中雄蕊多数，花丝联合成多束，如贯叶金丝桃、地耳草等藤黄科植物和橘、酸橙等部分芸香科植物的雄蕊。

（6）聚药雄蕊（synantherous stamen）：花中雄蕊的花药联合成筒状，花丝分离，如蒲公英、白术等菊科植物的雄蕊。

（五）雌蕊群

雌蕊群是1朵花中所有雌蕊（pistil）的总称，位于花的中心部分。

1. 雌蕊的组成　雌蕊是由心皮（carpel）构成的。心皮是适应生殖的变态叶。裸子植物的心皮（又称大孢子叶或珠鳞）展开成叶片状，胚珠裸露在外，被子植物的心皮边缘愈合成雌蕊，胚珠包被在雌蕊囊状的子房内，这是裸子植物与被子植物的主要区别。当心皮卷合形成雌蕊时，其边缘的愈合缝线称腹缝线（ventral suture），心皮中脉部分的缝线称背缝线（dorsal suture），胚珠常着生在腹缝线上。

雌蕊的外形似瓶状，由子房、花柱和柱头3部分组成。

（1）子房（ovary）：是雌蕊基部膨大的囊状部分，常呈椭圆形、卵形等形状，其底部着生在花托上。子房的外壁称子房壁，子房壁以内的腔室称子房室，其内着生胚珠，因此子房是雌蕊最重要的部分。

（2）花柱（style）：是子房上端收缩变细并上延的颈状部位，也是花粉管进入子房的通道。花柱的粗细、长短、有无随植物种类而异，如玉米的花柱细长如丝，莲的花柱粗短如棒，而木通、罂粟则无花柱，其柱头直接着生于子房的顶端，唇形科和紫草科植物的花柱插生于纵向分裂的子房基部，称花柱基生（gynobasic）。有些植物的花柱与雄蕊合生成一柱状体，称合蕊柱（gynostemium），如白及等兰科植物。

（3）柱头（stigma）：是花柱顶部稍膨大的部分，为承受花粉的部位。柱头常成圆盘状、羽毛状、星状、头状等多种形状，其上带有乳头状突起，并常能分泌黏液，有利于花粉的附着和萌发。

2. 雌蕊的类型　根据组成雌蕊的心皮数目及与心皮联合与否，形成不同的雌蕊类型（图6-7）。常见的有：

（1）单雌蕊（simple pistil）：是由1个心皮构成的雌蕊，如甘草、野葛等豆科植物和桃、杏等部分蔷薇科植物的雌蕊。

（2）复雌蕊（syncarpous pistil）：是由1朵花内的2个或2个以上心皮彼此联合构成的复合雌蕊，如菘蓝、丹参、向日葵等为二心皮复雌蕊；大戟、百合、南瓜等为三心皮复雌蕊；卫矛等为四心皮复雌蕊；贴梗海棠、桔梗、木槿等为五心皮复雌蕊；橘、蜀葵等的雌蕊则由5个以上的心皮联合而成。组成雌蕊的心皮数往往可由柱头和花柱的分裂数、子房上的主脉数以及子房室数等来判断。

（3）离生雌蕊（apocarpous pistil）：是1朵花内有2至多数单雌蕊，彼此分离，聚集在花托上的雌蕊类型，如毛茛、乌头等毛茛科植物和厚朴、五味子等木兰科植物的雌蕊。

3. 子房的位置及花位　由于花托的形状、结构不同，子房在花托上着生位置和愈合程度及其与花被、雄蕊之间关系也发生变化。子房与花托的愈合情况以子房位置表示，子房与花被、雄蕊的位置关系反映花位情况（图6-8）。

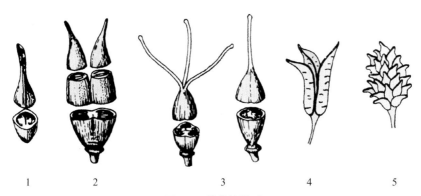

图 6-7　雌蕊的类型

1.单雌蕊；2.二心皮复雌蕊；3.三心皮复雌蕊；4.三心皮离生雌蕊；5.多心皮离生雌蕊

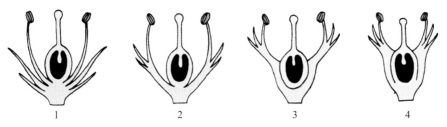

图 6-8　子房的位置简图

1.子房上位（下位花）2.子房上位（周位花）3.子房半下位（周位花）4.子房下位（上位花）

（1）子房上位（superior ovary）：花托扁平或隆起，子房仅底部与花托相连，称子房上位，花被、雄蕊均着生在子房下方的花托边缘，这种花称下位花（hypogynous flower），如油菜、金丝桃、百合等。若花托下陷为杯状，子房仅基部着生于杯状凹陷内壁的中央或侧壁上，亦称为子房上位，花被、雄蕊则着生于杯状花托的上端边缘，称周位花（perigynous flower），如桃、杏、金樱子等。

（2）子房半下位（half-inferior ovary）：子房下半部着生于凹陷的花托中并与花托愈合，上半部外露，称子房半下位；花被、雄蕊均着生于花托四周的边缘，称周位花，如桔梗、党参、马齿苋等。

（3）子房下位（inferior ovary）：花托凹陷，子房完全生于花托内并与花托愈合，称子房下位；花被、雄蕊均着生于子房上方的花托边缘，称上位花（epigynous flower），如贴梗海棠、丝瓜等。

4.子房的室数　子房室的数目由心皮的数目及其结合状态决定。单雌蕊子房只有1室，称单子房，如甘草、野葛等豆科植物的子房。合生心皮复雌蕊的子房称复子房，其中有的仅是心皮边缘联合，形成的子房只有1室，称单室复子房，单室复子房侧壁上的腹缝线称侧膜，如栝楼、丝瓜等葫芦科植物的子房；有的心皮边缘向内卷入，在中心联合形成柱状结构，称中轴（axis），形成的子房室数与心皮数相等，称复室复子房，复室复子房室的间壁称隔膜（diaphragm），如百合、黄精等百合科植物和桔梗、沙参等桔梗科植物的子房；有的子房室可能被次生的间壁完全或不完全地分隔，次生间壁称假隔膜（false diaphragm），如菘蓝、芥菜等十字花科植物和益母草、丹参等唇形科植物的子房。

5.胎座及其类型　胚珠在子房内着生的部位称胎座（placenta）。因雌蕊的心皮数目及心皮联合的方式不同，常形成不同的胎座类型（图6-9）。常见的胎座类型有：

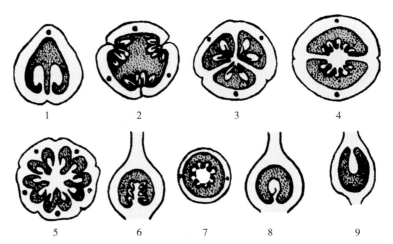

图 6-9 胎座的类型
1. 边缘胎座；2. 侧膜胎座；3～5. 中轴胎座；6～7. 特立中央胎座；8. 基生胎座；9. 顶生胎座

（1）边缘胎座（marginal placenta）：单雌蕊，子房 1 室，多数胚珠沿腹缝线的边缘着生，如野葛、决明等豆科植物的胎座。

（2）侧膜胎座（parietal placenta）：复雌蕊，单室复子房，多数胚珠着生在子房壁相邻两心皮联合的多条侧膜上，如罂粟、延胡索等罂粟科植物和栝楼、丝瓜等葫芦科植物的胎座。

（3）中轴胎座（axial placenta）：复雌蕊，复室复子房，多数胚珠着生在各心皮边缘向内伸入于中央而愈合成的中轴上，其子房室数往往与心皮数目相等，如玄参、地黄等玄参科植物和桔梗、沙参等桔梗科植物以及百合、贝母等百合科植物的胎座。

（4）特立中央胎座（free-central placenta）：复雌蕊，单室复子房，来源于复室复子房，但子房室的隔膜和中轴上部消失，形成单子房室，多数胚珠着生在残留于子房中央的中轴周围，如石竹、太子参等石竹科植物和过路黄、点地梅等报春花科植物的胎座。

（5）基生胎座（basal placenta）：子房 1 或多心皮，1 室，1 枚胚珠着生在子房室基部，如大黄、何首乌等蓼科植物和向日葵、白术等菊科植物的胎座。

（6）顶生胎座（apical placenta）：子房 1 或多心皮，1 室，1 枚胚珠着生在子房室顶部，如桑、构树等桑科植物和草珊瑚等金粟兰科植物的胎座。

6. 胚珠（ovule）的构造及其类型 胚珠是种子的前身，为着生在胎座上的卵形小体，受精后发育成种子，其数目、类型随植物种类而异。

（1）胚珠的构造：胚珠着生在子房内，常呈椭圆形或近圆形，其一端有一短柄称珠柄（funicle），与胎座相连，维管束从胎座通过珠柄进入胚珠。大多数被子植物的胚珠有 2 层包被，称珠被（integument），外层称外珠被（outer integument），内层称内珠被（inner integument），裸子植物及少数被子植物仅有 1 层珠被，极少数植物没有珠被。在珠被的前端常不完全愈合而留下 1 小孔，称珠孔（micropyle），是多数植物受精时花粉管到达珠心的通道。珠被内侧为一团薄壁细胞，称珠心（nucellus），是胚珠的重要部分。珠心中央发育着胚囊（embryo sac）。被子植物的成熟胚囊一般有 1 个卵细胞、2 个助细胞、3 个反足细胞和 2 个极核细胞等 8 个细胞（核）。珠被、珠心基部和珠柄汇合处称合点（chalaza），是维管束到达胚囊的通道。

（2）胚珠的类型：胚珠生长时，由于珠柄、珠被、珠心等各部分的生长速度不同而形成不同的胚珠类型（图 6-10）。常见的有：

①直生胚珠（atropous ovule）：胚珠直立且各部分生长均匀，珠柄在下，珠孔在上，珠柄、珠孔、合点在一条直线上。如三白草科、胡椒科、蓼科植物的胚珠。

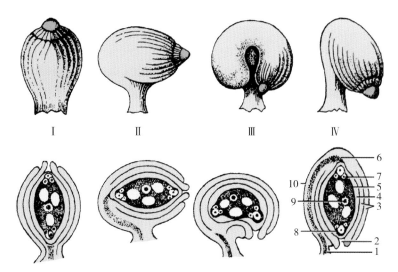

图 6-10　胚珠的构造及类型
Ⅰ.直生胚珠；Ⅱ.横生胚珠；Ⅲ.弯生胚珠；Ⅳ.倒生胚珠
1.珠柄；2.珠孔；3.珠被；4.珠心；5.胚囊；6.合点；
7.反足细胞；8.卵细胞和助细胞；9.中央细胞；10.珠脊

②横生胚珠（hemitropous ovule）：胚珠一侧生长较另一侧快，使胚珠横向弯曲，珠孔和合点之间的直线与珠柄垂直。如毛茛科、锦葵科、玄参科和茄科的部分植物的胚珠。

③弯生胚珠（campylotropous ovule）：胚珠的下半部生长速度均匀，上半部的一侧生长速度快于另一侧，并向另一侧弯曲，使珠孔弯向珠柄，胚珠呈肾形。如十字花科和豆科部分植物的胚珠。

④倒生胚珠（anatropous ovule）：胚珠的一侧生长迅速，另一侧生长缓慢，使胚珠倒置，合点在上，珠孔下弯并靠近珠柄，珠柄较长并与珠被一侧愈合，愈合线形成一明显的纵脊称珠脊。大多数被子植物的胚珠属此种类型。

三、花的类型

在长期的演化过程中，被子植物花各部分都发生了不同程度的变化，使花的形态构造多种多样，形成不同类型的花，常见的分类方法与类型有：

（一）完全花和不完全花

依据花主要组成部分完整与否分为：①完全花（complete flower），指 1 朵同时具有花萼、花冠、雄蕊群、雌蕊群的花，如油菜、桔梗等的花。②不完全花（incomplete flower），指缺少其中一部分或几部分的花，如鱼腥草、丝瓜等的花。

（二）无被花、单被花、重被花和重瓣花

依据花被有无及花被排列情况可分为：①无被花（achlamydeous flower），指既没有花萼也没有花冠的花，无被花在花梗下部或基部常具有显著的苞片，如杨、胡椒、杜仲等的花。②单被花（simple perianth flower），指无花萼与花冠区别的花，这种花萼称花被，单被花的花被片常呈一轮或多轮排列，多具鲜艳的颜色，如玉兰的花被片为白色，白头翁的花被片为紫色等。③重被花（double perianth flower），指花萼和花冠均有的花，如桃、甘草等的花。④重瓣花（double flower），指许多栽培型植物的花瓣常呈数轮排列且数目较多的花，如碧桃等栽培植物。

（三）两性花、单性花和无性花

依据花蕊的性别分为：①两性花（bisexual flower），指 1 朵同时具有雄蕊和雌蕊的花，如桔梗、油菜等的花。②单性花（unisexual flower），指仅有雄蕊或仅有雌蕊的花，其中仅有雄蕊的花称雄花（male flower），仅有雌蕊的花称雌花（female flower）。同株植物既有雄花又有雌花称单性同株或雌雄同株（monoecism），如南瓜、半夏等；若同种植物的雌花和雄花分别生于不同植株上称单性异株或雌雄异株（dioecism），如银杏、天南星等。同种植物既有两性花又有单性花称花杂性，两者生于同一植株上称杂性同株，如朴树；若两者分别生于不同植株上称杂性异株，如葡萄、臭椿等。③无性花（asexual flower），指雄蕊和雌蕊均退化或发育不全的花，也称中性花，如绣球花序周围的花。

（四）辐射对称花、两侧对称花和不对称花

按照花的对称性分为：①辐射对称花（actinomorphic flower），指花被各片的形状、大小、排列方式相似，通过花的中心可作 2 个或 2 个以上对称面的花，也称整齐花，如具有十字形、辐状、管状、钟状、漏斗状等花冠的花。②两侧对称花（zygomorphic flower），指花被各片的形状大小不一，通过其中心只可作一个对称面，也称不整齐花，如具有蝶形、唇形、舌状花冠的花。③不对称花（asymmetric flower），指通过花的中心不能作出对称面的花，如美人蕉、缬草等极少数植物的花，后两者又名不整齐花（irregular flower）。

第二节　花的描述

准确描述花各组成部分的数目、离合、排列方式等形态特征，是药用植物学的基本技能之一。较为简便的描述方法有花程式或花图式，两种方法各有侧重与不足，所以在描述时可根据不同需要选用其中一种或两种方法联用。

一、花程式

1. 各部分表示方法　花程式（flower formula）是采用字母、符号及数字按规定的项目及顺序表示花各部分的组成、数目、排列方式等的公式。

（1）以拉丁名（或德文）首字母的大写表示花的各组成部分。P 表示花被，来源于拉丁文 perianthium；K 表示花萼，来源于德文 kelch；C 表示花冠，来源于拉丁文 corolla；A 表示雄蕊，来源于拉丁文 androecium；G 表示雌蕊，来源于拉丁文 gynoecium。

（2）以数字表示花各部分的数目。在各拉丁字母的右下角用 1、2、3、4……10 等以下标形式表示各部分数目；以 ∞ 表示 10 以上；以 0 表示该部分缺少或退化；在雌蕊的右下角用数字以下标形式依次表示心皮数、子房室数、每室胚珠数，并用"："间隔。

（3）以符号表示其他特征。如以 ⚥ 表示两性花；以 ♀ 表示雌花；以 ♂ 表示雄花。以 * 表示辐射对称花；以 ↑ 或 · | · 表示两侧对称花。各部分的数字加"（ ）"表示联合；数字之间加"+"表示排列的轮数或依据特征的分组。在 G 的下方加横线"—"表示子房上位；在 G 上方加横线"—"表示子房下位；在 G 上方和下方同时加横线"—"表示子房半下位。

2. 花程式的书写　主要记载花各部分组成、位置关系等内容，记载顺序为花的性别、对称性、花萼、花冠、雄蕊群、雌蕊群。若为单性花，需分别记录，一般雄花在前，雌花在后。举例

如下：

（1）贴梗海棠花程式♀*$K_{(5)}C_5A_\infty\overline{G}_{(5:5:\infty)}$

读作：贴梗海棠花：两性；辐射对称；萼片5枚，联合；花瓣5枚，分离；雄蕊多数，分离；雌蕊子房下位，由5心皮合生，复子房5室，每室胚珠多数。

（2）玉兰花程式♀*$P_{3+3+3}A_\infty\underline{G}_{\infty:1:2}$

读作：玉兰花：两性；辐射对称；花单被，花被片3轮，每轮3枚，分离；雄蕊多数，分离；雌蕊子房上位，心皮多数，离生单雌蕊，每子房1室，每室2枚胚珠。

（3）紫藤花程式♀↑ $K_{(5)}C_5A_{(9)+1}\underline{G}_{1:1:\infty}$

读作：紫藤花：两性；两侧对称；萼片5枚，联合；花瓣5枚，分离；雄蕊10枚，9合1离二体雄蕊；雌蕊子房上位，1心皮单雌蕊，单子房1室，每室胚珠多数。

（4）桔梗花程式♀*$K_{(5)}C_{(5)}A_5\overline{\underline{G}}_{(5:5:\infty)}$

读作：桔梗花：两性；辐射对称；萼片5枚，联合；花瓣5枚，联合；雄蕊5枚，分离；雌蕊子房半下位，5心皮合生，复子房5室，每室胚珠多数。

（5）桑花程式♂*P_4A_4；♀*$P_4\underline{G}_{(2:1:1)}$

读作：桑花：单性；雄花，辐射对称，花被片4枚，分离，雄蕊4枚，分离；雌花辐射对称，花被片4枚，分离，雌蕊子房上位，2心皮合生，复子房1室，每室1枚胚珠。

二、花图式

花图式（flower diagram）是以花的横断面垂直投影为依据，采用特定的图形来表示花各部分的排列方式、相互位置、数目及形状等实际情况的图解式（图6-11）。

通常在花图式的上方用小圆圈表示花轴或茎轴的位置；在花轴相对一方用部分涂黑带棱的新月形符号表示苞片；苞片内侧用由斜线组成或黑色带棱的新月形符号表示花萼；花萼内侧用黑色或空白的新月形符号表示花瓣；雄蕊用花药横断面蝴蝶图形、雌蕊用子房横断面类圆图形绘于中央。

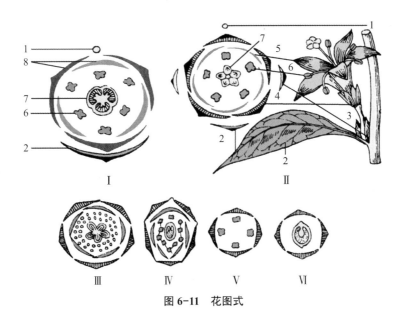

图6-11　花图式

Ⅰ.单子叶植物；Ⅱ.双子叶植物；Ⅲ.苹果；Ⅳ.豌豆；Ⅴ.桑的雄花；Ⅵ.桑的雌花

1.花序轴；2.苞片；3.小苞片；4.萼片；5.花瓣；6.雄蕊；7.雌蕊；8.花被

用花程式和花图式记录花各有优缺点。花程式优点是可以简单清晰地表现花的主要结构及特征，缺点是不能细腻表现花各部分空间位置、花各轮的相互关系及花被的卷叠情况等特征。花图式优点是直观形象，缺点是需要训练绘制技巧，子房位置和花位也难以表现。花程式和花图式多单独或联合用于表示某一分类单位（如科、属、种）的花部特征，两者配合使用可以取长补短。

第三节 花 序

花在花枝或花轴上排列的方式和开放的顺序称花序（inflorescence）。有些植物的花单生于茎的顶端或叶腋，称单生花，如玉兰、牡丹等。多数植物的花按照一定的顺序排列在花枝上而形成花序。花序中的花称小花，着生小花的部分称花序轴（rachis）或花轴，花序轴可有分枝或不分枝。支持整个花序的茎轴称总花梗（柄），小花的花梗称小花梗，无叶的总花梗称花葶（scape）。

根据花在花轴上的排列方式和开放顺序，花序可以分为无限花序（indefinite inflorescence）和有限花序（definite inflorescence）两类。

一、无限花序（总状花序类）

在开花期间，花序轴的顶端继续向上生长，并不断产生新的花蕾，花由花序轴的基部向顶端依次开放，或由缩短膨大的花序轴边缘向中心依次开放，这种花序称无限花序。常见的无限花序类型有（图 6-12）：

图 6-12 无限花序的类型（杨成梓提供）
1.总状花序（苦参）；2.穗状花序（车前）；3.伞房花序（山楂）；4.肉穗花序（海芋）；
5.葇荑花序（构树）；6.伞形花序（白簕）；7.隐头花序（薜荔）；8.头状花序（向日葵）；
9.复总状花序（女贞）；10.复伞形花序（柴胡）；11.复穗状花序（玉米）

（一）总状花序

总状花序（raceme）花序轴细长，其上着生许多花梗近等长的小花。如菘蓝、荠菜等十字花科植物的花序。

（二）复总状花序

复总状花序（compound raceme）花序轴产生许多分枝，每1分枝各成1总状花序，整个花序似圆锥状，又称圆锥花序（panicle）。如槐树、女贞等的花序。

（三）穗状花序

穗状花序（spike）花序轴细长，其上着生许多花梗极短或无花梗的小花。如车前、马鞭草等的花序。

（四）复穗状花序

复穗状花序（compound spike）花序轴产生分枝，每1分枝各成1穗状花序。如小麦、香附等禾本科、莎草科植物的花序。

（五）荑荑花序

荑荑花序（catkin）似穗状花序，但花序轴下垂，其上着生许多无梗的单性或两性小花。如柳、枫杨等杨柳科、胡桃科植物的化序。

（六）肉穗花序

肉穗花序（spadix）似穗状花序，但花序轴肉质肥大成棒状，其上着生许多无梗的单性小花，花序外面常有1大型苞片，称佛焰苞（spathe），如天南星、半夏等天南星科植物的花序。

（七）伞房花序

伞房花序（corymb）似总状花序，但花轴下部的花梗较长，上部的花梗依次渐短，整个花序的花几乎排列在1个平面上，如山楂、苹果等蔷薇科部分植物的花序。

（八）伞形花序

伞形花序（umbel）花序轴缩短，在总花梗顶端集生许多花梗近等长的小花，放射状排列如伞，如五加、人参等五加科植物的花序以及石蒜科一些植物的花序。

（九）复伞形花序

复伞形花序（compound umbel）花序轴顶端集生许多近等长的伞形分枝，每1分枝又形成伞形花序，如前胡、野胡萝卜等伞形科植物的花序。

（十）头状花序

头状花序（capitulum）花序轴顶端缩短膨大成头状或盘状的花序托，其上集生许多无梗小花，下方常有1至数层总苞片组成的总苞，如向日葵、旋覆花等菊科植物的花序。

（十一）隐头花序

隐头花序（hypanthodium）花序轴肉质膨大而下凹成中空的球状体，其凹陷的内壁上着生许多无梗的单性小花，顶端仅有 1 小孔与外面相通，如无花果、薜荔等桑科部分植物的花序。

二、有限花序（聚伞花序类）

植物在开花期间，花序轴顶端或中心的花先开，因此花序轴不能继续向上生长，只能在顶花下方产生侧轴，侧轴又是顶花先开，这种花序称有限花序，其开花顺序是由上而下或由内而外依次进行。根据花序轴产生侧轴的情况不同，常见的有限花序类型有（图 6-13）：

图 6-13　有限花序的类型（杨成梓提供）
1. 螺旋状聚伞花序（聚合草）；2. 蝎尾状聚伞花序（蝎尾蕉）；
3. 二歧聚伞花序（鹅肠菜）；4. 多歧聚伞花序（泽漆）；5. 轮伞花序（薄荷）

（一）单歧聚伞花序

花序轴顶端生 1 朵花，而后在其下方依次产生 1 侧轴，侧轴顶端同样生 1 花，如此连续分枝就形成单歧聚伞花序（monochasium）。若花序轴的分枝均在同一侧产生，花序呈螺旋状卷曲，称螺旋状聚伞花序（helicoid cyme），如紫草、附地菜等的花序。若分枝在左右两侧交互产生而呈蝎尾状的，称蝎尾状聚伞花序（scorpioid cyme），如射干、姜等的花序。

（二）二歧聚伞花序

花序轴顶端生 1 朵花，而后在其下方两侧同时各产生 1 等长侧轴，每个侧轴再以同样方式开花并分枝，称二歧聚伞花序（dichasium），如冬青卫矛、卫矛等卫矛科植物，以及卷耳、繁缕等石竹科植物的花序。

（三）多歧聚伞花序

花序轴顶端生 1 朵花，而后在其下方同时产生数个侧轴，侧轴常比主轴长，各侧轴又形成小的聚伞花序，称多歧聚伞花序（pleiochasium）。大戟、甘遂等大戟属的多歧聚伞花序下面常有杯状总苞，也称杯状聚伞花序（大戟花序）。

（四）轮伞花序

聚伞花序生于对生叶的叶腋成轮状排列，称轮伞花序（verticillaster），如益母草、丹参等唇形科植物的花序。

花序的类型常随植物种类而异，往往同科植物具有同类型的花序。但有的植物在花轴上同时生有两种不同类型的花序形成混合花序，如紫丁香、葡萄为聚伞花序排成圆锥状，丹参、紫苏为轮伞花序排成假总状，楤木为伞形花序排成圆锥状，茵陈蒿、豨莶为头状花序排成圆锥状等。

第四节　开花与传粉

花由花芽发育而成，主要功能是进行生殖，通过开花、传粉、受精等过程来完成。

一、花粉粒的发育和构造

花芽分化以后产生花原基（floral primordia），最终自外向内形成花萼、花瓣、雄蕊群和雌蕊群。花药是雄蕊的主要部分，当花药接近成熟时，药室内壁细胞的垂周壁和内切向壁出现不均匀的条状增厚，同侧两个花粉囊相接处的药室内壁细胞不增厚，始终保持薄壁状态，花药成熟时即在此处开裂，散出花粉粒。

在花粉囊壁形成的同时，内侧的造孢细胞也分裂形成多个体积大、近圆形的花粉母细胞，每个花粉母细胞通过减数分裂形成4个单倍体的小孢子。最初4个小孢子为单核状态，连在一起称四分体（tetrad），绝大多数植物的四分体会分离并发育为4个独立的成熟花粉粒。

小孢子从绒毡层细胞取得营养，进一步发育并进行1次不均等分裂，产生2个不同的细胞，进入雄配子体阶段。占大部分体积的是1个营养细胞，较小的是1个透镜形生殖细胞，一般包埋于营养细胞的细胞质中，之后生殖细胞再分裂形成2个精子。大多数植物如兰科、玄参科等的生殖细胞经授粉后在花粉管中分裂，因此其传粉时花粉粒（雄配子体）只有2个细胞（二核花粉粒）。有些植物如小麦、水稻等的生殖细胞在花粉粒内进行分裂，因而传粉时的花粉粒中就有3个细胞（三核花粉粒）。

成熟的花粉粒有内、外两层壁，内壁较薄，主要由纤维素和果胶质组成。外壁较厚且坚硬，主要由花粉素组成，其化学性质极为稳定，具有较好的抗高温、抗高压、耐酸碱、抗分解等特性。花粉粒外壁表面光滑或有各种雕纹，如瘤状、刺突、凹穴、棒状、网状、条纹状等，常为鉴定花粉的重要特征（图6-14）。花粉粒的内壁上有的地方没有外壁，形成萌发孔（germ pore）或萌发沟（germ furrow）。花

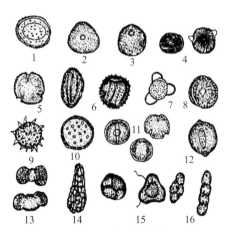

图6-14　花粉粒形态

1. 刺状雕纹（番红花）；2. 单孔（水烛）；3. 三孔（大麻）；4. 三孔沟（曼陀罗）；5. 三沟（莲）；6. 螺旋孔（谷精草）；7. 三孔，齿状雕纹（红花）；8. 三孔沟（钩吻）；9. 散孔，刺状雕纹（木槿）；10. 散孔（芫花）；11. 三孔沟（密蒙花）；12. 三沟（乌头）；13. 具气囊（油松）；14. 花粉块（绿花阔叶兰）；15. 四合花粉，每粒花粉具有3孔沟（羊踯躅）；16. 四合花粉（杠柳）

粉萌发时，花粉管就从孔或沟处向外突出生长（图 6-15）。

花粉粒的形状、颜色、大小随植物种类而异。花粉粒常为圆球形、椭圆形、三角形、四边形或五边形等。不同种类植物的花粉有淡黄色、黄色、橘黄色、墨绿色、青色、红色或褐色等不同颜色。大多数植物花粉粒的直径在 15 ～ 50μm 之间。

大多数植物的花粉粒在成熟时是单独存在的，称单粒花粉粒；有些植物的花粉粒形成时四分体不分离，4 个成熟花粉粒集合在一起，称复合花粉粒；极少数植物的多数花粉粒集合在一起呈团块状，称花粉块，如兰科、萝藦科等植物。

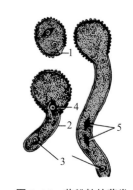

图 6-15　花粉粒的萌发
1. 萌发孔；2. 花粉管；3. 营养核；
4. 生殖细胞；5. 两个精子

由于花粉外壁具有抗酸、碱和抗生物分解的特性，使花粉粒在自然界中能保持数万年不腐败，可为鉴定植物、考古和地质探矿提供科学依据。花粉中含有人体必需的氨基酸、维生素、脂类、多种矿物成分、微量元素以及激素、黄酮类化合物、有机酸等，对人体有保健作用。钩吻（大茶药）、博落回、乌头、雷公藤、藜芦、羊踯躅（闹羊花）等的花粉和花蜜均有毒。也有些花粉能引起人体变态反应，现已证明黄花蒿、艾、三裂叶豚草、蓖麻、葎草、野苋菜、苦楝及木麻黄等常见植物可引起花粉病。

二、开花

开花是种子植物发育成熟的标志，当雄蕊的花粉粒和雌蕊的胚囊成熟时，花被由包被状态逐渐展开，露出雄蕊和雌蕊，呈现开花。不同种类植物的开花年龄、季节和花期不完全相同，一年生草本植物当年开花结果后逐渐枯死；二年生草本植物通常第一年主要进行营养生长，第二年开花后完成生命周期；大多数多年生植物到达开花年龄后可年年开花，但竹类一生中只开花一次。每种植物的开花时节是稳定的，不同植物的花时却不同，有的先花后叶，有的花叶同放，有的先叶后花。

三、传粉

花开放后花药裂开，花粉粒通过风、水、虫、鸟等不同媒介的传播，到达雌蕊的柱头上，这一过程称为传粉。

1. 传粉方式　植物传粉有自花传粉和异花传粉两种方式。

（1）自花传粉（self-pollination）：是雄蕊的花粉自动落到同一朵花的柱头上的传粉现象，如小麦、棉花、番茄等。若花在开放之前就完成了传粉和受精过程，称闭花传粉（cleistogamy），如豌豆、落花生等。自花传粉植物的特征是：两性花，雄蕊与雌蕊同时成熟，柱头可接受自身的花粉。

（2）异花传粉（cross pollination）：是雄蕊的花粉借助风或昆虫等媒介传送到另一朵花的柱头上的现象。异花传粉比自花传粉进化，是被子植物有性生殖中一种极为普遍的传粉方式。

2. 传粉的媒介　植物花粉可以借助风、昆虫等多种媒介完成传粉。

（1）虫媒花（entomophilous flower）：以昆虫为传粉媒介的花称虫媒花，大多数植物采用此方式。虫媒花通常具备以下特点：两性花，花较大，花被颜色鲜艳，雄蕊和雌蕊不同时成熟，有蜜腺，散发特殊气味，花粉粒大，量小，表面粗糙或附有黏性物质。

（2）风媒花（anemophilous flower）：花粉借助风力随机传播到雌蕊柱头上的植物称风媒花，如小麦、杨等。风媒花的结构特点为：穗状花序或荑荑花序，单性花，雌雄异株，无花被或花被不显著，花粉量大，花粉粒小，表面光滑或具延展的翅等结构，柱头较长，多呈羽毛等形状，面积大并有黏液质。

此外，还有鸟媒、水媒等。

四、受精

被子植物的受精（fertilization）全过程包括受精前花粉在柱头上萌发，花粉管生长并到达胚珠，进入胚囊，释放 2 枚精子，其中 1 枚精子与卵结合的过程称受精，另 1 枚精子与中央细胞（或 2 个极核）结合，亦称受精，所以又称为双受精（double fertilization）。

成熟花粉粒经传粉后落到柱头上，因柱头上有黏液而附于柱头上。花粉粒在柱头上萌发，自萌发孔长出若干个花粉管，其中只有 1 个花粉管能继续生长，经由花柱伸入子房。大多数植物的花粉管到达胚珠时通过珠孔进入胚珠，称珠孔受精（porogamy）；少数植物如核桃的花粉管由合点进入胚珠，称合点受精（chalazogamy）；还有少数植物的花粉管从胚珠中部进入胚囊，称中部受精（mesogamy）。花粉管进入胚珠后穿过珠心组织进入胚囊，先端破裂，释放精子进入胚囊，此时营养细胞大多已分解消失。精子与卵受精后的二倍体受精卵（合子）发育成胚；精子与中央细胞（或 2 个极核）结合，形成三倍体的初生胚乳核，以后发育成胚乳。双受精是被子植物特有的现象。在双受精过程中，合子的产生恢复了植物体原有的染色体数目，保持了物种的相对稳定性，分别来自父本和母本遗传物质的重组，为后代提供了变异的基础；合子在同源的三倍体胚乳中孕育，不仅保证了二者亲和一致，还为合子发育提供了坚实的物质和信息保障，极大增强了后代的生活力和适应性。

第七章

果实和种子

第一节　果　实

果实是被子植物特有的繁殖器官，一般由受精后雌蕊的子房或子房连同花的其他部分共同发育形成。果实外被果皮，内含种子，具有保护和散布种子的作用。

一、果实的形成与组成

（一）果实的形成

被子植物的花经传粉和受精后，各部分发生很大的变化，花柄发育成果柄，花萼、花冠一般脱落，雄蕊及雌蕊的柱头、花柱往往枯萎，子房逐渐膨大，发育成果实，胚珠发育形成种子。但是有些种类的花萼不脱落，保留在果实上，如山楂；有的花萼随着果实一起明显长大，如柿、枸杞、酸浆等。

大多数植物的果实由子房发育形成，称真果（true fruit），如桃、杏、柑橘、柿等；但也有些植物除子房外，花的其他部分如花被、花托及花序轴等也参与果实的形成，这种果实称假果（spurious fruit，false fruit），如苹果、栝楼、无花果、凤梨等。

一般情况下，果实的形成需要经过传粉和受精作用，但有些植物只经传粉而未经受精作用也能发育成果实，其果实不含种子，称单性结实或无籽结实。单性结实是自发形成的，称自发单性结实，如香蕉、无籽葡萄、无籽柿、无籽柑橘等。但有些是通过人为诱导，形成具有食用价值的无籽果实，这种结实称诱导单性结实，如马铃薯的花粉刺激番茄的柱头，也可用同类植物或亲缘相近的植物的花粉浸出液喷洒到柱头上而形成无籽果实。无籽果实不一定都是由单性结实形成，也可能是植物受精后胚珠发育受阻而成为无籽果实。还有些无籽果实是由于四倍体和二倍体植物进行杂交而产生的不孕性三倍体植株形成的，如无籽西瓜。

（二）果实的组成和构造

果实由果皮和种子组成。果皮通常可分为外果皮、中果皮、内果皮3部分。有的果实可明显观察到3层果皮，如桃、橘；有的果实的果皮分层不明显，如落花生、向日葵等。果实的构造一般是指果皮的构造，在果实类药材的鉴别上具有重要的意义。由于果皮类型不同，其果皮的分化程度亦不一致。

1. 外果皮（exocarp）　外果皮是果皮的最外层，通常较薄，常由 1 列表皮细胞或表皮与某些相邻组织构成。外面常有角质层、蜡被、毛茸、气孔、刺、瘤突、翅等附属物，如桃、吴茱萸的果实具有非腺毛及腺毛；柿果皮上有蜡被；荔枝的果实上有瘤突；曼陀罗、鬼针草的果实上有刺；杜仲、白蜡树、榆树、槭树的果实具翅；八角茴香的外果皮被有不规则的角质小突起；有的表皮中含有色物质或色素，如花椒；有的在表皮细胞间嵌有油细胞，如北五味子。

2. 中果皮（mesocarp）　中果皮是果皮的中层，占果皮的大部分，多由薄壁细胞组成，具有多数细小维管束，有的含石细胞、纤维，如马兜铃、连翘等；有的含油细胞、油室及油管等，如胡椒、陈皮、花椒、小茴香、蛇床子等。

3. 内果皮（endocarp）　内果皮是果皮的最内层，多由一层薄壁细胞组成，呈膜质。有的具 1 至多层石细胞，核果的内果皮（即果核）由多层石细胞组成，如杏、桃、梅等。伞形科植物的内果皮由 5～8 个长短不等的扁平细胞镶嵌状排列。

二、果实的类型

果实的类型很多，根据果实的来源、结构和果皮性质的不同可分为单果、聚合果和聚花果 3 大类。

（一）单果

单果（simple fruit）是由单雌蕊或复雌蕊形成的果实，即 1 朵花只形成 1 个果实。依据果皮质地的不同，分为肉质果和干果。

1. 肉质果（fleshy fruit）　成熟时果皮肉质多浆，不开裂。有以下 5 个类型（图 7-1）：

（1）浆果（berry）：由单雌蕊或复雌蕊的上位或下位子房发育形成的果实，外果皮薄，中果皮和内果皮肥厚、肉质多浆，内有 1 至多粒种子，如葡萄、枸杞、番茄等。

（2）柑果（hesperidium）：由复雌蕊的上位子房发育形成的果实，外果皮较厚，革质，内含多数油室；中果皮与外果皮结合，界限不明显，常疏松呈白色海绵状，内具多数分支的维管束（橘络）；内果皮膜质，分隔成多室，内壁上生有许多肉质多汁的囊状毛。柑果是芸香科柑橘属所特有的果实，如橙、柚、橘、柠檬等。

（3）核果（drupe）：典型的核果是由单雌蕊的上位子房发育而成，外果皮薄，中果皮肉质肥厚，内果皮由木质化的石细胞形成坚硬的果核，内含 1 粒种子，如桃、杏、梅、李等。核果有时也泛指具有坚硬果核的果实，如人参、三七、胡桃、苦楝等。

（4）瓠果（pepo）：由三心皮复雌蕊具侧膜胎座的下位子房与花托一起发育而成的假果，花托与外果皮形成坚韧的果实外层，中、内果皮及胎座肉质，成为果实的可食部分。为葫芦科特有的果实，如葫芦、西瓜、栝楼、黄瓜等。

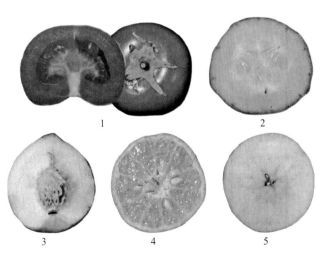

图 7-1　单果类肉质果（樊锐锋提供）
1. 浆果（番茄）；2. 瓠果（黄瓜）；3. 核果（桃）；
4. 柑果（橘）；5. 梨果（苹果）

（5）梨果（pome）：由2～5个心皮复雌蕊的下位子房与花筒一起发育而成的假果，肉质可食部分是由花筒与外、中果皮一起发育而成，彼此界限不明显，内果皮坚韧，革质或木质，常分隔成2～5室，每室常含2粒种子。为蔷薇科苹果亚科特有的果实，如苹果、梨、山楂等。

2. 干果（dry fruit）　果实成熟时果皮干燥。根据开裂与否，可分为裂果（图7-2）和不裂果（图7-3）。

（1）裂果（dehiscent fruit）：果实成熟后果皮自行开裂，依据开裂方式不同分为：

①蓇葖果（follicle）：由单雌蕊或离生心皮雌蕊发育形成的果实，成熟时沿腹缝线或背缝线一侧开裂。有的1朵花中只形成单个蓇葖果，如淫羊藿；有的1朵花形成2个蓇葖果，如杠柳、徐长卿、萝藦等；有的1朵花形成数个蓇葖果，如八角茴香、芍药、玉兰等。

②荚果（legume）：由单雌蕊发育形成的果实，成熟时沿腹缝线和背缝线同时开裂，果皮裂成2片，是豆科植物特有的果实，如赤小豆、白扁豆、野葛等。少数荚果成熟时不开裂，如落花生、紫荆、皂角；有的荚果成熟时在种子间呈节节断裂，每节含1种子，不开裂，如含羞草、山蚂蟥；有的荚果呈螺旋状，如苜蓿；还有的荚果肉质，在种子间缢缩呈念珠状，如槐。

③角果：是由二心皮复雌蕊发育而成，子房1室，在形成过程中由二心皮边缘合生处生出假隔膜，将子房分隔成2室。果实成熟时果皮沿两侧腹缝线开裂，成2片脱落，假隔膜仍留在果柄上。角果是十字花科特有的果实。角果分为长角果（silique）和短角果（silicle），长角果细长，如萝卜、油菜等；短角果宽短，如菘蓝、荠、独行菜等。

图7-2　裂果（樊锐锋提供）
1. 蓇葖果（萝藦）；2. 荚果（膜荚黄芪）；3. 短角果（荠菜）；4. 蒴果（曼陀罗）

图 7-3　不裂果

1. 连萼瘦果（蒲公英，王光志提供）；2. 颖果（玉米，王光志提供）；3. 坚果（栗，樊锐锋提供）；
4. 翅果（杜仲，谷巍提供）；5. 双悬果（茴香，樊锐锋提供）

④蒴果（capsule）：是由复雌蕊发育而成的果实，子房 1 至多室，每室含多数种子。果实成熟后开裂的方式较多，常见的有：a. 纵裂：果实开裂时沿心皮纵轴开裂，其中沿腹缝线开裂的称室间开裂，如马兜铃、蓖麻等；沿背缝线开裂的称室背开裂，如百合、鸢尾、棉花等；沿背、腹缝线同时开裂，但子房间隔仍与中轴相连的称室轴开裂，如牵牛、曼陀罗等。b. 孔裂：果实顶端呈小孔状开裂，种子由小孔散出，如罂粟、桔梗等。c. 盖裂：果实中部呈环状横裂，上部果皮呈帽状脱落，如马齿苋、车前、莨菪等。d. 齿裂：果实顶端呈齿状开裂，如王不留行、瞿麦等。

（2）不裂果（闭果，indehiscent fruit）：果实成熟后，果皮不开裂或分离成几部分，但种子仍包被于果皮中。常分为：

①瘦果（achene）：含单粒种子的果实，成熟时果皮与种皮易分离，如何首乌、白头翁、毛茛等；菊科植物的瘦果是由下位子房与萼筒共同形成的，称连萼瘦果（cypsela），又称菊果，如蒲公英、红花、向日葵等。

②颖果（caryopsis）：内含 1 粒种子，果实成熟时果皮与种皮愈合不易分离，是禾本科植物特有的果实，如小麦、玉米、薏苡等。农业生产中常把颖果称"种子"。

③坚果（nut）：果皮坚硬，内含 1 粒种子，成熟时果皮和种皮分离。如板栗、榛等的褐色硬壳是果皮，果实外面常有由花序的总苞发育成的壳斗附着于基部；有的坚果较小，无壳斗包围，称小坚果，如益母草、薄荷、紫草等。

④翅果（samara）：果皮一端或周边向外延伸成翅状，果实内含 1 粒种子，如杜仲、榆、臭椿等。

⑤胞果（utricle）：亦称囊果，由复雌蕊上位子房形成的果实，果皮薄，膨胀疏松地包围种子，而与种皮极易分离，如青葙、地肤子、藜等。

⑥双悬果（cremocarp）：由二心皮复雌蕊发育而成，果实成熟后心皮分离成 2 个分果（schizocarp），双双悬挂在心皮柄（carpophorum）上端，心皮柄的基部与果柄相连，每个分果内各含 1 粒种子，为伞形科特有的果实，如当归、白芷、前胡、小茴香、蛇床子等。

（二）聚合果

聚合果（aggregate fruit）是由 1 朵花中许多离生雌蕊形成的果实，每个雌蕊形成 1 个单果，聚生于同一花托上（图 7-4）。根据单果类型不同可分为：

（1）聚合浆果：许多浆果聚生在延长或不延长的花托上，如北五味子、南五味子等。

（2）聚合核果：许多核果聚生于突起的花托上，如悬钩子。

（3）聚合蓇葖果：许多蓇葖果聚生在同一花托上，如乌头、菟葵、八角茴香等。

（4）聚合瘦果：许多瘦果聚生于突起的花托上，如白头翁、毛茛等。在蔷薇科蔷薇属中，许多骨质瘦果聚生于凹陷的花托中，称蔷薇果，如金樱子、蔷薇等。

（5）聚合坚果：许多坚果嵌生于膨大、海绵状的花托中，如莲。

图 7-4　聚合果（樊锐锋提供）
1. 聚合浆果（北五味子）；2. 聚合核果（蓬蘽，田方提供）；
3. 聚合蓇葖果（八角茴香，王光志提供）；4. 聚合瘦果（草莓）；5. 聚合坚果（莲）

（三）聚花果（复果）

聚花果（collective fruit，multiple fruit）是由整个花序发育而成的果实。其中每朵花发育成 1 个小果，聚生在花序轴上，成熟后从花轴基部整体脱落。如凤梨（菠萝）是由多数不孕的花着生在肥大肉质的花序轴上所形成的果实，其肉质多汁的花序轴成为果实的可食部分；桑椹由雌花序发育而成，每朵花的子房各发育成 1 个小瘦果，包藏于肥厚多汁的肉质花被内；无花果是由隐头花序发育而成，成为隐头果（syconium），其花序轴肉质化并内陷成囊状，囊的内壁上着生许多小瘦果，其肉质化的花序轴是可食部分（图 7-5）。

图 7-5　聚花果（樊锐锋提供）
1. 艳凤梨；2. 桑椹；3. 无花果

第二节　种　子

种子（seed）是种子植物特有的器官，是由胚珠受精后发育而成，其主要功能是繁殖。

一、种子的形态

种子的形状、大小、色泽、表面纹理等随植物种类不同而异。种子常呈圆形、椭圆形、肾形、卵形、圆锥形、多角形等。其大小差异悬殊，较大的有椰子、槟榔、银杏；较小的有菟丝子、葶苈子；极小的呈粉末状，如白及、天麻等。

种子的颜色亦多样。绿豆为绿色；赤小豆为红紫色；白扁豆为白色；藜属植物的种子多为黑色；相思子一端为红色，另一端为黑色；蓖麻种子的表面由一种或几种颜色交织组成各种花纹和斑点。

种子表面的特征也不相同。有的光滑、具光泽，如红蓼、北五味子；有的粗糙，如长春花、天南星；有的具皱褶，如乌头、车前；有的密生瘤刺状突起，如太子参；有的具翅，如木蝴蝶；有的顶端具毛茸，称种缨，如白前、萝藦、络石。

二、种子的组成

种子的结构一般由种皮、胚、胚乳 3 部分组成。也有的种子没有胚乳，有的种子还具外胚乳。

1. 种皮（seed coat，testa）　种皮由胚珠的珠被发育而来，包被于种子的表面，起保护作用。通常只有 1 层种皮，如大豆，也有的种子有 2 层种皮，即外种皮和内种皮，外种皮常坚韧，内种皮较薄，如蓖麻。种皮可以是干性的，如豆类；也可以是肉质的，如石榴的种皮为肉质的可食用部分。有的种子在种皮外尚有假种皮（aril），是由珠柄或胎座部位的组织延伸而成，有的为肉质，如龙眼、荔枝、苦瓜、卫矛；有的呈菲薄的膜质，如砂仁、豆蔻等。

在种皮上常可看到以下结构：

（1）种脐（hilum）：是种子成熟后从种柄或胎座上脱落后留下的疤痕，常呈圆形或椭圆形。

（2）种孔（micropyle）：来源于胚珠的珠孔，为种子萌发时吸收水分和胚根伸出的部位。

（3）合点（chalaza）：来源于胚珠的合点，是种皮上维管束汇合之处。

（4）种脊（raphe）：来源于珠脊，是种脐到合点之间的隆起线，内含维管束，倒生胚珠发育的种子种脊较长，弯生或横生胚珠形成的种子种脊短，直生胚珠发育的种子无种脊。

（5）种阜（caruncle）：少数植物的种皮在珠孔处有一由珠被扩展形成的海绵状突起物，在种子萌发时可以帮助吸收水分，如蓖麻、巴豆等。

2. 胚乳　胚乳（endosperm）由极核细胞受精后发育而成，常位于胚的周围，呈白色，胚乳中含丰富的淀粉、蛋白质、脂肪等，是种子内的营养组织，供胚发育时所需的养料。

大多数植物的种子在胚发育和胚乳形成时，胚囊外面的珠心细胞被胚乳吸收而消失，但也有少数植物种子的珠心或珠被的营养组织在种子发育过程中未被完全吸收而形成营养组织，包围在胚乳和胚的外部，称外胚乳（perisperm），如肉豆蔻、槟榔、胡椒、姜等。槟榔的种皮内层和外胚乳常插入内胚乳中形成错入组织（图 7-6）；肉豆蔻的外胚乳内层细胞向内伸入，与类白色的内胚乳交错，亦形成错入组织。

3. 胚（embryo） 胚是由卵细胞受精后发育而成，是种子中尚未发育的幼小植物体，由 4 部分组成：

（1）胚根（radicle）：幼小未发育的根，正对着种孔，将来发育成植物的主根。

（2）胚轴（hypocotyl）：又称胚茎，为连接胚根与胚芽的部分，以后发育成为连接根和茎的部分。

（3）胚芽（plumule）：胚的顶端未发育的地上枝，以后发育成植物的主茎和叶。

（4）子叶（cotyledon）：为胚吸收和贮藏养料的器官，占胚的较大部分，在种子萌发后可变绿而进行光合作用。一般单子叶植物具 1 枚子叶，双子叶植物具 2 枚子叶，裸子植物具多枚子叶，禾本科植物是由高度特化的子叶即盾片来吸收养料，如小麦、玉米。

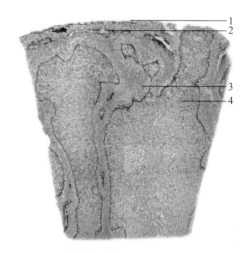

图 7-6　槟榔种子横切面图（示错入组织）（樊锐锋提供）

1. 种皮；2. 维管束；3. 错入组织；4. 内胚乳

三、种子的类型

被子植物的种子常依据胚乳的有无，分为两类（图 7-7）：

1. 有胚乳种子（albuminous seed） 种子中有发达的胚乳，胚相对较小，子叶薄，如蓖麻（图 7-7 Ⅰ、Ⅲ）、大黄、稻、小麦、玉米等的种子。

2. 无胚乳种子（exalbuminous seed） 种子中胚乳的养料在胚发育过程中被胚吸收并贮藏于子叶中，故胚乳不存在或仅残留一薄层，这类种子通常具有发达的子叶，如大豆（图 7-7 Ⅱ）、杏、油菜、南瓜、泽泻等的种子。

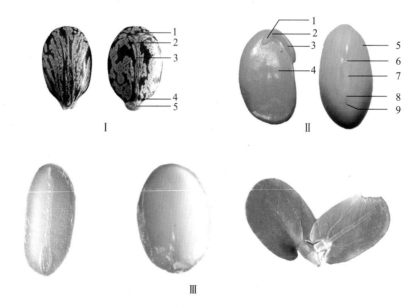

图 7-7　种子的组成

Ⅰ. 有胚乳种子（蓖麻，樊锐锋提供）1. 种皮，2. 合点，3. 种脊，4. 种脐，5. 种阜；

Ⅱ. 无胚乳种子（大豆，田方提供）1. 胚芽，2. 胚轴，3. 胚根，4. 子叶，

5. 种皮，6. 种孔，7. 种脐，8. 种脊，9. 合点；

Ⅲ. 蓖麻种子解剖图（陈兴兴提供）

药用植物的生长发育

植物的生长发育是一个极其复杂的过程。植物个体都是从单细胞受精卵开始，经过细胞的分裂、分化和组织器官的建成来完成其生长发育的整个过程。

第一节 药用植物生长发育规律

一、植物细胞的分裂与分化

植物的生长是指植物通过细胞分裂、分化和扩大，导致体积、重量和数量不可逆增加的量变过程。发育是指细胞、组织、器官或植物体在生命周期中形态结构和功能上的有序变化，是质变的过程，是植物细胞生长与分化的综合表现。植物体的生长是以细胞的生长为基础，即通过细胞分裂增加细胞数目，通过细胞扩大（伸长）增大细胞体积，通过细胞分化形成各类细胞、组织和器官。药用植物的生长包括营养器官的生长和生殖器官的生长。

1. 细胞的分裂 植物体靠细胞的数量增加、体积增大及分化来实现生长和繁衍。细胞数量的增加及其后代的繁衍要靠细胞分裂来实现。细胞分裂（cell division）是指活细胞增殖及其数量由一个分裂为两个的过程。细胞的增殖是细胞分裂的结果。植物细胞的分裂通常有三种方式：有丝分裂、无丝分裂和减数分裂。

有丝分裂（mitosis）又称间接分裂，是高等植物和多数低等植物营养细胞分裂的方式，是细胞分裂中最普遍的一种方式，保持了细胞遗传的稳定性。植物根尖和茎尖等生长特别旺盛的部位的分生区细胞、根和茎的形成层细胞的分裂是有丝分裂。

无丝分裂（amitosis）又称直接分裂，分裂时细胞核不出现染色体和纺锤丝等一系列复杂的变化。无丝分裂速度快，消耗能量小，但不能保证母细胞的遗传物质平均地分配到两个子细胞中去，从而影响了遗传的稳定性。无丝分裂在低等植物中普遍存在，在高等植物中也较为常见，如愈伤组织、薄壁组织、生长点、胚乳、花药的绒毡层细胞、表皮、不定芽、不定根、叶柄等处可见到细胞的无丝分裂。

减数分裂（meiosis）与植物的有性生殖密切相关，只发生于植物的有性生殖产生配子的过程中。减数分裂经过两次连续的有丝分裂，形成4个单倍体的子细胞。例如种子植物的精子和卵细胞由减数分裂形成。精子和卵细胞结合，使得子代的染色体与亲代的染色体数目相同，既保证了遗传的稳定性，又增强了遗传多样性。在药用植物育种中有广泛应用。

2. 细胞的伸长 根尖和茎尖分生区的细胞具有细胞分裂能力，其中除了一部分继续保持强烈的分生能力外，大部分细胞过渡到细胞伸长（cell elongation）或扩大（expansion）阶段。这一阶段细胞形态上的特点主要是细胞体积的增大。

3. 细胞的分化　细胞的分化（cell differentiation）是指一种同质细胞转变为形态结构和功能与原来细胞不相同的异质细胞的过程。植物的组织和器官就是植物细胞分化的结果。细胞通过分化，形成不同的细胞群，进而形成不同组织，如薄壁组织、输导组织、保护组织、机械组织和分泌组织。这些组织紧密地结合形成植物的各种器官。

二、药用植物生长周期

1. 药用植物的生长大周期　药用植物生长过程中，细胞、器官及整个植株的生长速率呈现"慢 - 快 - 慢"的基本规律。即开始生长缓慢，之后逐步加快，达到最高生长速率后又逐渐变慢，最后停止生长。这一现象称为植物生长大周期（grand period of growth）。这一现象的产生与植物细胞生长的过程有关。植物器官和整个植株的生长都是细胞分裂、伸长和分化的结果。细胞生长的这 3 个时期也呈现"慢 - 快 - 慢"的规律。如果以植株或器官的体积、干重、表面积、细胞数量等参数对时间做图，就会得到生长曲线（growth curve）。一般植物的生长曲线呈 S 形，进一步可分为单 S 形和双 S 形两种。由于植物生长的不可逆性，为了促进植物的生长，以增加产量，可以在最高生长速率来临之前采取相应的措施。

2. 药用植物的营养生长　药用植物的生长过程包括两部分：营养生长和生殖生长。植物的整个生长发育过程的前期，只有根、茎、叶这些营养器官生长，称为营养生长（vegetable growth）。植物的营养生长增加了营养器官的初级代谢产物的产量。营养生长为植物转向生殖生长做必要的物质准备。药用植物的营养生长有时与生殖生长交替进行，但营养生长期对根类、茎类、叶类药材的产量产生深刻的影响。药用植物玄参是"浙八味"中的道地药材玄参的原植物，在其营养生长期内根、茎、叶的生物量累积迅速，特别是玄参的块根在营养生长期膨大和增重显著。

3. 药用植物的生殖生长　植物的花、果实、种子这些繁殖器官的生长，称为生殖生长（reproductive growth）。从营养生长转入生殖生长是高等植物个体发育史上的一个重大转折，最明显的标志是花芽分化。植物在转入生殖生长的过程中，其形态、生理、内源激素及初级和次级代谢产物等都发生了变化。

4. 营养生长与生殖生长的相关性　植物的营养生长和生殖生长存在着相互依赖、相互制约的关系。营养生长是生殖生长的基础，生殖生长必须依赖良好的营养生长，生殖生长会消耗大量营养生长所积累下来的营养。但生殖生长也可以在一定程度上促进营养生长；营养生长和生殖生长会因为对营养物质的争夺而相互抑制。在药材生产上，根据所收获的部位是营养器官还是生殖器官，依据营养生长与生殖生长的相关性可制定出相应的生产措施。根和根状茎类药用植物的生长主要是营养生长。在生产中，应使植物不进入或延迟进入生殖生长，使营养物质不消耗或少消耗，故常采用摘蕾、摘除花薹等措施，使养分集中供应根及根状茎的生长，从而提高根和根状茎产量和质量。如果植物过早进入生殖生长，就会对营养部分的产量造成影响。伞形科药用植物白芷、当归、羌活等在其营养生长没有充分完成前抽薹，会导致它们的营养器官形态结构发生变化，如当归过早进入生殖生长，会导致当归肉质根快速木质化并空心化，造成大幅减产并失去药用价值。

第二节　植物生长物质与药用植物生长发育调控

植物激素和植物生长调节剂可有效调控植物的生长和发育，影响细胞的分裂、生长、分化，以及生根、发芽、开花、结实、成熟和脱落等植物生命全过程。使用在药材生产中，可有效调节药用植物的生长、发育过程，达到稳产增产、改善品质、增强植株抗逆性等目的。

一、植物激素

植物激素是在植物的某些特定部位合成，运输到作用部位，在极低浓度下即可对植物生长发育产生显著作用的微量有机物，是植物细胞、组织和器官之间信息交流的主要化学信使。主要包括生长素（auxin）、赤霉素（gibberellin，GA）、细胞分裂素（cytokinin，CTK）、脱落酸（abscisic acid，ABA）和乙烯（ethylene，ETH）五大类。植物激素对植物生长发育的影响是植物学最有活力的研究方向，其对药材产量的影响也越来越受到人们的重视。

1. 生长素　植物体内主要的生长素是吲哚 -3- 乙酸，简称吲哚乙酸（IAA）。除此之外，植物体内还存在其他具有生长素活性的物质，如 4- 氯 -3- 吲哚乙酸（4-Cl-IAA）、苯乙酸（PAA）及吲哚丁酸（IBA）等。生长素主要在茎尖分生组织、幼嫩叶片及发育的果实中产生，成熟叶片及根尖也可以少量合成生长素。生长素主要通过从植物形态学的上端往下端的极性运输方式从茎尖运输到植物体的其他部位发挥作用。在成熟叶片中合成的生长素大部分通过韧皮部沿茎向上或向下进行非极性运输。

生长素通过促进细胞的伸长而促进生长，但是存在浓度效应，低浓度促进生长，高浓度抑制生长。植物的不同器官对生长素的敏感性不同，根比茎敏感；生长素具有调节顶端优势和花芽的分化，促进侧根和不定根的形成，诱导维管束的分化，延缓叶片脱落，促进果实发育等多种生理作用。

2. 赤霉素　赤霉素种类繁多，是二萜类化合物，由 4 个含有 5 个碳原子的类异戊二烯构成。根据所含碳原子数目的不同，赤霉素可分为 C_{20}-GA 和 C_{19}-GA 两大类，C_{19}-GA 活性比 C_{20}-GA 强，如 GA_1、GA_3、GA_4、GA_7 等。赤霉素合成最活跃的部位是发育中的果实和种子，未成熟的营养器官也是赤霉素的合成部位。赤霉素在植物体内采用非极性方式运输。赤霉素可以促进细胞的伸长和分裂，从而促进植物根和茎的生长；诱导花和果实的形成；打破种子休眠，促进种子发芽。

3. 细胞分裂素　细胞分裂素的基本结构是 6- 氨基嘌呤环，根据 N_6 取代基不同分为类异戊二烯型和芳香环型细胞分裂素，如玉米素（ZT）、双氢玉米素、异戊烯基腺嘌呤、玉米素核苷、异戊烯腺苷等。植物体内存在游离型和结合型细胞分裂素，只有游离型具有活性。细胞分裂素的主要合成部位是根尖分生组织。细胞分裂素经木质部导管向上运输到植物体各个部位。细胞分裂素可促进细胞分裂，解除顶端优势，促进侧芽的生长，延缓叶片衰老；抑制不定根形成和侧根形成；打破种子休眠；促进豆科固氮根瘤的形成等作用。

4. 脱落酸　植物体在逆境胁迫下也能合成脱落酸（ABA）。ABA 是以异戊二烯为单位的 15 个碳的倍半萜羧酸。脱落酸既可以在木质部运输，也可以在韧皮部运输，叶片合成的脱落酸主要依赖韧皮部运输，根合成的脱落酸依赖木质部运输。

脱落酸能够抑制种子的萌发，有利于种子的贮藏；还能促进果实、种子的贮藏物质，特别是贮藏蛋白和糖分的积累，可用于提高果实、种子产量；在植物对抗干旱、寒冷及盐碱等逆境过程中起着重要作用，是植物对环境因素反应最剧烈的激素，有"逆境激素"之称。

5. 乙烯　高等植物的所有器官都能合成乙烯，形成层和茎节是乙烯合成最活跃的部位，叶片脱落、花器官衰老或果实成熟、植物面临逆境时，乙烯均大量合成，成熟的果实是植物产生乙烯最多的器官。乙烯是气态激素，在植物体内运输性较差，长距离运输过程中主要以乙烯合成的直接前体形式存在。

乙烯可抑制茎的伸长生长（矮化）、促进茎的横向生长（增粗）、地上部分失去负向重力性生长（偏上性生长），即乙烯的三重反应；乙烯还可以促进果实成熟，故称乙烯为催熟激素；乙烯还能促进叶片、花、果实等器官的脱落；还可打破种子和芽的休眠。此外，乙烯在逆境中大量产生，在植物抗逆反应中发挥重要作用。

除上述五大类植物激素外，植物体内还存在油菜素内酯（brassinosteroids，BR）、茉莉酸（jasmonic acid，JA）和茉莉酸甲酯（MeJA）、多胺类化合物（ployamines，PA）、寡糖类（oligosaccharide）、系统素（systemin，SYS）、玉米赤霉烯酮（zearalenone）、三十烷醇（triacontanol，TRIA）、水杨酸（salicylic acid，SA）等植物生长物质。

二、植物生长调节剂

植物生长调节剂是仿照植物激素的化学结构，以人工合成或从微生物中提取的、具有植物激素活性的化学物质，是农药的一种类型，由有关部门批准使用。植物生长调节剂包括植物生长促进剂、生长抑制剂和生长延缓剂三类。

1. 植物生长促进剂 植物生长促进剂是指能促进植物营养器官生长和繁殖器官发育的调节剂。主要作用为促进细胞分裂、分化和伸长生长，从而促进植物营养器官的生长和生殖器官的发育，起到增大增产作用。常用的生长促进剂分为生长素类、细胞分裂素类、赤霉素类和乙烯类。生长素类包括吲哚乙酸、吲哚丁酸、α-萘乙酸（NAA）和 2,4-二氯苯氧乙酸（2,4-D）等；细胞分裂素类包括如 6-苄氨基腺嘌呤（6-benzylaminopurine，6-BA）等。

2. 植物生长抑制剂 植物生长抑制剂是指抑制植物顶端分生组织生长，促进侧枝分化和生长的调节剂。能降低植物生长速率，使植物节间缩短，诱导矮化，防止植株徒长，形成矮化健壮植株等。常用的有 2,3,5-三碘苯甲酸（2,3,5-triiodobenzoic acid，TIBA）、整形素（morphactin）、马来酰肼（maleic hydrazide，MH）等。

3. 植物生长延缓剂 植物生长延缓剂是指抑制植物茎部近顶端分生组织生长，使植物节间缩短，促进植物矮化的调节剂。常用的有多效唑（MET）、缩节胺（Pix）、矮壮素（chlorocholine chloride，CCC）、比久（B₉）等。

植物体内各种激素间可发生增效或拮抗作用，因此各种激素只有协调配合，植物才能正常生长发育。在药用植物栽培生产中使用植物生长调节剂时，要注意量-效关系，还要注意不同植物生长调节剂之间的相互作用。植物生长物质在药用植物上的使用，对药材的产量和质量的影响尚无确定的规律可循，需要进行深入研究。

第三节 根际微生物与药用植物的共生

根际是土壤-植物物质交换的活动界面，根际微生物是一类生活在植物根际或根周围的微生物种群。根际微生物对植物的生长发育至关重要，其与植物根系相互作用，相互促进，互相制约，有些微生物存在于植物根的组织中，与植物形成共生（symbiosis）关系。高等植物的根部与微生物共生的现象，通常有两种类型，即菌根与根瘤。

一、菌根

菌根（mycorrhiza）是普遍存在于植物根系和土壤真菌之间的互惠共生体。大约有 34 万种陆生植物物种都存在与菌根真菌共生的情况，其中被子植物占了绝大多数（85%～90%）。根据形态和解剖特征，可将菌根分为外生菌根（ectotrophic mycorrhiza，ECM）、内生菌根（endotrophic mycorrhiza）和内外生菌根（ectendotrophic mycorrhiza）3 类。

外生菌根的菌丝不伸入根部细胞，蔓延于根的外皮层细胞间，大部分生长于根外部。菌丝体紧密地包围植物幼嫩的根，形成菌套（mantle）。主要存在于油松、落叶松、水杉等裸子植物，栎属和桦木属等壳斗科植物，以及亚热带地区的望天树 Parashorea chinensis 等龙脑香科植物的根部。

大部分内生菌根的真菌菌丝通过细胞壁侵入到幼根皮层的活细胞内，不形成菌套。内生菌根主要分为杜鹃花类菌根（局限于杜鹃花科）、兰花菌根（ORM；局限于兰科）和更广泛的丛枝菌根（Arbuscular Mycorrhiza，AM）。

丛枝菌根是植物根系被土壤中的一类属于球囊菌门的真菌（丛枝菌根真菌，Arbuscular mycorrhizal fungi，AMF）侵染所形成的共生体，是自然界中存在的最古老、最广泛和最重要的共生体系之一。AMF 是陆地生态系统中一种分布广泛的土壤真菌，能与超过 75% 的植物根系形成共生关系。真菌菌丝能够附着于植物的根部，随着菌丝的生长逐渐渗入根皮层，最终形成一种特殊的附着结构——菌足。AMF 侵染宿主植物根系之后，可以从宿主中汲取它自身代谢所需的碳源，与此同时，还能促进植物对土壤中营养成分的吸收，改善根系分泌活动，进而有利于植物的生长，还可增强植物的抗逆性。例如，黄花蒿接种 AMF 后，其生物量及可溶性蛋白等均显著增加。

内外生菌根是内生和外生菌根的过渡类型，具有两者的一些特征。在这种菌根中，真菌的菌丝不仅从外面包围根尖，而且伸入皮层细胞间隙和细胞腔内，如苹果、草莓等植物的菌根。

菌根与种子植物共生时，真菌一方面从宿主植物中取得有机营养物质，另一方面将它从土壤中所吸收的水分、无机盐类供给宿主植物，真菌还能促进细胞内贮藏物质的溶解，增强呼吸作用，产生维生素，并加强根系的生长。通过调整植物所在土壤中真菌的种类和数量进而影响植物产生次生代谢产物的数量，可获得较多具有生物活性的物质，目前为研究调控植物次生代谢产物的主要途径之一。

二、根瘤

氮素是蛋白质与核酸等生命体的基本组成元素，参与植物的生长发育、物质合成与代谢等生物学过程，是植物生命元素之一。虽然空气中氮元素丰富，但不能被植物直接利用。根瘤菌（root nodule bacteria）是一类分布较广泛的土壤细菌，自根毛侵入根部皮层的薄壁细胞中，并迅速分裂繁殖，皮层细胞受到刺激后也迅速分裂，生成大量新细胞，这样使得根的表面出现很多畸形小突起，形成瘤状共生结构，即为根瘤（root nodule）。根瘤是豆科植物一种特殊的共生器官。植物根系形成根瘤后，能将空气中不可被植物直接利用的游离氮（N_2）转变为可以吸收的氨（NH_3），除满足其本身需要外，这些氨还可为宿主植物提供可利用的含氮化合物，以供植物生长发育。从这种意义上来说，根瘤菌对植物不但无害反而有益。在自然界中，除豆科植物外，还发现在木麻黄科、胡颓子科、杨梅科、禾本科等100 多种植物中存在根瘤。

药用植物品质是药用植物服务于中药临床的内在特性。《神农本草经》将药材分为上、中、下三品，且关于"真伪陈新""有毒无毒"等论述均反映了中药品质观。随着植物学、化学与分子生物学等学科的发展，促进了人类对药用植物品质的认识。

药用植物品质既要满足中医治疗和预防疾病的需求，又要满足中药传统经验鉴别的品性；前者主要与药用植物所含的化学成分相关，后者主要与药用器官的性状有关。本章主要介绍药用植物活性成分生物合成途径及其影响因素。

第一节　药用植物化学成分的生物合成

药用植物之所以可以防病治病，其物质基础是植物体内含有的药用成分。植物初生代谢产物存在于所有植物中，主要包括糖类、脂类、核酸和蛋白质等，在初生代谢产物的基础上，植物合成次生代谢产物。次生代谢产物主要参与植物与环境间的相互作用，常赋予植物多样的生态适应性，通常包括黄酮类、生物碱类、萜类、醌类、皂苷类等成分。药用植物次生代谢产物常是有效化学成分。

由于药用植物的生物合成途径不同，产生的次生代谢产物不同，药用功能也不同。生物合成途径决定化学成分的有无，药用植物中没有某个生物合成途径，就不能产生这个途径的中间产物或终端产物，但中间产物或终端产物的含量随着物种、产地、环境、年限、季节和部位的不同而变化。

药用植物的化学成分主要由乙酸-丙二酸途径、甲戊二羟酸途径、桂皮酸途径、氨基酸途径及复合途径合成。目前，各条途径的上游步骤基本清楚，下游步骤是研究热点。

一、乙酸-丙二酸途径及酚类、醌类化合物的生物合成

酚类、醌类等化合物的生物合成属于乙酸-丙二酸途径，如蓼科植物掌叶大黄所含的大黄酚和大黄素等蒽醌类成分，亚麻科植物亚麻中所含的亚油酸和亚麻酸等脂肪酸类成分，蓼科植物何首乌所含的何首乌苷等酚类成分。

乙酸-丙二酸途径（acetate-malonate pathway，AA-MA途径）是以乙酰辅酶A和丙二酸单酰辅酶A为前体，形成脂肪酸、酚类和蒽醌类化合物的生物合成途径。该途径起始于乙酰辅酶A和丙二酸单酰辅酶A，经缩合和还原两个步骤交替进行以延长碳链，分别形成偶数碳的长链脂肪

酸和奇数碳的长链脂肪酸；或者乙酰辅酶A为起始单元，在查尔酮合成酶家族的作用下，连续与多个丙二酸单酰辅酶A发生缩合形成多酮中间体，然后再经过还原、脱羧及氧化等步骤，合成各种酚类或蒽醌类化合物，所合成的酚类化合物具有间苯酚样结构，如间苯二酚和间苯三酚；或乙酰辅酶A或丙二酰辅酶A通过缩合形成多酮中间体，然后再进一步环化形成各种醌类化合物（图9-1）。

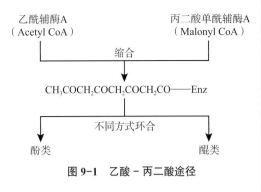

图9-1 乙酸-丙二酸途径

二、甲戊二羟酸途径与萜类、甾体类化合物的生物合成

萜类、甾体类化合物均由甲戊二羟酸途径和丙酮酸/磷酸甘油醛途径合成。萜类化合物是由两个或两个以上异戊二烯单位头尾聚合衍生而成的链状或环状化合物，根据分子中异戊二烯单位的数目分成单萜、倍半萜、二萜、三萜、四萜等类型。甾体类化合物是指含有环戊烷骈多氢菲母核的化合物，是结构被"修剪"了的三萜，具有四环稠合结构，与三萜相比缺少C4位和C14位上的三个甲基。包括植物甾醇、胆汁酸、昆虫变态激素和甾体皂苷等类型，如玄参科植物洋地黄所含的毒毛花苷（地吉妥辛）等强心苷类成分，木犀科植物女贞所含的齐墩果酸和齐墩果烷等三萜类成分，杜鹃花科植物兴安杜鹃（满山红）叶所含杜鹃酮（吉马酮），菊科植物黄花蒿所含青蒿素等倍半萜类成分，唇形科属植物丹参所含丹参酮等二萜类成分等。

甲戊二羟酸途径（mevalonic acid pathway，MVA pathway）是以乙酰辅酶A为前体化合物，形成单萜、倍半萜和三萜的生物合成途径。该途径起始于乙酰辅酶A，连续经过乙酰乙酰辅酶A硫解酶（AACT）、羟基戊二酰辅酶A还原酶（HMGR）等酶的催化作用生成重要的中间体甲戊二羟酸（MVA），然后经过甲羟戊酸激酶（MVK）、磷酸甲羟戊酸激酶（PMK）等酶的催化形成异戊烯基焦磷酸（IPP），再和其异构体二甲基丙烯基二磷酸（DMAPP）缩合形成十碳的单萜、十五碳的倍半萜、三十碳的角鲨烯等萜类物质，角鲨烯环化形成三萜和甾体的骨架。该途径在细胞质中进行。

丙酮酸/磷酸甘油醛途径（pyruvate/glyceraldehydes-3-phosphate pathway），由于在其合成途径中形成2-甲基-D-赤藓糖醇-4-磷酸（2-Methyl-D-Erythritol-4-Phosphate，MEP），因此非甲戊二羟酸途径也常被称为DXP途径或MEP途径。该途径是以丙酮酸和磷酸甘油醛为前体化合物，经过1-脱氧-D-木酮糖-5-磷酸合酶（DXS）聚合成1-脱氧-D-木酮糖-5-磷酸（DOXP），随后经过1-脱氧-D-木酮糖-5-磷酸还原酶（DXR）、2-甲基-D-赤藓醇-4-磷酸胞氨酰转移酶（MCT）等酶的催化作用形成异戊烯基焦磷酸（IPP）及其异构体二甲基丙烯基焦磷酸（DMAPP），在IPP基础上逐步形成二萜、四萜和多萜。某些单萜、二萜、类胡萝卜素被认为通过该途径合成（图9-2）。

萜类化合物是由异戊二烯单位头尾相连形成的链状或环状化合物，根据分子中异戊二烯单位的数目分成单萜、倍半萜、二萜、三萜等类型。甾体类化合物是指含有环戊烷骈多氢菲母核的化合物。包括植物甾醇、胆汁酸、昆虫变态激素、强心苷、甾体皂苷等类型。这两类化合物均由甲戊二羟酸途径和丙酮酸/磷酸甘油醛途径合成。

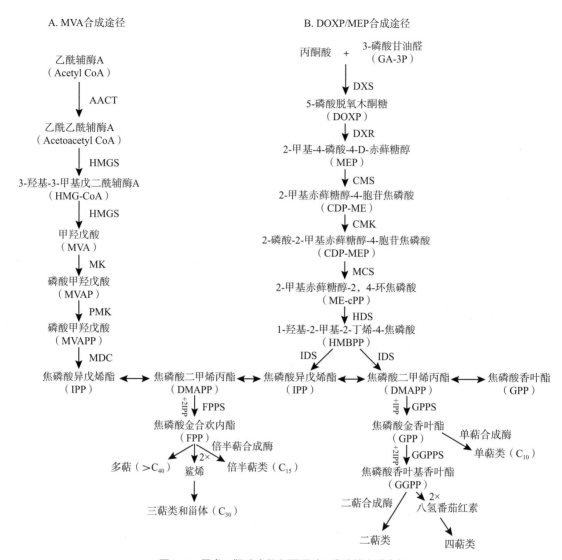

图 9-2 甲戊二羟酸途径和丙酮酸/磷酸甘油醛途径

三、桂皮酸途径与苯丙素类化合物的生物合成

药用植物体内多数苯丙素类化合物是通过桂皮酸途径形成的。苯丙素类化合物是指基本母核具有一个或几个 C_6–C_3 单元的天然化合物。广义的苯丙素类化合物包括简单苯丙素类、香豆素类、木脂素类、木质素类和黄酮类化合物；狭义的苯丙素类化合物指简单苯丙素类、香豆素类、木脂素类和木质素类化合物。

在药用植物体内多数苯丙素类化合物是通过桂皮酸途径形成的，即碳水化合物经桂皮酸途径合成苯丙氨酸和酪氨酸，再经脱氨反应生成桂皮酸衍生物，从而形成 C_6–C_3 基本单元。桂皮酸衍生物再经羟化、氧化、还原等反应生成简单苯丙素类。在此基础上，经异构、环合反应生成香豆素类化合物，经缩合反应生成木脂素类化合物（图 9–3）。

樟科植物肉桂所含桂皮酸和桂皮醛类成分、马兜铃科植物细辛所含细辛醚、伞形科植物茴香所含茴香脑、桃金娘科植物丁香蒲桃 *Syzygium aromaticum* 所含丁香酚、十字花科植物菘蓝所含木脂素、唇形科植物丹参所含丹酚酸等成分的生物合成均属于桂皮酸途径。该途径在细胞质中发生。桂皮酸途径（cinnamic acid pathway）曾被称为莽草酸途径（shikimic acid pathway），由于莽草酸既是桂皮酸途径的前体物质，又是氨基酸途径的前体物质，为防止歧义，现已弃用莽草酸途径之名。

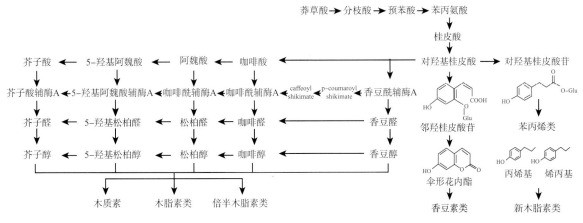

图 9-3　苯丙素类化合物的生物合成途径

四、氨基酸途径与生物碱类化合物的生物合成

氨基酸途径（amino acid pathway）是以氨基酸为前体化合物形成生物碱的生物合成途径，而各族氨基酸又分别由不同的前体物质合成。其中谷氨酸族氨基酸由 α- 酮戊二酸合成，天冬氨酸族氨基酸由草酰乙酸合成，丝氨酸族氨基酸由甘油酸 -3- 磷酸合成，丙氨酸族氨基酸由丙酮酸合成，芳香族氨基酸由赤藓糖 -4- 磷酸合成（图 9-4）。氨基酸通过脱羧成为胺类，再经过甲基化、氧化、还原、重排等步骤形成各类生物碱。

生物碱是一类天然含氮化合物。生物碱类化合物多由氨基酸途径合成，不同的氨基酸合成不同类型的生物碱，如鸟氨酸可以形成水苏碱；赖氨酸可以形成槟榔碱、胡椒碱和苦参碱；苯丙氨酸和酪氨酸能形成小檗碱、延胡索乙素等；色氨酸可以形成吴茱萸碱、喜树碱、士的宁等。

五、复合途径与鞣质、黄酮类化合物的生物合成

黄酮类化合物泛指两个苯环（A 环和 B 环）通过三个碳原子相互连接形成的具有 C_6-C_3-C_6 基本结构的化合物。黄酮类化合物是桂皮酸途径和乙酸 - 丙二酸途径复合形成的。起始化合物包括丙二酰辅酶 A 和香豆酰辅酶 A。丙二酰辅酶 A 来源于乙酸 - 丙二酸途径，香豆酰辅酶 A 来源于桂皮酸途径。3 分子丙二酰辅酶 A 和 1 分子香豆酰辅酶 A 形成查尔酮，再环化形成二氢黄酮，在二氢黄酮基础上形成各种类型的黄酮类化合物（如图 9-5）。常见的黄酮类化合物如黄芩苷、甘草苷、灯盏乙素、芦丁、橙皮苷、木犀草素等。

鞣质是一种多元酚类化合物。可分为可水解鞣质、缩合鞣质和复合鞣质三类。可水解鞣质是桂皮酸途径形成的没食子酸缩合而成；缩合鞣质是由乙酸 - 丙二酸途径和桂皮酸复合途径形成的黄烷 -3- 醇和黄烷 -3,4- 二醇缩合而成的。

除上述六大类化学成分外，天然植物多糖广泛地存在于植物体内，是植物体内重要的生物大分子。近年来，围绕药用植物多糖的生物合成开展了一些研究，核苷酸糖前体的合成是多糖生物合成的前提，葡萄糖、半乳糖及甘露糖等单糖，在单糖激酶和焦磷酸化酶的作用下被活化为相应的核苷酸糖前体。灵芝多糖生物合成相关的酶包括磷酸葡萄糖变位酶（PGM）和 UDP- 葡萄糖焦磷酸化酶（UGP），两种酶都参与了核苷酸糖前体的合成，在灵芝多糖生物合成途径中，GDP-甘露糖是重要的前体核苷酸糖。

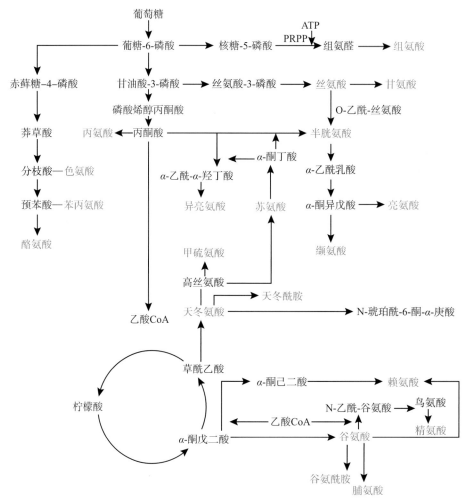

图 9-4   氨基酸途径

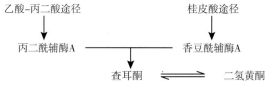

图 9-5   查耳酮、二氢黄酮生成的复合途径

第二节   药用植物化学成分积累与结构的关系

药用植物所含化学成分是其防病治病的物质基础，也是植物代谢的产物。这类化学成分多数是植物次生代谢过程的产物，药用植物种类繁多，不同的次生代谢产物均有其特定的合成部位，经过特殊的运输途径，最终储存在植物体或药用部分的某些器官、组织或细胞内，通常有明显的种属、器官和组织特异性。因此，药用植物药用成分的积累与其组织结构之间有密切的关系。

黄花蒿分泌型腺毛是青蒿素在植物体内合成、分泌、积累及储存的场所。黄花蒿茎表皮毛茸分为两类，即分泌型腺毛和非分泌型腺毛（又称 T 型腺毛），它们都起源于表皮细胞，但由于分泌型腺毛与非分泌型腺毛的结构及后含物不同，青蒿素和青蒿烯主要储存在分泌型腺毛中。

罂粟中异喹啉类生物碱主要是在筛管和伴胞中合成，而生物碱的转运发生在韧皮部与乳汁管、伴胞与筛管之间，最终积累在乳汁管中。

芦荟的蒽醌类物质芦荟素的合成场所是在叶片同化组织细胞的叶绿体内的片层，以后其质体膜突出形成小泡，所合成的芦荟素转入小泡内，然后小泡脱离质体释放到细胞质内，它与内质网融合或直接与质膜融合，从而将芦荟素释放到细胞的质膜外，通过质外体途径运送到维管束鞘细胞内，经其细胞壁上的胞间连丝的共质体途径运送到相邻的维管束的大型薄壁细胞内，储存在液泡中。芦荟叶维管束内的大型薄壁细胞是一类为适应储存芦荟素而特化的大型韧皮薄壁细胞。

金丝桃科植物贯叶连翘 *Hypericum perforatum* 的叶片、萼片及花瓣内的薄壁组织具有两类分泌结构：分泌囊和分泌细胞团。经组织化学和荧光显微镜观察表明，金丝桃素类蒽醌物质仅储存于分泌细胞团内，而分泌囊内储存挥发油，分泌细胞团是金丝桃素产生和储存的结构。

北柴胡、远志、牛膝和太子参都属于根类药材，其主要药用成分都是皂苷类化合物，应用植物解剖学、组织化学和植物化学方法研究发现4种根类药材的内部结构不同，其皂苷的积累部位也存在差异，共同特点是皂苷类主要积累在维管组织的薄壁细胞内，且次生韧皮部高于次生木质部。

第三节　影响药用植物化学成分的因素

药用植物的化学成分和物种、地理分布和生态环境、生长时间和生长部位密切相关。研究药用植物化学成分的影响因素可以为提高药用植物品质提供依据。

一、物种对药用植物化学成分的影响

在植物演化过程中，亲缘相近的植物分类群不仅在外部形态上相似，在生化特征上也存在一定的相似性，导致其化学成分也有相近之处。药用植物亲缘学认为植物的亲缘关系－化学成分－药性药效之间存在一定的相关性。

物种的演化水平影响化学成分的结构类型。我国唇形科香茶菜属 *Rabdosia* 约有30余种植物可供药用，富含二萜类化合物，具有清热解毒、活血化瘀、抗炎消菌、抗肿瘤和治疗肝炎的功效。香茶菜属植物所含二萜类化合物具有多种结构类型，三环二萜主要分布在较原始的分类群中，如线纹香茶菜 *R. lophanthoides* 和小花线纹香茶菜 *R. lophanthoides* var. *micranthus*；而四环二萜主要分布在较进化的分类群中，如旱生香茶菜 *R. xerophilus* 和腺花香茶菜 *R. adenanthus*。通过对二萜类化合物与香茶菜属植物系统发育关系的研究，有助于对香茶菜属植物中的二萜类化合物活性成分进行筛选与研发。菊科橐吾属 *Ligularia*. 植物所含倍半萜类化合物与倍半萜的生源关系研究表明，桉烷型（eudesmane）倍半萜可能是橐吾属较为原始的化学结构；艾里莫芬烷（eremophilane）倍半萜在橐吾属植物中有比较清晰的演化过程，即伞房组伞房系 Ser. Calthifoliae 的 eremophilane-12,8-olides 和 furanoeremophilanes →伞房组小头系 Ser. Retusae 的 furanoeremophilanes →线苞组 Sect. Stenostegia 的 eremophilane-12,8（14,6）-diolides →伞房组羽脉系 Ser. Lapathifoliae 的 eremophilane-12,8（14,6）-diolides 和 eremophilane dimers →橐吾组有翅系 Ser. Racemiferae 的 eremophilane dimers 和 cacalols →橐吾组 Sect. Ligularia 的 cacalols 和 benzofurane-type sesquiterpenes。不过在更进化的蓝灰组 Sect. Senecillis 植物中没有出现更复杂（"高级"）的倍半萜类型，反而再次以桉烷型、双环艾里莫芬烷型、eremophilane-12,8-olides 等原始倍半萜类型为主要化合物。

研究物种的亲缘关系与化学成分的相关性有助于解决形态分类中的疑难问题。如夹竹桃科的夹竹桃亚科和鸡蛋花亚科主要含生物碱，其中吲哚型生物碱只存在于鸡蛋花亚科，而甾体生物碱较集中于夹竹桃亚科；强心苷在三个亚科都有，但以海杧果亚科和夹竹桃亚科较为集中。依据化学成分类型可以区分这三个亚科。利用各亚科的化学特征可以对一些物种的分类进行调整，如止泻木 *Holarrhena antidysenterica* 原属于鸡蛋花亚科，但后来发现其含有甾体生物碱康丝碱，与鸡蛋花亚科的化学性状不符，所以建议将其划归夹竹桃亚科。毛茛科中升麻属 *Cimicifuga*、类叶升麻属 *Actaea*、铁破锣属 *Beesia*、黄三七属 *Souliea* 的成分较相近，都以三萜皂苷为主要成分，其他成分很少，未发现木兰碱和毛茛苷，与毛茛科其他属植物差别较大，成为一个比较自然的类群，化学证据支持成立升麻亚科的观点。

研究物种的亲缘关系与化学成分的相关性有助于药用植物新资源、新成分的开发与利用。如苯乙醇苷类化合物具有抗菌、抗病毒、抗肿瘤、免疫调节、增强记忆、保肝、强心等显著生物活性，尤其以抗菌活性最为显著。苯乙醇苷类成分集中分布于亲缘关系较近的唇形目（唇形科和马鞭草科）和玄参目（玄参科、列当科、苦苣苔科、爵床科、车前科和紫葳科）中，这一规律的发现为苯乙醇苷类成分的药用植物资源寻找、开发与利用提供了依据。

亲缘关系相近的药用植物，其所含化学成分既有相似性，也存在一定差异。如五味子和华中五味子为木兰科五味子属不同种植物，二者的果实中均含有木脂素成分，但其木脂素成分的组成及其相对百分含量有较大差异。五味子果实中五味子醇甲、五味子醇乙和五味子乙素等的含量较高，而五味子甲素的含量较低；华中五味子果实中五味子甲素的含量较高，几乎不含五味子醇甲、五味子醇乙和五味子乙素等木脂素成分。

二、地理分布和生态环境与化学成分

药用植物有效成分的形成、转化和积累受地理分布和生态环境影响。不同种类的药用植物对生态环境的要求不同，有的以光照或温度为主导因子，有的以土壤肥力为主导因子，这些生态因子随地理区域的差异发生改变，它们的时空变化对药用植物产生不同的效应，影响化学成分的含量。

1. 地理分布与化学成分　不同地理分布区所产药材的化学成分存在差异。研究药用植物的地理分布与化学成分的相关性，分析药用植物的化学型及其产生和分布规律，对于阐明药材的道地性具有重要意义。如蛇床子有 3 个化学型，Ⅰ型以蛇床子素和线型呋喃香豆素为主要成分，分布于福建、浙江、江苏等亚热带常绿阔叶林区域；Ⅱ型以角型呋喃香豆素为主要成分，分布于辽宁、黑龙江、内蒙古等温带针阔叶混交林区域；Ⅲ型中蛇床子素、线型和角型呋喃香豆素同时存在，属于混合的过渡类群，分布于河南、河北、山西等暖温带落叶阔叶林区域的过渡地带。从南到北，蛇床子素的含量逐渐降低直至检测不到，而角型呋喃香豆素则从无到有且含量逐渐升高，同时形成过渡交叉类型。苍术 *Atractylodes lancea* 分布于秦岭 – 淮河以南，有 2 个化学型，分布于大别山区的茅苍术，所含挥发油以茅术醇和 β – 桉叶醇为主，根状茎切开后可以"起霜"（茅术醇和 β – 桉叶醇的结晶）；分布于江苏茅山的茅苍术，挥发油主要成分为苍术酮和苍术素，根状茎则少"起霜"现象。

2. 生态环境与化学成分　生态环境是导致化学成分变化的重要因素。生态环境包括光照、温度、土壤、水分、生物因子等，各个生态因子不是孤立或者恒定发挥作用的，各生态因子对药用植物综合发挥作用。

土壤对药用植物活性成分有一定的影响。如甘草药材中甘草酸含量和土壤中速效磷的含量呈正相关，甘草次酸含量和土壤中铵态氮含量呈显著负相关；北方的碱性土壤有利于益母草中生物碱积累，而南方的酸性黄壤、黄棕壤不利于益母草生物碱积累。

降雨量对药用植物活性成分有一定的影响。干旱环境通常有利于生物碱的积累,如颠茄叶中的生物碱在克里米亚约为1.29%,而在圣彼得堡只含0.41%～0.6%;丹参在轻度干旱环境中,二氢丹参酮Ⅰ、隐丹参酮、丹参酮Ⅰ和丹参酮ⅡA等4种丹参酮类成分及丹酚酸B的合成和积累有所增加;缬草根和芫荽果实中的挥发油、白芥子中的脂肪油和白芥子苷随土壤含水量的增加而增加。

光照对药用植物活性成分有一定的影响。如金银花中绿原酸的含量阳坡高于阴坡;适当控制光强度可以增加甘草中甘草苷和甘草酸的含量,而过度遮荫会导致有效成分含量下降。

温度对药用植物活性成分也有一定的影响。菊科水母雪莲 *Saussurea medusa* 的愈伤组织中黄酮类化合物合成的适宜温度在25℃左右,在20℃和30℃的培养条件下,黄酮的含量分别只有25℃时的20%和31%。此外,高温有利于生物碱的合成,如高温条件下颠茄、金鸡纳等的生物碱含量较高。

三、时间与化学成分

药用植物化学成分与生长年限、发育期、季节相关。历代本草文献都比较注重中药的采收时间,如孙思邈在《备急千金要方》中强调:"早则药势未成,晚则盛势已歇。"

1. 生长年限与化学成分　植物的生长年限与化学成分的变化密切相关。芍药 *Paeonia lactiflora* 根的初生结构中芍药苷主要积累于内皮层、中柱鞘和初生韧皮部内,在芍药根的次生结构中,芍药苷分布于次生韧皮部和次生木质部的薄壁细胞中。次生韧皮部的芍药苷含量要高于次生木质部。随着生长年限的增加,次生木质部所占根的比例也相应增加,而其芍药苷含量低于次生韧皮部。因此,随着生长年限的增加,芍药苷含量呈现缓慢下降的趋势。

2. 发育期与化学成分　药用植物化学成分的形成和积累与发育密切相关。如金银花发育阶段大致分为幼蕾期、三青期、二白期、大白期、银花期、金花期、凋花期,其中绿原酸含量在二白期最高,其次为三青期和大白期,凋花期最低;木犀草苷在大白期含量最高,其次为二白期,凋花期最低。黄芪根中皂苷类成分常积累于周皮。道地药材山西浑源仿野生生长的蒙古黄芪 *Astrangalus membranaceus* var. *mongholicus* 生长年限长,当生长至5年以上时,其根中会出现"枯皮"及"空心"结构。"枯皮"为落皮层,"空心"为木间木栓,两种结构中木栓层明显增多,因此所含的皂苷类化合物也相应增多,黄酮类化合物的含量则减少。即随着黄芪根的发育,在具有落皮层和木间木栓结构的根中,皂苷类化合物含量上升,黄酮类化合物含量降低。

3. 季节与化学成分　药用植物化学成分的形成和积累与季节密切相关。如春、秋两季采收的蒲公英,其咖啡酸和总黄酮的含量远高于夏季采收。11月份采收的草珊瑚中异秦皮啶的含量最高,5月含量最低,两者相差约3倍;秋季采收的肉苁蓉中松果菊苷和毛蕊花糖苷的含量约为春季采收的2倍。

四、部位与化学成分

药用植物化学成分的形成和积累与部位和器官密切相关。如当归头中的阿魏酸、藁本内酯、丁烯基苯酞的含量较低,而在当归尾中较高;铁皮石斛叶和花中黄酮碳苷的含量明显高于茎;丹参叶中没有检测到根中存在的丹参酮ⅡA,但是丹参素、原儿茶醛和丹酚酸B含量较高。前胡营养器官中香豆素类成分以根中含量最高,其次是叶,而茎中含量较低;前胡根头部习称"蚯蚓头",其佛手柑内酯和花椒毒素含量低于根。

第十章
药用植物新资源

扫一扫，查阅本章数字资源，含PPT、音视频、图片等

药用植物的种类和数量是有限的。努力挖掘传统中医药宝库、利用各种现代科学技术开发新资源，不仅能有效利用有限的药用植物资源，而且有助于推进药用植物资源创新发展。

第一节　药用植物新资源的发现途径

一、从本草史料中发现

据韩保昇所言："按药有玉石草木虫兽，而直云本草者，为诸药中草类最众也。"即"本草"取义于"药物以草为本"。明代《本草纲目》记载1892种中药，其中基原为植物者有1100多种；清代《植物名实图考》收录植物1700余种。可见，药用植物在历代本草文献中占有举足轻重的地位。

除本草文献记载了丰富的药用植物外，方书、医案医话等古代医学书籍、地方志、博物志、笔记小说等非医药类书籍，以及出土的药物遗存，故宫博物院、日本正仓院等国内外博物院珍藏的古代中国药材文物，都是研究我国古代药用植物的珍贵史料，也是发现药用植物资源的宝库。

1. 历史名药的挖掘　《名医别录》《千金翼方》《新唐书·地理志》《太平寰宇记》《宋史·地理志》等均记载大别山石斛质量优良。清代《本草纲目拾遗》详细描述了道地药材霍山石斛的形态并记载已经濒危。经过本草考证与实地调查，明晰了历史上著名的道地药材霍山石斛来源于兰科植物霍山石斛 *Dendrobium huoshanense*。经过系列研究，霍山石斛被《中国药典》2020年版收录。

2. 药食两用资源的开发　对西汉海昏侯墓园主墓（M1）出土的木质漆盒中的样品进行分析，推测该样品为玄参科地黄属 *Rehmannia* 植物的根并加入辅料等加工，以供食用，为地黄属植物作为药食两用资源提供了考古依据。南北朝《荆楚岁时记》记载鼠曲草："三月三日，取鼠麹汁蜜和粉，谓之龙舌料，以厌时气。"宋《鸡肋编》记载："京师取皂荚子仁煮过，以糖水浸食，谓之'水晶皂儿'。"《本草图经》记载皂荚种仁为"治肺药"。这些史料为鼠曲草、皂荚种仁作为药食两用资源的开发提供了依据。

3. 新药或新功效的发掘　受《肘后备急方》中"青蒿一握，以水二升渍，绞取汁，尽服之"的启发，黄花蒿在抗疟方面大放异彩。根据《伤寒论》记载葛根汤可治疗颈项强直等症，通过拆方研究发现葛根对高血压有良好的疗效，目前葛根已经成为治疗高血压的常用中药。

二、从民族药和民间用药经验中发现

我国是一个多民族国家，各民族在长期的医疗实践过程中积累了许多宝贵的治疗经验，从中可发掘出药用植物新资源。如从民族药物中发掘出治疗肝炎的青叶胆 *Swertia mileensis*、治疗类风湿和红斑狼疮的昆明山海棠 *Tripterygium hypoglaucum*、治疗中风瘫痪的灯盏细辛 *Erigeron breviscapus*；从江西民间用药中发掘出抗菌消炎的草珊瑚 *Sarcandra glabra*，从安徽民间用药中发现止血作用的断血流，即唇形科植物风轮菜 *Clinopodium chinense* 等。

三、从亲缘关系相近的物种中发现

植物在漫长的进化过程中，形成了远近不同的亲缘关系，亲缘相近不仅体现在形态相似，还体现在生物合成途径的相似，其化学成分往往也比较相似。因此，植物亲缘关系、化学成分与疗效之间存在着一定的内在联系，这种联系有助于发现药用植物新资源。如分布于印度的蛇根木 *Rauvolfia serpentina* 中含有利血平，后来在我国分布的同属植物萝芙木 *R.verticillata* 中也发现利血平成分，使萝芙木成为药用植物新资源。

当某种药用植物成为新药原料时，其资源问题常常变成一个突出的焦点。可以通过规范化栽培满足用药需要，也可以从亲缘较近的种类中发现活性成分含量高的种类作为新的原料。如薯蓣皂苷元是合成甾体激素的原料，研究证明，薯蓣属根状茎组植物的根状茎中薯蓣皂苷元含量较高，如三角叶薯蓣 *Dioscorea deltoidea* 平均含量达 3%，盾叶薯蓣 *D. zingiberensis* 达到 2.5%，成为提取薯蓣皂苷元的药用植物新资源。

药用植物的亲缘关系、化学成分与生理活性三者是相互联系的，但各种药用植物除具有效成分外，有些还含有其他活性成分，甚至有毒成分，如柴胡属植物中的大部分类群都含有柴胡皂苷，和柴胡有类似功效，但大叶柴胡中含有柴胡毒素，因此绝不可成为柴胡的替代新资源。

四、从不同器官中发现

药用植物的不同器官具有相同的遗传物质，因此，不同器官含有相似的化学成分是可能的，如雷公藤的药用部位为根，但其活性成分之一雷公藤甲素在地上部分的含量高于根的 3 倍，而且组分简单，易于分离，因此，若要提取雷公藤甲素，地上部分是重要的原料；人参叶、三七叶和花均含有和根相似的成分，目前已经开发成一种新的药用植物资源。因此，在药用植物资源开发时可将同一药用植物不同器官作为考察对象，这也是发现药用植物新资源的重要途径。但并不是所有的药用植物不同器官都含有和药用部位相似的成分，如甘草酸仅存在于植物的根和根状茎，地上部分不合成甘草酸。

五、从新发现的植物类群中发掘

野外发现植物新类群是药用植物新资源开发的基础。蒙古黄芪、太白贝母 *Fritillaria taipaiensis*、三角叶黄连 *Coptis deltoidea* 是 20 世纪 60 年代发现的新类群，分别作为黄芪、川贝母与黄连的基原植物收录于《中国药典》。暗紫贝母 *Fritillaria unibracteata*、瓦布贝母 *F. wabuensis*〔现组合为 *F. unibracteata* var. *wabuensis*〕则是 20 世纪 70 年代、80 年代发现的新类群。

第四次全国中药资源普查自 2011 年启动以来，陆续发现了 80 余个新类群，大量植物新类群的发现，对于丰富和完善我国药用植物资源，以及中药资源的可持续利用具有重要意义。近年来发现的皖浙老鸦瓣 *Amana wanzhensis* 是光慈菇原植物老鸦瓣 *Amana edulis*（Miq.）Honda 的近缘种，在民间一直作光慈菇采收并应用。此外，新发现的黄山夏天无 *Corydalis huangshanensis*、黄山前胡 *Peucedanum huangshanense* 分别是夏天无 *Corydalis decumbens*、白花前胡 *Peucedanum praeruptorum* 的近缘种，柴胡属 3 个新种、蜘蛛抱蛋属多个新种，根据药用植物亲缘学理论，这些新类群有潜在的药用植物价值，有待进一步挖掘与研究。

第二节　药用植物新资源的引进与开发

一、药用植物新资源的引进

自古以来，很多药用植物新资源是从国外引进的，如胡椒、乳香树、没药、西洋参、血竭、水飞蓟等。汉代张骞出使西域，带回国内的就有葡萄和红花等多种药用植物。《新修本草》增录了诃黎勒、血竭等外来药用植物。《海药本草》则是我国首部记载香药的专著，记载了 50 余种外来香药。

引入的药用植物作为中药材的如西洋参、番红花等；引入的药用植物作为保健食品新原料的如紫锥菊 *Echinacea purpurea*；引入的药用植物作为食品新原料的如玛咖 *Lepidium meyenii*、辣木 *Moringa oleifera* 等。20 世纪 50 年代我国开始引种西洋参，90 年代已有大面积栽培。目前，番红花、玛咖、月见草 *Oenothera biennis*、水飞蓟、粉色西番莲 *Passiflora incarnata*、朝鲜蓟 *Cynara scolymus*、毛地黄、蛇根木 *Rauvolfia serpentina* 等已经栽培成功，成为我国药用植物新资源。在经济贸易全球化、"一带一路"等国家外交政策指引下，大量具有较强生物活性的药用植物"新外来资源"已经出现在国内市场，经过研究使之应用于中医临床，成为"新中药"。

二、药用植物新资源的开发

（一）药用植物新品种选育

药用植物在长期栽培过程中，种源混乱、连作障碍、种质退化是导致中药材产量和质量下降的常见问题。选育药用植物新品种，不仅可以创造药用植物新资源，而且是解决这些问题的重要途径之一。

太空诱变育种是利用卫星、飞船等返回式航天器将植物材料带入太空，利用太空的特殊环境诱导变异，再返回地面选育出新材料、新种质。20 世纪 90 年代以来，我国将航天育种技术应用于多种药用植物研究，如丹参、甘草、防风、白芷、桔梗、黄芩、夏枯草等，部分品种的品质和产量发生了突破性变异，如天丹一号（丹参）、太空 1 号（薏苡）、国甘 1 号（甘草）等。

倍性育种指采用染色体数加倍或染色体数减半的方法选育植物新品种，包括单倍体育种和多倍体育种。单倍体只含有其双亲的一套染色体组。如果将由任何杂种形成的单倍体进行染色体加倍后成为纯种，则将体现单倍体作为育种环节的特殊重要性。多倍体是植物细胞内含有 3 个或 3 个以上染色体组，用秋水仙素等诱变剂处理愈伤组织胚状体或丛生芽而获得多倍体植株。药用植物多倍体植株与普通植株相比，通常具有生物产量提高、某些药用活性成分提高、抗逆性增强等特点。目前，菘蓝四倍体、丹参四倍体等已经选育成功。

现药用植物品种选育的方法大多借鉴农业上的常规育种方法与新技术育种方法。常规育种是指引种、系统育种、杂交育种；新技术育种除太空诱变育种、倍性育种外，还有体细胞杂交育种、分子育种等。

（二）组织培养形成药用植物新资源

一些具有药用价值的植物，经过组织培养开发形成新资源食品。如兰科植物铁皮石斛 *Dendrobium officinale* 的茎部经组织培养，获得原球茎或丛芽，经收集、干燥等步骤制成新食品原料"铁皮石斛原球茎"；将蝉花（即蝉棒束孢）*Isaria cicadae* 菌种接种到培养基上进行人工培养，经采收子座（即孢梗束）、干燥等步骤制成新食品原料"蝉花子实体（人工培植）"。

扫一扫，查阅本章数字资源，含PPT、音视频、图片等

植物界自约 30 亿年前出现原始生物蓝藻等、1 亿多年前被子植物开始兴起，已经历漫长的发展历史。随着地球地质与气候条件的变化，植物采用高超的进化策略，不断适应环境，使当今植物界呈现出种类繁多（数十万种）、千姿百态的景象。

人类社会的发展，对周围植物资源的需求不断增加；同时对植物认识水平提出更高层次的要求。而面对植物界丰富多样的类群，传统意义上的辨识与命名方法已不能完全适应。因此，探寻植物的演化规律，建立科学的命名方法，梳理各物种之间的亲缘关系，并据此将它们系统排列，即将如此之多的植物物种进行科学分类，为深入评价植物的经济（药用）价值，合理开发利用及生物多样性保护等打下坚实基础，其必要性与重要性不言而喻。

第一节　植物分类学的目的和任务

植物分类学（plant taxonomy）是一门研究植物界不同类群的起源、亲缘关系和演化发展规律的学科；同时，它是一门理论性、实用性和直观性均较强的生命学科。掌握了植物分类学，就可以对自然界极其繁杂的各种各样植物进行鉴定、分群归类、命名并按系统排列，便于认识、研究和利用。药用植物分类采用了植物分类学的原理和方法，对有药用价值的植物进行鉴定、研究和合理开发利用。

植物分类学是一门历史悠久的学科，在人类识别和利用植物的实践中不断发展和完善。早期的植物分类学只是根据植物的用途、习性、生境等进行分类；中世纪应用了植物的外部形态差异来区分植物的各个分类等级，如种、属、科以及更大的分类群（taxa）；近代科学的发展大大促进了植物分类学研究的深入，对植物种、属、科之间的亲缘关系逐渐有了较清晰的认识。

植物分类学的主要任务是：

1. 描述分类群并命名　运用植物形态学、解剖学等知识，对植物个体间的异同进行比较研究，将类似的一群个体归为"种"（species）一级的分类群，并对各分类群进行性状描述，按照《国际植物命名法规》确定拉丁学名。这是植物分类学的首要任务。

2. 探索植物"种"的起源与演化　借助植物生态学、植物地理学、古植物学、生物化学、分子生物学等学科的研究资料，探索植物"种"的起源和演化，为建立植物的自然分类系统提供依据。

3. 建立自然分类系统　根据对植物的各分类群之间亲缘关系的研究，确定不同分类等级、排列顺序，以期建立符合客观实际的植物自然分类系统。

4. 编写植物志　运用植物分类学知识，根据不同需要，对某国家、某地区、某类用途或某分类群的植物进行采集、鉴定、描述和按照分类系统编排，编写不同用途的植物志。

药用植物分类是将植物分类学知识运用于药用植物的研究，如对药用植物的资源调查、原植物鉴定、种质资源研究、栽培品种的鉴别等。通过药用植物分类研究可使人们更好地掌握和运用中药资源，并正确地鉴定植物类药物的基原。

第二节　植物分类单位及其命名

植物分类设立了不同分类单位，又称为分类等级。分类等级的高低常以植物之间亲缘关系的远近、形态及构造的相似性程度等来确定。

一、植物的分类单位

植物界的分类单位从大到小主要有：门（Devision）、纲（Class）、目（Order）、科（Family）、属（Genus）、种（Species）。门是植物界中最大的分类单位，依次缩小，种是植物分类的基本单位。在各分类单位之间，有时因范围过大，还增设一些亚级单位，如亚门、亚纲、亚目、亚科、亚属、亚种等。

植物分类的各级单位，均用拉丁文表示，一般有特定的词尾。门的拉丁名词尾一般是 –phyta，如蕨类植物门 Pteridophyta；纲的拉丁名词尾一般是 –opsida，如百合纲 Liliopsida；目的拉丁名词尾是 –ales，如桔梗目 Campanulales；科的拉丁名词尾是 –aceae，如龙胆科 Gentianaceae；亚科的拉丁名词尾是 –oideae，如蔷薇亚科 Rosoideae 等。

某些分类单位的拉丁名词尾虽与上述规定不同，因习用已久，国际植物学会将其作为保留名沿用。如双子叶植物纲 Dicotyledoneae 和单子叶植物纲 Monocotyledoneae 的词尾未用 –opsida；在被子植物中，有 8 个科除了有以 –aceae 结尾的科名外，还有以 –ae 结尾的保留名，即十字花科 Brassicaceae（Cruciferae），豆科 Fabaceae（Leguminosae），藤黄科 Clusiaceae（Guttiferae），伞形科 Apiaceae（Umbelliferae），唇形科 Lamiaceae（Labiatae），菊科 Asteraceae（Compositae），棕榈科 Arecaceae（Palmae），禾本科 Poaceae（Gramineae）。

二、种及种下分类单位

种是具有一定的自然分布区和一定的生理、形态特征的生物群，是分类的基本单位或基本等级。种内个体间具有相同的遗传性状并可彼此交配产生后代，种间则存在生殖隔离。

随着环境因素和遗传基因的变化，种内各居群会产生比较大的变异，出现了一些种下等级的划分。

1. 亚种（subspecies，缩写为 subsp. 或 ssp.） 是 1 个种内的居群在形态上有所变异，并具有地理分布、生态或季节上的隔离。

2. 变种（varietas，缩写为 var.） 是 1 个种内的居群在形态上有所变异，变异比较稳定，它的分布范围（或地区）比亚种小，并与种内其他变种有共同的分布区。

3. 变型（forma，缩写为 f.） 是 1 个种内有细小变异，但无一定分布区的居群。变型是植物最小的分类单位。

4. 品种（cultivar） 是人工栽培植物的种内变异居群。通常在形态、所含化学成分或经济价值上有差异，如药用菊花的栽培品种有亳菊、滁菊、贡菊等。中药材的基原复杂多样，通常所称的"品种"，既指分类单位中的"种"，有时又指药用植物栽培学中的品种。

三、植物的命名

由于国家、民族、地区的语言文字和生活习惯的差别，在对同一种植物利用时，往往会出现不同的名称，同名异物、同物异名现象较为普遍，给植物的分类、利用和国际交流造成困难。为此，国际植物学会议制定了《国际植物命名法规》，给每一个植物分类群制定世界各国可以统一使用的科学名称，即学名（scientific name）。以下主要介绍种及种以下分类单位的命名原则。

（一）物种名称

《国际植物命名法规》规定植物学名必须用拉丁文或其他文字拉丁化后的单词来书写及应用。植物种的名称采用了瑞典生物学家林奈（Carolus Linnaeus，1707—1778）倡导的"双名法"，即植物种的学名由两个拉丁词组成，第一个词是属名，第二个词是种加词；为了便于引证和核查，还应附上首次合法发表该名称的命名人名。一般书写时属名和种加词用斜体，命名人名用正体。

1. 属名　属名使用拉丁名词的单数主格，首字母必须大写。如人参属 *Panax*、芍药属 *Paeonia*、黄连属 *Coptis*、乌头属 *Aconitum* 等。

同属植物连续出现时，可将第一个物种的属名全写，后面的属名缩写。如红豆杉 *Taxus chinensis*（Pilg.）Rehder、东北红豆杉 *T. cuspidata* Siebold et Zucc. 等。

2. 种加词　多数为形容词，也有的是名词。种加词的首字母小写。

形容词作为种加词时，其性、数、格必须与属名一致。如掌叶大黄 *Rheum palmatum* L.、黄花蒿 *Artemisia annua* L.、当归 *Angelica sinensis*（Oliv.）Diels 等。

名词作为种加词时，有主格名词和属格名词两类，主格名词如薄荷 *Mentha haplocalyx* Briq.、樟树 *Cinnamomum camphora*（L.）J. Presl. 等，属格名词如掌叶覆盆子 *Rubus chingii* Hu、高良姜 *Alpinia officinarum* Hance 等。

3. 命名人　在植物学名中，引证的命名人姓名，要用拉丁字母拼写，每个词的首字母大写。我国的人名姓氏，现统一用汉语拼音拼写。命名者姓氏较长时，可以缩写，缩写之后加缩略点"."。多人共同命名的植物，用 et（和）连接不同作者。如银杏 *Ginkgo biloba* L. 的命名者为 Carolus Linnaeus，"L." 是姓氏缩写；紫草 *Lithospermum erythrorhizon* Siebold et Zucc. 由 P. F. von Siebold 和 J. G. Zuccarini 两人共同命名。如某名称命名人部分出现 ex（from）一词，则说明其为一代不合格发表的名称。如王文采 1972 年发表延胡索 *Corydalis yanhusuo* W. T. Wang 一名，因原始文献无延胡索植物拉丁文特征纪要，没有指明模式等，故该名称为一不合格发表的裸名（nomen nudum）；1985 年由苏志云和吴征镒补充相关资料，以 *Corydalis yanhusuo* W. T. Wang ex Z. Y. Su et C. Y. Wu 正式合格发表。

（二）植物种下单位的名称

植物种下分类群有亚种、变种和变型。如宝岛舌唇兰 *Platanthera mandarinorum* Rchb. f. subsp. *formosana* T. P. Lin et K. Inoue 是尾瓣舌唇兰 *Platanthera mandarinorum* Rchb. f. 的亚种，学名由尾瓣舌唇兰的学名再加上亚种缩写（subsp.）、亚种加词（*formosana*）和亚种命名人（T. P. Lin et K. Inoue）组成。

山里红 *Crataegus pinnatifida* Bunge var. *major* N. E. Br. 是山楂 *Crataegus pinnatifida* Bunge 的变种，学名由山楂的学名再加上变种缩写（var.）、变种加词（*major*）和变种命名人（N. E. Br.）组成。

粉红单瓣玫瑰 *Rosa rugosa* Thunb. f. *rosea* Rehder 是玫瑰 *Rosa rugosa* Thunb. 的变型，学名由玫瑰的学名再加上变型缩写（f.）、变型加词（*rosea*）和变型命名人（Rehder）组成。

（三）栽培植物的名称

药用植物在栽培过程中发生很多变异，形成了不同的品种。《国际栽培植物命名法规》对栽培植物的命名制定了相关法规。栽培植物的品种名称是在种加词之后加栽培品种加词，首字母大写，外加单引号，后面不加命名人。如药用菊花通过长期人工栽培，在不同产区形成了颇具特色的道地药材，其形态也发生了较明显的差异，根据不同特征分别将其命名为亳菊 *Chrysanthemum morifolium* 'Boju'、滁菊 *Ch. morifolium* 'Chuju'、贡菊 *Ch. morifolium* 'Gongju'、湖菊 *Ch. morifolium* 'Huju'（药材杭白菊的品种之一）等。

（四）学名的重新组合

在植物分类学研究中，若发现一分类群的系统位置不妥当，尽管其原有学名为合法发表，仍需要进行重新组合。如：1781 年 Thunberg 将紫金牛放置于 *Bladhia* 属，并命名为 *Bladhia japonica* Thunb.；1825 年 Blume 将该植物转移至紫金牛属（*Ardisia*），学名重新组合为 *Ardisia japonica*（Thunb.）Blume。重新组合时，保留的原命名人被置于括号之内，再加上重新组合者。

在植物学专著中，植物学名多是完整的，有点累赘。在不影响交流和科学性的前提下，标注植物学名时，可以将定名人省略，这样学名就十分简洁了。例如，山楂 *Crataegus pinnatifida* 和山里红 *C. pinnatifida* var. *major*。一定要注意正体和斜体，以及字母的大小写。亚种和变型的写法和简写要求与变种相同。

第三节　植物分类系统与分门别类

一、植物分类系统

长期以来，人们在观察和研究植物的各种特性和特征中，掌握了植物间的异同点，将植物区分为不同的分类群，并对这些分类群按等级排列形成了分类系统。

早期，人们对植物进行分类仅局限在形态、习性、用途上，往往用 1 个或少数几个性状作为分类依据，而未能考虑植物的亲缘和演化关系，这样的分类系统即是人为分类系统（artificial system）。如李时珍在《本草纲目》中依据植物的外形及用途将其分为草部、木部、谷部、果部和菜部，又进一步根据习性等在草部下细分为山草类、芳草类、隰草类、毒草类、蔓草类、水草类、石草类、苔类及杂草类等；瑞典植物学家林奈根据植物雄蕊的有无、数目及着生情况分为24 纲，第 1 ～ 23 纲为显花植物，第 24 纲为隐花植物。人为分类系统在经济植物学中经常使用，如将植物分为油料植物、纤维植物、香料植物、药用植物、淀粉植物等。

随着科学技术的发展，人们利用现代自然科学手段，从比较形态学、比较解剖学、古生物学、植物化学、植物生态学、分子生物学等的角度，对植物的理解愈加深入，不断探索客观反映植物亲缘关系和演化发展的规律，据此建立的分类系统被称为自然分类系统（natrual system）或系统发育分类系统（phylogenetic system）。

德国学者恩格勒（A. Engler）和柏兰特（K. Ptantl）于 1887 ～ 1909 年间出版了 23 卷的巨著《植物自然分科志》（*Die natürlichen Pflanzenfamilien*），该著作的出版对植物学界产生很大影响。在这部著作中，建立了分类学史上第一个比较完整的自然分类系统，包括了植物界所有的大类，内容丰富全面，涉及各科和属的特征等。在随后的工作中，植物分类学家针对不同植物类群提出了多种分类系统。如在蕨类植物分类系统中，1978 年发表的秦仁昌系统被国际蕨类学界所公认；在裸子植物分类系统中，郑万钧系统被广泛采用；为大家熟知的被子植物分类系统则有恩格勒系统、哈钦松系统、塔赫他间系统、克朗奎斯特系统等。

二、植物界的分门别类

在植物界各分类群中，最大的分类等级是门。由于不同的植物学家对门有不同的认识，产生了 16 门、18 门等不同的分法。另外，人们还习惯于将具有某种共同特征的门归并为更大的类别，如藻类植物、菌类植物、颈卵器植物、维管植物、孢子植物、种子植物、低等植物及高等植物等。

根据目前植物学常用的分类法，将各门排列如下（图 11-1）：

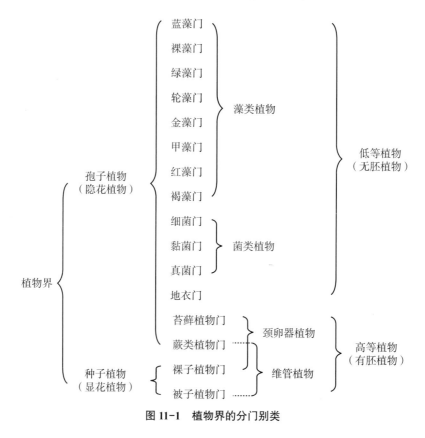

图 11-1　植物界的分门别类

1. 孢子植物（spore plant）和种子植物（seed plant）　在植物界，藻类、菌类、地衣门、苔藓植物门、蕨类植物门的植物都能产生孢子并用孢子进行生殖，不开花结果，因而称为孢子植物或隐花植物（cryptogam）；裸子植物门和被子植物门的植物有性生殖，开花并形成种子，用种子进行繁殖，所以称种子植物或显花植物（phanerogam）。

2. 低等植物（lower plant）和高等植物（higher plant）　在植物界，藻类、菌类及地衣门的植物在形态上无根、茎、叶的分化，生殖"器官"为单细胞构造，生活史中不出现胚，称为低等植物或无胚植物（non-embryophyte）；自苔藓植物门开始，包括蕨类植物门、裸子植物门及被子植物门的植物在形态上有根、茎、叶的分化，生殖器官由多细胞构成，合子在母体内发育成胚，称为高等植物或有胚植物（embryophyte）。

3. 颈卵器植物（archegoniatae）和维管植物（tracheophyte）　在高等植物苔藓植物门、蕨类植物门及裸子植物门植物的有性生殖过程中，在配子体上产生多细胞构成的精子器（antheridium）和颈卵器（archegonium），因而将它们称为颈卵器植物；从蕨类植物门开始，包括裸子植物门和被子植物门，植物体内出现维管系统，故称此具维管系统的一大类植物为维管植物。

第四节　常用药用植物分类与鉴定方法

植物分类鉴定的传统方法主要建立在植物的外部形态上，包括繁殖器官和营养器官的形态特征。常见的药用植物，如梅、桃、枇杷等特征明显，通过典型特征可以直接鉴定到种。有经验者可以通过叶片特征鉴定，如银杏的扇形叶片、棕榈的射出平行脉、樟的叶脉特征；有的甚至可以通过树皮特征来鉴定，如松属、豹皮樟等。

对于不熟悉的、近缘种多易混淆的药用植物，则需要通过观察植物及其标本的形态，辅以生态和习性等，并参考相关分类学文献资料才可确定植物类群的归属。现代科学新技术的发展，尤其是显微技术、化学技术及分子生物学技术的发展，被引入植物分类领域，使鉴定方法更趋科学和完善，逐渐出现了基于化学性状的化学分类方法、基于数学模型和分析方法的数值分类方法、基于分子生物学研究的 DNA 分子鉴定方法等。现将用于药用植物分类的方法简介如下。

一、形态分类方法

形态分类研究方法是植物分类学的传统方法，此方法根据植物的外部形态特征进行分类。其基本步骤为：野外采集标本、观察、记录等；实验室内进一步观察特征；参考相关文献、核对标本，进而确定其系统学位置。

（一）野外标本采集

野外考察及采集标本中，被子植物应注意花、果期标本的采集；其他大类植物应采集带繁殖器官的标本，如蕨类植物的孢子囊群等。仔细观察并详尽记录，包括采集地点、生长环境、海拔高度、植株高度、习性、各器官，尤其是花部的主要形态特征等。

（二）特征观察

将采集的标本进行室内鉴定，深入的形态观察与特征的准确把握是基础。应先观察植株整体再注意器官细部，可先营养器官，如根（直根系、须根系等）、茎（直立缠绕、圆柱形、四棱形等）、叶（叶脉、叶序、叶形、单叶或复叶等）；后繁殖器官（花、果实及种子）。被子植物的花具有物种水平的鉴定意义，即主要依据花并参考其他器官特征可将标本鉴定到种。很多科的花特征都可作为分类的重要依据，如木兰科植物雄蕊和雌蕊多数而螺旋状排列、单被花等；伞形科植物的复伞形花序；唇形科植物的唇形花冠、二心皮形成4室、花柱基底生等；豆科植物的蝶形花冠等；菊科植物的头状花序、聚药雄蕊、二心皮等；天南星科植物的肉穗花序等；兰科植物的两侧对称花、合蕊柱等。果实类型也是分类的重要依据，如桑科的聚花果，豆科的荚果，十字花科的角果，蔷薇科苹果亚科的梨果，芸香科柑橘属的柑果，葫芦科的瓠果，伞形科的双悬果及禾本科的颖果等。

（三）检索表的应用

观察标本的形态学特征后，可根据已掌握知识或参考相关分类学著作、文献进行初步鉴定，待与标本馆模式标本核对后，方可定种。常用的分类学专著有《中国植物志》、各省区及地方植物志等；这些分类学文献中均列有各类检索表供分类鉴定之用。具体工作中，参考检索表由大类至小类，即应用分科检索表鉴定至科一级（分科），应用分属检索表鉴定至属一级（分属），最后定种。

植物分类检索表是鉴定植物的重要工具，在植物志和植物分类学专著中都列为重要内容之一。使用和编制植物分类检索表也是药用植物学的重要技能之一。植物分类检索表采用二歧归类方法进行编制。在充分了解植物分类群的形态特征基础上，选择某些类群与另一类群的主要区别特征编成相对应的序号，然后又分别在所属项下再选择主要区别特征编列成相对应的序号，如此类推直至一定的分类等级。植物分类检索表的编排方式常见的有 3 种：定距式、平行式和连续平行式。下面主要介绍定距式检索表。

定距式检索表是将一对相区别的特征分开编排在一定的距离处，标以相同的序号，每下一序号后缩 1 格排列。如表 11–1。

表 11-1 植物界部分植物分门检索表

1. 植物体无根、茎、叶的分化；无胚。
  2. 植物体不为藻类和菌类的共生体。
    3. 植物体内含叶绿素，自养式生活。
      4. 植物细胞无细胞核 ···································· 蓝藻门
      4. 植物细胞有细胞核。
        5. 植物体绿色，贮藏营养物质为淀粉 ···················· 绿藻门
        5. 植物体红色或褐色，贮藏营养物质为红藻淀粉或褐藻淀粉。
          6. 植物体红色，贮藏营养物质为红藻淀粉 ·············· 红藻门
          6. 植物体褐色，贮藏营养物质为褐藻淀粉 ·············· 褐藻门
    3. 植物体无叶绿素，异养式生活。
      7. 植物体细胞无细胞核 ································ 细菌门
      7. 植物体细胞有细胞核。
        8. 营养体细胞无细胞壁 ······························ 黏菌门
        8. 营养体细胞有细胞壁 ······························ 真菌门
  2. 植物体为藻类和菌类的共生体 ························ 地衣门
1. 植物体有根、茎、叶的分化；有胚。
  9. 植物体内无维管组织；在生活史中，配子体占优势 ········· 苔藓植物门
  9. 植物体内有维管组织；在生活史中，孢子体占优势。
    10. 无花，用孢子进行繁殖 ·························· 蕨类植物门
    10. 有花，用种子进行繁殖。
      11. 胚珠裸露，无果实 ···························· 裸子植物门
      11. 胚珠被心皮包被，形成果实 ···················· 被子植物门

编制与应用植物检索表是药用植物学必须掌握的一项实践技能，这有助于药用植物科属种的专业鉴定。严谨的科属种形态鉴定需要掌握并熟练应用检索表。标本上具有相应的繁殖器官和营养器官的形态特征是应用检索表开展分类与鉴定的前提。有时在野外，一些药用植物尚不具备繁殖器官，难以应用检索表。近年来，由于智能识别方法的发展，多种识别植物软件均可通过手机拍照，快速识别植物种类，逐渐被大众应用。识别植物软件虽不能作为鉴定依据，但是有时可以提供提示，再运用相关科属检索表，可能确定具体种。

二、DNA 鉴定方法

DNA 作为遗传信息的直接载体，具有信息量大、遗传稳定性高、化学稳定强等特点。植物种类的差异，实际上是 DNA 的核酸序列差异，通过分析不同植物样品的基因组成，就可以实现植物的 DNA 鉴定，鉴定结果更为准确可靠，常用于亲缘关系较近的同属不同物种的鉴定，或是同种不同居群的鉴定，或是濒危植物、混伪药材的基原鉴定。常用的鉴定方法如下。

（一）特异性 PCR 鉴定方法

特异性 PCR 鉴定是根据不同样品中一段特异性 DNA 片段或碱基设计的寡糖核苷酸序列为引物，利用 PCR 技术扩增基因组 DNA 模板，扩增产物通过琼脂糖凝胶电泳分类，经核酸染料染色后，根据条带的大小和有无进行种类鉴定。该法专属性强、操作简便、鉴定结果重复性好等特点，已经应用于西洋参、人参、竹节参、太子参、金银花、西红花、山药、铁皮石斛等药材基原的鉴定。

（二）PCR-RFLP 鉴定方法

PCR-RFLP 鉴定是通过 PCR 扩增某一特定 DNA 区域获得的靶基因序列，产物经限制性内切酶消化，电泳后获得酶切指纹图谱而鉴定物种。该法不受样品 DNA 质量影响，常用于近缘种间鉴定，如珊瑚菜不同居群的鉴定，柴胡属、甘草属、苍术属等类群的鉴定。

（三）DNA 条形码鉴定方法

DNA 条形码鉴定是通过测定基因组上一段标准的、具有足够变异的 DNA 序列来实现生物物种的快速准确鉴定。该法高效、准确，易于实现自动化和标准化，在药材基原物种属及属以上鉴定方面具有明显的优势，即使对于已经失去了重要形态分类特征的残缺标本或不同生活史阶段的样品都可以准确鉴定。"中药材 DNA 条形码分子鉴定法指导原则"已列入《中国药典》，广泛用于中药材的基原鉴定。

第十二章

藻类植物

扫一扫，查阅本章数字资源，含PPT、音视频、图片等

藻类植物是植物界最低级的类群，植物体称藻体，无根、茎、叶的分化，与菌类植物、地衣植物同属于低等植物。

第一节　藻类植物概述

一、藻类植物的特征

藻类（Algae）是一类主要生活在水中的极古老的植物。形态、结构和生理等都非常原始。化石记录表明，大约33亿～35亿年前，地球上的水体中就出现了原核蓝藻。现存的藻类在自然界中几乎到处都有分布。绝大多数是水生的（海水或淡水），但在潮湿的岩石、墙壁和树干上、土壤表面和内部，甚至某些动植物体内，都有它们的踪迹。藻类植物对环境条件要求不高，适应环境能力强，可以在营养贫乏、光照微弱的环境中生长。有的海藻可以在100米深的海底生活，有些藻类能忍受极地或终年积雪的高山上零下数十度的严寒，有些蓝藻则生存于高达85℃的温泉中。藻类还常是进入裸地的先锋植物。

1. 藻类为自养原植体植物　藻类植物体的形态和大小千差万别，有单细胞、多细胞群体、丝状体或叶状体等；小的只有几微米，在显微镜下才能看到它们的形态构造；体形较大的肉眼可见，海里的褐藻和红藻，最大的体长可达100米以上。藻体结构也比较复杂，如生长于太平洋中的巨藻。尽管藻类植物体有大、小，简单、复杂等区别，但是它们基本上没有真正的根、茎、叶分化，属于原植体植物（thallophytes）。

藻类植物一般都具有叶绿素等光合作用色素，能利用光能把无机物合成有机物，供自身需要，能独立生活，是自养性的（autotrophic）。不同的藻类植物细胞内所含叶绿素和其他色素的成分和比例不同，从而使藻体呈现不同的颜色。色素通常分布于载色体（色素体，chromatophore）上，也有少数不形成载色体的；藻类植物载色体的形状大小多种多样，有小盘状、杯状、网状、星状、带状等。不同藻类通过光合作用制造的养分以及所贮藏的营养物质也是不同的。

2. 藻类繁殖方式多样，发育过程中不形成胚　藻类可通过营养繁殖、无性生殖和有性生殖，产生下一代。营养繁殖是单细胞个体通过细胞分裂或出芽，多细胞个体通过营养体的一部分从母体分离、断裂产生新个体的繁殖方式。

无性生殖和有性生殖的过程均产生生殖细胞。无性生殖过程中产生一种称为孢子（spore）的生殖细胞，通常多数孢子集生于孢子囊（sporangium）中，单个孢子即可发育成一个新的植物体。

有性生殖过程中产生的生殖细胞称为配子（gamete）；一般情况下，配子必须两两相结合成为合子（zygote），合子直接萌发成新个体，或形成孢子发育成新个体。根据相结合的两个配子的大小、形状、行为，可分为同配生殖（isogamy）、异配生殖（heterogamy）和卵配生殖（oogamy）。同配生殖指相结合的两个配子的大小、形状、行为完全一样；异配生殖指相结合的两个配子的形状一样，但大小和行为有些不同，大而运动能力迟缓的为雌配子（female gamete），小而运动能力强的为雄配子（male gamete）；卵配生殖指相结合的两个配子的大小、形状、行为都不相同，大而无鞭毛不能运动的称为卵（egg），小而有鞭毛能运动的称为精子（sperm）。卵和精子的结合称为受精作用（fertilization），结果形成受精卵（fertilized egg），即合子。

不少藻类的生活史中存在孢子体和配子体两种类型植物体。孢子体上形成孢子囊，其中的孢子母细胞经减数分裂，形成单倍体孢子，孢子萌发成配子体；成熟的配子体产生配子，配子结合形成合子，合子萌发，又形成孢子体。从孢子开始，经配子体到配子结合前，细胞中的染色体数是单倍的，称配子体世代（gametophyte generation）或有性世代（sexual generation）；从合子起，经过孢子体到孢子母细胞止，细胞中的染色体数是双倍的，称孢子体世代（sporophyte generation）或无性世代（asexual generation）。二倍体的孢子体世代和单倍体的配子体世代互相更替，称为世代交替（alteration of generations）。具世代交替生活史的植物，有的种类孢子体和配子体在形态、构造上基本相同，只是体内细胞的染色体数目不同，这种类型的世代交替称为同型世代交替（isomorphic alternation of generations），如石莼（图12-1）；有的种类孢子体和配子体植物在形态、构造上明显不同，称为异型世代交替（heteromorphic alternation of generations），如海带（图12-2），其中有的配子体占优势，有的孢子体占优势。

藻类的生殖器官多数是单细胞，虽然有些高等藻类的生殖器官是多细胞的，但其中的每个细胞都直接参加生殖作用，形成孢子或配子，其外围也无不孕细胞层包围。藻类植物的合子不在生殖器官内发育成多细胞的胚，而是直接形成新个体，因而是无胚植物。

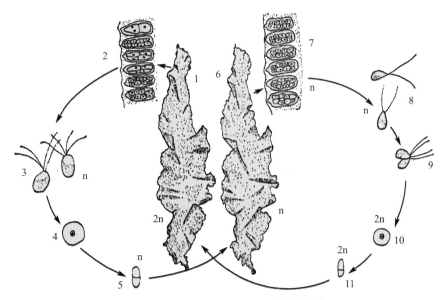

图12-1　石莼生活史（示同型世代交替）
1.孢子体；2.游动孢子囊的切面（减数分裂）；3.游动孢子；4.游动孢子静止期；5.孢子萌发；6.配子体；
7.配子囊的切面；8.配子；9.配子结合；10.合子；11.合子萌发

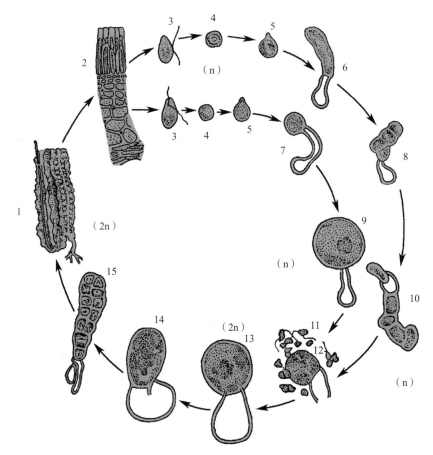

图 12-2　海带生活史（示异型世代交替）

1. 孢子体；2. 孢子体横切，示孢子囊；3. 游动孢子；4. 游动孢子静止状态；5. 孢子萌发；
6. 雄配子体初期；7. 雌配子体初期；8. 雄配子体；9. 雌配子体；10. 精子自精子囊放出；
11. 停留在卵囊孔上的卵和聚集在周围的精子；12. 卵；13. 合子；14. 合子萌发；15. 幼孢子体

二、藻类植物的药用价值

藻类植物种类繁多，资源丰富。我国利用藻类供食用、药用的历史悠久，在历代本草中均有记载，如海藻、昆布、紫菜、石莼、鹧鸪菜、葛仙米等。

藻类植物营养价值很高，含丰富的蛋白质、氨基酸、维生素、矿物质等营养成分。有些藻类中含有较高的蛋白质，在开发蛋白质等营养源方面受到人们的关注。如蓝藻门螺旋藻属 *Arthrospira* 的极大螺旋藻 *A. maxima* Setch. et N. L. Gardner 和螺旋藻 *A. platensis* Gomont 蛋白质含量达到干重的 56%，比酵母（48%）、大豆粉（48%）、干乳（30%）和小麦（12%）都高，其中含有多种重要的氨基酸，如天冬氨酸、酪氨酸等，可同奶酪媲美。海洋中生长的藻类，通常含有许多盐类，特别是碘盐，如昆布属的碘含量为干重的 0.08% ～ 0.76%；海藻也是维生素的来源，如维生素 C、D、E 和 K 等，紫菜中维生素 C 的含量为柑橘类的一半左右；海藻中还含有丰富的微量元素，如硼、钴、铜、锰、锌等。

近年来，从藻类中寻找新的药物或先导化合物，成为研究的热点。陆续发现了一些化合物，具有抗肿瘤、抗菌、抗病毒、抗真菌、降血压、降胆固醇、防止冠心病和慢性气管炎、抗放射性等广泛生物活性。如从培养的椭孢念珠藻 *Nostoc ellipsosporum* Rabenh. ex Bornet et Flahault 中获得的蛋白质蓝藻抗病毒蛋白 N（Cyanovirin-N），具有抗 HIV 活性；从一种眉藻 *Calothrix sp.* 中获得的生物碱 Calothrixin A 能抑制 RNA 和蛋白质的合成，具有抗疟和抗癌活性。对藻类进行深入研究，寻找新的药物资源，发展保健食品，前景广阔。

第二节　藻类植物的分类和主要药用植物

藻类植物有 30000 余种，广布于全球。通常分为蓝藻门、裸藻门、绿藻门、轮藻门、金藻门、甲藻门、褐藻门、红藻门 8 个门。分门的主要依据是光合作用色素的种类和贮存营养物质的类别；其次是细胞核的构造和细胞壁的成分、鞭毛的数目及着生的位置和类型、生殖方式和生活史等。药用植物较多的是蓝藻门、绿藻门、红藻门和褐藻门（表 12-1）。

表 12-1　藻类植物 4 个常见门的主要特征

门	细胞核	色素成分	贮藏物质	细胞壁的主要成分	繁殖方式	鞭毛	生境	种数
蓝藻门	无核膜、核仁，不形成真正的细胞核，原核生物。无组蛋白，不形成染色体	叶绿素a、藻红素、藻蓝素、胡萝卜素、叶黄素	蓝藻淀粉	糖胺聚糖、果胶酸、黏多糖	营养繁殖、无性生殖	无	分布广泛	约 1500
绿藻门	真核，1至多数	叶绿素a、b；胡萝卜素；叶黄素	淀粉	纤维素、果胶	营养繁殖、无性生殖、有性生殖（同配、异配、卵配）	2～8根等长鞭毛，顶生	分布广泛，多分布于淡水中	约 6700
红藻门	真核	叶绿素a、d；藻红素；胡萝卜素；叶黄素	红藻淀粉、红藻糖	纤维素、果胶	营养繁殖、无性生殖、有性生殖（卵配）	无	绝大多数生于浅海中	约 3500
褐藻门	真核	叶绿素a、c；胡萝卜素；墨角藻黄素	褐藻淀粉、甘露醇	纤维素及藻胶酸、褐藻糖胶	营养繁殖、无性生殖、有性生殖（同配、异配、卵配）	2根不等长鞭毛	绝大多数生于浅海中	约 1500

一、蓝藻门

【药用植物】

葛仙米 *Nostoc commune* Vaucher ex Bornet et Flahault，藻体（地木耳，图 12-3）能清热、收敛、明目。发菜 *N. flagilliforme* Harv. ex Molinari，Calvo-Pérez et Guiry，是我国西北地区可供食用的一种蓝藻。螺旋藻 *Arthrospira platensis* Gomont，藻体（螺旋藻）用于治疗营养不良及增强免疫力。

图 12-3　葛仙米（葛菲提供）

二、绿藻门

【药用植物】

蛋白核小球藻 *Chlorella pyrenoidosa* Chick.，藻体富含蛋白质，过去用于治疗水肿、贫血，现在亦有以之为原料的保健食品。石莼 *Ulva lactuca* L.，藻体（海白菜）能软坚散结、清热祛痰、利水解毒。光洁水绵 *Spirogyra nitida*（O. F. Müll.）Leiblein、扭曲水绵 *S. intorta* C. C. Jao，以及异形水绵 *S. varians*（Hassall）Kütz.，藻体（水绵）能治疮疡及烫伤。刺海松 *Codium fragile*（Suringar）Har.，藻体能清暑解毒，利水消肿，驱虫。

三、红藻门

【药用植物】

石花菜 *Gelidium amansii* J. V. Lamour.，有清热解毒和缓泻作用，亦可食用，或可供提取琼胶（琼脂），用于医药、食品和作细菌培养基。甘紫菜 *Porphyra tenera* Kjellm.，藻体（紫菜）能清热利尿、软坚散结、消痰。坛紫菜 *P. haitanensis* T. J. Chang et B. F. Zheng、条斑紫菜 *P. yezoensis* Ueda（图 12-4）具有类似功效。海人草 *Digenea simplex*（Wulfen）C. Agardh，能驱蛔虫、鞭虫、绦虫。鹧鸪菜 *Caloglossa leprieurii*（Mont.）G. Martens，藻体（美舌藻、乌菜）含美舌藻甲素（海人草酸）及甘露醇、甘油酸钠盐（海人草素），能驱蛔、化痰、消食。

3cm

图 12-4　条斑紫菜（王虹熙提供）

四、褐藻门

【药用植物】

海带 *Laminaria japonica* Aresch.　海带科。基部为固着器，分枝如根状，固着于岩石或其他物体上；上面是茎状的柄，柄以上是扁平叶状、不分裂的大型带片（图 12-5）。可治疗缺碘性甲状腺肿大。**海带**和**昆布 *Ecklonia kurome* Okamura** 的叶状体（昆布）能软坚散结、消痰利水。同科植物作昆布用的还有裙带菜 *Undaria pinnatifida*（Harv.）Suringar。

20cm

图 12-5　海带（赵容提供）

海蒿子 *Sargassum pallidum*（W. B. Turner）C. Agardh 马尾藻科。藻体直立，高 30～60cm，褐色。固着器盘状，主干多单生，圆柱形，两侧有羽状分枝（图 12-6）。（海蒿子和羊栖菜的藻体（海藻）能软坚散结、消痰、利水。）**羊栖菜 *S. fusiforme*（Harv.）Setch.** 的藻体较小，长 15～40cm。分枝互生，无刺状突起。叶条形或细匙形（图 12-7）。

3cm

图 12-6　海蒿子（王虹熙提供）

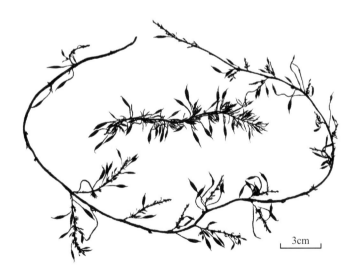

3cm

图 12-7　羊栖菜（王虹熙提供）

第十三章

菌类植物

扫一扫,查阅本章数字资源,含PPT、音视频、图片等

第一节　菌类植物概述

菌类包括细菌、黏菌和真菌,本来属于微生物的范畴。1735年林奈把整个生物界分成相应的两大类:植物界和动物界,即所谓的二界分类系统。这个分类系统中,菌类因为有细胞壁,不能自由走动,无神经系统,对刺激反应缓慢等特点而被划分到植物界,统称菌类植物(Fungi)。二界分类系统自问世以来,一直沿用到20世纪50年代。随着科学研究的深入,相继有学者提出了三界乃至六界分类系统。在三界以上分类系统中,将真菌独立成真菌界,细菌则和蓝藻一起归入原核生物界。为便于初学者的阅读和理解,本教材仍沿用二界分类系统,把菌类还是归属到植物界中。

菌类植物和藻类植物一样,没有根、茎、叶分化,一般无光合作用色素,是通过异养(heterotrophy)方式生活的一类低等植物。异养方式多样:有从活的动植物吸取养分的寄生(parasitism),有从死的动植物或无生命的有机物吸取养分的腐生(saprophytism),也有从活的动植物体上吸取养分同时又提供该活体有利的生活条件,从而彼此间互相受益、互相依赖的共生(symbiosis)。

真菌药用在我国有悠久的历史,《神农本草经》及以后的许多本草均有记载,如灵芝、茯苓、冬虫夏草等,至今仍广泛应用。我国已被研究过且有文献可查的种类约有12000种。根据不完全统计,已知药用真菌约300种,其中具有抗癌作用的达100种以上,如云芝中的蛋白多糖、猪苓中猪苓多糖、香菇多糖、银耳酸性异多糖、茯苓多糖和甲基茯苓多糖、裂褶菌多糖、雷丸多糖、蝉花多糖等。此外,竹黄多糖、香菇多糖治疗肝炎有一定疗效。灵芝多糖对心血管系统有明显作用,能降低整体耗氧量,增强冠状动脉流量。银耳多糖治疗慢性肺源性心脏病和冠心病方面有一定的效果。随着真菌的研究工作不断深入,从其中寻找新的治疗疑难病的药物和保健药物是很有希望的。

由于菌类植物生活方式的多样性,它们的分布非常广泛,在土壤中、水里、空气中、人及动植物体内、食物上均有它们的踪迹,广布于全球。

第二节　菌类植物的分类及主要药用植物

菌类植物的种类极为繁多,它们有10万余种,在分类上常分为3个门:细菌门、黏菌门和真菌门。由于细菌门一般在微生物学中介绍,黏菌和医药关系不大,因此本节着重介绍真菌门,

同时还简单介绍与医药关系密切的特殊菌类——放线菌。

一、放线菌的特征及常见的放线菌

放线菌（Actinomycete）是单细胞菌类，其内部结构类似细菌，没有定形的核，也没有核膜、核仁、线粒体等，细胞壁是由黏肽（peptidoglycan）复合物构成，但其形态类似真菌，由分枝的无隔的菌丝组成，菌丝在培养基上以放射状生长，故名放线菌。

放线菌在自然界分布极为广泛，在空气中、土壤里、水中都有它们的存在。一般在土壤中较多，尤其在富含有机质的土壤里。放线菌大多为腐生菌，少数为寄生菌，往往引起人、动物、植物的病害。

放线菌是抗生素的重要产生菌，现在生产的抗生素的种类很多，除部分由细菌、真菌产生之外，大部分是由放线菌产生的。医药工业常用于生产抗生素的放线菌有灰色链霉菌 *Streptomyces griseus*（Krainsky）Waksman et Henrici、金霉素链霉菌 *S. aureofaciens* Duggar、龟裂链霉菌 *S. rimosus* Sobin et al.、氯霉素链霉菌（委内瑞拉链霉菌）*S. venezuelae* Ehtlich et al.、卡那霉素链霉菌 *S. kanamyceticus* Okami et Umezawa、红霉素链霉菌 *S. erythraeus*（Waksman）Waksman et Henrici、棘孢小单孢菌 *Micromonospora echinospora* Luedemann et Brodsky 等。

二、真菌门

真菌（Fungus）是一群数目庞大的生物类群，大约有 10 万余种。真菌分布非常广泛，遍布全球，从动植物活体到它们的尸体均有真菌的踪迹，从空气、水域到陆地都有它们存在，尤以土壤中最多。

（一）真菌门的特征

真菌门（Eumycophyta）的真菌是一类不含叶绿素、典型的异养真核生物。它们从动物、植物的活体、死体和它们的排泄物，以及断枝、落叶和土壤的腐殖质中吸收和分解其中的有机物，作为自己的营养。它们贮存的养分主要是肝糖，还有少量的蛋白质和脂肪，以及微量的维生素。除少数例外，它们都有明显的细胞壁，通常不能运动。以孢子方式进行繁殖。真菌常为丝状和多细胞的有机体，其营养体除大型菌外，分化很小。高等大型真菌有定形的子实体。真菌的异养方式有寄生和腐生。

1. 真菌的营养体 除少数种类的单细胞真菌外，绝大多数的真菌是由菌丝（hyphae）构成的。菌丝是纤细的管状体，分枝或不分枝。组成一个菌体的全部菌丝称菌丝体（mycelium）。菌丝一般直径在 10μm 以下，最细的不到 0.5μm，最粗的可超过 100μm。菌丝分无隔菌丝（non-septate hypha）和有隔菌丝（septate hypha）两种。无隔菌丝呈长管形细胞，有分枝或无，大多数是多核的。有隔菌丝有横隔壁把菌丝隔成许多细胞，每个细胞内含 1 或 2 个核，菌丝中的横隔上有小孔，原生质可以从小孔流通（图 13-1）。

菌丝细胞内含有原生质、细胞核和液泡。贮存的营养物质是

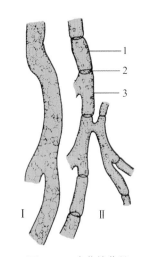

图 13-1 真菌的菌丝

Ⅰ. 无隔菌丝；Ⅱ. 有隔菌丝

1. 原生质；2. 横隔膜；3. 细胞壁

肝糖、油脂和菌蛋白，不含淀粉。原生质通常无色透明，有些种属因含有种种色素（特别是老化菌丝），呈现不同的颜色。细胞核在营养细胞中很小，不易观察，但在繁殖细胞中大而明显，并易于染色。

菌丝又是吸收养分的结构。腐生菌可由菌丝直接从基质中吸取养分，或产生假根吸取养分。寄生菌在寄主细胞内寄生，直接和寄主的原生质接触而吸收养分；胞间寄生的真菌从菌丝上分生的吸器伸入寄主细胞内吸取养料。吸收养料的方式借助于多种水解酶，均是胞外酶，把大分子物质分解为可溶性的小分子物质，然后借助较高的渗透压吸收。寄生真菌的渗透压一般比寄主高2～5倍，腐生菌的渗透压更高。

绝大部分真菌均有细胞壁，细胞壁的成分极其复杂，可随着年龄和环境条件经常变化。某些低等真菌的细胞壁的成分为纤维素，高等真菌的细胞壁主要成分为几丁质（chitin）。有些真菌的细胞壁因含各种物质，使细胞壁和菌体呈黑色、褐色或其他颜色。

真菌的菌丝在正常生活条件下，一般是很疏松的，但在环境条件不良或繁殖的时候，菌丝相互紧密交织在一起形成各种不同的菌丝组织体。常见的有根状菌索、子实体、子座和菌核。

①根状菌索（rhizomorph）：高等真菌的菌丝密结成绳索状，外形似根。颜色较深，根状菌索有的较粗，长达数尺。它能抵抗恶劣环境，环境恶劣时生长停止，适宜时再恢复生长。在木材腐朽的担子菌中根状菌索很普遍。

②子实体（sporophore）：很多高等真菌在生殖时期形成有一定形状和结构、能产生孢子的菌丝体，称子实体，如蘑菇的子实体呈伞状，马勃的子实体近球形。

③子座（stroma）：子座是容纳子实体的褥座，是从营养阶段到繁殖阶段的一种过渡形式，由拟薄壁组织和疏丝组织构成。在子座上面产生许多子囊壳和子囊孢子，随即产生子实体。

④菌核（sclerotium）：菌核是由菌丝密结成的颜色深、质地坚硬的核状体。有些种类的菌核有组织分化，外层为拟薄壁组织，内部为疏丝组织。有的菌核无分化现象。菌核中贮有丰富的养分，对干燥和高、低温环境抵抗力很强，是渡过不良环境的休眠体，在条件适宜时可以萌发为菌丝体或产生子实体。

2. 真菌的繁殖 通常有营养繁殖、无性生殖和有性生殖3种。

（1）营养繁殖：通过细胞分裂而产生子细胞。大部分真菌的营养菌丝可以通过芽生孢子（blastospore）、厚壁孢子（chlamydospore）、节孢子（arthrospore）等方式增殖，如裂殖酵母以细胞分裂方式形成节孢子，酿酒酵母从母细胞上以出芽方式形成芽孢子。有些真菌在不良环境中，其菌丝中间个别细胞膨大，细胞质变浓形成1种休眠细胞，即厚壁孢子。

（2）无性生殖：以产生各种类型的孢子，如游动孢子、孢囊孢子、分生孢子等繁殖形成新个体。

（3）有性生殖：有多种方式，如同配生殖、异配生殖、接合生殖、卵式生殖等产生各种类型的孢子。真菌在产生各种有性孢子之前，一般经过3个不同阶段。第一是质配阶段，由两个带核的原生质相互结合为同一个细胞。第二是核配阶段，由质配带入同一细胞内的两个细胞核的融合。在低等真菌中，质配后立即进行核配。但在高等真菌中，双核细胞要持续相当长的时间，才发生细胞核的融合。第三是减数分裂，重新使染色体数目减为单倍体，形成4个单倍体的核，产生4个有性孢子。

真菌的生活史是从孢子萌发开始，经过生长和发育阶段，最后又产生同样孢子的全部过程。孢子在适当条件下萌发形成芽管，再继续生长形成新菌丝体，在1个生长季节里可以再产生无性孢子若干代，产生菌丝体若干代，这是生活史中的无性阶段。真菌在生长后期，开始有性阶段，从菌丝上发生配子囊，产生配子，一般先经过质配形成双核阶段，再经过核配形成双相核的细胞，即合子。通常合子迅速减数分裂，而回到单倍体的菌丝体时期，在真菌的生活史中，双相核的细胞是1个合子而不是1个营养体。只有核相交替，没有世代交替现象。

（二）真菌门的分类及主要药用植物

依据能动孢子的有无、有性阶段的有无以及有性阶段的孢子类型，真菌门分成5个亚门，即鞭毛菌亚门、接合菌亚门、子囊菌亚门、担子菌亚门和半知菌亚门。据统计，世界上已被描述的真菌有10万种左右，我国约有4万种。本节只介绍与医药有密切联系的子囊菌亚门、担子菌亚门和半知菌亚门。

1. 子囊菌亚门（Ascomycotina）　子囊菌亚门是真菌中种类最多的1个亚门，全世界有2000余属，64000多种。除少数低等子囊菌为单细胞外，绝大多数有发达的菌丝，菌丝具有横隔，并且紧密结合成一定的形状。

子囊菌的无性生殖特别发达，有裂殖、芽殖，或形成各种孢子，如分生孢子、节孢子、厚垣孢子（厚壁孢子）等。

子囊菌最主要的特征是有性生殖产生子囊，内生8个子囊孢子。除少数原始种类子囊裸露不形成子实体外（如酵母菌），绝大多数子囊菌都产生子实体，子囊包于子实体内。子囊菌的子实体又称子囊果（ascocarp）。子囊果的形态是子囊菌分类的重要依据，常见以下3种类型（图13-2）：

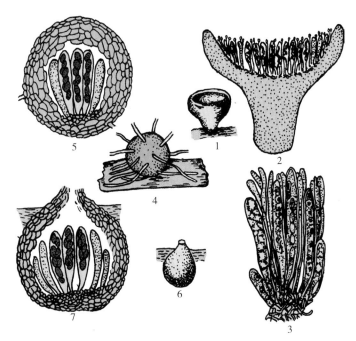

图13-2　子囊果类型

1.子囊盘；2.子囊盘纵切放大；3.子囊盘中子实层一部分放大；4.闭囊壳；

5.闭囊壳纵切放大；6.子囊壳；7.子囊壳纵切放大

子囊盘（apothecium）：子囊果为盘状、杯状或碗状，子囊盘中的许多子囊和隔丝（不育菌丝）垂直排列在一起，形成子实层（hymenium）。子实层完全暴露在外面，如盘菌类。

闭囊壳（cleistothecium）：子囊果完全闭合成球形，无开口，待其破裂后子囊孢子才能散出。

子囊壳（perithecium）：子囊果呈瓶状或囊状，先端开口，这一类子囊果多埋生于子座内，如麦角菌、冬虫夏草菌。

【药用植物】

冬虫夏草 *Cordyceps sinensis*（Berk.）Sacc. 麦角菌科。寄生于蝙蝠蛾科昆虫幼虫体上的子囊菌。冬虫夏草菌的子囊孢子为多细胞的针状物，由子囊散出后分裂成小段，每段萌发，产生芽管，侵入昆虫的幼虫体内，蔓延发展，破坏虫体内部结构，把虫体变成充满菌丝的僵虫，冬季形成菌核，夏季自幼虫体的头部长出棍棒状的子座，子座上端膨大，近表面生有许多子囊壳，壳内生有许多长形的子囊，每个子囊具2～8个子囊孢子，通常只有2个成熟，子囊孢子细长、有多数横隔，它从子囊壳孔口散射出去，又继续侵害幼虫（图13-3）。主要分布于我国西南、西北。生长在海拔3000米以上的高山草甸土层中。带子座的菌核（冬虫夏草）药用，能补肺益肾，止血化痰。近年来从新鲜的冬虫夏草菌中分离得到虫草菌——蝙蝠蛾拟青霉菌株，经纯化、人工发酵培养，加工成蝙蝠蛾拟青霉新药，用于治疗慢性气管炎、慢性肾功能不全，预防心脑血管疾病。

图 13-3 冬虫夏草（陈璐、侯飞侠、索郎拉宗提供）
1. 子座和子实体；2. 蝙蝠蛾的蛹；3. 冬虫夏草药材

虫草属共130余种。其中，蛹草菌 *C. militaris*（L.）Fr.、凉山虫草 *C. liangshanensis* M. Zang, D. Liu et R. Hu、古尼虫草 *C. gunnii*（Berk.）Berk. 等的带子座的菌核与冬虫夏草有相似的疗效。从蛹草菌的培养物中，可以得到虫草素。此外，带子座菌核的蝉花菌 *C. sobolifera*（Hill ex Watson）Berk. et Broome 能清热祛风。

2. 担子菌亚门（Basidiomycotina） 担子菌亚门是一群种类繁多的陆生高等真菌，全世界有近1600属，约32000种。其中多种是植物的专性寄生菌和腐生菌，还有许多担子菌具食用或药用价值，有毒的种也很多。

担子菌的主要特征是有性生殖过程中形成的担子（basidium）、担孢子（basidiospore）。担孢子是外生的，与子囊孢子生于子囊内不同。

担子菌营养体全是多细胞菌丝体，菌丝发达，有横隔，并有分枝。在整个生活史中有两种菌丝体，即初生菌丝、次生菌丝。

顶端细胞膨大成为担子，担子上生出4个小梗，4个小核分别移入梗内，发育形成4个担孢子（图13-4）。形成担孢子的菌丝体称为担子果（basidiocarp），实际就是担子菌的子实体。其形态、大小、颜色各不相同，如伞状、扇状、球状、头状、笔状等。

图 13-4 担子和担孢子

【药用植物】

茯苓 *Poria cocos* F. A. Wolf 多孔菌科。菌核球形，或不规则块状，大小不一，小的如拳头，大的可达数十斤。表面粗糙，呈瘤状皱缩，灰棕色或黑褐色，内部白色或淡棕色，粉粒状，由无数菌丝及贮藏物质聚集而成。子实体无柄，平伏于菌核表面，呈蜂窝状，厚 3～10mm，幼时白色，成熟后变为浅褐色（图 13-5）。分布全国，现多栽培。寄生于赤松、马尾松、黄山松、云南松等的根上。菌核（茯苓）能利水渗湿，健脾宁心。

图 13-5 茯苓（俞敬波提供）

赤芝 *Ganoderma lucidum*（**Curtis**）**P. Karst.** 多孔菌科。腐生真菌。子实体木栓质。菌盖半圆形或肾形，初生为黄色，后渐变成红褐色，外表有漆样光泽，具环状棱纹和辐射状皱纹，菌盖下面有许多小孔，呈白色或淡褐色，为孔管口。菌柄生于菌盖的侧方。孢子卵形，褐色，内壁有多数小疣（图 13-6）。分布全国。生于栎树及其他阔叶树木桩上，多栽培。灵芝和**紫芝** *G. sinense* **J. D. Zhao，L. W. Hsu et X. Q. Zhang** 的子实体（灵芝）能补气安神，止咳平喘。

图 13-6 灵芝（杨成梓提供）

彩绒革盖菌 *Coriolus versicolor*（**L.**）**Quél.** 多孔菌科。子实体革质，菌盖覆瓦状叠生，无柄，平伏而反卷，半圆形至贝壳状，有细长毛或绒毛，颜色多样，有光泽，表面有狭窄的同心环带，边缘薄，波状，菌肉白色，孢子圆筒形（图 13-7）。分布于全国各地山区。生于杨、柳、桦、栎、李、苹果等阔叶树的朽木上。子实体（云芝）能健脾利湿，清热解毒。云芝多糖有抗癌活性。

图 13-7 彩绒革盖菌（杨成梓提供）

猪苓 *Polyporus umbellatus*（**Pers.**）**Fr.** 多孔菌科。菌核呈长块状或扁块状，有的有分枝，表面凹凸不平，皱缩或有瘤状突起。由于不同的生长发育阶段，表面有白色、灰色和黑色 3 种颜色，称为白苓、灰苓和黑苓，内面白色。子实体自地下菌核内向上生长，伸出地面，菌柄往往于基部相连，上部多分枝，形成 1 丛菌盖。菌盖肉质，伞形或伞状半圆形，干后坚硬而脆。担孢子卵圆形（图 13-8）。分布全国，主产于山西及陕西、河南。寄生于枫、槭、柞、桦、柳及山毛榉等树木的根上。菌核（猪苓）能利水渗湿。猪苓含多糖，有抗癌作用。

雷丸 *Omphalia lapidescens*（**Horan.**）**Cohn et J. Schröt.** 白蘑科。腐生真菌。子实体不易见到。菌核（雷丸）能杀虫消积。

脱皮马勃 *Lasiosphaera fenzlii* **Reichardt** 马勃科。腐生真菌。子实体近球形至长圆形，直径 15～30cm，幼时白色，成熟时渐变浅褐色，外包被薄，成熟时呈碎片状剥落；内包被纸质，浅烟色，熟后全部破碎消失，仅留 1 团孢体。其中孢丝长，有分枝，多数结合成紧密团块。孢子球形，外具小刺，褐色（图 13-9）。分布于西北、华北、华中、西南等

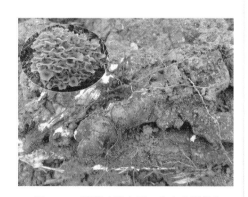

图 13-8 猪苓（纪宝玉、白吉庆提供）

地区。生于山地腐殖质丰富的草地上。脱皮马勃与**大马勃** *Calvatia gigantea*（**Batsch**）**Lloyd**、**紫色马勃** *C. lilacina*（**Mont. et Berk.**）**Henn.** 的子实体（马勃）能清肺利咽，止血。

此外，蜜环菌 *Armillaria mellea*（Vahl）P. Kumm.、木耳 *Auricularia auricula*（L.）Underw.、猴头菌 *Hericium erinaceus*（Bull.）Pers.、香菇 *Lentinula edodes*（Berk.）Pegler、银耳 *Tremella fuciformis* Berk. 等均可药用，又是著名的食用菌。蜜环菌还是天麻的共生菌。

3. 半知菌亚门（Deuteromycotina） 半知菌亚门是一类有性阶段尚未发现的类群，故称半知菌。这个类群绝大多数都具有隔菌丝，以分生孢子进行无性繁殖。一旦发现有性孢子后，多数属于子囊菌。

图 13-9 脱皮马勃（纪宝玉提供）

【药用植物】

青霉属 *Penicillium* 丛梗孢科。菌丝体由多数具有横隔的菌丝组成，常以产生分生孢子进行繁殖。产生孢子时，菌丝体顶端产生多细胞的分生孢子梗，梗的顶端分枝 2～3 次，每枝的末端细胞分裂成串的分生孢子，形成扫帚状。分生孢子一般呈蓝绿色，成熟后随风飞散，遇适宜环境萌发成菌丝（图 13-10）。产黄青霉 *P. chrysogenum* Thom 能产生青霉素。

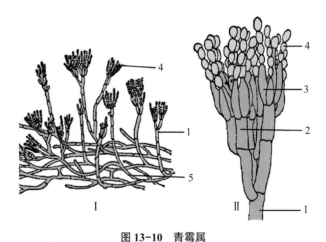

图 13-10 青霉属
Ⅰ. 从营养菌丝上长出分生孢子梗；Ⅱ. 分生孢子梗
1. 分生孢子梗；2. 梗基；3. 小梗；4. 分生孢子；5. 营养菌丝

此外，曲霉属 *Aspergillus* 的黑曲霉 *A. niger* Tiegh.、杂色曲霉 *A. versicolor*（Vuill.）Tirab. 能引起中药材霉变，其产生的杂色曲霉素（sterigatocystin）可致肝脏损坏。黄曲霉 *A. flavus* Link 能产生毒性更强的黄曲霉素（aflatoxin），引起肝癌。链孢霉科球孢白僵菌 *Beauveria bassiana*（Bals.-Criv.）Vuill. 能感染家蚕幼虫，家蚕病死后的干燥体（僵蚕）能息风止痉，祛风止痛，化痰散结。

第十四章
地衣植物门

第一节　地衣植物概述

地衣植物门（Lichens）植物是真菌和藻类共生的复合有机体。因为两种植物长期紧密地联合在一起，无论在形态、构造、生理和遗传上都形成一个单独的固定有机体，成为独立的地衣门。地衣门有 500 余属，25000 余种。

地衣体中的真菌绝大部分属于子囊菌亚门的盘菌纲（Discomycetes）和核菌纲（Pyrenomycetes），少数为担子菌亚门的伞菌目和非褶菌目（多孔菌目），极少数属于半知菌亚门。藻类多为绿藻和蓝藻，如绿藻门的共球藻属 *Trebouxia*、橘色藻属 *Trentepohlia* 和蓝藻门的念珠藻属 *Nostoc*，约占全部地衣体藻类的 90%。地衣体中的菌丝缠绕藻细胞，并从外面包围藻类，地衣体的形态几乎完全由真菌决定。藻类通过光合作用制造的有机物大部分被菌类利用，而自身生活所需的水分、无机盐和二氧化碳等依靠菌类供给，两者形成一种特殊的共生关系。

地衣进行营养繁殖和有性生殖。营养繁殖主要是地衣体的断裂，1 个地衣体分裂为数个裂片，每个裂片均可发育为新个体。此外，粉芽、珊瑚芽和碎裂片等都用于繁殖新的个体。有性生殖由地衣体中的子囊菌和担子菌进行，产生子囊孢子或担孢子。前者称子囊菌地衣，占地衣种类的绝大部分；后者为担子菌地衣，为数很少。

大部分地衣喜光和新鲜空气，是空气质量指示植物。地衣一般生长很慢，数年才长几厘米。地衣能忍受长期干旱，干旱时休眠，雨后恢复生长，因此可以在峭壁、岩石、树皮或沙漠生长。地衣耐寒性很强，在高山带、冻土带和南、北极地区也能生长和繁殖。

地衣含有多种药用成分，据估计有 50% 以上的地衣种类含有多种类型的抗菌成分，如松萝酸（usnic acid）、地衣硬酸（lichesterinic acid）等地衣酸（lichenicacids），对革兰阳性菌和结核杆菌有抗菌活性。近年来发现绝大多数地衣门植物中所含的地衣多糖（lichenin，lichenan）和异地衣多糖（isolichenin，isolichenan）等具有极高的抗癌活性。有些地衣还是生产高级香料的原料。

我国地衣资源相当丰富，有 200 属，近 2000 种，全国均有分布，而新疆、贵州、云南等地因其独特的气候和地貌类型，成为我国地衣资源的主要分布区。人们食用和药用地衣的历史悠久，其中我国药用地衣有 70 多种，自古就用松萝治疗肺病，用石耳来止血或消肿；李时珍在《本草纲目》中记载了石蕊的药用价值。地衣还可以用作饲料，是饲养鹿和麝的良好饲料。

一、地衣的形态

（一）壳状地衣

壳状地衣（crustose lichens）的地衣体是颜色多样的壳状物，菌丝与基质紧密相连接，有的还生假根伸入基质中，因此很难剥离。壳状地衣约占全部地衣的80%。如生于岩石上的茶渍衣属 *Lecanora* 和生于树皮上的文字衣属 *Graphis*。

（二）叶状地衣

叶状地衣（foliose lichens）的地衣体呈叶片状，四周有瓣状裂片，常由叶片下部生出一些假根或脐，附着于基质上，易与基质剥离。如生在草地上的地卷衣属 *Peltigera*、生在岩石上的石耳属 *Umbilicaria* 和生在树皮上的梅衣属 *Parmelia*。

（三）枝状地衣

枝状地衣（fruticose lichens）的地衣体呈树枝状，直立或下垂，仅基部附着于基质上。如直立地上的石蕊属 *Cladonia*、石花属 *Ramalina* 及悬垂分枝生于云杉、冷杉树枝上的松萝属 *Usnea*。

三种类型的区别不是绝对的，其中有不少是过渡或中间类型，如标氏衣属 *Buellia* 由壳状到鳞片状；粉衣科 Caliciaceae 地衣由于横向伸展，壳状结构逐渐消失，呈粉末状（图14-1）。

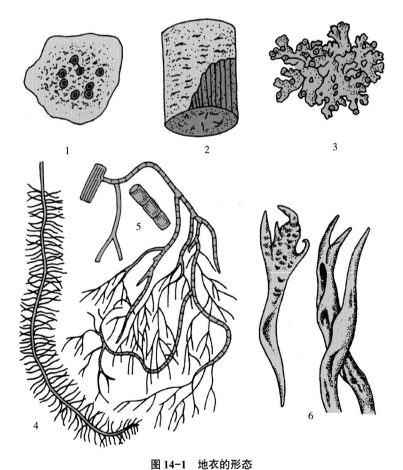

图14-1　地衣的形态
1～2.壳状地衣（1.茶渍衣属，2.文字衣属）；3.叶状地衣（梅衣属）；
4～6.枝状地衣（4.长松萝，5.松萝，6.雪茶）

二、地衣的构造

不同类型地衣的内部构造也不完全相同。从叶状地衣的横切面观可分为4层，即上皮层、藻层或藻胞层、髓层和下皮层。上皮层和下皮层是由菌丝紧密交织而成，也称假皮层；藻胞层是在上皮层之下，由藻类细胞聚集成的1层；髓层是由疏松排列的菌丝组成。根据藻类细胞在地衣体中的分布情况，通常又将地衣体的结构分成2个类型（图14-2）：

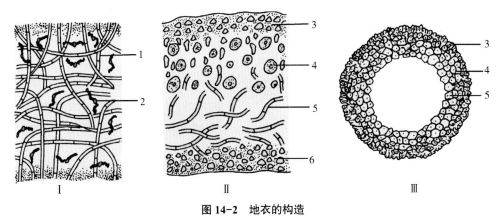

图 14-2　地衣的构造

Ⅰ.同层地衣（胶质衣属）；Ⅱ、Ⅲ.异层地衣（Ⅱ.蜈蚣衣属，Ⅲ.地茶属）
1.菌丝；2.念珠藻；3.上皮层；4.藻胞层；5.髓层；6.下皮层

（一）异层地衣

异层地衣（heteromerous lichens）的藻类细胞排列于上皮层和髓层之间，形成明显的1层，即藻胞层。如梅衣属、蜈蚣衣属、地茶属 *Thamnolia*、松萝属等。

（二）同层地衣

同层地衣（homoenmerous lichens）的藻类细胞分散于上皮层之下的髓层菌丝之间，没有明显的藻层与髓层之分，这种类型的地衣较少。如胶衣属 *Collema*、猫耳衣属 *Leptogium*。

叶状地衣大多数为异层型，从下皮层生出许多假根或脐固着于基物上。壳状地衣多数无下皮层，或仅具上皮层，髓层菌丝直接与基物密切紧贴。枝状地衣都是异层型，与异层叶状地衣的构造基本相同，但枝状地衣各层的排列是圆环状，中央有的有1条中轴，如松萝属，有的是中空的，如地茶属。

第二节　地衣的分类及主要药用植物

通常将地衣分为3纲：子囊衣纲（Ascolichens）、担子衣纲（Basidiolichens）及半知衣纲（Deuterolichens）。

一、子囊衣纲

子囊衣纲地衣体中的真菌属于子囊菌亚门，本纲地衣的数量占地衣总数量的99%。

二、担子衣纲

担子衣纲地衣体中的菌类多为非褶菌目的伏革菌科 Corticiaceae，其次为伞菌目口蘑科 Tricholomataceae 的亚脐菇属 Omphalina，还有的属于珊瑚菌科 Clavariaceae；组成地衣体的藻类为蓝藻，多分布于热带，如扇衣属 Cora。

三、半知衣纲

根据半知衣纲地衣体的构造和化学成分，其中的菌类属子囊菌的某些属。未见到它们产生子囊和子囊孢子，是一种无性地衣。

【药用植物】

松萝 Usnea diffracta Vain. 菘萝科。植物体丝状，长 15～30cm，呈二叉式分枝，基部较粗，分枝少，先端分枝多。表面灰黄绿色，具光泽，有明显的环状裂沟，横断面中央有韧性丝状的中轴，具弹性，可拉长，由菌丝组成，易与皮部分离；其外为藻环，常由环状沟纹分离或呈短筒状。菌层产生少数子囊果。子囊果盘状，褐色，子囊棒状，内生 8 个椭圆形子囊孢子。分布于全国大部分省区。生于深山老林树干上或岩壁上。全草含有松萝酸、环萝酸、地衣聚糖等，能止咳平喘，活血通络，清热解毒。在西南地区常作"海风藤"药用。长松萝 U. longissima Ach.（老君须）（图 14-3）的分布和功用同松萝。

药用地衣还有石蕊 Cladonia rangiferina（L.）Weber ex F. H. Wigg.，全草能祛风，镇痛，凉血止血。冰岛衣 Cetraria islandica（L.）Ach.，全草能调肠胃，助消化。肺衣 Lobaria pulmonaria Hoffm.，全草能健脾利水，解毒止痒。地茶 Thamnolia vermicularis（Sw.）Ach. ex Schaer.，全草能清热解毒，平肝降压，养心明目。石耳 Umbilicaria esculenta（Miyoshi）Minks，全草能清热解毒，止咳祛痰，利尿；可食用。

图 14-3　长松萝（杨成梓提供）

扫一扫，查阅本章数字资源，含PPT、音视频、图片等

第一节 概　述

苔藓植物门（Bryophyta）植物是最原始的高等植物。由于苔藓植物的生殖过程依赖水，所以它们虽然脱离水生环境进入陆地生活，但大多数仍需生活在潮湿地区。因此苔藓植物是从水生到陆生过渡的代表类型。

苔藓植物生活史中具有明显的世代交替现象。常见的植物体是配子体（有性世代），构造简单而矮小，较低等的苔藓植物常为扁平的叶状体，较高等的则有茎叶分化，但无真正的根，仅有单列细胞构成的假根。茎中尚未分化出维管束构造；具有叶绿体，自养生活。孢子体（无性世代）不发达，不能独立生活，寄生在配子体上。孢子体由孢蒴、蒴柄和基足3部分构成，通过基足从配子体获得营养物质。

苔藓植物的生殖过程产生多细胞的雌、雄生殖器官（图15-1）。雌性生殖器官颈卵器（archegonium）呈长颈花瓶状，上部细狭称颈部，中间有1条沟称颈沟，下部膨大称腹部，腹部中间有1个大型的细胞称卵细胞。雄性生殖器官精子器（antheridium）一般呈棒状或球状，精子具2条等长的鞭毛，以水为媒介游到颈卵器内，与卵结合。卵细胞受精后成为合子，合子在颈卵器内发育成胚，胚依靠配子体的营养发育成孢子体。孢子体最主要部分是孢蒴，孢蒴内的孢原组织细胞多次分裂后再经减数分裂，形成孢子，孢子散出后，在适宜的环境中萌发成丝状或片状的原丝体（protonema），再由原丝体发育成配子体。

在苔藓植物的生活史中，从孢子萌发到形成配子体，配子体产生雌雄配子，这一阶段为有性世代；从受精卵发育成胚，由胚发育形成孢子体的阶段称为无性世代。配子体世代在生活史中占优势，且能独立生活；而孢子体不能独立生活，只能寄生在配子体上，这是苔藓植物的显著特征之一。

苔藓植物含有脂类、烃类、脂肪酸、萜类、黄酮类等化学成分。黄酮类化合物在苔纲和藓纲植物中都有分布，但藓纲中更为广泛，有单黄酮、双黄酮及少量的三黄酮类化合物，如双黄酮类化合物在藓纲植物中广泛存在，有苔藓黄酮（bryoflavone）、异苔藓黄酮（heterobryoflavone）等；苔纲植物中普遍存在联苄和双联苄化合物；许多苔藓植物因含

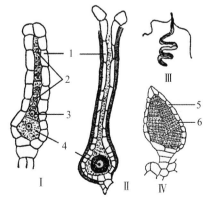

图 15-1　颈卵器和精子器

Ⅰ～Ⅱ. 不同时期的颈卵器；Ⅲ. 精子；
Ⅳ. 精子器

1. 颈卵器壁；2. 颈沟细胞；3. 腹沟细胞；
4. 卵；5. 精子器壁；6. 产生精子的细胞

有挥发性单萜而具有特殊的强烈气味。苔藓植物在医药方面的应用已有悠久的历史，如《嘉祐本草》已记载土马骔能清热解毒。

第二节　苔藓植物的分类及主要药用植物

根据营养体的形态构造，传统上将苔藓植物分为苔纲（Hepaticae）和藓纲（Musci），两个纲的植物分别称为苔类（liverworts）和藓类（mosses）。有的分类系统中另设角苔纲（Anthocerotae），与苔纲和藓纲并列。

苔类植物体无论是叶状体或是茎叶体，多为两侧对称，有背腹之分；假根为单细胞构造，茎通常不分化成中轴，叶多数只有1层细胞，不具中肋；孢子体的蒴柄柔弱，孢蒴的发育在蒴柄延伸生长之前，孢蒴成熟后多呈4瓣纵裂，孢蒴内多无蒴轴，除形成孢子外，还形成弹丝，以助孢子的散放；原丝体不发达，每1原丝体通常只发育成1个植株。

藓类植物体多为辐射对称、无背腹之分的茎叶体；假根由单列细胞构成，分枝或不分枝；茎内多有中轴分化，叶常具中肋；孢子体一般都有坚挺的蒴柄，孢蒴的发育在蒴柄延伸生长之后；孢蒴外常有蒴帽覆盖，成熟的孢蒴多为盖裂，常有蒴齿构造，孢蒴内一般有蒴轴，只形成孢子而不产生弹丝。原丝体通常发达，每一原丝体常发育成多个植株。

苔藓植物门约有23000种植物，广布世界各地。我国有3000余种，药用40余种，其中苔类6种，藓类30余种。

【药用植物】

地钱 Marchantia polymorpha L.　地钱科。植物体（配子体，图15-2）呈扁平二叉分枝的叶状体，匍匐生长，生长点在二叉分枝的凹陷中，叶状体分为背腹两面，背面深绿色，腹面生有紫色鳞片和假根，具有吸收、固着和保持水分的作用。雌雄异株。雌生殖托（雌器托，archegoniophore）形状像伞，具柄，边缘深裂，呈星芒状，腹面倒悬许多颈卵器。颈卵器分颈、腹两部，颈部外壁是1层细胞，腹部外壁由许多细胞构成，为颈沟细胞、腹沟细胞和卵细胞。雄生殖托（雄器托，antheridiophore）边缘浅裂，形如盘状，在盘状体背面生有许多小腔，每个小腔里有1个精子器，精子器呈卵圆形，内有许多顶端具有两根等长鞭毛的游动精子，游动精子借助于水游至颈卵器内，与卵细胞融合，形成受精卵。受精卵在颈卵器内发育成胚，胚进一步发育成具短柄的孢子体，其孢蒴内孢原组织的一部分细胞形成四分孢子，另一部分细胞延长，细胞壁呈螺纹加厚，在不同的湿度条件下发生伸屈运动，称弹丝。孢子体成熟时孢蒴裂开，孢子借弹丝的力量散出，在适宜条件下萌发形成配子体。

地钱的营养繁殖是在叶状体表面产生胞芽杯，杯中产生若干枚绿色带柄的胞芽，胞芽脱落后发育成新植物体。分布全国各地。生于阴湿的土坡或微湿的岩石及墙基。全株能清热，生肌，拔毒。

苔纲的药用植物还有：

图 15-2　地钱（许佳明、杨成梓提供）

蛇苔 *Conocephalum conicum* (L.) Underw.，全草能清热解毒，消肿止痛；外用可治疗疮、蛇咬伤。

葫芦藓 *Funaria hygrometrica* Hedw.　葫芦藓科。植物体（配子体，图15-3）矮小直立，有茎、叶分化。茎细而短，基部分枝，下生有多细胞假根。叶小而薄，具中肋，生于茎上。配子体为雌雄同株，雌雄性生殖器官分别生于不同的枝顶。生有精子器的枝顶周围密生叶片，形如花蕾状，称为雄器苞（perigonium）。精子器丛生在雄器苞内，为棒状，内有许多精子，精子呈螺旋状弯曲，前端具两根鞭毛。在精子器的周围生长多数隔丝，隔丝顶端常膨大呈球形。生有颈卵器的枝顶称为雌器苞（perichaetium），叶片紧密包被，形状如芽。雌器苞内生有许多颈卵器，颈卵器呈花瓶状，构造与地钱相似，其间生有隔丝（图15-4）。分布全国各地。生于平原、田圃、村舍周围及火烧后的林地。全草能除湿、止血。

图15-3　葫芦藓（王光志提供）

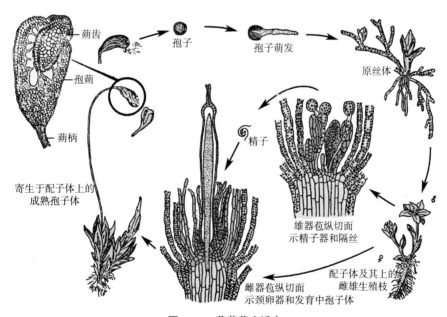

图15-4　葫芦藓生活史

藓纲的药用植物还有金发藓 *Polytrichum commune* Hedw.，全草（土马骔）能清热解毒，凉血止血。暖地大叶藓 *Rhodobryum giganteum* (Schwägr.) Paris，全草（回心草）能清心明目，安神。尖叶提灯藓 *Mnium cuspidatum* Hedw.，全草能清热止血。仙鹤藓 *Atrichum undulatum* (Hedw.) P. Beauv.，全草能抗菌消炎。万年藓 *Climacium dendroides* (Hedw.) F. Weber et D. Mohr，全草能祛风除湿。大灰藓 *Hypnum plumaeforme* Wilson，全草能清热凉血。

此外，仙鹤藓属 *Atrichum*、金发藓属 *Polytrichum* 等一些种提取的活性物质有较强的抗菌作用；提灯藓属 *Mnium* 的一些种是中药五倍子蚜虫越冬的寄主，所以五倍子的产量直接与提灯藓的分布、生长有关；大叶藓属 *Rhodobryum* 的一些种治疗心血管病有较好的疗效。

第十六章

蕨类植物门

扫一扫，查阅本章数字资源，含PPT、音视频、图片等

第一节　概　述

蕨类植物门（Pteridophyta）植物以其特有的羽片状叶，又被称为羊齿植物。它和苔藓植物一样，无性生殖产生孢子，有性生殖形成精子器和颈卵器。但蕨类植物以其孢子体发达，有根、茎、叶的分化和较为原始的维管系统（vascular system）而有别于苔藓植物，又以不产生种子而区别于种子植物。配子体和孢子体均能独立生活，是蕨类植物生活史的最显著特点。因此，蕨类植物较苔藓植物进化，而较种子植物原始，既是高等的孢子植物，又是原始的维管植物。

蕨类植物的最原始类群或共同祖先很可能起源于藻类，它们都具有二叉分枝，相似的世代交替，相似的多细胞性器官，游动细胞具有等长鞭毛，相似的叶绿素，以及贮藏营养是淀粉类物质等。多数研究认为蕨类植物的藻类祖先是绿藻类型。

蕨类植物于古生代后期、石炭纪和二叠纪曾在地球上盛极一时，被称为蕨类植物时代，原有的大型种类现已绝迹，其遗体是构成化石植物和煤层的重要来源。

蕨类植物分布很广，以热带、亚热带为分布中心。适于在林下、山野、溪旁、沼泽等较为阴湿的地方生长，少数生长于水中和较干燥的地方，常为森林中草本层的重要组成部分。有的蕨类植物是土壤的指示植物，如石松是酸性土壤指示植物，铁线蕨是钙质土壤指示植物等。

地球上现有蕨类植物 12000～16000 种，广布于世界各地。我国有 2100 余种，多数分布于西南地区和长江流域以南地区。其中可供药用的蕨类植物有 400 余种，常见的有石松、卷柏、粗茎鳞毛蕨、金毛狗脊、海金沙、石韦、槲蕨等。还有的可作为蔬菜食用或可作园艺观赏。

一、蕨类植物的特征

（一）孢子体

蕨类植物的孢子体发达，通常有根、茎、叶的分化，常为多年生或一年生草本。

1. 根　除了极少数原始的类型仅具假根外，蕨类植物的根均为吸收能力较强的不定根。

2. 茎　蕨类植物的茎多为根状茎，少数为直立的树干状或其他形式的地上茎，较原始的种类兼具气生茎和根状茎。原始类型的蕨类植物茎既无毛也无鳞片，较为进化的蕨类常有毛而无鳞片，高级的蕨类才有大型的鳞片，如真蕨类的石韦、槲蕨等（图16-1）。

茎内维管系统形成中柱，主要类型有原生中柱（protostele）、管状中柱（siphonostele）、网状中柱（dictyostele）和散生中柱（atactostele）等。其中原生中柱为原始类型，在木质部中主要为管胞及薄壁组织，在韧皮部中主要为筛胞及韧皮薄壁组织，一般无形成层结构（图16-2）。

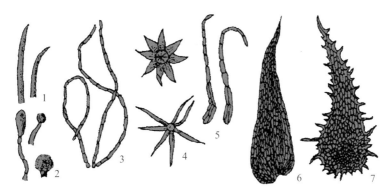

图 16-1 蕨类植物的毛和鳞片的类型

1.单细胞毛；2.腺毛；3.节状毛；4.星状毛；5.鳞毛；6.细筛孔鳞片；7.粗筛孔鳞片

蕨类植物的各种中柱类型常是蕨类植物鉴别的依据之一。真蕨类植物很多是根状茎药用，而根状茎上常带有叶柄残基，其叶柄中的维管束的数目、类型及排列方式都有明显的不同。如贯众类药材的原植物中，粗茎鳞毛蕨 *Dryopteris crassirhizoma* Nakai 叶柄的横切面有维管束 5～13 个，大小相似，排成环状；荚果蕨 *Matteuccia struthiopteris*（L.）Todaro 叶柄横切面维管束 2 个，呈条形，排成八字形；狗脊 *Woodwardia japonica*（L. f.）Sm. 叶柄横切面维管束 2～4 个，呈肾形，排成半圆形；紫萁 *Osmunda japonica* Thunb. 叶柄横切面维管束 1 个，呈 U 字形。上述特征，可作为中药"贯众"的鉴别依据（图 16-3）。

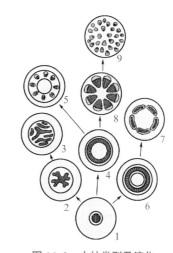

图 16-2 中柱类型及演化

1.原生中柱；2.星状中柱；3.编织中柱；4.外韧管状中柱；5.具节中柱；6.双韧管状中柱；7.网状中柱；8.真正中柱；9.散生中柱

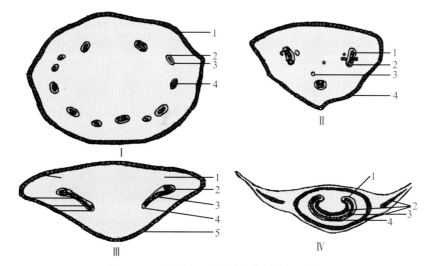

图 16-3 4种贯众原植物叶柄基部横切面简图

Ⅰ.粗茎鳞毛蕨（1.厚壁组织，2.内皮层，3.韧皮部，4.木质部）；

Ⅱ.狗脊（1.木质部；2.韧皮部；3.分泌组织；4.厚壁组织）；

Ⅲ.荚果蕨（1.薄壁组织；2.韧皮部；3.木质部；4.内皮层；5.厚壁组织）；

Ⅳ.紫萁（1.内皮层，2.厚壁组织，3.木质部，4.韧皮部）

3. 叶　蕨类植物的叶有小型叶（microphyll）与大型叶（macrophyll）两种类型。小型叶只有 1 个单一的不分枝的叶脉，没有叶隙（leaf gap）和叶柄（stipe），是由茎的表皮突出形成，为原始类型。大型叶有叶柄和叶隙，叶脉多分枝，是由多数顶枝经过扁化而形成的。真蕨纲植物的叶均为大型叶。大型叶幼时拳卷（circinate），成长后常分化为叶柄和叶片两部分。叶片全缘或一回到多回羽状分裂，或为复叶；叶片的中轴称叶轴，第一次分裂出的小叶称羽片（pinna），羽片的中轴称羽轴（pinna rachis），从羽片分裂出的小叶称小羽片，小羽片的中轴称小羽轴，最末次裂片上的中肋称主脉或中脉。

蕨类植物的叶仅能进行光合作用而不产生孢子囊和孢子的称为营养叶或不育叶（foliage leaf, sterile frond）；产生孢子囊和孢子的叶称为孢子叶或能育叶（sporophyll, fertile frond）；有些蕨类的营养叶和孢子叶形状相同，称同型叶（homomorphic leaf）；也有孢子叶和营养叶形状完全不同，称异型叶（heteromorphic leaf）。

4. 孢子囊（sporangium）　蕨类植物的孢子囊，在小型叶蕨类中是单生在孢子叶的近轴面叶腋或叶的基部，孢子叶通常集生在枝的顶端，形成球状或穗状，称孢子叶穗（sporophyll spike）或孢子叶球（strobilus）。较进化的真蕨类孢子囊常生在孢子叶的背面、边缘或集生在 1 个特化的孢子叶上，往往由多数孢子囊聚集成群，称孢子囊群（sporangiorus）或孢子囊堆（sorus）（图 16-4）。水生蕨类的孢子囊群生在特化的孢子果（孢子荚，sporocape）内。孢子囊群有圆形、长圆形、肾形、线形等形状。原始类群的孢子囊群是裸露的，进化类型通常有各种形状的囊群盖（indusium），也有囊群盖退化以致消失的。孢子囊开裂的方式与环带（annulus）有关。环带是由孢子囊壁一列不均匀增厚的细胞构成，其着生有多种形式，如顶生环带、横行中部环带、斜形环带、纵行环带等（图 16-5），对孢子的散布有重要的作用。

图 16-4　孢子囊群在孢子叶上着生的位置（张坚提供）
1. 边生孢子囊群（粉背蕨属）；2. 顶生孢子囊群（铁线蕨属）；3. 脉端生孢子
囊群（碗蕨属）；4. 有盖孢子囊群（贯众属）；5. 脉背生孢子囊群（鳞毛蕨属）

5. 孢子　多数蕨类植物产生的孢子大小相同，称孢子同型（isospore）。卷柏属植物和少数水生蕨类的孢子有大小不同，即有大孢子（macrospore）和小孢子（microspore）之分，称孢子异型（heterospore）；产生大孢子的囊状结构称大孢子囊（megasporangium），产生小孢子的称小孢子囊（mirosporangium）；大孢子萌发后形成雌配子体，小孢子萌发后形成雄配子体。无论孢子同型或孢子异型，在形态上都分为 2 类，一类是肾形、单裂缝、两侧对称的二面型孢子，一类是圆球形或钝三角形、三裂缝、辐射对称的四面型孢子（图 16-6）。在孢子壁上通常具有不同的突起或纹饰。有的孢壁上具弹丝。

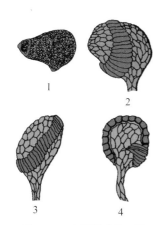

图 16-5　孢子囊群的环带
1. 顶生环带（海金沙属）；2. 横行中部环带（芒萁属）；3. 斜行环带（金毛狗脊属）；4. 纵行环带（水龙骨属）

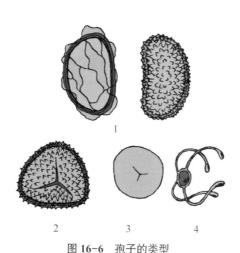

图 16-6　孢子的类型
1. 二面型孢子（鳞毛蕨属）；2. 四面型孢子（海金沙属）；3. 球状四面型孢子（瓶尔小草科）；4. 弹丝形孢子（木贼科）

（二）配子体

蕨类植物的孢子成熟后落到适宜的环境中即萌发成小型、结构简单、生活期短的配子体，又称原叶体（prothallus）。大多数蕨类的配子体为绿色、具有腹背分化的叶状体，能独立生活，在腹面产生颈卵器和精子器，分别产生卵和带鞭毛的精子，受精过程依赖于水的环境。受精卵发育成胚，幼时胚暂时寄生在配子体上，配子体不久死亡，孢子体即行独立生活。

（三）生活史

蕨类植物从单倍体的孢子开始到精子和卵结合前的阶段，称配子体世代（有性世代），其细胞染色体数目是单倍性的（n）。从受精卵开始到孢子体上产生的孢子囊中孢子母细胞进行减数分裂之前，这一阶段称孢子体世代（无性世代），其细胞的染色体数目是二倍性的（2n）。这两个世代有规律地交替完成其生活史。蕨类植物和苔藓植物的生活史主要的不同有两点，一是孢子体和配子体都能独立生活；二是孢子体发达，配子体弱小，所以蕨类植物的生活史为孢子体占优势的异型世代交替（图 16-7）。

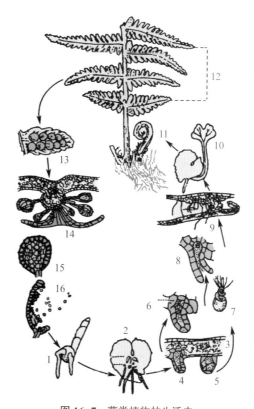

图 16-7　蕨类植物的生活史
1. 孢子的萌发；2. 配子体；3. 配子体切面；4. 颈卵器；5. 精子器；6. 雌配子（卵）；7. 雄配子（精子）；8. 受精作用；9. 合子发育成幼孢子体；10. 新孢子体；11. 孢子体；12. 蕨叶一部分；13. 蕨叶上孢子囊群；14. 孢子囊群切面；15. 孢子囊；16. 孢子囊开裂及孢子散出

二、蕨类植物的化学成分

蕨类植物化学成分主要有以下几类：

（一）黄酮类

广泛存在于蕨类植物中，如问荆含有异槲皮苷（isoquercitrin）、问荆苷（equicerin）、山奈酚（kaempferol）等；卷柏、节节草含有芹菜素（apigenin）及木犀草素（luteolin）；槲蕨含橙皮苷（hesperidin）、柚皮苷（naringin）；过山蕨 *Camptosorus sibiricus* Rupr. 含多种山奈酚衍生物；石韦属 *Pyrosia* 含 β- 谷甾醇及芒果苷（mangiferin）、异芒果苷（isomangiferin）等。在卷柏属 *Selaginella* 植物中，还含有双黄酮类化合物。

（二）生物碱类

广泛地存在于小叶型蕨类石松科及木贼科植物中，一般含量较低，如石松科的石松属 *Lycopodium* 中含石松碱（lycopodine）、石松毒碱（clavatoxine）、垂穗石松碱（lycocernuine）等，石杉属 *Huperzia* 含有石杉碱（huperzine）。木贼科的木贼、问荆等含有犬问荆碱（palustrine）。

（三）酚类化合物

二元酚及其衍生物在真蕨中普遍存在，如咖啡酸（caffeic acid）、阿魏酸（ferulic acid）及绿原酸（chlorogenic acid）等。该类成分具有抗菌、止痢、止血、利胆的作用，并能升高白细胞数目。咖啡酸尚有止咳、祛痰作用。

多元酚类，特别是间苯三酚衍生物在鳞毛蕨属 *Dryopteris* 大多数种类都有存在，如绵马酸类（filicic acids）、粗蕨素（dryocrassin），此类化合物具有较强的驱虫作用和抗病毒活性，但毒性较大。

此外，在肋毛蕨属 *Ctenitis*、耳蕨属 *Polystichum*、复叶耳蕨属 *Arachniodes*、鱼鳞蕨属 *Acrophorus* 等属植物中含有丁酰基间苯三酚类化合物。

（四）甾体及三萜类化合物

含甾体化合物的类群有石松属 *Lycopodium*、水龙骨属 *Polypodiodes*、荚果蕨属 *Matteuccia*、球子蕨属 *Onoclea*、紫萁属 *Osmnuda* 等。

在石松中含有石杉素（lycoclavinin）、石松醇（lycoclavanol）等，蛇足石杉含有千层塔醇（tohogenol）、托何宁醇（tohogininol）；此外，线蕨属 *Colysis* 植物含有四环三萜类化合物。从紫萁、狗脊蕨、欧亚多足蕨 *Polypodium vulgare* L. 中发现含有昆虫蜕皮激素（insect moulting hormones），该类成分有促进蛋白质合成、排除体内胆固醇、降血脂及抑制血糖上升等活性。

（五）其他成分

蕨类植物中含有鞣质。在石松、海金沙等孢子中还含有大量脂肪。鳞毛蕨属的地下部分含有微量挥发油。金鸡脚假瘤蕨 *Selliguea hastata*（Thunb.）Fraser-Jenk. 的叶中含有香豆素。木贼科植物含有大量硅化合物，水溶性硅化合物对动脉硬化、高血压、冠心病、甲状腺肿等症有一定疗效。

第二节　蕨类植物的分类及主要药用植物

蕨类植物分类时常依据下列主要特征：①茎、叶的种类、外部形态及内部构造（包括中柱类型、维管束排列）。②孢子和孢子囊的形态。③孢子囊的环带有无、位置和发育顺序。④孢子囊群的形状、生长部位及有无囊群盖。⑤植物体表皮附属物（如毛茸和鳞片）的形态。

1978 年我国蕨类植物学家秦仁昌教授将蕨类植物门分为松叶蕨亚门（Psilophytina）、石松亚门（Lycophytina）、水韭亚门（Isoephytina）、楔叶亚门（Spheinophytina）以及真蕨亚门（Filicophytina）5 个亚门。前 4 个亚门的植物都是小型叶蕨类，是一些较原始而古老的蕨类植物，现存的代表甚少。真蕨亚门植物是大型叶蕨类，是最进化的蕨类植物，也是现代最繁茂的蕨类植物。

一、松叶蕨亚门

孢子体无真根，基部为根状茎，向上生出气生枝。根状茎匍匐生于腐殖质土壤、岩石隙或大树干上，表面具毛状假根；气生枝直立或悬垂，其内有原生中柱或原始管状中柱。叶小，无叶脉或仅有单一不分枝的叶脉。孢子囊 2 或 3 个聚生成 1 个二或三室孢子囊，孢子同型。

本亚门共 1 科 2 属，4 种；我国仅有 1 种。

松叶蕨 *Psilotum nudum*（L.）P. Beauv.　松叶蕨科。附生植物，根状茎匍匐，棕褐色，表面生有毛状假根。地上茎直立或下垂，高 15 ～ 80cm，上部二至五回二叉分枝。叶极小，厚革质，三角形或针形，尖头。孢子叶阔卵形，顶端 2 叉。孢子囊球形，3 个聚生成 1 个 3 室孢子囊，生于叶腋内的短柄上（图 16-8）。分布于东南、西南、江苏、浙江等地区。生长于岩石缝隙或附生于树干上。全草能祛风湿，舒筋活血，化瘀。

图 16-8　松叶蕨（晁志提供）

二、石松亚门

孢子体有根、茎、叶的分化。茎具二叉式分枝，内有原生中柱或管状中柱。小型叶，常螺旋状排列。孢子叶常聚生枝顶形成孢子叶穗，孢子囊生于孢子叶腹面，孢子同型或异型。

本亚门共 2（或 3）科，6 ～ 9 属，约 1100 种；我国各科属均有分布，近 140 种，其中药用约 50 种，《中国药典》收载 3 种药物。

石松 ***Lycopodium japonicum*** **Thunb.**　石松科。多年生常绿草本。匍匐茎细长而蔓生，多分枝；直立茎常二叉分枝。叶线状钻形，长 3 ～ 4cm；匍匐茎上的叶疏生，直立茎上的叶密生。孢子枝生于直立茎的顶部。孢子叶穗长 2 ～ 5cm，有柄，常 2 ～ 6 个生于孢子枝顶端；孢子叶卵状三角形，边缘有不规则锯齿；孢子囊肾形，孢子同型，淡黄色，略呈四面体（图 16-9）。分布于东北、内蒙古、河南和长江以南各地区。生于疏林下阴坡的酸性土壤上。全草（伸筋草）能祛风除湿，舒筋活络；孢子可作丸剂包衣。垂穗石松 *L. cernuum* L.、地刷子石松 *L. complanatum* L. 的全草有类似功效。

蛇足石杉 *Huperzia serrata* (Thunb.) Trevis. 石松科。多年生植物，植株丛生，高 10～30cm，叶同型，呈狭椭圆状披针形，边缘具不规则尖锯齿，仅具一条主脉。孢子囊肾形，生于叶腋（图16-10）。分布于长江以南各地。生于林荫下湿地、灌丛下、路旁或沟谷石上。全草含石杉碱甲等生物碱，可用于治疗早老性痴呆症。

图 16-9 石松（王光志提供）

图 16-10 蛇足石杉（葛菲提供）

石松科华南马尾杉 *Phlegmariurus austrosinicus* (Ching) Li Bing Zhang 的全草亦可药用。

卷柏 *Selaginella tamariscina* (**P. Beauv.**) **Spring** 卷柏科。多年生草本。高5～15cm，干旱时枝叶向内卷缩，遇雨时又展开。腹叶斜向上，不平行，背叶斜展，长卵形，孢子叶卵状三角形，龙骨状，锐尖头，4列交互排列。孢子囊圆肾形，孢子异型（图16-11）。分布于全国各地。生于向阳山坡或岩石上。卷柏和**垫状卷柏** *S. pulvinata* (**Hook. et Grev.**) **Maxim.** 的全草（卷柏）能活血通经；炒炭（卷柏炭）能化瘀止血。深绿卷柏 *S. doederleinii* Hieron. 的全草（石上柏），以及翠云草 *S. uncinata* (Desv. ex Poir.) Spring、江南卷柏 *S. moellendorffii* Hieron. 等的全草亦可药用。

图 16-11 卷柏（许佳明提供）

三、楔叶亚门

孢子体有根、茎、叶的分化。茎具节和节间，节间中空，表面有纵棱，表皮细胞常硅质化。茎内具管状中柱。孢子周壁具弹丝。

本亚门仅1科，1（或2）属，约25种；我国有10种，3亚种，其中药用8种，《中国药典》收载1种药物。

木贼 *Equisetum hyemale* L. 木贼科。多年生草本。地上茎单一，直立，中空，有纵脊棱 20～30条。叶鞘基部和鞘齿成黑色两圈。鞘齿顶部尾尖早落而形成钝头，鞘片背上有两条棱脊，形成浅沟。孢子叶穗生于茎顶，无柄，长圆形具小尖头。孢子同型（图16-12）。分布于东北、华北、西北、四川等省区。生于山坡湿地或疏林下。地上部分（木贼）能疏散风热，明目退翳。节节草 *E. ramosissimum* Desf.、笔管草 *E. ramosissimum* Desf. subsp. *debile*（Roxb. ex Vaucher）Hauke 的地上部分功效和木贼相似。

问荆 *E. arvense* L. 的地上部分能利尿，止血，清热，止咳。

四、真蕨亚门

孢子体有根、茎、叶的分化。根为不定根。茎除树蕨外，均为根状茎，细长横走或短而直立或倾斜，常被鳞片或毛。茎内有各式中柱。幼叶常拳卷，叶形多样，单叶全缘，或掌状、二歧、1至多回羽状分裂，或1至多回羽状复叶；叶簇生、远生或近生。孢子囊形态多样，有柄或无柄，环带有或无，常聚生成孢子囊群，有盖或无盖。

本亚门分为 40～58 科，10000～15000 种，我国有约 47 科，2000 余种，其中药用近 400 种。《中国药典》收载 10 种药物。

紫萁 *Osmunda japonica* **Thunb.**　紫萁科。多年生草本。根状茎粗壮，斜升，无鳞片。叶丛生，二型，营养叶三角状阔卵形，顶部以下二回羽状，叶脉叉状分离；孢子叶小羽片狭窄，卷缩成线状，沿主脉两侧密生孢子囊，成熟后枯死（图16-13）。分布于秦岭以南温带及亚热带地区，生于山坡林下、溪边、山脚路旁。根状茎及叶柄残基（紫萁贯众）能清热解毒，止血、杀虫；有小毒。

海金沙 *Lygodium japonicum*（**Thunb.**）**Sw.**　海金沙科。缠绕草质藤本。根状茎横走，羽片近二型，纸质，连同叶轴和羽轴均有疏短毛，不育羽片尖三角形。孢子囊穗生于能育羽片边缘的顶端，暗褐色。孢子表面有瘤状突起（图16-14）。分布于长江流域及南方各省区。多生于山坡林边、灌木丛、草地。孢子（海金沙）能清利湿热，通淋止痛，并可作丸剂包衣。另外，其与小叶海金沙 *L. microphyllum*（Cav.）R. Br.、曲轴海金沙 *L. flexuosum*（L.）Sw. 的地上部分（海金沙藤）能清热解毒，利湿热，通淋。

金毛狗脊 *Cibotium barometz*（**L.**）**J. Sm.**　蚌壳蕨科。陆生，植物体树状，高 2～3m。根状茎短而粗大，密被金黄色长柔毛。叶大，有长柄，叶片三回羽裂分裂，末回裂片狭披针形，边缘有粗锯齿。孢子囊群生于裂片下部小脉顶端，囊群盖 2 瓣，成熟时似蚌壳

图 16-12　木贼（许亮提供）

图 16-13　紫萁（葛菲提供）

图 16-14　海金沙（葛菲提供）

（图16-15）。分布于我国南部及西南各省区。生于山麓沟边及林下阴湿酸性土壤中。根状茎（狗脊）能祛风湿，补肝肾，强腰膝。

粗茎鳞毛蕨 *Dryopteris crassirhizoma* Nakai　鳞毛蕨科。多年生草本，根状茎直立，粗壮，连同叶柄密生棕色大鳞片。叶簇生，叶片二回羽状全裂，叶轴上密被黄褐色鳞片。孢子囊群生于叶片中部以上的羽片背面，囊群盖肾圆形，棕色（图16-16）。分布于东北及河北省。生于林下阴湿处。根状茎连同叶柄残基（绵马贯众）能清热解毒，止血，杀虫。

图 16-15　金毛狗脊（严寒静提供）

图 16-16　粗茎鳞毛蕨（许亮提供）

石韦 *Pyrrosia lingua*（**Thunb.**）**Farw.**　水龙骨科。多年生常绿草本。高10～30cm。根状茎横走，密生鳞片。叶近二型，革质，叶片披针形，背面密被灰棕色星状毛，叶柄基部具关节。孢子囊群在侧脉间紧密而整齐排列，幼时为星状毛包被，成熟时露出，无囊群盖（图16-17）。分布于长江以南各省区。生于岩石或树干上。石韦和**庐山石韦** *P. sheareri*（**Bak.**）**Ching**、**有柄石韦** *P. petiolosa*（**Christ**）**Ching** 的叶（石韦）能利尿通淋，清肺止血，凉血止血。光石韦 *P. calvata*（Bak.）Ching 的叶（光石韦）也可药用。

图 16-17　石韦（葛菲提供）

槲蕨 *Drynaria fortunei*（**Kunze ex Mett.**）**J. Sm.** 水龙骨科。多年生常绿附生草本。根状茎肉质，粗壮，长而横走，密被钻状披针形鳞片。叶二型，营养叶革质，无柄；孢子叶绿色，羽状深裂，叶柄短，有狭齿。孢子囊群生于叶背主脉两侧，各成2～3行，无囊群盖。分布于长江以南各省区及台湾省。附生于树干或山林石壁上。根状茎（骨碎补）能疗伤止痛，补肾强骨。中华槲蕨 *D. baronii*（Christ）Diels、团叶槲蕨 *D. bonii* Christ、石莲姜槲蕨 *D. propinqua*（Wall. ex Mett.）J. Sm. 等的根状茎有类似功效。

本亚门凤尾蕨科井栏边草 *Pteris multifida* Poir. 的全草（凤尾草）、中国蕨科银粉背蕨 *Aleuritopteris argentea*（S. G. Gmel.）Fée 的全草（金牛草）、鳞毛蕨科贯众 *Cyrtomium fortunei* J. Sm. 的根状茎及叶柄残基、水龙骨科日本水龙骨 *Polypodiodes niponica*（Mett.）Ching 的根状茎等，亦可药用。

第十七章
裸子植物门

扫一扫，查阅本章数字资源，含PPT、音视频、图片等

第一节　裸子植物概述

　　裸子植物门（Gymnospermae）的植物大多数具有颈卵器构造，又产生种子，因此既是颈卵器植物，又是种子植物，是介于蕨类植物与被子植物之间的一个类群。

　　裸子植物最早出现在距今约3亿5千万年的古生代泥盆纪，到了古生代二叠纪，银杏、松柏等裸子植物的出现，逐渐取代了古生代盛极一时的蕨类植物，由古生代末期的二叠纪到中生代的白垩纪早期，这长达1亿年的时间是裸子植物的繁盛时期。由于地壳发展历史和气候经过多次重大变化，古老的种类相继灭绝，新的种类陆续演化出来。现存裸子植物中不少种类是从新生代第三纪出现的，又经过第四纪冰川时期保留下来，繁衍至今。如银杏、油杉、铁杉、水松、水杉、红豆杉、榧树等，都是第三纪的孑遗植物。

　　地球上现存的裸子植物广布世界各地，是世界森林的主要组成树种，经济价值较高。我国裸子植物资源丰富，是森林工业、林产化工的重要来源，可提供木材、纤维、栲胶、松脂等多种产品。裸子植物如侧柏、马尾松、麻黄、银杏、香榧、金钱松的枝叶、花粉、种子及根皮可供药用。裸子植物常作为绿化观赏树种供庭园栽培，世界著名的五大园林观赏树种松科的雪松和金钱松、南洋杉科的南洋杉、杉科的金松、北美红杉均为裸子植物。

一、裸子植物的一般特征

　　1. 孢子体发达　孢子体几乎都为木本，且多为常绿，少落叶，极少为亚灌木。枝条常有长、短枝之分，茎内无限外韧型维管束呈环状排列成网状中柱，次生构造发达，木质部多为管胞，只有麻黄科和买麻藤科植物具导管，韧皮部为筛胞，无筛管及伴胞。叶片多针形、条形或鳞片形，稀为扁平的阔叶，在长枝上常螺旋状排列，在短枝上簇生。

　　2. 花单性，胚珠裸露，不形成果实　裸子植物花单性，同株或异株，无花被（仅麻黄科、买麻藤科有类似花被的盖被）；雄蕊聚生成雄球花（male cone）；心皮呈叶状而不包卷成子房，常聚生成雌球花（female cone）；胚珠（后发育成种子）裸露于心皮上，所以称裸子植物。

　　3. 生活史具明显的世代交替现象　世代交替中孢子体占优势，配子体极其退化（雄配子体为萌发后的花粉粒，雌配子体由胚囊及胚乳组成），寄生在孢子体上。

　　4. 具颈卵器构造　大多数裸子植物具颈卵器构造，但颈卵器结构简单，埋于胚囊中，仅有2～4个颈壁细胞露在外面，颈卵器内有1个卵细胞和1个腹沟细胞，无颈沟细胞，比蕨类植物的颈卵器更为退化。受精作用不需要在有水的条件下进行。

5. 常具多胚现象 大多数裸子植物出现多胚现象（polyembryony）。这是由于 1 个雌配子体上有若干个颈卵器，其内的卵细胞均受精形成多胚；或由 1 个受精卵在发育过程中发育成胚原，再由胚原组织分裂为几个胚而形成多胚。

裸子植物是由蕨类植物演化而来，两者生殖器官的形态发生，具有紧密同源关系。在描述两者的生殖器官特征时，所用的形态术语略有不同，其对应关系见表 17-1。

表 17-1　裸子植物与蕨类植物生殖器官形态术语的关系

蕨类植物	裸子植物
小孢子叶球（microstrobilus）	雄球花
小孢子叶（microsporophyll）	雄蕊
小孢子囊	花粉囊
小孢子	花粉粒（单核期）
大孢子叶球（megastrobilus）	雌球花
大孢子叶（megasporophyll）	心皮或雌蕊
大孢子囊	珠心
大孢子	胚囊（单细胞期）

二、裸子植物的化学成分

从整体上看，裸子植物的化学成分较被子植物简单，普遍含多种黄酮类，另有生物碱类、萜类及挥发油、树脂等。

1. 黄酮类 黄酮类在裸子植物中普遍存在。尤其是双黄酮类化合物，在裸子植物中多有发现，是裸子植物的特征性成分。如银杏双黄酮、穗花杉双黄酮等。

2. 生物碱类 生物碱在裸子植物中分布不普遍，结构也不复杂。多存在于三尖杉科、红豆杉科、罗汉松科、麻黄科及买麻藤科。

3. 萜类及挥发油、树脂等 萜类及挥发油和树脂等在裸子植物中普遍存在。如金钱松根皮中的土荆皮酸是一种二萜酸，松属植物中多含挥发油（松节油）和树脂（松香）等。

<h1 align="center">第二节　裸子植物的分类及主要药用植物</h1>

现存的裸子植物分为 5 纲（苏铁纲、银杏纲、松柏纲、红豆杉纲、买麻藤纲），12 科，71 余属，近 800 种。我国有 5 纲，11 科，41 属，约 236 种，47 变种。已知药用的有 100 余种。

<h3 align="center">1. 银杏科 Ginkgoaceae</h3>

【特征】

落叶乔木。叶扇形，顶端 2 浅裂，柄长，在长枝上螺旋状排列散生，在短枝上簇生。雄球花葇荑花序状，雄蕊多数，具短柄，花药 2 室；雌球花具长柄，柄端有 2 个杯状心皮，又称珠托（collar），其上各生 1 直立胚珠，常 1 个发育。种子核果状；外种皮肉质，成熟时橙黄色；中种皮白色，骨质；内种皮淡红色，膜质。胚乳肉质，子叶 2 枚。

【药用植物】

本科属银杏纲。仅1属，1种，原产我国。《中国药典》收载2种药物。

银杏 *Ginkgo biloba* L. 形态特征与科同（图17-1）。我国特产。北自辽宁，南至广东，东起浙江，西南至贵州、云南都有栽培。去掉肉质外种皮的种子（白果）能敛肺定喘，止带缩尿。叶（银杏叶）能活血化瘀，通络止痛，敛肺平喘，化浊降脂。从叶中提取的总黄酮能扩张动脉血管，用于治疗冠心病。

图 17-1 银杏（王光志提供）

2. 松科 Pinaceae

【特征】

常绿乔木，稀落叶性，具长、短枝。叶在长枝上螺旋状排列，在短枝上簇生，针形或条形。雌雄同株；雄球花穗状，腋生或生于枝顶；雄蕊多数，每雄蕊具2花药，花粉粒有或无气囊；雌球花球状，由多数螺旋状排列的珠鳞（心皮）组成，每个珠鳞的腹面基部有2枚倒生胚珠，背面有1个苞片（苞鳞），与珠鳞分离。珠鳞在结果时称种鳞，聚成木质球果，直立或下垂。种子顶端常具单翅；有胚乳，子叶2～16枚（图17-2）。

【药用植物】

本科属松柏纲。10属，230余种。广布于全世界。我国10属，约113种，29变种，分布全国各地。已知药用8属，40余种。《中国药典》收载5种药物。

马尾松 *Pinus massoniana* Lamb. 常绿乔木。小枝轮生，长枝上叶鳞片状；短枝上叶针状，2针1束，稀3针，细长柔软，长12～20cm，树脂道4～8个，边生。雄球花圆柱形，聚生于新枝下部，穗状；雌球花单生或2～4个聚

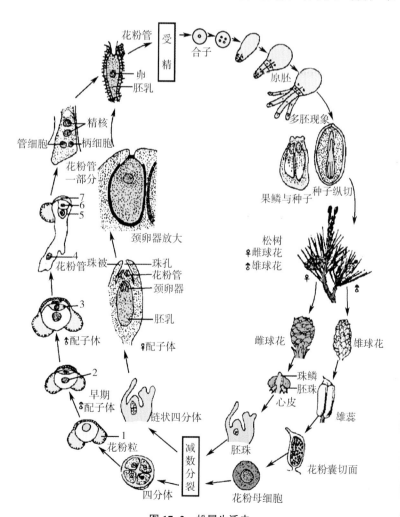

图 17-2 松属生活史

1. 气囊；2. 核；3. 生殖细胞；4. 管细胞；5. 精细胞；6. 柄细胞；7. 营养细胞

生于新枝的顶端；球果卵圆形或圆锥状卵圆形，成熟后栗褐色。种鳞鳞盾菱形，鳞脐微凹，无刺。种子长卵形，子叶 5～8 枚（图 17-3）。分布于淮河和汉水流域以南各地，西至四川、贵州和云南。生于阳光充足的丘陵山地酸性土壤。马尾松和**油松** *P. tabuliformis* **Carrière** 的瘤状节或分枝节（油松节）能祛风除湿，通络止痛。两者及云南松 *P. yunnanensis* Franch. 等同属数种植物的花粉（松花粉）能收敛止血，燥湿敛疮；渗出的油树脂，经蒸馏或其他方法提取的挥发油（松节油）能用于减轻肌肉痛、关节痛、神经痛以及扭伤；油树脂经加工后得到的非挥发性天然树脂则为松香，能燥湿祛风，生肌止痛。另外，马尾松等的鲜叶（鲜松叶）、种子、树皮等均可药用。

金钱松 *Pseudolarix amabilis*（**J. Nelson**）**Rehder**，根皮（土荆皮）能杀虫，疗癣，止痒。

图 17-3　马尾松（丁学欣提供）

3. 柏科 Cupressaceae

【特征】

常绿乔木或灌木。叶交互对生或 3～4 枚轮生，常为鳞形或刺形，或同一树上兼有二型叶。球花小，单性同株或异株；雄球花生于枝顶，椭圆状卵形，有 3～8 对交互对生的雄蕊，每雄蕊有 2～6 花药；雌球花球形，由 3～6 枚交互对生的珠鳞组成，珠鳞与苞鳞合生，每珠鳞有 1 至数枚胚珠。球果圆球形，木质或革质，熟时张开，或为肉质浆果状不开裂。种子具有胚乳，子叶 2 枚。

【药用植物】

本科属松柏纲。22 属，150 余种。世界广布。我国 8 属，29 种，7 变种。几遍全国。已知药用 20 种。《中国药典》收载 2 种药物。

侧柏 *Platycladus orientalis*（**L.**）**Franco**　常绿乔木，小枝扁平，排成一平面，直展。叶鳞形，交互对生，贴生于小枝上。球花单性同株。球果蓝绿色，被白粉，具种鳞 4 对，覆瓦状排列，中部种鳞各有种子 1～2 枚，有反曲尖头，熟时木质，开裂，种子卵形，无翅（图 17-4）。除新疆、青海外，分布几遍全国。枝梢和叶（侧柏叶）能凉血止血，化痰止咳，生发乌发。种子（柏子仁）能养心安神，润肠通便，止汗。

图 17-4　侧柏（李宏哲提供）

4. 红豆杉科 Taxaceae

【特征】

常绿乔木或灌木。叶条形或披针形，螺旋状排列或交互对生，基部常扭转排成 2 列，叶表面中脉凹陷，背面有 2 条气孔带。雌雄异株，稀同株；雄球花常单生叶腋或苞腋，或成穗状花序状球序，雄蕊多数，具 3 ～ 9 个花药，花粉粒无气囊；雌球花单生或 2 ～ 3 对组成球序，生于叶腋或苞腋；胚珠 1 枚，基部具盘状或漏斗状珠托。种子核果状，全部（无梗者）或部分（具长梗者）包于肉质的假种皮中。胚乳丰富；子叶 2 枚。

【药用植物】

本科属红豆杉纲。共 5 属，20 余种，主要分布于北半球。我国 4 属，12 种，1 变种及 1 栽培种，已知药用 3 属，10 种（变种）。《中国药典》收载 1 种药物。

红豆杉 *Taxus chinensis*（Pilg.）Rehder　常绿乔木，树皮裂成条片剥落。叶条形，微弯或直，排成 2 列，长 1 ～ 3cm，宽 2 ～ 4mm，先端具微突尖头，叶上面深绿色，下面淡黄色，有 2 条气孔带。种子生于杯状红色肉质的假种皮中，卵圆形，上部渐窄，先端微具 2 钝纵脊，先端有突起的短尖头，种脐近圆形或宽椭圆形（图 17-5）。我国特有种，分布于甘肃、陕西、安徽、湖北、湖南、广西、贵州、四川、云南等省区。生于海拔 1000 ～ 1500m 石山杂木林中。叶能治疥癣；种子能消积，驱虫。茎皮中所含紫杉醇（paclitaxel）具有明显的抗肿瘤作用，对卵巢癌、非小细胞肺癌、乳腺癌、胃癌、子宫癌等有较好的治疗效果。南方红豆杉 *T. chinensis*（Pilg.）Rehder var. *mairei*（Lemée et H. Lév.）W. C. Cheng et L. K. Fu、须弥红豆杉 *T. wallichiana* Zucc.、东北红豆杉 *T. cuspidata* Siebold et Zucc. 药用部位和功效与红豆杉相似。

图 17-5　红豆杉（王海提供）

榧树 *Torreya grandis* Fortune ex Lindl.，种子（榧子）能杀虫消积，润燥止咳，润燥通便。

三尖杉科 Cephalotaxaceae 与红豆杉科同属红豆杉纲。三尖杉 *Cephalotaxus fortunei* Hook. 的种子能润肺，消积，杀虫；从其枝叶中提取的生物碱三尖杉总碱对淋巴肉瘤、肺癌有较好疗效，对胃癌、上颚窦癌、食道癌有一定的疗效。粗榧 *C. sinensis*（Rehder et E. H. Wilson）H. L. Li 也具有抗癌的作用。

5. 麻黄科 Ephedraceae

【特征】

小灌木或亚灌木。分枝多，小枝对生或轮生，绿色，具节，节间有多条细纵槽纹，横断面常有棕红色髓心。叶小，膜质鳞片状，对生或轮生，2～3 片合生成鞘状。雌雄异株，稀同株。雄球花卵形或椭圆形，由 2～8 对交互对生或轮生的苞片组成，每苞片中有雄花 1 朵，外包假花被，膜质，先端 2 裂，每花有雄蕊 2～8 个，花丝合成 1 束，花药 1～3 室；雌球花由 2～8 对交互对生或轮生的苞片组成，仅顶端 1～3 枚苞片内生有雌花，雌花由顶端开口的囊状的假花被包围。胚珠 1，具 1 层珠被，上部延长成珠被管，由假花被开口处伸出，假花被发育成革质假种皮，包围种子，最外为苞片，成熟时变成肉质，红色或橘红色。种子浆果状，胚乳丰富，子叶 2 枚。

【药用植物】

本科属买麻藤纲。仅 1 属，约 40 种，分布于亚洲、美洲及欧洲东部及非洲北部等干旱地区。我国有 12 种，4 变种；已知药用 10 种左右。《中国药典》收载 2 种药物。

草麻黄 *Ephedra sinica* Stapf　亚灌木，高 20～40cm；木质茎短，有时横卧；小枝（草质茎）丛生于基部，具明显的节和节间。叶鳞片状，膜质，基部鞘状，上部 2 裂，裂片锐三角形。雄球花常 2～3 个生于节上，由 5～7 片交互对生或轮生苞片组成，雄花有雄蕊 7～8；雌球花 2～3 个生于节上，由 3～5 对交互对生或轮生的苞片组成，仅先端 1 对或 1 轮苞片各有 1 雌花，珠被管直立，成熟时苞片肉质，红色。种子常 2 粒，包藏于肉质的苞片内（图 17-6）。分布于东北、内蒙古、陕西、河北、山西等省区。生于沙质干燥地带，常见于山坡、河床和干旱草原，常组成大面积纯群落，有固沙作用。草麻黄和**中麻黄 *E. intermedia* Schrenk ex C. A. Mey.**、**木贼麻黄 *E. equisetina* Bunge** 的草质茎（麻黄）能发汗散寒，宣肺平喘，利水消肿；并作为提取麻黄碱的原料。草麻黄和中麻黄的根和根状茎（麻黄根）则能固表止汗。

图 17-6　草麻黄（王海提供）

第十八章

被子植物门

被子植物门（Angiospermae）是当今植物界中进化程度最高，种类最多，分布最广的类群。全世界共有被子植物约 25 万种，是构成地表植被的主要类群；我国有 29700 多种。被子植物为人类提供了丰富多样的生活和生产资源，如粮食、果蔬、纤维、饲料及香料，也提供了万余种药用资源。据记载我国有 213 科，1957 属，10027 种（含种下分类等级）被子植物供药用，约占全国中药资源总数的 80%。

第一节　被子植物概述

一、被子植物主要特征

与其他植物类群相比，被子植物的生态习性和形态结构更加多样化，生殖器官和生殖过程进一步特化，使被子植物对地球上的各种生态环境有更强的适应能力，成为现今植物界最为进化的绝对优势类群。

1. 孢子体发达，配子体简化　被子植物的孢子体表现出多样化的生活型（指植物对综合生境条件长期适应而在外貌上表现出来的生长类型）。木本植物有乔木、灌木和木质藤本，有常绿种，也有落叶种；草本植物有一年生、二年生和多年生。植物体的组织构造及其功能更趋细微合理，维管系统高度完善，木质部有多种类型导管，韧皮部筛管有伴胞，极大地增强了水分和营养物质的运输能力。配子体极度简化，雌配子体由 8 个细胞组成，寄生在孢子体内。

2. 生殖器官特化，生殖过程进化　被子植物具有真正的花并通过传粉、受精形成果实。花的组成高度特化或简化以及开花过程是被子植物外形的最显著特征；胚珠包被在心皮内，受精后发育成种子，包藏在心皮形成的果实内，既受到良好的保护，也有利于种子的传播。

被子植物具有特有的双受精现象。受精过程中，一个精子与卵细胞结合，形成合子，发育成胚；另一个精子与 2 个极核细胞结合，发育成三倍体的胚乳，为幼胚提供了具有双亲特性的优良孕育环境，增强了后代的自养生活和环境适应能力，同时也为后代提供了可能出现变异的基础。

3. 营养方式多样　被子植物普遍含有叶绿素，营养方式主要是自养，但也出现其他生活方式。如：

（1）寄生与半寄生：有些寄生植物不含叶绿素，营养完全来自寄主，如菟丝子、肉苁蓉、锁阳等；也有些寄生种类含有叶绿素，可以进行光合作用，如桑寄生、槲寄生、百蕊草等，称为半寄生植物。

（2）腐生：腐生植物本身不含光合色素，依靠腐烂的有机物供给营养，如天麻、珊瑚兰等；

腐生往往需借助真菌的帮助。

（3）共生：有的种类与真菌或细菌形成共生关系，如豆科植物与根瘤菌共生、兰科植物与一些真菌共生。

（4）捕食：如猪笼草、茅膏菜等捕虫植物。

被子植物的生活环境极其多样，既有生活在平原、丘陵、高原、高山、荒漠、盐碱地的陆生种类；又有生活在湖泊、河流、沟渠、池塘、沼泽、海洋中的水生种类；甚至于还有依附其他植物，利用雨露、空气中的水汽及有限的腐殖质为生的附生种类。

二、被子植物的起源与演化规律

1. 被子植物的起源 掌握被子植物花的起源及其系统演化过程，在构建被子植物自然分类系统中具有极其重要的意义。但由于相关化石资料的缺乏等原因，目前人们对被子植物花的起源了解有限。系统分类学家们根据现有证据及推断，提出了一些假说，影响比较大的有假花说与真花说。

假花说（Pseudanthium Theory）设想被子植物起源于裸子植物麻黄类中的弯柄麻黄 *Ephedra campylopoda* C. A. Mey.，此植物花单性，雌性、雄性花序同株。认为雄花苞片演化为花被，小苞片退化，每一雄花演化为1枚雄蕊；雌花苞片演化为心皮，其他部分退化后，仅剩下胚珠内藏于子房中。因此，现今被子植物的花相当于高度退（特）化的雌性、雄性花序。裸子植物多以单性花为主，所以被子植物中具单性花的荑荑花序类被认为是最原始的代表。

真花说（Euanthium Theory）认为被子植物起源于一类已灭绝的原始裸子植物——拟苏铁植物（Cycadeoideinae）。此类化石植物具两性孢子叶球，其轴状结构上螺旋状着生多数大孢子叶及小孢子叶；大孢子叶生胚珠，基部有花被状的不育结构等特征而类似于被子植物的花。演化过程中，大孢子叶内卷闭合，包裹胚珠，形成雌蕊；小孢子叶演化为雄蕊；两性孢子叶球基部花被状的苞片演化为花被片；而轴状结构演化为花托。由此可见心皮和雄蕊多数、分离、螺旋状排列，单被花，花托柱状等特征为原始性状；现代被子植物中木兰科植物花部多具此类特征。因此，推断被子植物起源于拟苏铁植物，而多心皮类为最原始的被子植物。

假花说认为首先演化出来的是单性花，两性花是由单性花演变来的。真花说恰好相反，认为两性花原始，单性花是由两性花演变来的。

2. 被子植物的演化规律 研究生物的演化，化石是重要证据。但现存被子植物各类群几乎在距今1.3亿年的白垩纪同时兴盛起来，难以根据化石的年龄去判断谁比谁更原始；特别是几乎找不到有关花的化石，而花部的特点又是被子植物演化分类的重要依据，这就使得通过化石研究被子植物的演化和亲缘关系相当困难。因而，被子植物的形态特征，包括营养器官和生殖器官，特别是花和果的形态特征，是研究其演化的主要依据。表18-1是一般公认的被子植物形态构造的主要演化规律。

表 18-1 被子植物形态构造的主要演化规律

器官	初生的、原始性状	次生的、进化性状
根	主根发达（直根系）	主根不发达（须根系）
茎	乔木、灌木 直立 无导管，有管胞	多年生或一、二年生草本 藤本 有导管

续表

器官	初生的、原始性状	次生的、进化性状
叶	单叶 互生或螺旋排列 常绿 有叶绿素、自养	复叶 对生或轮生 落叶 无叶绿素，腐生，寄生
花	单生 各部螺旋排列 重被花 各部离生 各部多数而不固定 辐射对称 子房上位 两性花 花粉粒具单沟 虫媒花	形成花序 各部轮生 单被花或无被花 各部合生 各部有定数（3、4 或 5） 两侧对称或不对称 子房下位 单性花 花粉粒具 3 沟或多孔 风媒花
果实	单果、聚合果 蓇葖果、蒴果、瘦果	聚花果 核果、浆果、梨果
种子	胚小、有发达胚乳 子叶 2 片	胚大、无胚乳 子叶 1 片

　　注意不能孤立地只根据某一条规律来判定某一植物是进化还是原始，因为同一植物形态特征的演化不是同步的，同一性状在不同植物的演化意义也非绝对的，而应该综合分析，如唇形科植物的花冠不整齐，合瓣，雄蕊 2～4，表现出高级虫媒植物协调演化特征，但其子房上位，又是原始性状。

三、被子植物分类系统

　　被子植物的分类系统较多，其主要的分类依据是花、果实的形态特征。随着近代植物解剖学、细胞学、分子生物学和植物化学等学科的进展，促进了植物分类学研究的深入，也出现了许多不同的被子植物分类系统。具代表性的有：

　　1. 恩格勒系统　在恩格勒系统中，被子植物是第 13 门（种子植物门）中的一个亚门，该亚门分为单子叶植物纲和双子叶植物纲，共 45 目，280 科。该系统经过多次修改，在 1964 年的《植物分科志要》（*Syllabus der Pflanzenfamilien*）（第 12 版）中，将被子植物列为门，并将原置于双子叶植物前的单子叶植物移至双子叶植物之后，共有 62 目，344 科。

　　恩格勒系统是以假花说为理论基础。在该系统中，具荑花序类植物被当作被子植物中最原始类型，排列在前；木兰目和毛茛目被作为较进化的类型。

　　恩格勒系统包括了全世界植物的纲、目、科、属，各国沿用历史已久，为许多植物学工作者所熟悉，在世界范围内使用广泛。《中国植物志》基本按恩格勒系统排列，《中国药典》中各药材原植物的分类地位也是基于此系统。本教材也采用了恩格勒系统，只是变动了部分内容。但恩格勒系统所依据的假花说已不被当今大多数分类学家所接受。

　　2. 哈钦松系统　1926 年和 1934 年，英国植物学家哈钦松（J. Hutchinson）在《有花植物科志》（*The Families of Flowering Plants*）中发表了被子植物分类系统，在 1973 年修订版中共有 111 目，411 科。

　　哈钦松系统以真花说为理论基础，因此认为被子植物的无被花是有被花退化而来，单性花是两性花退化而来，花各部原始性状为多数、分离和螺旋状排列。基于此，则木兰目、毛茛目是被子植物的原始类型。该系统还认为草本植物和木本植物是两支平行发展的类群。

　　哈钦松系统被我国华南、西南、华中的一些植物研究所、标本馆采用，并为近年来建立的塔赫他间系统、克朗奎斯特系统奠定了基础。但哈钦松系统中过分强调了木本和草本两个来源，人为因素很大，不被大多数植物学者所接受。

　　3. 塔赫他间系统　1954 年，苏联植物学家塔赫他间（A. L. Takhtajan）在《被子植物的起源》（*Origins of the Angiospermous Plants*）中公布了该系统。后经数次修订。2009 年在他去世前发表了最新的系统。该系统将被子植物分为木兰纲和百合纲，分别对应双子叶植物和单子叶植物；纲下再分亚纲、超目、目和科。2009 年的系统共有 561 科。

　　塔赫他间系统亦主张真花说，认为木兰目是最原始的被子植物类群，首次打破了将双子叶植物分为离瓣花亚纲和合瓣花亚纲的传统分类方法，并在分类等级上设立了"超目"。

　　4. 克朗奎斯特系统　1968 年美国植物学家克朗奎斯特（A. Cronquist）在《有花植物的分类和演化》（*The Evolution and Classification of Flowering Plants*）中发表了新的被子植物分类系统。克朗奎斯特系统称被子植物为木兰植物门，分为木兰纲和百合纲。1981 年进行了修订，木兰纲包括 6 亚纲，64 目，318 科；百合纲包括 5 亚纲，19 目，65 科。共 83 目，383 科。

　　克朗奎斯特系统接近于塔赫他间系统，但取消了"超目"，科的数目也有了压缩。该系统在各级分类的安排上比前几个系统似乎更合理。

　　5. APG 系统　APG 系统是被子植物系统发育研究组（Angiosperm Phylogeny Group）以分支分类学和分子系统学为研究方法建立的被子植物新分类系统。1998 年首次提出，之后于 2003 年（APG Ⅱ）及 2009 年（APG Ⅲ）相继进行了两次修订，其最新版本 APG Ⅳ 于 2016 年 5 月发表。该系统采用了最新的植物系统学研究资料，尤其参考大量的 DNA 序列分析数据，打破被子植物先分为单子叶植物与双子叶植物两大类的传统思路，除了单列出一些目、科及分类地位尚不确定者外，系统排列主要分为 11 大类：木兰类 Magnoliids、单子叶 Monocots、鸭跖草类 Commelinids、真双子叶 Eudicots、核心真双子叶 Core Eudicots、蔷薇类 Rosids、豆类 Fabids、锦葵类 Malvids、菊类 Asterids、唇形类 Lamiids、桔梗类 Campanulids。大类下分目、科；APG Ⅳ 系统共确定了 64 个目，416 个科。尽管该系统中仍列出一些位置未确定的类群，但其分类系统框架和对科级范畴的界定已基本成熟。

　　200 多年来，经过植物分类学家们不懈努力，被子植物多数属、科、目等分类群之间的亲缘关系和一些演化路线被揭示得越来越清楚了。但是，由于目前仍然缺少被子植物发展最初阶段的化石资料等，许多在被子植物系统发育方面重要的问题，例如，被子植物的祖先是什么，最原始的被子植物是什么，被子植物特有的花是如何演化而成的，以及最原始的被子植物出现后发生的分化和演化初期阶段形成的各条演化路线等，到现在还没有得到深入了解。还有不少类群的范围、亲缘关系和系统位置仍然不够明确。因此，被子植物自然分类系统的构建还有许多工作要做。

第二节　被子植物的分类及主要药用植物

　　本教材的被子植物分类采用了修改后的恩格勒系统，将被子植物门分为双子叶植物纲（Dicotyledoneae）和单子叶植物纲（Monocotyledoneae），在双子叶植物纲中又再分为离瓣花亚纲（原始花被亚纲）和合瓣花亚纲（后生花被亚纲）。它们的主要区别特征见表 18–2。

表 18-2　被子植物门两个纲的主要区别

器官	双子叶植物纲	单子叶植物纲
根	直根系	须根系
茎	维管束环列，具形成层	维管束散生，无形成层
叶	网状脉	平行脉
花	通常为 5 或 4 基数，花粉粒具 3 个萌发孔	3 基数，花粉粒具单个萌发孔
胚	2 片子叶	1 片子叶

上表中的区别特征是两纲植物的基本特征，并不排除少数例外。如双子叶植物纲中有具须根系、散生维管束的植物，也有具 3 基数花、有 1 片子叶的植物。单子叶植物纲中有具网状脉、具4 基数花的植物。

一、双子叶植物纲

（一）离瓣花亚纲

离瓣花亚纲（Choripetalae），又称原始花被亚纲或古生花被亚纲（Archichlamydeae），花无被、单被或重被，花瓣分离，雄蕊和花冠离生；胚珠多具 1 层珠被。

1. 胡椒科 Piperaceae

$$♀ P_0 A_{1 \sim 10} \underline{G}_{(2 \sim 5 : 1 : 1)}; \quad ♂ * P_0 A_{1 \sim 10}, ♀ P_0 \underline{G}_{(2 \sim 5 : 1 : 1)}$$

【特征】

藤本或肉质草本，常具香气和辛辣味道；藤本者节常膨大。单叶，常互生，全缘。基部两侧常不对称；托叶与叶鞘合生或无托叶。花小，密集成穗状花序，两性或单性异株；苞片盾状或杯状；无花被；雄蕊 1 ～ 10；心皮 2 ～ 5，合生，子房上位，1 室，有 1 直生胚珠，柱头 1 ～ 5。浆果，球形或卵形。种子 1 枚，有丰富的外胚乳。

【药用植物】

本科 8 或 9 属，近 3100 种，分布热带及亚热带地区。我国有 4 属，70 余种，分布东南部至西南部。已知药用 2 属，34 种。《中国药典》收载 5 种药物。

常用药用植物有**胡椒 *Piper nigrum* L.**，果实（胡椒）能温中散寒，下气，消痰。**荜茇 *P. longum* L.**，果穗（荜茇）能温中散寒，下气止痛。**风藤 *P. kadsura*（Choisy）Ohwi**，藤茎（海风藤）能祛风湿，通经络，止痹痛。石南藤 *P. wallichii*（Miq.）Hand.–Mazz. 或毛蒌 *P. puberulum*（Benth.）Maxim. 的带叶茎枝（穿壁风）、假蒌 *P. sarmentosum* Roxb. 的地上部分（假蒌）亦可药用。卡瓦胡椒 *P. methysticum* G. Forst. 产于南太平洋诸岛，根和根状茎药用，有镇静、催眠和抗痉挛等作用。

2. 金粟兰科 Chloranthaceae

$$♀ * P_0 A_{(1 \sim 3)} \overline{G}_{1 : 1 : 1}$$

【特征】

草本或灌木，稀为小乔木。茎节常膨大。单叶对生，叶柄基部常合生；托叶小。两性或单性花，穗状花序、头状花序或圆锥花序；花小，无花被；两性花具雄蕊 1 ～ 3，合生成 1 体，常贴生在子房的 1 侧，花丝不明显，药隔发达；单心皮，子房下位，1 室，胚珠单生，顶生胎座。核果卵形或球形。

【药用植物】

本科 5 属，约 70 种，分布于热带和亚热带。我国有 3 属，16 种，5 变种，多分布于长江以南各省，其中西南地区最多。已知药用 3 属，12 种。《中国药典》收载 2 种药物。

常用药用植物有**草珊瑚** *Sarcandra glabra*（**Thunb.**）**Nakai**，全草（肿节风）能清热凉血，活血消斑，祛风通络。宽叶金粟兰 *Chloranthus henryi* Hemsl.、多穗金粟兰 *Ch. multistachys* S. J. Pei 的根及根状茎（四块瓦），及已 *Ch. serratus*（Thunb.）Roem. et Schult. 的全草等也可药用。

3. 桑科 Moraceae

$$♂*P_{4\sim6}A_{4\sim6};\ ♀*P_{4\sim6}\underline{G}_{(2:1:1)}$$

【特征】

多为木本，稀草本和藤本。常有乳汁。单叶互生，稀对生；托叶早落。花小，单性，雌雄异株或同株，荑荑、穗状、头状或隐头花序；单被花，花被 4 ～ 6 片；雄花的雄蕊与花被片同数而对生，雌花花被有时肉质；子房上位，稀下位，2 心皮合生，通常 1 室 1 胚珠。小瘦果或核果，集成聚花果；或瘦果包藏于肉质的花序托内壁上，形成隐头果（图 18-1）。

本科植物体内具乳汁管，叶内常有钟乳体。化学成分主要有酚类化合物、三萜类化合物、皂苷类化合物、强心苷类、生物碱类等。

图 18-1 桑科部分植物花和果实的结构（王光志提供）
1 ～ 7：桑，1. 雄花枝；2. 雌花枝；3. 雌花；4. 雌花花被与子房；
5. 一朵雌花解离，示花被和雌蕊；6. 聚花果；7. 花丝伸展的雄花；
8 ～ 11：构树，8. 荑荑花序；9. 一朵雄花；10. 雌花头状花序及花序纵剖面；
11. 雌花特写，示长花柱；12. 无花果，示隐头花序

【药用植物】

本科约53属，1400种，分布于热带和亚热带，少数在温带。我国有12属，约153种，变种及变型59个，分布全国。已知药用11属，约80种。《中国药典》收载12种药物。

（1）**桑属 Morus** 约16种，我国有11种。

桑 M. alba L. 落叶乔木，有乳汁。单叶互生，卵形，边缘有粗锯齿。花单性，雌雄异株，菜黄花序腋生；花被片4，雄花具雄蕊4枚；雌花具雌蕊1枚，由2个心皮合生而成，子房1室，1枚胚珠。聚花果由多数包于肉质花被内的瘦果组成，熟时多黑紫色（图18-2）。分布于全国各地，野生或栽培。叶（桑叶）能疏风散热，清肺润燥，清肝明目。嫩枝（桑枝）能祛风湿，利关节。果穗（桑椹）能滋阴养血，生津，润燥。根皮（桑白皮）能泻肺平喘，利水消肿。

图 18-2 桑（王海提供）

（2）**构属 Broussonetia** 4种，我国均产。

构树 B. papyrifera L'Her. ex Vent. 落叶乔木，有乳汁。单叶互生，卵形，常3～5深裂，边缘锯齿状，密生柔毛；托叶膜质，早落。花单性，雌雄异株；雄花为腋生菜黄花序，花被4裂，雄蕊4；雌花序球形头状，苞片棍棒状，顶端被毛，花被管状，顶端与花柱紧贴，子房卵圆形，柱头线形，紫色，被毛。聚花果肉质，成熟时橙红色（图18-3）。分布于全国各地，野生或栽培。果实（楮实子）能补肾清肝，明目，利尿。

图 18-3 构树（白吉庆，刘长利提供）

（3）**大麻属 Cannabis**[注] 1～2种，我国有1种。

大麻 C. sativa L. 一年生高大草本。叶下部对生，上部互生，掌状全裂。花单性，雌雄异株；雄花排成圆锥花序，花被片5，雄蕊5；雌花丛生叶腋，苞片1，卵形，花被1，膜质，雌蕊2心皮1室，花柱2；瘦果扁卵形（图18-4）。原产于亚洲西部，我国各地有栽培。果实（火麻仁）能润肠通便。雌花序或幼嫩的果序有毒，能祛风镇痛，定惊安神。

此外，二色桂木 Artocarpus styracifolius Pierre 的根（枫荷桂）、五指毛桃 Ficus hirta Vahl 的根（五指毛桃）、薜荔 F. pumila L. 的隐头花序托（广东王不留行）、无花果 F. carica L. 的隐头果、葎草 Humulus scandens（Lour.）Merr.[注]的地上部分（葎草）、构棘 Cudrania cochinchinensis（Lour.）Kudô et Masam. 或柘树 C. tricuspidata（Carrière）Bureau ex Lavallée 的根（穿破石）、柘树的根及茎枝（柘木）等，亦可药用。

图 18-4 大麻（许佳明提供）

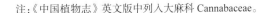

注：《中国植物志》英文版中列入大麻科 Cannabaceae。

4. 马兜铃科 Aristolochiaceae

$$\male\female * \uparrow P_{(3)} A_{6\sim12} \overline{G}_{(4\sim6:4\sim6:\infty)}, \overline{\underline{G}}_{(4\sim6:4\sim6:\infty)}$$

【特征】

多为草本或藤本。单叶互生，叶基多为心形；无托叶。花两性；辐射对称或两侧对称；花单被，下部常合生成各式花被管，顶端 3 裂或向 1 侧扩大；雄蕊 6 ～ 12，花丝短，分离或与花柱合生；雌蕊 4 ～ 6 心皮，合生，子房下位或半下位，4 ～ 6 室，中轴胎座，柱头 4 ～ 6 裂。果实为蒴果。种子多数，有胚乳。

本科主要化学成分为挥发油类和马兜铃酸。其中马兜铃酸（aristolochic acid）及其衍生物是马兜铃科植物的化学特征，临床试验表明马兜铃属植物中普遍存在的马兜铃酸具有抗癌、抗感染及增强吞噬细胞等活性，但对肝、肾有毒性。近年来又发现马兜铃酸在细辛属、马蹄香属、线果兜铃属中也有分布。

【药用植物】

本科约 8 属，600 种，分布于热带和亚热带，温带较少。我国有 4 属，71 种，6 变种，4 变型，分布全国。已知药用 3 属，65 种。《中国药典》收载 2 种药物。

北细辛 *Asarum heterotropoides* Fr. Schmidt var. *mandshuricum*（Maxim.）Kitag. 多年生草本。根状茎横走，不定根细长肉质，有强烈辛香气味。叶 2 枚，基生，具长柄，叶片肾状心形，全缘。花单生叶腋；花被紫棕色，花被管壶形或半球形，顶端 3 裂，裂片外卷；雄蕊 12，着生子房中部；子房半下位，花柱 6，顶端 2 裂。蒴果半球形，浆果状。分布于东北。生于林下阴湿处（图 18-5）。北细辛及**华细辛 *A. sieboldii* Miq.** 和**汉城细辛 *A. sieboldii* Miq. var. *seoulense* Nakai** 的根与根状茎（细辛）能解表散寒，祛风止痛，温肺化饮，通窍；有小毒。

北马兜铃 *Aristolochia contora* Bunge、马兜铃 *A. debilis* Siebold et zucc.、木通马兜铃 *A.manshuriensis* Kom. 曾经都做中药使用，但因含有马兜铃酸，具有很强的肾毒性，现已被禁用。

图 18-5 北细辛（许佳明提供）

5. 蓼科 Polygonaceae

$$\male\female * P_{3\sim6,(3\sim6)} A_{3\sim9} \underline{G}_{(2\sim4:1:1)}$$

【特征】

多年生草本或藤本，稀木本（沙拐枣属）。茎节常膨大。单叶互生；有膜质托叶鞘。花两性，稀为单性；常排成总状、穗状、圆锥状或头状花序；单被花，花被片 3 ～ 6，常花瓣状，宿存；雄蕊 3 ～ 9；子房上位，常 2 ～ 3 心皮合生成 1 室，1 胚珠，基生胎座。瘦果或小坚果，常包于宿存的花被内，多有翅。种子有胚乳（图 18-6）。

本科植物以普遍含蒽醌类、黄酮类和鞣质类成分为其化学特征。

图 18-6 蓼科部分植物花的结构（王光志提供）

1～8：皱叶酸模，1. 花枝；2. 花正面观；3. 花背面观，示外轮和内轮花被的形态；
4. 果期的花被，示花被背面的瘤状凸起；5. 花被展开，示中央的子房；
6. 果实；7. 果期增大的内轮花被；8. 花序；
9. 金荞麦的花；10. 营养枝，示托叶鞘

【主要药用属检索表】

1. 瘦果不具翅。

　2. 花被片 6，果时内轮花被片增大 ·······························酸模属 *Rumex*

　2. 花被片 5 或 4，果时通常不增大。

　　3. 瘦果具三棱或凸镜状，比宿存的花被短····················蓼属 *Polygonum*

　　3. 瘦果具三棱，明显比宿存的花被长···················荞麦属 *Fagopyrum*

1. 瘦果具翅。花被 6 裂，果时不增大······················大黄属 *Rheum*

【药用植物】

本科约 50 属，1150 种，分布全球。我国有约 13 属，235 种，37 变种分布全国。已知药用 10 属，136 种。《中国药典》收载 12 种药物。

（1）大黄属 *Rheum* 约 60 种，我国有 39 种，2 变种。

掌叶大黄 *Rh. palmatum* L. 多年生高大草本。根状茎内面黄色。基生叶大，宽卵形，掌状深裂，裂片 3～5，裂片有时再羽裂；托叶膜质。圆锥花序大型；花小，花被紫红色。瘦果具 3 棱，有翅。分布于陕西、甘肃、青海、四川和西藏等地。生于山地林缘或草坡，亦有栽培。掌叶大黄及**唐古特大黄 *Rh. tanguticum* Maxim. ex Balf.**（图 18-7）和**药用大黄 *Rh. officinale* Baill.** 的根及根状茎（大黄）能泻下攻积，清热泻火，凉血解毒，逐瘀通经，利湿退黄。

图18-7　掌叶大黄（张新慧、兰志琼提供）

（2）蓼属 *Polygonum* 约230种，我国有约113种，6变种。

何首乌 *P. multiflorum* Thunb. 多年生缠绕草本。块根纺锤形或不规则形，红褐色，断面有异常维管束形成的"云锦花纹"。叶卵状心形，托叶鞘短筒状，膜质。圆锥花序顶生或腋生；花小，白色，花被5，外侧3片背部有翅。瘦果具3棱（图18-8）。分布于全国各地。生于灌丛、山坡阴湿处或石缝中。块根（何首乌）生用能解毒，消痈，截疟，润肠通便；制用能补肝肾，益精血，强筋骨，乌须发，化浊降脂；茎藤（首乌藤）能养血安神，祛风通络。

图18-8　何首乌（刘守金提供）

虎杖 *P. cuspidatum* Siebold et Zucc. 多年生粗壮草本。茎中空，幼时有紫色斑点。叶卵状椭圆形；托叶鞘短筒状。花小，单性异株，白色，圆锥花序。瘦果卵形，外有3枚由宿存花被扩大的翅（图18-9）。分布于陕西、甘肃及长江流域和以南各省。生于山坡、路旁的阴湿处。根及根状茎（虎杖）能利湿退黄，清热解毒，散瘀止痛，止咳化痰。

图 18-9　虎杖（刘守金提供）

拳参 *P. bistorta* **L.** 多年生草本。根状茎肥厚；茎直立。基生叶宽披针形或狭卵形，基部沿叶柄下沿成翅；托叶鞘筒状，无缘毛；总状花序穗状，顶生，紧密；花白色或淡红色（图 18-10）。分布东北、华北、华东、华中等地。生于山坡草地、山顶草甸。根状茎（拳参）能清热解毒，消肿，止血。

萹蓄 *P. aviculare* **L.**，地上部分（萹蓄）能利尿通淋，杀虫止痒。**红蓼 *P. orientale* L.**，果实（水红花子）能散血消癥，消积止痛，利水消肿。**杠板归 *P. perfoliatum* L.**，地上部分（杠板归）能清热解毒，利水消肿，止咳。**蓼蓝 *P. tinctorium* Aiton**，叶（蓼大青叶）能清热解毒，凉血消斑。木藤蓼 *P. aubertii* L. Henry 的茎（木藤蓼）、头花蓼 *P. capitatum* Buch.-Ham. ex D. Don 的地上部分（头花蓼）亦可药用。

常用药用植物还有**金荞麦 *Fagopyrum dibotrys*（D. Don）H. Hara**，根状茎（金荞麦）能清热解毒，排脓祛瘀。

图 18-10　拳参（王海提供）

6. 苋科 Amaranthaceae

$$\male\female *P_{3\sim5}A_{3\sim5}\underline{G}_{(2\sim3:1:1\sim\infty)}$$

【特征】

多年生草本。单叶互生或对生，常全缘；无托叶。花小，常两性，稀单性；排成穗状、头状或圆锥花序；单被花，花被片 3 ～ 5，干膜质，每花下常有 1 枚干膜质苞片及小苞片；雄蕊常和花被片同数且对生，多为 5 枚，花丝分离或基本连合成杯状；子房上位，由 2 至 3 心皮组成 1 室，1 枚胚珠，基生胎座。果多为胞果，稀为小坚果或浆果。

【药用植物】

本科约 60 属，850 种，分布热带和温带地区。我国有 13 属，约 39 种，分布全国。已知药用 9 属，28 种。《中国药典》收载 5 种药物。

牛膝 *Achyranthes bidentata* Blume 多年生草本。根长圆柱形。茎四棱形，节膨大。叶对生，椭圆形至椭圆状披针形，全缘。穗状花序；苞片 1，干膜质，小苞片硬刺状；花被片膜质；雄蕊 5，花丝下部连合。胞果长圆形，包于宿存花被内，向下折贴近花序轴（图 18-11）。分布于全国各地。主要栽培于河南。根（牛膝）能逐瘀通经，补肝肾，强筋骨，利尿通淋，引血下行。

常用药用植物还有川**牛膝** *Cyathula officinalis* K. C. Kuan，根（川牛膝）能逐瘀通经，通利关节，利尿通淋。**鸡冠花** *Celosia cristata* L.，花序（鸡冠花）能收敛止血，止带，止痢。**青葙** *C. argentea* L.，种子（青葙子）能清肝泻火，明目退翳。粗毛牛膝 *Achyranthes aspera* L.，根及根状茎（土牛膝）亦可药用。巴西人参 *Hebanthe eriantha*（Poir.）Pedersen，原产于南美，根在当地作为滋补强壮药，具有适应原样作用。

图 18-11　牛膝（王海提供）

7. 石竹科 Caryophyllaceae

$$\male\female *K_{4\sim5,(4\sim5)}C_{4\sim5,0}A_{8,10}\underline{G}_{(2\sim5:1:\infty)}$$

【特征】

草本。节常膨大。单叶对生，全缘；多无托叶。花两性，单生或聚伞花序；萼片 4～5，分离或连合；花瓣 4～5，常具爪；雄蕊为花瓣的倍数，8 或 10 枚；子房上位，心皮 2～5，合生，1 室，特立中央胎座。蒴果，齿裂或瓣裂，稀浆果。

【药用植物】

本科 75～80 属，约 2000 种，分布全球。我国有 30 属，388 种，58 变种，8 变型，分布全国。已知药用 21 属，106 种。《中国药典》收载 5 种药物。

（1）**孩儿参属** *Pseudostellaria*　约 18 种，我国有 8 种。

孩儿参 *P. heterophylla*（Miq.）Pax　多年生草本。块根肉质，纺锤形。单叶对生，茎下部的叶倒披针形，顶端两对叶片较大，排成十字状。花 2 型，近地面的花小，为闭锁花，萼片 4，背面紫色，边缘白色而呈薄膜质，无花瓣；茎顶上的花较大，花时直立，花后下垂，萼片 5，花瓣 5，白色，先端呈浅齿状 2 裂或钝；雄蕊 10；子房卵形，花柱 3。蒴果近球形（图 18-12）。分布于华东、华中、华北、东北和西北等地。生于山谷林下阴处，贵州、安徽、福建有栽培。块根（太子参）能益气健脾，生津润肺。

（2）**石竹属** *Dianthus*　约 600 种，我国有 16 种。

瞿麦 *D. superbus* L.　多年生草本。茎直立，节膨大。叶对生，线形至线状披针形，全缘。花单生或成聚伞花序，小苞片 4～6，长约为萼筒的 1/4；花萼圆筒状，细长，先端 5 裂；花瓣粉紫色，先端深细裂成丝状，喉部有须毛。蒴果长筒形，4 齿裂，有宿萼（图 18-13）。分布于全国，生于山野、草丛等处。瞿麦及**石竹** *D. chinensis* L. 的地上部分（瞿麦）能利尿通淋，活血通经。

图 18-12 孩儿参（谷巍提供）

图 18-13 瞿麦（徐晔春提供）

常用药用植物还有**麦蓝菜 *Vaccaria segetalis*（Neck.）Garcke**，成熟种子（王不留行）活血通经，下乳消肿，利尿通淋。**银柴胡 *Stellaria dichotoma* L. var. *lanceolata* Bunge**，根（银柴胡）能清虚热，除疳热。**金铁锁 *Psammosilene tunicoides* W. C. Wu et C. Y. Wu**，根（金铁锁）能祛风除湿，散瘀止痛，解毒消肿。

8. 睡莲科 Nymphaeaceae

$$ ☿ * K_{3 \sim \infty} C_{3 \sim \infty} A_{\infty} \underline{G}_{3 \sim \infty : 1 : 1 \sim 3} ; G_{(3 \sim \infty) : 3 \sim \infty : \infty} $$

【特征】

水生草本。根状茎横走，粗大。叶基生，常盾状，近圆形。花单生，两性，辐射对称；萼片3至多数；花瓣3至多数；雄蕊多数；雌蕊由3至多数离生或合生心皮组成，子房下位或上位，胚珠多数。坚果埋于膨大的海绵状花托内或为浆果状。

【药用植物】

本科8属，约100种，分布全球。我国有5属，约15种，分布全国。已知药用5属，10种。《中国药典》收载7种药物。

常用药用植物有**芡 *Euryale ferox* Salisb.**，种仁（芡实）能益肾固精，补脾止泻，除湿止带。**莲 *Nelumbo nucifera* Gaertn.**[注]，根状茎节部（藕节）能收敛止血，化瘀；叶（荷叶）能清暑化湿，升发清阳，凉血止血；花托（莲房）能化瘀止血；雄蕊（莲须）能固肾涩精；种子（莲子）能补脾止泻，止带，益肾涩精，养心安神；幼叶及胚根（莲子心）能清心安神，交通心肾，涩精止血。

9. 毛茛科 Ranunculaceae

$$ ☿ * ↑ K_{3 \sim \infty} C_{3 \sim \infty, 0} A_{\infty} \underline{G}_{1 \sim \infty : 1 : 1 \sim \infty} $$

【特征】

草本或藤本。单叶或复叶，互生或基生，少数对生；无托叶。花两性，单生或排成聚伞花序、总状花序和圆锥花序；重被或单被，萼片3至多数，常成花瓣状；花瓣3至多数或缺；雄蕊

注：《中国植物志》英文版将其列入莲科 Nelumbonaceae。

和心皮多数，离生，螺旋状着生在凸起的花托上，稀定数，子房上位，1室，含1至多数胚珠。聚合蓇葖果或聚合瘦果，蒴果或浆果（图18-14）。

毛茛科植物中最具特征性的化学成分是毛茛苷（ranunculin），易酶解为原白头翁素，再聚合成白头翁素；在本科之外的植物中尚未发现，主要分布于毛茛属、白头翁属、银莲花属、铁线莲属等植物中。生物碱类也在毛茛科植物中广泛分布；二萜类生物碱是乌头属和翠雀属等植物的特征成分，有强烈毒性；异喹啉类生物碱则存在于黄连属、唐松草属、北美黄连属、耧斗菜属等植物中。

图18-14　毛茛科部分植物花的结构（王光志提供）

1～7：毛茛，1.花蕾正面；2.花蕾背面，示花萼；3.花正面观；4.花瓣，示蜜腺；5.花萼向子房的渐变；
6.聚合瘦果；7.果皮与种子；

8～12：还亮草，8.花侧面观；9.花的各部解离示意图；10.果枝；11.一枚蓇葖果；12.种子；

13.铁线莲的聚合瘦果；

14～15：唐松草，14.花侧面观；15.聚合瘦果

【主要药用属检索表】

1. 草本；叶互生或基生。

　2. 花辐射对称。

　　3. 聚合瘦果，每心皮有一胚珠。

　　　4. 有2枚对生或3枚以上轮生苞片形成的总苞；叶基生。

　　　　5. 果期花柱不延长··银莲花属 *Anemone*

　　　　5. 果期花柱延长成羽毛状··白头翁属 *Pulsatilla*

　　　4. 无总苞，叶基生和茎生。

　　　　6. 花无花瓣··唐松草属 *Thalictrum*

　　　　6. 花有花瓣，花瓣有蜜腺··毛茛属 *Ranunculus*

　　3. 聚合蓇葖果，每心皮有2枚以上胚珠。

　　　7. 有退化雄蕊。

　　　　8. 总状或复总状花序；无花瓣；退化雄蕊位发育雄蕊外侧··················升麻属 *Cimicifuga*

　　　　8. 单花或单歧聚伞花序；有花瓣；退化雄蕊位发育雄蕊内侧··············天葵属 *Semiaquilegia*

　　7.无退化雄蕊。

　　　　9.心皮有细柄；花小，黄绿色或白色 ································· 黄连属 *Coptis*

　　　　9.心皮无细柄；花大，黄色、近白色或淡紫色 ················· 金莲花属 *Trollius*

　　2.花两侧对称；后面萼片船形或盔形，无距；花瓣有长爪 ··········· 乌头属 *Aconitum*

　1.常为藤本；叶对生 ··· 铁线莲属 *Clematis*

【药用植物】

本科约 50 属，2000 种。我国有 42 属，约 720 种，分布全国。药用植物有 30 属，约 220 种。《中国药典》收载 25 种药物。

　　（1）乌头属 *Aconitum*　约 400 种，我国有 211 种。

　　乌头 *A. carmichaelii* Debeaux　多年生草本。块根通常 2～3 个连生在一起，呈圆锥型或卵形。叶互生，卵圆形，掌状 2～3 回分裂，裂片有缺刻。总状花序，萼片 5，蓝紫色，上萼片盔帽状，花瓣 2，有长爪；心皮 3，离生。聚合蓇葖果（图 18-15）。分布于长江中下游、西南地区。生于山坡草地、灌丛中。栽培品的主根（川乌）能祛风除湿，温经止痛；子根（附子）能回阳救逆，补火助阳，散寒止痛。**北乌头 *A. kusnezoffii* Rchb.** 的块根（草乌）能祛风除湿，温经止痛，叶（草乌叶）能清热，解毒，止痛。此外，北乌头幼苗（草乌芽），黑草乌 *A. balfourii* Stapf[注] 或铁棒锤 *A. pendulum* N. Busch 的根（黑草乌）、叶（黑草乌叶），展毛短柄乌头 *A. brachypodum* Diels var. *laxiflorum* H. R. Fletcher et Lauener 的块根（雪上一枝蒿），黄花乌头 *A. coreanum*（H. Lév.）Rapaics 的块根（生关白附），甘青乌头 / 唐古特乌头 *A. tanguticum*（Maxim.）Stapf 和船盔乌头 *A. naviculare*（Brühl.）Stapf 的全草（唐古特乌头 / 榜嘎）等亦可药用。

图 18-15　乌头（张水利提供）

　　（2）黄连属 *Coptis*　约 16 种，我国有 6 种。

　　黄连 *C. chinensis* Franch.　多年生草本。根状茎黄色，分枝成簇。叶基生，3 全裂；中间裂片卵状菱形，具细柄，3～5 羽状深裂，边缘具锐锯齿。花小，黄绿色，萼片 5 个，狭卵形，辐射对称；花瓣条状披针形，中央有蜜腺；雄蕊 20 枚；心皮 8～12，基部有明显的柄。聚合蓇葖果，有柄（图 18-16）。分布于陕西、湖北、湖南、贵州、四川等地。生于海拔 500～2000m 的山林阴湿处。黄连及**三角叶黄连 *C. deltoidea* C. Y. Cheng et P. K. Hsiao** 和**云连 *C. teeta* Wall.** 的根状茎（黄连）能清热燥湿，泻火解毒；须根（黄连须）亦可药用。

图 18-16　黄连（刘守金、王光志提供）

　　注：据《中国植物志》，此学名系误定，应为亚东乌头 *Aconitum spicatum* Stapf。*A. balfourii* 分布于尼泊尔至印度的喜马拉雅地区，我国尚未见记录。

（3）铁线莲属 *Clematis* 约 300 种，我国约有 108 种。

威灵仙 *C. chinensis* Osbeck 藤本。茎和叶干燥后变黑色。一回羽状复叶，对生；小叶 3～5，狭卵形或三角状卵形。圆锥状聚伞花序，萼片 4，花瓣状，白色；无花瓣。雄蕊多数；心皮多数，离生；花柱细长，有白色长毛。聚合瘦果，瘦果扁狭卵形（图 18-17）。分布于长江中下游及以南地区。生于山区林缘及灌丛。威灵仙及**棉团铁线莲 *C. hexapetala* Pall.** 和东北铁线莲 *C. mandshurica* Rupr.** 的根和根状茎（威灵仙）能祛风湿，通经络。**小木通 *C. armandii* Franch.** 和绣球藤 *C. montana* Buch.-Ham. ex DC.** 的藤茎（川木通）能利尿通淋，清心除烦，通经下乳。

图 18-17 威灵仙（晃志提供）

（4）白头翁属 *Pulsatilla* 约 433 种，我国有 11 种。

白头翁 *P. chinensis*（Bunge）Regel 多年生草本。根圆锥形。全株密被白色长柔毛。基生叶 4～5 枚，3 全裂，有时为三出复叶。花单朵顶生，萼片花瓣状，6 片，排成 2 轮，蓝紫色，外被白色柔毛；雄蕊多数，鲜黄色；聚合瘦果，密集成头状，宿存花柱，羽毛状，下垂如白发（图 18-18）。分布于东北、华北、华东和河南、陕西、四川等地。生于山坡草地、林缘。根（白头翁）能清热解毒，凉血止痢。

（5）毛茛属 *Ranunculus* 约 400 种，我国有 78 种，9 变种。

小毛茛 *R. ternatus* Thunb. 多年生小草本。簇生多数肉质小块根。茎铺散，多分枝。基生叶有长柄；单叶 3 裂或 3 出复叶；茎生叶细裂。聚伞花序具少数花，花瓣 5，黄色带蜡样光泽（图 18-19）。分布于华东及河南、湖南、广西等地。生于郊野、路旁湿地。块根（猫爪草）能化痰散结，解毒消肿。

图 18-18 白头翁（王海提供）

（6）芍药属 *Paeonia*[注] 约 35 种，我国有 11 种。

芍药 *P. lactiflora* Pall. 多年生草本。根粗壮，圆柱形。二回三出复叶，小叶窄卵形，叶缘具骨质细乳突。花白色、粉红色或红色，顶生或腋生；花盘肉质，仅包裹心皮基部。聚合蓇葖果，卵形，先端钩状外弯（图 18-20）。分布于我国北方。生于山坡草丛，各地有栽培。根（白芍）能养血调经，敛阴止汗，柔肝止痛，平抑肝阳。芍药及**川赤芍 *P. veitchii* Lynch** 的根（赤芍）

图 18-19 小毛茛（葛菲提供）

注：《中国植物志》英文版将其列入芍药科 Paeoniaceae。

均能清热凉血，散瘀止痛。

牡丹 *P. suffruticosa* Andrews 的根皮（牡丹皮）能清热凉血、活血化瘀。据近年调查，凤丹 *P. ostii* T. Hong et J. X. Zhang 的根皮是牡丹皮的主要来源。

常用药用植物还有**多被银莲花 *Anemone raddeana* Regel**，根茎（两头尖）能祛风湿，消痈肿。**兴安升麻 *Cimicifuga dahurica*（Turcz. ex Fisch. et C. A. Mey.）Maxim.**、升麻 *C. foetida* L. 和**大三叶升麻 *C. heracleifolia* Kom.** 的根状茎（升麻）能发表透疹，清热解毒，升举阳气。在北美，总状升麻 *C. racemosa*（L.）Nutt. 的根和根状茎药用，主要用于妇科疾病，还具有镇静、祛痰、退热等作用。**天葵 *Semiaquilegia adoxoides*（DC.）Makino**，块根（天葵子）能清热解毒，消肿散结。**腺毛黑种草 *Nigella glandulifera* Freyn et Sint.**、黑种草 *N. damascena* L.、家黑种草 *N. sativa* L.，种子（黑种草子）能补肾健脑、通经、通乳、利尿。

图 18-20　芍药（葛菲提供）

此外，阿尔泰银莲花 *Anemone altaica* Fisch. ex C. A. Mey. 的根状茎（九节菖蒲）、金丝马尾连 *Thalictrum glandulosissimum*（Finet et Gagnep.）W. T. Wang et S. H. Wang、高原唐松草 *Th. cultratum* Wall.、多叶唐松草 *Th. foliolosum* DC. 或唐松草 *Th. aquilegifolium* L. var. *sibiricum* Regel et Tiling 的根及根状茎（马尾连）、金莲花 *Trollius chinensis* Bunge 的花（金莲花）等亦可药用。北美黄连 *Hydrastis canadensis* L. 分布于北美东部，根和根状茎药用，主要作用为滋补、缓泻、消炎、抗菌、兴奋子宫、收敛、止血。

10. 小檗科 Berberidaceae

$$♀ *K_{3+3, ∞} C_{3+3, ∞} A_{3\sim9} \underline{G}_{1:1:1\sim∞}$$

【特征】

灌木或草本。草本常具根状茎或块茎。单叶或复叶；互生。花两性，辐射对称，单生、簇生或为总状、穗状花序。萼片与花瓣相似，各 2～4 轮，每轮常 3 片，花瓣常具蜜腺。雄蕊 3～9，常与花瓣同数且与之对生，花药瓣裂，有时纵裂。心皮 1，子房上位，花柱极短或缺，柱头常为盾形，胚珠 1 至多数。浆果、蒴果或蓇葖果。

本科木本类群中多含草酸钙方晶，草本类群多含草酸钙簇晶。化学成分类别众多，包括生物碱类、三萜皂苷类、黄酮类、蒽醌类、香豆素类、木脂素类、糖类、脂类等，其中最显著特征是木本类群中多含苄基异喹啉类生物碱，草本类群中明显减少或缺。

【药用植物】

本科 17 属，约 650 种，分布北温带和亚热带高山地区。我国有 11 属，约 320 种，分布全国。已知药用 11 属，140 余种。《中国药典》收载 6 种药物。

（1）**淫羊藿属** *Epimedium* 约 50 种，我国有 40 多种。

箭叶淫羊藿 *E. sagittatum*（Siebold et Zucc.）**Maxim.** 多年生常绿草本。基生叶 1～3，三出复叶，小叶长卵形，基部深心形，两侧小叶基部呈不对称的箭状心形，叶革质。圆锥花序或总状花序，顶生。萼片 4，2 轮，外轮早落，内轮花瓣状，白色；花瓣 4，黄色，有距；雄蕊 4。蓇葖果（图 18-21）。产于长江中下游地区至华南及四川、陕西、甘肃等地。生于山坡草丛中、林下、灌丛中。箭叶淫羊藿及**淫羊藿** *E. brevicornu* **Maxim.**、**朝鲜淫羊藿** *E. koreanum* **Nakai** 和**柔毛淫羊藿** *E. pubescens* **Maxim.** 的干燥叶（淫羊藿）能补肾阳，强筋骨，祛风湿。**巫山淫羊藿** *E. wushanense* **T. S. Ying** 的干燥叶（巫山淫羊藿）药用，功能同淫羊藿。

图 18-21 箭叶淫羊藿（白吉庆提供）

（2）**十大功劳属** *Mahonia* 约 60 种，我国有 35 种。

阔叶十大功劳 *M. bealei*（Fortune）**Carrière** 常绿灌木。奇数羽状复叶，互生，厚革质；小叶卵形，边缘有刺状锯齿。总状花序丛生茎顶；花黄色；萼片 9，3 轮；花瓣 6；雄蕊 6，花药瓣裂。浆果，熟时暗蓝色，有白粉（图 18-22）。分布于长江流域及陕西、河南、福建。阔叶十大功劳及**细叶十大功劳** *M. fortunei*（Lindl.）**Fedde** 的茎（功劳木）能清热燥湿，泻火解毒；叶能清虚热，燥湿，解毒。

图 18-22 阔叶十大功劳（杨成梓提供）

（3）**小檗属** *Berberis* 约 500 种，我国有 250 多种。

拟豪猪刺 *B. soulieana* **C. K. Schneid.**、**小黄连刺** *B. wilsoniae* **Hemsl.**、**细叶小檗** *B. poiretii* **C. K. Schneid.**、**匙叶小檗** *B. vernae* **C. K. Schneid.** 等的根（三颗针）能清热燥湿，泻火解毒。拟豪猪刺的根皮（三颗针皮）也能药用。

常用药用植物还有**桃儿七** *Sinopodophyllum hexandrum*（Royle）**T. S. Ying**，成熟果实（小叶莲）能调经活血。**八角莲** *Dysosma versipellis*（Hance）M. Cheng ex T. S. Ying 和**六角莲** *D. pleiantha*（Hance）Woodson，根和根状茎能化痰散结，祛瘀止痛，清热解毒。

11. 防己科 Menispermaceae

$$♂ *K_{3+3} C_{3+3} A_{3\sim6, \infty}; ♀ *K_{3+3} C_{3+3} \underline{G}_{3\sim6:1:1}$$

【特征】

多年生草质或木质藤本。单叶互生，叶片常盾状着生，掌状叶脉；无托叶。花单性异株，聚伞花序或圆锥花序；萼片和花瓣均为 6 枚，2 轮，每轮 3 片；雄蕊通常 6，稀 2 至多数，花丝分离至合生；心皮多为 3，离生，子房上位，胚珠 2，仅 1 枚发育。核果，果核木质或骨质，马蹄形或肾形，表面有各式雕纹。

【药用植物】

本科约 65 属，350 余种，分布全世界的热带和亚热带地区。我国有 19 属，约 78 种，主要分布于长江流域及其以南各省区。已知药用 15 属，67 种。《中国药典》收载 7 种药物。

粉防己 *Stephania tetrandra* S. Moore 多年生缠绕藤本。叶阔三角状卵形，全缘，叶片盾状着生。花单性，雌雄异株；花序头状；雄花萼片、花瓣均为 4，雄蕊 4，花丝连成柱状体，上部盘状；雌花萼片和花瓣与雄花同数，子房上位，花柱 3。核果红色（图 18-23）。分布于浙江、安徽南部、江西、福建、广东和广西、台湾地区。生于山坡、丘陵地带的草丛及灌木林边缘。根（防己）能祛风止痛，利水消肿。

常用药用植物还有**蝙蝠葛** *Menispermum dauricum* DC.，根状茎（北豆根）能清热解毒，祛风止痛。**锡生藤** *Cissampelos pareira* L. var. *hirsuta*（Buch.-Ham. ex DC.）Forman，全株（亚乎奴）能消肿止痛，止血，生肌。**风龙** *Sinomenium acutum*（Thunb.）Rehder et E. H. Wilson 和**毛风龙** *S. acutum*（Thunb.）Rehder et E. H. Wilson var. *cinereum*（Diels）Rehder et E. H. Wilson，藤茎（青风藤）能祛风湿，通经络，利小便。**青牛胆** *Tinospora sagittata*（Oliv.）Gagnep. 和**金果榄** *T. capillipes* Gagnep.，块根（金果榄）清热解毒，利咽，止痛。**黄藤** *Fibraurea recisa* Pierre，藤茎（黄藤）能清热解毒，泻火通便；可从中提取黄藤素。

此外，中华青牛胆 *Tinospora sinensis*（Lour.）Merr. 或心叶青牛胆 *T. cordifolia*（Willd.）Miers 的茎（宽筋藤）亦可药用。

图 18-23 粉防己（葛菲、刘春生提供）

12. 木兰科 Magnoliaceae

$$\female *P_{6 \sim 12} A_{\infty} \underline{G}_{\infty \, : \, 1 \, : \, 1 \sim 2}$$

【特征】

木本；常具油细胞，有香气。单叶互生，常全缘；托叶大，包被幼芽，早落，在节上留下环状托叶痕。花大，单生于枝顶或叶腋；辐射对称，两性，稀单性；花被片 3 基数，6 ～ 12，每轮 3 片；雄蕊与雌蕊多数，分离，螺旋状排列在凸起的花托上；每心皮含胚珠 1 ～ 2。聚合蓇葖果，稀为浆果或具翅的小坚果（图 18-24）。

本科植物以含有挥发油、异喹啉类生物碱、木脂素、倍半萜内酯为化学特征。

【药用植物】

本科约 18 属，335 种左右，主要分布于北美和南美南回归线以北和亚洲的热带和亚热带至温带地区。我国有 14 属，165 种，主要分布华南与西南地区。已知药用 5 属，约 45 种。《中国药典》收载 9 种药物。

图 18-24 木兰科部分植物花的结构（王光志、樊锐锋提供）

1～9：玉兰，1. 花正面观；2. 花侧面观；3. 示花被、雄蕊和雌蕊的着生位置；4. 延长的花托，示雄蕊和雌蕊的
着生情况；5. 三基数花被排列；6. 雄蕊；7. 雄蕊特写，示花药开裂方式；8. 花托特写；9. 聚合蓇葖果；
10～12：八角茴香，10. 聚合蓇葖果；11. 一枚蓇葖果，示种子着生位置及数目；12. 种子；
13～15：五味子，13. 雄花；14. 雌花；15. 聚合浆果

（1）木兰属 *Magnolia* 约 90 种，我国约有 30 余种。

厚朴 *M. officinalis* Rehder et E. H. Wilson 落叶乔木。叶大，革质，顶端圆。花白色；花被 9 ～ 12。聚合蓇葖果木质，长椭圆状卵形（图 18-25）。分布于陕西、甘肃、河南、湖北、湖南、四川、贵州。多为栽培。厚朴及**凹叶厚朴 *M. officinalis* Rehder et E. H. Wilson var. *biloba* Rehder et E. H. Wilson** 的根皮、干皮和枝皮（厚朴）能燥湿消痰，下气除满；花蕾（厚朴花）能芳香化湿，理气宽中。

玉兰 *M. denudata* Desr. 落叶乔木。叶纸质，倒卵形、宽倒卵形或倒卵状椭圆形。花大，先叶开放，芳香，花被片 9 片，白色，蓇葖厚木质，褐色，具白色皮孔。种子心形，侧扁，外种皮红色，内种皮黑色（图 18-26）。产于江西（庐山）、浙江（天目山）、湖南（衡山）、贵州。生于海拔 500 ～ 1000 米的林中。现广泛栽培。玉兰、**望春花 *M. biondii* Pamp.、武当玉兰 *M. sprengeri* Pamp.** 的花蕾（辛夷）能散风寒，通鼻窍。

（2）八角属 *Illicium*[注] 约 50 种，我国有 28 种。

八角茴香 *I. verum* Hook. f. 常绿乔木。叶在顶端 3 ～ 6 片近轮生，革质，倒卵状椭圆形或倒披针形。花被

图 18-25 厚朴（王光志、吴清华提供）

图 18-26 玉兰（王光志提供）

注：《中国植物志》英文版将其列入八角科 Illiciaceae。

片 7～12，内轮肉质，粉红至深红色。聚合果 8～9
个蓇葖果组成（图 18-27）。主要分布于广西西部和南
部，多有栽培。果实（八角茴香）温阳散寒，理气止
痛。**地枫皮 *I. difengpi* K. I. B et K. I. N.ex B. N. Chang**
的树皮（地枫皮）能祛风除湿，行气止痛。莽草 *I. lan-
ceolatum* A. C. Smith 的根（红茴香根）也药用。

（3）五味子属 *Schisandra* [注]　约 30 种，我国约有
19 种。

五味子 *S. chinensis*（Turcz.）Baill.　落叶木质藤
本。叶近膜质，边缘具腺齿。花单性异株。花被片粉
白色或粉红色，6～9 片；雄花具雄蕊 5(6)枚，雌花
雌蕊群心皮 17～40 枚。聚合浆果排成穗状，熟时红色

图 18-27　八角茴香
（滕建北、周良云提供）

（图 18-28）。分布于东北、华北及宁夏、甘肃、山东等
地。生于海拔 1200～1700m 的沟谷、溪旁、山坡。果实（五味子）能收敛固涩，益气生津，补
肾宁心。**华中五味子 *S. sphenanthera* Rehder et E. H. Wilson** 的成熟果实（南五味子）功效同五
味子。

图 18-28　五味子（樊锐锋提供）

常用药用植物还有**内南五味子 *Kadsura interior* A. C. Smith**，藤茎（滇鸡血藤）能活血补血，
调经止痛，舒筋通络。厚叶五味子 *K. coccinea*（Lem.）A. C. Smith 的根（黑老虎根）、异形南五味
子 *K. heteroclita*（Roxb.）Craib 的藤茎（广西海风藤）亦可药用。

13. 樟科 Lauraceae

$$\male\female *P_{(6,9)} A_{(3,6,9,12)} \underline{G}_{(3:1:1)}$$

【特征】

多为常绿乔木；有香气。单叶，常互生；全缘，羽状脉或三出脉；无托叶。花序多种；花
小，多两性；辐射对称；花单被，通常 3 基数，排成 2 轮，基部合生；雄蕊 3～12 枚，通常 9，
排成 3 轮，第一、第二轮花药内向，第三轮外向，花丝基部常具腺体，花药 2～4 室，瓣裂；子
房上位，1 室，具 1 顶生胚珠。核果或浆果状，有时被宿存花被形成的果托包围基部。种子 1 粒。

本科植物具油细胞。主要化学特征是普遍含有挥发油和异喹啉类生物碱，此外尚含倍半萜、
黄酮、木脂素等成分。

注：《中国植物志》英文版中，五味子属 *Schisandra* 和南五味子属 *Kadsura* 列入五味子科 Schisandraceae。

【药用植物】

本科约 45 属，2000 ～ 2500 种，分布热带、亚热带地区。我国约有 20 属，423 种，43 变种和 5 变型主要分布长江以南各省区。已知药用 13 属，100 余种。《中国药典》收载 9 种药物。

（1）**樟属** *Cinnamomum*　约 250 种，我国约有 46 种和 1 变型。

肉桂 *C. cassia*（L.）**J. Presl**　常绿乔木，全株有香气。叶互生，长椭圆形，革质，全缘，具离基三出脉。圆锥花序腋生或近顶生；花小，黄绿色，花被 6，基部合生。核果椭圆形，黑紫色，宿存的花被管浅杯状，边缘截形或稍齿裂（图 18-29 Ⅰ）。广东、广西、福建、云南、台湾等省区的热带及亚热带地区广为栽培，其中尤以广西栽培为多。树皮（肉桂）能补火助阳，引火归原，散寒止痛，温通经脉；嫩枝（桂枝）能解发汗解肌，温经通络，助阳化气，平冲降气。枝、叶可经水蒸气蒸馏提取肉桂油。

樟 *C. camphora*（L.）**J. Presl**　常绿乔木，全体具樟脑味。叶互生，薄革质，卵形或卵状椭圆形，离基三出脉，脉腋有腺体。圆锥花序腋生；花被片 6，淡黄绿色，内面密生短柔毛；雄蕊 12，花药 4 室，花丝基部有 2 个腺体。果球形，紫黑色，果托杯状（图 18-29 Ⅱ）。产南方及西南各省区。常生于山坡或沟谷中，常有栽培。新鲜枝、叶经提取加工制成天然冰片，能开窍醒神，清热止痛。根、木材及叶的挥发油主含樟脑，能通关窍，利滞气，杀虫止痒，消肿止痛。根茎和根（香樟、樟树根）也可药用。

图 18-29　樟属植物（杨成梓、晁志提供）
Ⅰ.肉桂；Ⅱ.樟

此外，黄樟 *C. parthenoxylon*（Jack）Meisn. 的根和根状茎（香樟）、米槁 *C. migao* H. W. Li 的果实（大果木姜子）亦可药用。

（2）**山胡椒属** *Lindera*　约 100 种，我国有近40 种，9 变种，2 变型。

乌药 *L. aggregata*（Sims）**Kosterm.**　常绿灌木。根木质，膨大呈结节状。叶互生，革质，叶片椭圆形，背面密生灰白色柔毛，先端长渐尖或短尾尖，三出脉。花单性，异株；花小，伞形花房腋生；花药 2 室；雌花有退化雄蕊。核果椭圆形或圆形，半熟时红色，熟时黑色（图 18-30）。

图 18-30　乌药（刘守金提供）

分布于浙江、江西、福建、安徽、湖南、广东、广西、台湾等省区。生于向阳坡地、山谷或疏林灌丛中。块根（乌药）能行气止痛，温肾散寒。

香果树 *L. communis* Hemsl. 的成熟种子经压榨提取得到的固体脂肪（香果脂）可用作栓剂基质。

此外，**山鸡椒 *Litsea cubeba*（Lour.）Pers.** 的果实（荜澄茄）能温中散寒，行气止痛；根和根状茎（豆豉姜）也可药用。

14. 罂粟科 Papaveraceae

$$\male\female * \uparrow K_2 C_{4\sim6} A_{4\sim6,\ \infty} \underline{G}_{(2\sim\infty\ :\ 1\ :\ \infty)}$$

【特征】

草本。常具乳汁或有色汁液。叶基生或互生，无托叶。花两性，辐射对称或两侧对称；花单生或成总状、聚伞、圆锥等花序；萼片常2，早落；花瓣常4～6；雄蕊多数，离生，或6枚，合生成2束；雌蕊由2至多数心皮组成，子房上位，1室，侧膜胎座，胚珠多数。蒴果，孔裂或瓣裂。种子细小。

本科植物均含生物碱，以异喹啉类生物碱为主，几乎均含原阿片碱（protopine）。

【药用植物】

本科约38属，700余种，主要分布北温带。我国有18属，362种，分布全国。已知药用15属，130余种。《中国药典》收载7种药物。

（1）**罂粟属 *Papaver*** 约100种，我国有7种。

罂粟 *P. somniferum* L. 一年生或二年生草本，全株粉绿色，无毛，有白色乳汁。叶互生，长卵形，基部抱茎，边缘有缺刻。花单生，蕾时弯曲，开放时向上；花瓣4，白、红、淡紫等色；雄蕊多数，离生；心皮多数，侧膜胎座，无花柱，柱头具8～12辐射状分枝。蒴果近球形，于柱头分枝下孔裂（图18-31）。原产于南欧。本品严禁非法种植，仅特许某些单位栽培以供药用。果壳（罂粟壳）能敛肺，涩肠，止痛。

（2）**紫堇属 *Corydalis*** 约460种，我国有近360种。

延胡索 *C. yanhusuo*（Y. H. Chou et Chun C. Hsu）W. T. Wang ex Z. Y. Su et C. Y. Wu 多年生草本。块茎球形。叶二回三出复叶，二回裂片近无柄或具短柄，常2～3深裂，末回裂片披针形。总状花序顶生；苞片全缘或有少数牙齿；萼片2，早落；花冠两侧对称，花瓣4，紫红色。上面花瓣基部有长距；雄蕊6，花丝联合成2束，2心皮，子房上位。蒴果条形（图18-32）。分布于江苏、浙江，及湖北、河南、安徽等省。生于丘陵草地。块茎（延胡索）能活血，行气，止痛。齿瓣延胡索

图18-31 罂粟（姜续高提供）

图18-32 延胡索（张水利提供）

C. turtschaninovii Besser 的块茎是我国明代以前药材延胡索的正品，产于东北，目前在当地仍作延胡索应用。

地丁草 *C. bungeana* Turcz. 的全草（苦地丁）能清热解毒，散结消肿。**伏生紫堇 *C. decumbens*（Thunb.）Pers.** 的块茎（夏天无）能活血止痛，舒筋活络，祛风除湿。直茎黄堇 *C. stricta* Stephan ex Fisch. 的全草（直立紫堇）能清热解毒。

常用药用植物还有**白屈菜 *Chelidonium majus* L.**，全草（白屈菜）能解痉止痛，止咳平喘。细果角茴香 *Hypecoum leptocarpum* Hook. f. et Thomson，全草（节裂角茴香）能清热解毒。博落回 *Macleaya cordata*（Willd.）R. Br.，根或全草有大毒，外用能散瘀，祛风，止痛，杀虫；提取物（总生物碱）可用作兽药原料。

15. 十字花科 Brassicaceae（Cruciferae）

$$\hat{\male}* K_{2+2} C_4 A_{2+4} \underline{G}_{(2:1-2:1-\infty)}$$

【特征】

草本。单叶互生；无托叶。花两性，辐射对称，多排成总状花序；萼片4，2轮；花瓣4，十字形排列；雄蕊6，4长2短，为四强雄蕊，常在雄蕊基部有4个蜜腺；雌蕊由2心皮合生而成，子房上位，侧膜胎座，胎座边缘延伸成假隔膜（replum）将子房分成2室。长角果或短角果，多2瓣开裂（图18-33）。

本科以含有芥子酸及葡萄糖异硫氰酸酯类化合物为其化学特征。

图 18-33　十字花科部分植物花和果实的结构（王光志提供）
1～6：诸葛菜，1.花枝；2.花纵剖面；3.雄蕊和子房；4.一朵花解剖；
5.花萼花冠排列；6.四强雄蕊和雌蕊；7.荠菜的短角果；
8.油菜的长角果；9.示果实开裂情况和假隔膜；
10.油菜胎座框和假隔膜，示种子着生位置

【药用植物】

本科约 300 属，3200 种，分布全球，以北温带为多。我国约有 95 属，425 种。已知药用 30 属，103 种。《中国药典》收载 10 种药物。

（1）**菘蓝属** *Isatis*　约 350 种，我国有 6 种。

菘蓝 *I. indigotica* Fortune　一年生或二年生草本。主根圆柱形。叶互生；基生叶有柄，长圆状椭圆形；茎生叶长圆状披针形，基部垂耳圆形，半抱茎。圆锥花序；花小，黄色。短角果扁平，边缘有翅，紫色，不开裂，1 室。种子 1 枚（图 18-34）。各地有栽培。根（板蓝根）能清热解毒，凉血利咽。叶（大青叶）能清热解毒，凉血消斑；尚可加工制成青黛，能清热解毒，凉血消斑，泻火定惊。

（2）**萝卜属** *Raphanus*　8 种，我国有 2 种。

萝卜 *R. sativus* L.　一年生或二年生草本。根肉质，长圆形、球形或圆锥形，外皮绿色、白色或红色。基生叶和下部茎生叶大头羽状半裂，上部叶长圆形。花白色、紫色或粉红色。长角果圆柱形，在种子间缢缩。种子卵形，微扁（图 18-35）。全国各地均有栽培。鲜根（莱菔）能消食卜气，化痰，止血，解渴，利尿。开花结实后的老根（地骷髅）能消食理气，清肺利咽，散瘀消肿。种子（莱菔子）能消食除胀，降气化痰。

常用药用植物还有**芥** *Brassica juncea*（L.）Czern. et Coss，种子（芥子，习称黄芥子）能温肺豁痰利气，散结通络止痛。**播娘蒿** *Descurainia sophia*（L.）Webb ex Prantl，种子（葶苈子）能泻肺平喘，行水消肿。**独行菜** *Lepidium apetalum* Willd.，种子（葶苈子）功效同南葶苈子。**无茎芥** *Pegaeophyton scapiflorum*（Hook. f. et Thomson）C. Marquand et Airy Shaw，根和根状茎（高山辣根菜）能清热解毒，清肺止咳，止血，消肿。**白芥** *Sinapis alba* L.，种子（芥子，习称白芥子）功效同黄芥子。**菥蓂** *Thlaspi arvense* L.，地上部分（菥蓂）能清肝明目，和中利湿，解毒消肿。

此外，荠菜 *Capsella bursa-pastoris*（L.）Medic.、蔊菜 *Rorippa indica*（L.）Hiern 的全草等亦可药用。蔊菜中的蔊菜素能祛痰镇咳，用于治疗慢性支气管炎。玛咖 *Lepidium meyenii* Walp. 原产秘鲁，近年西南、西北地区有较大面积栽培，根具有滋补强壮作用，也用于绝经期综合征的辅助治疗。

图 18-34　菘蓝（王海提供）

图 18-35　萝卜（王光志提供）

16. 景天科 Crassulaceae

$$\male\female *K_{4\sim5,\,(4\sim5)}\,C_{4\sim5,\,(4\sim5)}\,A_{4\sim5,\,8\sim10}\,\underline{G}_{4\sim5\,:\,1\,:\,\infty}$$

【特征】

多为肉质草本或亚灌木。多单叶，互生、对生或轮生。花多两性，辐射对称；聚伞花序或单生；萼片与花瓣均 4～5，分离或合生；雄蕊与花瓣同数或为其 2 倍；心皮 4～5，离生，子房上位，胚珠多数，每心皮基部有 1 鳞片状腺体。蓇葖果。

【药用植物】

本科约 34 属，1500 多种，广布全球。我国约 10 属，242 种，广布全国。已知药用 8 属，68 种。《中国药典》收载 4 种药物。

垂盆草 *Sedum sarmentosum* **Bunge** 多年生肉质草本。全株无毛。不育茎匍匐，接近地面的节处易生根。叶常为 3 片轮生；叶片倒披针形至长圆形，先端近急尖，基部急狭而下延，全缘。聚伞花序顶生，有 3～5 分枝；花瓣 5，黄色；雄蕊 10，2 轮；心皮 5，长圆形，略叉开。蓇葖果（图 18-36）。分布全国大部分地区。生于山坡、石隙、沟旁及路边湿润处。全草（垂盆草）能利湿退黄，清热解毒。

常用药用植物还有**瓦松** *Orostachys fimbriata*（**Turcz.**）**A. Berger**，地上部分（瓦松）能凉血止血，解毒，敛疮。**大花红景天** *Rhodiola crenulata*（**Hook. f. et Thomson**）**H. Ohba**，根及根茎（红景天）能益气活血，通脉平喘。圣地红景天 *Rh. sacra*（Prain ex Raym.-Hamet）S. H. Fu 的根及根状茎（圣地红景天）也可药用。

图 18-36 垂盆草（王瑜亮提供）

17. 虎耳草科 Saxifragaceae

$$\male\female * \uparrow K_{4\sim5}\,C_{4\sim5,\,0}\,A_{4\sim5,\,8\sim10}\,\underline{G}_{(2\sim5\,:\,2\sim5\,:\,\infty)},\ \overline{G}_{(2\sim5\,:\,2\sim5\,:\,\infty)}$$

【特征】

草本或木本。多单叶，互生或对生；常无托叶。花序种种；花常两性；萼片、花瓣 4～5；雄蕊与花瓣同数或为其倍数，着生于花瓣上；心皮 2～5，全部或基部合生，子房上位至下位，2～5 室，侧膜胎座或中轴胎座，胚珠多数。蒴果或浆果。种子常具翅。

【药用植物】

本科约 80 属，1200 种，分布于温带。我国有 28 属，约 500 种，分布全国。已知药用 24 属，155 种。《中国药典》收载 3 种药物。

常用药用植物有**常山** *Dichroa febrifuga* **Lour.**，根（常山）能涌吐痰涎，截疟。**岩白菜** *Bergenia purpurascens*（**Hook. f. et Thomson**）**Engl.**，根状茎（岩白菜）能收敛止泻，止血止咳，舒筋活络。此外，唐古特虎耳草 *Saxifraga tangutica* Engl. 的全草（迭达）也可药用。

18. 蔷薇科 Rosaceae

$$♀ *K_5 C_5 A_{4\sim\infty} \underline{G}_{1\sim\infty} : 1 : 1\sim\infty, \overline{G}_{(2\sim5 : 2\sim5 : 2, 1\sim\infty)}$$

【特征】

草本或木本。常具刺。单叶或复叶，多互生，常有托叶。花两性，辐射对称；单生或排成伞房、圆锥花序；花托凸起或凹陷，边缘延伸成一碟状、杯状、坛状或壶状的托杯（hypanthium），又称萼筒、花托筒、被丝托等，萼片、花瓣和雄蕊均着生于托杯的边缘；萼片5；花瓣5，分离，稀无瓣；雄蕊通常多数；心皮1至多数，分离或结合，子房上位至下位，每室1至多数胚珠。蓇葖果、瘦果、核果或梨果（图18-37、38）。

本科植物主要含有氰苷、多元酚类、黄酮类、有机酸、香豆素类及三萜类化合物。

蔷薇科各亚科花果实的比较		
	花的纵剖面	果实的纵剖面
绣线菊亚科		
蔷薇亚科		蔷薇属　草莓属　悬钩子属
苹果亚科		
李亚科		

图 18-37　蔷薇科各亚科花果的比较图解

图 18-38　蔷薇科部分植物花的结构（王光志提供）

1～4：粉花绣线菊，1. 花朵全形；2. 花托侧面观；3～4. 花托剖面，示离生雌蕊着生情况；

5～8：桃，5. 花正面观；6. 花背面观；7. 花托剖面，示子房、雄蕊和花托的位置关系；8. 核果；

9～12：粉团蔷薇，9. 花正面观；10. 花解剖；

11. 花纵剖面，示花的各部之间的着生关系；12. 羽状复叶和花枝；

13. 草莓，示圆锥形花托及聚合瘦果；

14～16：贴梗海棠，14. 花朵全形；15. 花解剖；16. 子房，示子房位置和心皮个数

【亚科及主要药用属检索表】

1. 果实为开裂的蓇葖果；多无托叶 ……………………………… 绣线菊亚科 Spiraeoideae 绣线菊属 *Spiraea*

1. 果不开裂；有托叶。

　2. 子房上位。

　　3. 心皮通常多数，分离；聚合瘦果或聚合小核果；萼宿存；多为复叶 ………………… 蔷薇亚科 Rosoideae

　　　4. 雌蕊由杯状或坛状的托杯包围。

　　　　5. 雌蕊多数；果期托杯肉质而有色泽；灌木 ………………………………………… 蔷薇属 *Rosa*

　　　　5. 雌蕊 1～3；果期托杯干燥坚硬；草本。

　　　　　6. 有花瓣；萼裂片 5；托杯陀螺状，上部有钩状刺毛 ……………………… 龙牙草属 *Agrimonia*

　　　　　6. 无花瓣；萼裂片 4；托杯无钩状刺毛 ………………………………………… 地榆属 *Sanguisorba*

　　　4. 托杯碟状，雌蕊生于平坦或隆起的花托上。

　　　　7. 心皮含 2 枚胚珠；小核果成聚合果；植株有刺 ………………………………… 悬钩子属 *Rubus*

　　　　7. 心皮含 1 枚胚珠；瘦果，分离；植株无刺。

　　　　　8. 花柱顶生或近顶生，在果期延长 …………………………………………… 路边青属 *Geum*

　　　　　8. 花柱侧生，基生或近顶生，在果期不延长。

　　　　　　9. 果期花托干燥 ……………………………………………………………… 委陵菜属 *Potentilla*

　　　　　　9. 果期花托膨大，肉质 ……………………………………………………… 蛇莓属 *Duchesnea*

　　3. 心皮常 1；核果；萼常脱落；单叶 …………………………………………………… 李亚科 Prunoideae

　　　10. 灌木，常有刺，枝条髓部呈薄片状；花柱侧生 ……………………………… 扁核木属 *Prinsepia*

　　　10. 乔木或灌木，枝条髓部坚实；花柱顶生 ……………………………………… 李属 *Prunus*

　2. 子房下位或半下位 ………………………………………………………………… 苹果亚科 Maloideae

　　11. 内果皮成熟时骨质，果实含 1～5 小核 ……………………………………… 山楂属 *Crataegus*

　　11. 内果皮成熟时革质或纸质，每室含 1 至多数种子。

　　　12. 花单生或簇生；托杯外面无毛，萼片脱落；花柱基部合生，子房每室含多数胚珠

　　　　…………………………………………………………………………………… 木瓜属 *Chaenomeles*

　　　12. 圆锥花序；心皮全部合生，果期萼片宿存；叶常绿 ……………………… 枇杷属 *Briobotrya*

【药用植物】

本科约 124 属，3300 种，分布全球。我国约有 51 属，1000 余种，分布全国。已知药用 48 属，400 余种。《中国药典》收载 28 种药物。

蔷薇科根据花托、被丝托的形态、心皮数目及合生情况、子房位置及果实类型分为绣线菊亚科、蔷薇亚科、苹果亚科和李亚科。

（1）绣线菊亚科 Spiraeoideae 灌木。单叶，稀复叶；多无托叶。心皮 1～5，常离生；子房上位，周位花；具 2 至多数胚珠。蓇葖果，稀蒴果。

（2）蔷薇亚科 Rosoideae 灌木或草本。多为羽状复叶，有托叶。被丝托碟形、杯状壶状或凸起；心皮多数，离生，子房上位，周位花。聚合瘦果或聚合小核果。萼片多宿存。

①蔷薇属 Rosa 约 200 种，我国有近 82 种。

金樱子 *R. laevigata* Michx. 常绿攀缘有刺灌木。羽状复叶；小叶 3，稀 5，椭圆状卵形，叶片近革质。花大，白色，单生于侧枝顶端。蔷薇果倒卵形，密生直刺，顶端具宿存萼片（图 18-39）。产华东、华中、华南、西南等地。喜生于向阳的山野、田边、溪畔灌木丛中。果实（金樱子）能

固精缩尿，固崩止带，涩肠止泻；根（金樱根）能收敛固涩，止血敛疮，祛风活血，止痛，杀虫。小果蔷薇 *R. cymosa* Tratt. 和粉团蔷薇 *R. multiflora* Thunb. var. *cathayensis* Rehder et E. H. Wilson 的根也做金樱根药用。

月季 ***R. chinensis* Jacq.** 的花（月季花）能活血调经，疏肝解郁。玫瑰 ***R. rugosa* Thunb.** 的花蕾（玫瑰花）能行气解郁，和血，止痛。山刺玫 *R. davurica* Pall. 的果实（刺玫果）也可药用。

②悬钩子属 *Rubus*　约 700 种，我国有近 194 种。

华东覆盆子 ***R. chingii* Hu**　落叶灌木，有皮刺。单叶互生，掌状深裂，边缘有重锯齿；托叶条形。花单生于短枝顶端，白色。聚合小核果，球形，红色（图 18-40）。分布于江苏、安徽、浙江、江西、福建等省。生于山坡林边或溪边。果实（覆盆子）能益肾固精缩尿，养肝明目。

茅莓 *R. parvifolius* L. 的根（茅莓根）、绒毛悬钩子 *R. idaeus* L. 的茎（珍珠杆）、库页悬钩子 *R. sachalinensis* H. Lév. 的茎枝（悬钩子木）等均可药用。

③地榆属 *Sanguisorba*　约 30 种，我国有 7 种。

地榆 ***S. officinalis* L.**　多年生草本。根粗壮，多呈纺锤状。奇数羽状复叶，基生叶，小叶片卵形或长圆形，先端圆钝，基部心形或浅心形。穗状花序椭圆形、圆柱形或卵球形，紫色或暗紫色，从花序顶端向下开放；萼片 4，紫红色；无花瓣；雄蕊 4。瘦果褐色，外有 4 棱（图 18-41）。分布全国大部分地区。生于山坡、草地。地榆和长叶地榆 *S. officinalis* L. var. *longifolia*（**Bertol.**）**T. T. Yu et C. L. Li** 的根（地榆）能凉血止血，解毒敛疮。

本亚科常用药用植物还有**龙芽草** *Agrimonia pilosa* **Ledeb.**，地上部分（仙鹤草）能收敛止血，截疟，止痢，解毒，补虚。**路边青** *Geum aleppicum* **Jacq.** 和**柔毛路边青** *G. japonicum* **Thunb. var. *chinense* F. Bolle**，全草（蓝布正）能益气健脾，补血养阴，润肺化痰。**委陵菜** *Potentilla chinensis* **Ser.**，全草（委陵菜）能清热解毒，凉血止痢。**翻白草** *P. discolor* **Bunge**，全草（翻白草）能清热解毒，止痢，止血。**蛇莓** *Duchesnea indica*（**Andrews**）**Focke** 的全草（蛇莓）、**东方草莓** *Fragaria orientalis* **Losinsk.** 的全草（志达萨增）等也可药用。

图 18-39　金樱子（杨成梓提供）

图 18-40　华东覆盆子（葛菲提供）

图 18-41　地榆（王海、樊锐锋提供）

（3）苹果亚科 Maloideae　灌木或乔木。单叶或复叶；有托叶。心皮 2 ～ 5，多数与托杯内壁连合；子房下位，上位花；2 ～ 5 室，各具 2 胚珠，少数具 1 至多数胚珠。梨果或浆果状。

①山楂属 *Crataegus*　1000 种以上，我国约有 18 种。

山楂 *C. pinnatifida* Bunge　落叶乔木。小枝紫褐色，通常有刺。叶宽卵形至菱状卵形，两侧各有 3 ～ 5 羽状深裂片，边缘有尖锐重锯齿；托叶较大，镰形。伞房花序；花白色。梨果近球形，直径 1 ～ 1.5cm，表面深红色而带有灰白色斑点（图 18-42）。分布于东北、华北及黄河中下游一带。生于山坡林缘。果实（山楂）能消食健胃，行气散瘀，化浊降脂。叶（山楂叶）能活血化瘀，理气通脉，化浊降气。山楂变种**山里红 *C. pinnatifida* Bunge var. *major* N. E. Br.** 的果实与叶同等药用。野山楂 *C. cuneata* Siebold et Zucc. 的果实（南山楂）也可药用。

图 18-42　山楂（刘长利提供）

②**木瓜属 *Chaenomeles***　约 5 种，我国有 5 种。

贴梗海棠 *Ch. speciosa*（Sweet）Nakai　落叶灌木。枝有刺。叶卵形至长椭圆形，叶缘有尖锐锯齿；托叶大型，肾形或半圆形。花先叶开放，猩红色，稀淡红色或白色，3 ～ 5 朵簇生；花梗粗短；托杯钟状。梨果球形或卵形，直径 4 ～ 6cm，黄色或黄绿色，芳香（图 18-43）。分布华东、华中及西南各地。多栽培。果实（木瓜）能舒筋活络，和胃化湿。木瓜 *Ch. sinensis*（Thouin）Koehne 的果实同等药用。

图 18-43　贴梗海棠（刘长利提供）

本亚科药用植物还有**枇杷 *Eriobotrya japonica*（Thunb.）Lindl.**，叶（枇杷叶）能清肺止咳，降逆止呕。台湾林檎 *Malus doumeri*（Bois）A. Chev.，果实（广山楂）可药用。

（4）**李亚科 Prunoideae**　木本。单叶；有托叶。心皮 1，子房上位，周位花；1 室，胚珠 2。核果，肉质。

①**李属 *Prunus***　约 30 种，我国有约 7 种。

杏 *P. armeniaca* L.　落叶乔木。单叶互生；叶片卵圆形或宽卵形。春季先叶开花，花单生枝顶；花萼 5 裂；花瓣 5，白色或浅粉红色；雄蕊多数；雌蕊单心皮。核果球形。种子 1，心状卵形，浅红色（图 18-44）。分布全国各地。多为栽培。杏与**山杏 *P. armeniaca* L. var. *ansu* Maxim.**、**西伯利亚杏 *P. sibirica* L.**、**东北杏 *P. mandshurica*（Maxim.）Koehne** 的种子（苦杏仁）能降气止咳平喘，润肠通便。

图 18-44　杏（刘长利、徐晔春提供）

梅 *P. mume*（Siebold）Siebold et Zucc. 的近成熟果实经熏焙后（乌梅）能敛肺，涩肠，生津，安蛔；花蕾（梅花）能疏肝和中，化痰散结。桃 *P. persica*（L.）Batsch 和山桃 *P. davidiana*（Carriére）Franch. 的种子（桃仁）能活血祛瘀，润肠通便，止咳平喘。桃的干燥枝条（桃枝）能活血通络，解毒杀虫。**郁李 *P. japonica* Thunb.**、**欧李 *P. humilis* Bunge** 和**长梗扁桃 *P. pedunculata*** （**Pall.**）**Maxim.** 的种子（郁李仁）能润燥滑肠，下气利水。

②**扁核木属 *Prinsepia***　约 5 种，我国有 4 种。

蕤核 *P. uniflora* Batalin 和**齿叶扁核木 *P. uniflora* Batalin var. *serrata* Rehder** 的果核（蕤仁）能疏风散热，养肝明目。

19. 豆科 Fabaceae（Leguminosae）

$$♀ * ↑ K_{5,(5)} C_5 A_{(9)+1,10,∞} \underline{G}_{1:1:1∼∞}$$

【特征】

草本，木本或藤本。叶互生，多为复叶，有托叶，有叶枕（叶柄基部膨大的部分）。花序各种；花两性；花萼 5 裂，花瓣 5，多为蝶形花，少数为假蝶形花和辐射对称花；雄蕊 10，多二体雄蕊，少数分离或下部合生，稀多数；心皮 1，子房上位，胚珠 1 至多数，边缘胎座。荚果，种子无胚乳（图 18-45）。

本科植物化学成分类型丰富，含有黄酮类、生物碱类、萜类、香豆素类、蒽醌类、甾类、鞣质类、氨基酸类、脂肪酸类、多糖类等。

图 18-45　豆科部分植物花的结构（王光志提供）

1～3：豌豆，1. 蝶形花侧面观；2. 花瓣解离；3. 二体雄蕊；
4～6：云实，4. 假蝶形花正面观；5. 花瓣解离；6. 示 10 枚离生雄蕊及雌蕊；
7～9：山合欢，7. 花序；8. 一朵辐射对称花，示花萼、花冠及花丝着生情况；
9. 雄蕊和雌蕊；10. 豌豆的荚果

【亚科及主要药用属检索表】

1. 花辐射对称；花瓣镊合状排列；雄蕊多数或有定数······含羞草亚科 Mimosoideae

　　2. 雄蕊多数，荚果不横列为数节。

　　　　3. 花丝连合成管状······合欢属 *Albizia*

　　　　3. 花丝分离······金合欢属 *Acacia*

　　2. 雄蕊 5 或 10；荚果成熟时裂为数节 ······含羞草属 *Mimosa*

1. 花两侧对称；花瓣覆瓦状排列；雄蕊常为 10。

　　4. 花冠假蝶形；雄蕊分离··云实亚科 Caesalpinioideae

　　　5. 单叶···紫荆属 *Cercis*

　　5. 羽状复叶。

　　　6. 茎枝或叶轴有刺。

　　　　7. 小叶边缘有齿；花杂性或单性异株···皂荚属 *Gleditsia*

　　　　7. 小叶全缘；花两性···云实属 *Caesalpinia*

　　　6. 植株无刺···决明属 *Cassia*

　　4. 花冠蝶形；雄蕊分离或合生···蝶形花亚科 Papilionoideae

　　　8. 雄蕊 10，分离或仅基部合生···槐属 *Sophora*

　　　8. 雄蕊 10，合生成单体或二体，多具明显的雄蕊管。

　　　　9. 单体或二体雄蕊。

　　　　　10. 藤本；三出复叶。

　　　　　　11. 花萼钟形；具块根···葛属 *Pueraria*

　　　　　　11. 花萼二唇形；不具块根···刀豆属 *Canavalia*

　　　　　10. 草本；单叶。

　　　　　　12. 荚果不肿胀，常含 1 枚种子，不开裂·······························补骨脂属 *Psoralea*

　　　　　　12. 荚果肿胀，含种子 2 枚以上，开裂·································猪屎豆属 *Crotalaria*

　　　　9. 二体雄蕊。

　　　　　13. 小叶 1 ～ 3 片。

　　　　　　14. 叶缘有锯齿；托叶与叶柄连合····································胡芦巴属 *Trigonella*

　　　　　　14. 叶全缘或具裂片；托叶不与叶柄连合。

　　　　　　　15. 花轴延续一致而无节瘤···大豆属 *Glycine*

　　　　　　　15. 花轴于花着生处常凸出为节，或隆起如瘤。

　　　　　　　　16. 花柱无须毛。

　　　　　　　　　17. 枝条有刺；旗瓣大于翼瓣和龙骨瓣····················刺桐属 *Erythrina*

　　　　　　　　　17. 无刺；所有花瓣长度几相等························密花豆属 *Spatholobus*

　　　　　　　　16. 花柱上部具纵列的须毛，或于柱头周围具毛茸。

　　　　　　　　　18. 柱头倾斜··豇豆属 *Vigna*

　　　　　　　　　18. 柱头顶生··扁豆属 *Dolichos*

　　　　　13. 小叶 5 至多片。

　　　　　　19. 木质藤本；圆锥花序···崖豆藤属 *Millettia*

　　　　　　19. 草本；总状、穗状或头状花序。

　　　　　　　20. 荚果通常肿胀，常因背缝线深延而纵隔为 2 室···········黄芪属 *Astragalus*

　　　　　　　20. 荚果通常有刺或瘤状突起，1 室·····················甘草属 *Glycyrrhiza*

【药用植物】

　　本科约 650 属，18000 种，广布全球。我国 172 属，约 1485 种，分布全国。已知药用 109 属，600 余种。《中国药典》收载 45 种药物。

　　根据花的对称特征、花冠形态、雄蕊数目与类型等，将豆科分为 3 个亚科：含羞草亚科、云实亚科和蝶形花亚科。

　　（1）含羞草亚科 Mimosoideae　多木本，稀草本。二回羽状复叶。穗状或头状花序；花辐射对称；花瓣镊合状；雄蕊多数。

合欢 *Albizia julibrissin* Durazz. 落叶乔木。二回羽状复叶，小叶镰刀状，两侧不对称。头状花序，伞房状排列；雄蕊多数，花丝细长，淡红色。荚果扁条形（图18-46）。分布全国各地。常见栽培。树皮（合欢皮）能解郁安神，活血消肿；花（合欢花）能解郁安神。

本亚科常用药用植物还有**榼藤子** *Entada phaseoloides*（L.）Merr.，种子（榼藤子）能补气补血，健胃消食，除风止痛，强筋硬骨；藤茎（过岗龙）亦可药用。**儿茶** *Acacia catechu*（**L. f.**）**Willd.**，枝、干可加工成儿茶，能活血止痛，止血生肌，收湿敛疮，清肺化痰。

（2）云实亚科 Caesalpinioideae 木本，稀草本。叶多为偶数羽状复叶；花两侧对称；花冠假蝶形，雄蕊10枚，常分离。

①**决明属** *Cassia* 约600种，我国有近20种。

决明 *C. obtusifolia* L. 一年生半灌木状草本。羽状复叶；小叶3对，倒卵形；叶轴上仅最下方一对小叶间有棒状的腺体1枚。花成对腋生；萼片、花瓣均为5，花冠黄色；雄蕊10，能育者7枚，花药有短喙，顶孔开裂。荚果细长，下弯呈镰状，近四棱形，长15～20cm。种子棱柱形，淡褐色，有光泽（图18-47）。原产热带美洲，我国有栽培。**小决明** *C. tora* L.，分布于长江以南各省区，生于山坡、旷野及河滩、沙地上。决明和小决明的种子（决明子）能清热明目，润肠通便。

狭叶番泻 *C. angustifolia* Vahl 或**尖叶番泻** *C. acutifolia* Delile 的小叶（番泻叶）能泄热行滞，通便，利水。

②**皂荚属** *Gleditsia* 约16种，我国有6种。

皂荚 *G. sinensis* Lam. 落叶乔木。棘刺粗壮，常有分枝。小枝无毛。一回偶数羽状复叶；小叶3～9对，卵状矩圆形，边缘有圆锯齿。总状花序，花杂性；花萼钟状；花瓣白色；子房条形。荚果条形，黑棕色，有白色粉霜（图18-48）。分布于我国大部分地区。生于山坡林中或谷地、路旁。常栽培于庭院或宅旁。不育果实（猪牙皂）和成熟果实（大皂角）能祛痰开窍，散结消肿；棘刺（皂角刺）能消肿托毒，排脓，杀虫。

本亚科常用药用植物还有**苏木** *Caesalpinia sappan* L.，心材（苏木）能活血祛瘀，消肿止痛。

（3）蝶形花亚科 Papilionoideae 草本或木本。叶多为奇数羽状复叶或三出复叶，常有托叶。花两侧对称，蝶形花冠；多为（9）+1式二体雄蕊。

①**黄芪属** *Astragalus* 2000多种，我国有约278种。

膜荚黄芪 *A. membranaceus*（Fisch.）Bunge 多年生草本。主根粗长，圆柱形。羽状复叶，小叶13～27，卵状披针形或椭圆形，两面被白色长柔毛。总状花序腋

图 18-46 合欢（晃志、白吉庆提供）

图 18-47 决明（晃志提供）

图 18-48 皂荚（王光志提供）

生；花黄白色，偶带紫红色；雄蕊 10，二体；子房被柔毛。荚果膜质，膨胀，卵状矩圆形，有长柄，被黑色短柔毛（图 18-49）。分布东北、华北及甘肃、四川、西藏等地。生于林缘、灌丛或疏林下，亦见于山坡草地或草甸中。**膜荚黄芪**及**蒙古黄芪** *A. membranaceus* Fisch. ex Bunge var. *mongholicus*（Bunge）P. K. Hsiao 的根（黄芪）能补气升阳，固表止汗，利水消肿，生津养血，行滞通痹，托毒排脓，敛疮生肌。

扁茎黄芪 *A. complanatus* R. Br. ex Bunge 的种子（沙苑子）能补肾助阳，固精缩尿，养肝明目。

②**甘草属** *Glycyrrhiza*　约 20 种，我国有 8 种。

甘草 *G. uralensis* Fisch. ex DC.　多年生草本。根状茎横走；主根粗长，外皮红棕色或暗棕色。全株被白色短毛及刺毛状腺体。羽状复叶，小叶 5～17，卵形至宽卵形。总状花序腋生；花冠蓝紫色；雄蕊 10，二体。荚果镰刀状或环状弯曲，密被刺状腺毛及短毛（图 18-50）。分布东北、华北、西北地区。生于干旱沙地、河岸砂质地、山坡草地及盐渍化土壤中。甘草和**胀果甘草** *G. inflata* Bat.、**光果甘草** *G. glabra* L. 的根和根状茎（甘草）均能补脾益气，清热解毒，祛痰止咳，缓急止痛，调和诸药。

③**葛属** *Pueraria*　约 35 种，我国有 8 种。

野葛 *P. lobata*（Willd.）Ohwi　藤本。全株被黄色长硬毛。三出复叶，顶生小叶菱状卵形。总状花序腋生；花密集，花冠紫色。荚果条形，扁平（图 18-51）。分布全国。生于山地疏或密林中。根（葛根）能解肌退热，生津止渴，透疹，升阳止泻，通经活络，解酒毒。**甘葛藤** *P. thomsonii* Benth. 的根（粉葛）功效同葛根。

本亚科常用药用植物还有**广州相思子** *Abrus cantoniensis* Hance，全株（鸡骨草）能利湿退黄，清热解毒，疏肝止痛。**刀豆** *Canavalia gladiata*（Jacq.）DC.，种子（刀豆）能温中，下气，止呃。**降香檀** *Dalbergia odorifera* T. C. Chen，树干和根的心材（降香）能化瘀止血，理气止痛。**广金钱草** *Desmodium styracifolium*（Osbeck）Merr.，地上部分（广金钱草）能利湿退黄，利尿通淋。**扁豆** *Dolichos lablab* L.，种子（白扁豆）能健脾化湿，和中消暑。**大豆** *Glycine max*（L.）Merr.，种子加工成大豆黄卷，能解表祛暑，清热利湿；加工成淡豆豉，能解表，除烦，宣发郁热；种子黑色者（黑豆）能益精明目，养血祛风，利水，解毒。**多序岩黄芪** *Hedysarum polybotrys* Hand.-Mazz.，根（红芪）能补气升阳，固表止汗，利水消肿，生津养血，行滞通痹，托毒排脓，敛疮生肌。**补骨脂** *Psoralea corylifolia* L.，果实（补骨脂）能补肾助阳，纳气平喘，温脾止泻。

图 18-49　膜荚黄芪（王海提供）

图 18-50　甘草（刘长利提供）

图 18-51　野葛（王海提供）

槐 *Sophora japonica* **L.**，花及花蕾（槐花）能凉血止血，清肝泻火；果实（槐角）能清热泻火，凉血止血；嫩枝（槐枝）也可药用。**苦参** *S. flavescens* **Aiton** 的根（苦参）能清热燥湿，杀虫，利尿。**越南槐** *S. tonkinensis* **Gagnep.** 的根及根状茎（山豆根）能清热解毒，消肿利咽。**密花豆** *Spatholobus suberectus* **Dunn**，藤茎（鸡血藤）能活血补血，调经止痛，舒筋活络。**胡芦巴** *Trigonella foenum-graecum* **L.**，种子（胡芦巴）能温肾助阳，祛寒止痛。**赤小豆** *Vigna umbellata*（**Thunb.**）**Ohwi et H. Ohashi** 和**赤豆** *V. angularis*（**Willd.**）**Ohwi et H. Ohashi**，种子（赤小豆）能利水消肿，解毒排脓。

此外，落花生 *Arachis hypogaea* L. 的成熟种子的种皮（花生衣），毛杭子梢 *Campylotropis hirtella*（Franch.）Schindl. 的根（大红袍），小槐花 *Desmodium caudatum*（Thunb.）DC. 的地上部分（小槐花），乔木刺桐 *Erythrina arborescens* Roxb. 或刺桐 *E. variegata* L. var. *orientalis*（L.）Merr. 的树皮（海桐皮），米口袋 *Gueldenstaedtia verna*（Georgi）Boriss. 的全草（甜地丁），细梗胡枝子 *Lespedeza virgata*（Thunb.）DC. 的全草（细梗胡枝子），丰城崖豆藤 *Millettia nitida* Benth. var. *hirsutissima* Z. Wei 的藤茎（丰城鸡血藤），疏叶崖豆 *M. pulchra*（Benth.）Kurz var. *laxior*（Dunn）Z. Wei 的块根（大罗伞、玉郎伞），绣毛千斤拔 *Maughania ferruginea*（Wall. ex Benth.）H. L. Li、大叶千斤拔 *M. macrophylla*（Willd.）Kuntze 和蔓性千斤拔 *M. philippinensis*（Merr. et Rolfe）H. L. Li 的根（千金拔），轮叶棘豆 *Oxytropis chiliophylla* Royle ex Benth. 和镰形棘豆 *O. falcata* Bunge 的全草（莪大夏），狐尾藻棘豆 *O. myriophylla*（Pall.）DC. 的全草（多叶棘豆），绿豆 *Phaseolus radiatus* L. 的种子（绿豆），紫檀 *Pterocarpus santalinus* L.[注] 的木材（紫檀香），山野豌豆 *Vicia amoena* Fisch. ex Ser.、毛山野豌豆 *V. amoena* Fisch. ex Ser. var. *sericea* Kitag.、狭山野豌豆 *V. amoena* Fisch. ex Ser. var. *angusta* Freyn.、广布野豌豆 *V. cracca* L. 和假香野豌豆 *V. pseudo-orobus* Fisch. et C. A. Mey. 的地上部分（透骨草）等，均可药用。

20. 芸香科 Rutaceae

$$\text{☿} *K_{3\sim5} C_{3\sim5} A_{3\sim\infty} \underline{G}_{(2\sim\infty:2\sim\infty:1\sim2)}$$

【特征】

木本，稀草本。有时具刺。叶、花、果常有透明油点。叶常互生；多为复叶或单身复叶，少单叶；无托叶。花多两性；辐射对称；单生或排成各式花序；萼片 3～5；花瓣 3～5；雄蕊与花瓣同数或为其倍数，生于花盘基部；心皮 2～5 或更多，多合生，子房上位，中轴胎座，每室胚珠 1～2。柑果、蒴果、核果和蓇葖果，稀翅果（图 18-52）。

本科植物含有多种化学成分，主要含有生物碱类、黄酮类、木脂素类、萜类、香豆素类及酰胺类化合物。

注：又名檀香紫檀，特产于印度南部，我国产为紫檀 *Pterocarpus indicus* Willd.。

图 18-52 芸香科部分植物花的结构（王光志提供）

1～4：枳，1. 花正面和背面观；2. 花萼、雄蕊与雌蕊的着生关系；
3. 雄蕊与雌蕊，示花盘；4. 雄蕊与雌蕊；
5. 柑橘的柑果；6. 芸香的花萼、雄蕊与雌蕊；7. 芸香花解剖示意图

【药用植物】

本科 150 余属，约 1600 种，分布热带和温带。我国有 28 属，约 151 种，分布全国。已知药用 23 属，105 种。《中国药典》收载 19 种药物。

（1）柑橘属 *Citrus* 约 20 种，我国原产和栽培的共有约 15 种。

酸橙 *C. aurantium* L. 常绿小乔木。枝有长刺，新枝扁而具棱。叶互生；叶柄有狭长形或狭长倒心形的叶翼；叶片革质，倒卵状椭圆形或卵状长圆形，具半透明油点。花单生或数朵聚生，芳香；花萼 5 裂；花瓣 5，白色；雄蕊 20 枚以上；雌蕊短于雄蕊。柑果近球形，熟时橙黄色，果皮厚而难剥离，果肉味酸（图 18-53）。我国长江流域及以南各地有栽培。酸橙及其栽培变种（主要有黄皮酸橙 *C. aurantium* 'Huangpi'、代代花 *C. aurantium*

图 18-53 酸橙（葛菲提供）

'Daidai'、朱栾 *C. aurantium* 'Zhuluan'、塘橙 *C. aurantium* 'Tangcheng'）的幼果（枳实）能破气消积，化痰散痞；未成熟果实（枳壳）能理气宽中，行滞消胀。**甜橙 *C. sinensis*（L.）Osbeck** 的幼果也做枳实用。

橘 *C. reticulata* **Blanco**　常绿小乔木。枝细，多有刺。叶互生；叶柄有窄翼，顶端有关节；叶片披针形或椭圆形，有半透明油点。花单生或数朵丛生于枝端或叶腋；花瓣白色或带淡红色；雄蕊 15 ～ 30 枚；柑果球形或扁球形，熟时淡黄至朱红色，果皮薄而易剥离，果肉甜或酸（图 18-54）。分布于长江流域及以南地区。广泛栽培。橘及其栽培变种（主要有茶枝柑 *C. reticulata* 'Chachi'、大红袍 *C. reticulata* 'Dahongpao'、温州蜜柑 *C. reticula-ta* 'Unshiu'、福橘 *C. reticulata* 'Tangerina'）的成熟果皮（陈皮，来源于茶枝柑者为广陈皮）能理气健脾，燥湿化

图 18-54　橘（杨成梓提供）

痰；幼果或未成熟果皮（青皮）能疏肝破气，消积化滞；此外，橘及大红袍、福橘等的外层果皮（橘红）能理气宽中，燥湿化痰；种子（橘核）能理气，散结，止痛。

　　柚 *C. grandis*（L.）**Osbeck** 和化州柚 *C. grandis* 'Tomentosa' 的近成熟外层果皮（化橘红）能理气宽中，燥湿化痰。枸橼 *C. medica* **L.** 和香圆 *C. wilsonii* **Tanaka** 的成熟果实（香橼）能疏肝理气，宽中，化痰。佛手 *C. medica* **L. var.** *sarcodactylis*（Hoola van Nooten）**Swingle** 的果实（佛手）能疏肝理气，和胃止痛，燥湿化痰。

　　（2）黄檗属 *Phellodendron*　2 ～ 4 种，我国有 2 种。

　　黄皮树 *Ph. chinense* **C. K. Schneid.**　落叶乔木。树皮厚，木栓层发达，内皮黄色。奇数羽状复叶对生；叶轴及叶柄密被褐锈色短柔毛；小叶 7 ～ 15，常两侧不对称，全缘或边缘浅波浪状，背面常密被长柔毛。雌雄异株；圆锥状聚伞花序；花小，黄绿色；雄花有雄蕊 5 ～ 6，长于花瓣。浆果状核果球形，密集成团，熟时紫黑色（图 18-55）。分布于湖北、湖南西北部、四川东部。生于山地杂木林中。树皮（黄柏）能清热燥湿，泻火除蒸，解毒疗疮。黄檗 *Ph. amurense* **Rupr.** 的树皮（关黄柏）功效相同。

图 18-55　黄皮树（王光志提供）

　　（3）吴茱萸属 *Euodia*　150 种，我国有 20 种。

　　吴茱萸 *E. ruticarpa*（A. Juss.）**Benth.**　常绿灌木或小乔木。有特殊气味。羽状复叶对生；小叶 5 ～ 13，椭圆形至卵形，下面有透明腺点。花单性异株；圆锥状聚伞花序顶生；果实扁球形，成熟时裂开呈 5 个果瓣，蓇葖果状，紫红色，表面有粗大油腺点（图 18-56）。分布华东、中南、西南等地区。生于山区疏林或林缘，现多栽培。吴茱萸及其变种石虎 *E. ruticarpa*（A.

图 18-56　吴茱萸（王光志提供）

Juss.）**Benth. var.** *officinalis*（Dode）**C. C. Huang** 和疏毛吴茱萸 *E. ruticarpa*（A. Juss.）**Benth. var.** *bodinieri*（Dode）**C. C. Huang** 的近成熟果实（吴茱萸）能散寒止痛，降逆止呕，助阳止泻。

　　常用药用植物还有白鲜 *Dictamnus dasycarpus* **Turcz.**，根皮（白鲜皮）能清热燥湿，祛风解毒。九里香 *Murraya exotica* **L.** 和千里香 *M. paniculata*（L.）**Jack**，叶和带叶嫩枝（九里香）能

行气止痛，活血散瘀。**花椒 *Zanthoxylum bungeanum* Maxim.** 和**青椒 *Z. schinifolium* Siebold et Zucc.** 的果皮（花椒）能温中止痛、杀虫止痒。**两面针 *Z. nitidum*（Roxb.）DC.** 的根（两面针）能活血化瘀，行气止痛，祛风通络，解毒消肿。单面针 *Z. dissitum* Hemsl. 的根和茎（单面针）也可药用。

此外，小花山小橘 *Glycosmis parviflora*（Sims）Kurz 的叶（山橘叶）、三叉苦 *Melicope pteleifolia*（Champ. ex Benth.）T. G. Hartley 的茎及带叶嫩枝（三叉苦），均可药用。

21. 大戟科 Euphorbiaceae

$$♂*K_{0\sim5}C_{0\sim5}A_{1\sim\infty}；♀*K_{0\sim5}C_{0\sim5}\underline{G}_{(3:3:1\sim2)}$$

【特征】

草本、灌木或乔木，有时成肉质植物，常含乳汁。单叶，互生，叶基部常有腺体，有托叶。花常单性，同株或异株，花序各式，常为聚伞花序，或杯状聚伞花序；重被、单被或无花被，有时具花盘或退化为腺体；雄蕊1至多数，花丝分离或连合；雌蕊由3心皮组成，子房上位，3室，中轴胎座，每室1～2胚珠。蒴果，稀浆果或核果。种子有胚乳（图18-57）。

本科植物体内常具多节乳汁管。化学成分主要有二萜类、鞣质类、黄酮类、香豆素类化合物等。

图 18-57　钩腺大戟花序的结构（王光志提供）
1. 多歧聚伞花序；2. 二歧分枝；3. 末端二歧聚伞花序；
4. 杯状聚伞花序，示雄花和雌花的着生位置；5. 雌花与横切的子房

【药用植物】

本科约 320 属，8900 余种，广布全世界。我国有 70 余属，400 多种，分布全国各地，尤以华南和西南为多。已知药用 39 属，160 余种。《中国药典》收载 19 种药物。

图 18-58 大戟（白吉庆提供）

（1）**大戟属 Euphorbia** 约 2000 种，我国有约 80 种。

大戟 E. pekinensis Rupr. 多年生草本，具乳汁。根圆锥形。茎被短柔毛。叶互生，矩圆状披针形。杯状聚伞花序；总花序常有 5 伞梗，基部有 5 枚叶状苞片；每伞梗又作 1 至数回分叉，最后小伞梗顶端着生 1 杯状聚伞花序；杯状总苞顶端 4 裂，腺体 4。蒴果表皮有疣状突起（图 18-58）。全国各地多有分布。生于山坡及田野湿润处。根（京大戟）能泻水逐饮，消肿散结。

月腺大戟 E. ebracteolata Hayata[注]、**狼毒大戟 E. fischeriana Steud.** 的根（狼毒）能散结，杀虫。**续随子 E. lathyris L.** 的种子（千金子）有毒，能泻下逐水，破血消癥；外用疗癣蚀疣。**甘遂 E. kansui S. L. Liou ex S. B. Ho** 的块根（甘遂）功效同大戟，有毒。**飞扬草 E. hirta L.** 的全草（飞扬草）能清热解毒，利湿止痒，通乳。**地锦 E. humifusa Willd.**、**斑地锦 E. maculata L.** 的全草（地锦草）能清热解毒，凉血止血，利湿退黄。

（2）**巴豆属 Croton** 近 800 种，我国有 20 余种。

巴豆 C. tiglium L. 常绿灌木或小乔木，幼枝、叶有星状毛。叶互生，卵形至长圆卵形，两面疏生星状毛，叶基两侧近叶柄处各有 1 无柄腺体。花小，单性同株；总状花序顶生，雄花在上，雌花在下；萼片 5；花瓣 5，反卷；雄蕊多数；雌花常无花瓣，子房上位，3 室，每室有 1 胚珠。蒴果卵形，有 3 钝棱（图 18-59）。分布于长江以南。野生或栽培。种子（巴豆）有大毒，外用蚀疮；其炮制加工品巴豆霜能峻下冷积，逐水退肿，豁痰利咽。茎和根（九龙川）也可药用。

图 18-59 巴豆（王光志提供）

毛叶巴豆 C. caudatus Geiseler var. tomentosa Hook. f.[注]的根、茎、叶（毛巴豆根、茎、叶），**鸡骨香 C. crassifolius Geiseler** 的根（鸡骨香），亦可药用。

常用药用植物还有**余甘子 Phyllanthus emblica L.**，果实（余甘子）能清热凉血，消食健胃，生津止咳。**叶下珠 Ph. urinaria L.**，全草能清热利尿，明目，消积。**蓖麻 Ricinus communis L.**，种子（蓖麻子）能泻下通滞，消肿拔毒；蓖麻油为刺激性泻药。**龙脷叶 Sauropus spatulifolius Beille**，叶（龙脷叶）能润肺止咳，通便。

此外，黑面神 **Breynia fruticosa**（L.）Müll. Arg. 的全株（鬼画符），白桐树 **Claoxylon indicum**（Reinw. ex Blume）Hassk. 的带叶嫩枝（丢了棒），白背叶 **Mallotus apelta**（Lour.）Müll. Arg. 的根和根状茎（白背叶根），地构叶 **Speranskia tuberculata**（Bunge）Baill. 的全草（珍珠透骨草）等，均可药用。

注：《中国植物志》及其英文版均未收载。

22. 无患子科 Sapindaceae

$$\male\female * \uparrow K_{4\sim5} C_{4\sim5,\,0} A_{8\sim10} \underline{G}_{(2\sim4\,:\,2\sim4\,:\,1\sim2)}$$

【特征】

多为木本。叶互生，常为羽状复叶，多无托叶。花两性、单性或杂性，常成聚伞圆锥花序；花小，萼片 4～5；花瓣 4～5 或缺；雄蕊 8～10；花盘发达；雌蕊由 2～4 心皮组成，子房上位，2～4 室，每室有胚珠 1～2 枚。果实呈核果状或浆果状，或为蒴果、翅果。种子常有假种皮。

【药用植物】

本科 150 属，约 2000 种，广布于热带和亚热带。我国有 25 属，53 种，2 亚种，3 变种，主要分布于长江以南。已知药用 11 属，19 种。《中国药典》收载 3 种药物。

常用药用植物有**龙眼** *Dimocarpus longan* **Lour.**，假种皮（龙眼肉）能补益心脾，养血安神。**荔枝** *Litchi chinensis* **Sonn.**，种子（荔枝核）能行气散结，祛寒止痛。无患子 *Sapindus mukorossi* Gaertn.，果实（无患子果）与根能清热解毒，止咳化痰。

23. 鼠李科 Rhamnaceae

$$\male\female * K_{(4\sim5)} C_{(4\sim5)} A_{4\sim5} \underline{G}_{(2\sim4\,:\,2\sim4\,:\,1)}$$

【特征】

乔木或灌木，直立或攀缘，常有刺。单叶，多互生，有托叶，有时变为刺状。花小，两性，稀单性，辐射对称，排成聚伞花序或簇生；萼片、花瓣及雄蕊均 4～5，有时无花瓣；雄蕊与花瓣同数，对生；花盘肉质；雌蕊由 2～4 心皮组成；子房上位，或部分埋藏于花盘中，2～4 室，每室胚珠 1 枚。多为核果，有时为蒴果或翅果状。

【药用植物】

本科约 50 属，900 余种，广布世界各地。我国有 14 属，133 种，32 变种和 1 变型，分布南北各地。已知药用 12 属，77 种。《中国药典》收载 3 种药物。

常用药用植物有**枣** *Ziziphus jujuba* **Mill.**，果实（大枣）能补中益气，养血安神。**酸枣** *Z. jujuba* **Mill. var.** *spinosa*（**Bunge**）**Hu ex H. F. Chow**，种子（酸枣仁）能养心补肝，宁心安神，敛汗，生津。多花勾儿茶 *Berchemia floribunda*（Wall.）Brongn. 全株（黄鳝藤）也可药用。

24. 葡萄科 Vitaceae

$$\male\female * K_{(4\sim5)} C_{4\sim5} A_{4\sim5} \underline{G}_{(2\sim6\,:\,2\sim6\,:\,1\sim2)}$$

【特征】

多为木质藤本，通常以卷须攀缘它物上升，卷须和叶对生。叶互生。花集成聚伞花序，花序常与叶对生；花小，淡绿色；两性或单性，有时杂性；花萼不明显，4～5 裂；花瓣 4～5，在花蕾中成镊合状排列，分离或基部连合，有时顶端黏合成帽状而整个脱落；雄蕊生于花盘周围，与花瓣同数而对生；子房上位，通常 2 心皮构成 2 室，每室胚珠 1～2。浆果。

本科植物常含甾醇、有机酸、黄酮类、糖类和鞣质等化学成分。

【药用植物】

本科约 16 属，700 余种，广布于热带及温带。我国有 8 属，约 150 种，分布于南北各地。已知药用 7 属，100 种。《中国药典》收载 3 种药物。

常用植物有**白蔹 *Ampelopsis japonica*（Thunb.）Makino** 根（白蔹）能清热解毒，消痈散结，敛疮生肌。

葡萄 *Vitis vinifera* L. 的果实（白葡萄干），苦郎藤 *Cissus assamica*（M. A. Lawson）Craib 的藤茎（安痛藤），三叶崖爬藤 *Tetrastigma hemsleyanum* Diels et Gilg 的块根（三叶青）及全株，乌蔹莓 *Cayratia japonica*（Thunb.）Gagnep. 的全草（乌蔹莓）等，均可药用。

25. 锦葵科 Malvaceae

$$♀ * K_{5,(5)} C_5 A_{(∞)} \underline{G}_{(3~∞:3~∞:1~∞)}$$

【特征】

木本或草本。植物体多具黏液细胞；韧皮纤维发达。幼枝、叶表面常有星状毛。单叶互生，有托叶。花两性，辐射对称，单生或成聚伞花序；萼片 5，分离或合生，其外常有苞片称副萼，萼宿存；花瓣 5，旋转状排列；雄蕊多数，单体雄蕊，花粉具刺；子房上位，由 3 至多数心皮合生，3 至多室，中轴胎座。蒴果。

本科植物多含黏液质、苷类、生物碱类、酚类化合物以及脂肪酸等化学成分。

【药用植物】

本科约 100 属，1000 种左右，广布于温带和热带。我国有 16 属，81 种，36 变种或变型，分布南北各地。已知药用 12 属，60 种。《中国药典》收载 5 种药物。

冬葵 *Malva verticillata* L. 一年生或多年生草本，全株被星状柔毛。单叶互生，基部心形。花数朵至十数朵簇生叶腋；萼杯状；花淡粉紫色，花瓣 5。蒴果扁球形，熟后心皮彼此分离并与中轴脱离，形成分果（图18-60）。产全国各省区。生于村旁、路旁、田埂草丛中，也有栽培。果实（冬葵果）能清热利尿，消肿。

常用药用植物还有**苘麻 *Abutilon theophrasti* Medik.** 种子（苘麻子）能清热解毒，利湿，退翳。**黄蜀葵 *Abelmoschus manihot*（L.）Medik.**，花冠（黄蜀葵花）能清利湿热，消肿解毒。**木芙蓉 *Hibiscus mutabilis* L.**，叶（木芙蓉叶）能凉血，解毒，消肿，止痛。肖梵天花 *Urena lobata* L. 的地上部分（地桃花）也可药用。

图 18-60　冬葵（韦松基提供）

26. 瑞香科 Thymelaeaceae

$$♀ * K_{(4~5),(6)} C_0 A_{4~5,8~10,2} \underline{G}_{(2:1~2:1)}$$

【特征】

多为灌木，少乔木或草本。茎富含韧皮纤维。单叶互生或对生，全缘，无托叶。花常两性，辐射对称，集成总状花序、头状花序或成束；花萼管状，4～5 裂，花瓣状，花瓣缺或退化成鳞片状；雄蕊与萼裂片同数或为其 2 倍，稀为 2 枚；子房上位，1～2 室，每室胚珠 1 枚。浆果、核果或坚果，稀蒴果。

【药用植物】

本科约 48 属，650 种以上，广布温带及热带地区。我国有 10 属，100 余种，广布全国。已知药用 7 属，40 种。《中国药典》收载 4 种药物。

常用药用植物有**白木香 *Aquilaria sinensis*（Lour.）Spreng.**，含有树脂的木材（沉香）能行气止痛，温中止呕，纳气平喘。**芫花 *Daphne genkwa* Siebold et Zucc.**，花蕾（芫花）能泻水逐饮；外用杀虫疗疮。黄瑞香 *D. giraldii* Nitsche 的茎皮及根皮（祖师麻）、了哥王 *Wikstroemia indica*（L.）C. A. Mey. 的根或根状茎（了哥王）、狼毒 *Stellera chamaejasme* L. 的根等亦可药用。

27. 桃金娘科 Myrtaceae

$$⚥*K_{(4~5)}C_{4~5}A_{∞,(∞)}\overline{G}_{(2~5:1~5:1~∞)}$$

【特征】

常绿乔木或灌木，多含挥发油。单叶对生，有透明油腺点。花多两性，辐射对称，单生于叶腋或成各式花序；萼 4～5 裂，萼筒略与子房合生；花瓣常 4 或 5，覆瓦状排列，或与萼片连成一帽状体，花开时横裂，整个帽状体脱落；雄蕊多数，常成束着生花盘边缘，或离生；心皮常 2～5，合生，子房下位或半下位，1～5 室，每室有 1 至多数胚珠。浆果、蒴果、稀核果。

本科常含挥发油类、黄酮类、酚类及鞣质等化学成分。

【药用植物】

本科约 100 属，3000 种，分布于热带、亚热带地区。我国有 9 属，126 种，8 变种分布于江南地区。已知药用 10 属，31 种。《中国药典》收载 4 种药物。

常用药用植物还有**丁香 *Eugenia caryophyllata* Thunb.** 花蕾（丁香）、近成熟果实（母丁香）均能温中降逆，补肾助阳。并供提取丁香油，可治牙痛及作香料。**蓝桉 *Eucalyptus globulus* Labill.** 及同属多种植物如桉 *E. robusta* Sm. 等经水蒸气蒸馏提取的挥发油（桉油）能祛风止痛。水翁 *Cleistocalyx operculatus*（Roxb.）Merr. et L. M. Perry 的树皮（土槿皮）和花蕾，桃金娘 *Rhodomyrtus tomentosa*（Aiton）Hassk. 的根（桃金娘根）等，也可药用。

28. 五加科 Araliaceae

$$⚥*K_5C_{5~10}A_{5~10}\overline{G}_{(2~15:2~15:1)}$$

【特征】

木本，稀多年生草本。茎常有刺。叶多互生，常为掌状复叶或羽状复叶，少为单叶。花小，两性，稀单性，辐射对称；伞形花序或集成头状花序，常排成总状或圆锥状；萼齿 5，小形，花瓣 5～10，分离；雄蕊 5～10，生于花盘边缘，花盘生于子房顶部；子房下位，通常 2～5 室，每室 1 胚珠。浆果或核果（图 18-61）。

本科植物富含三萜类皂苷、黄酮类、香豆素类及聚炔类化合物。

【主要药用属检索表】

1. 叶互生，木本，稀多年生草本。

  2. 单叶或掌状复叶。

    3. 单叶，叶片掌状分裂；植物体无刺·····················通脱木属 *Tetrapanax*

    3. 掌状复叶；植物体常有刺·····················五加属 *Acanthopanax*

  2. 羽状复叶，有托叶；茎通常有刺；木本或多年生草本·····················楤木属 *Aralia*

1. 叶轮生，掌状复叶；草本植物·····················人参属 *Panax*

图 18-61　五加花的结构（王光志提供）
1. 花枝；2. 伞形花序；3. 花正面观；4. 花侧面观；
5. 花冠与雄蕊的着生关系；6. 一朵花的解剖；7. 节上的反曲扁刺

【药用植物】

本科约 80 属，900 种，广布于热带和温带。我国有 23 属，约 160 种，除新疆外，全国均有分布。已知药用 19 属，112 种。《中国药典》收载 12 种药物。

（1）人参属 *Panax*　约 5 种，我国有 3 种。

人参 *P. ginseng* C. A. Mey.　多年生草本。主根肉质，圆柱形或纺锤形，下面稍有分枝，根状茎（芦头）短，每年增生 1 节，有时其上生出不定根，习称"芋"。掌状复叶轮生茎端，通常一年生者生 1 片三出复叶，二年生者生 1 片掌状五出复叶，三年生者生 2 片掌状五出复叶，以后每年递增 1 片复叶，最多可达 6 片复叶；小叶片椭圆形或卵形，中央 1 片较大。伞形花序单个顶生，总花梗长于总叶柄。浆果状核果扁球形，熟时红色（图 18-62）。分布于东北。现多为栽培。根和根状茎（人参）能大补元气，复脉固脱，补脾益肺，生津养血，安神益智；经蒸制后（红参）能大补元气，复脉固脱，益气摄血；叶（人参叶）能补气，益肺，祛暑，生津；花和果实也可药用。

图 18-62　人参（白吉庆提供）

三七 *P. notoginseng*（Burkill）F. H. Chen　多年生草本。主根肉质，倒圆锥形或圆柱形。掌状复叶，小叶通常 3 ～ 7，形态变化较大，中央 1 片最大，长椭圆形至倒卵状长椭圆形，两面脉上密生刚毛（图 18-63）。主要栽培于云南、广西，种植在海拔 400 ～ 1800m 林下或山坡

图 18-63　三七（韦松基提供）

上人工荫棚下。根和根状茎（三七）能散瘀止血，消肿定痛；花能清热，平肝，降压。

西洋参 *P. quinquefolium* L. 的根（西洋参）能补气养阴，清热生津。**竹节参 *P. japonicus*（T. Nees）C. A. Mey.** 的根状茎（竹节参）能散瘀止血，消肿止痛，祛痰止咳，补虚强壮。**珠子参 *P. japonicus*（T. Nees）C. A. Mey. var. *major*（Burkill）C. Y. Wu et K. M. Feng** 或羽叶三七 *P. japonicus*（T. Nees）C. A. Mey. var. *bipinnatifidus*（Seem.）C. Y. Wu et K. M. Feng 的根状茎（珠子参）能补肺养阴，祛瘀止痛，止血。

（2）五加属 *Acanthopanax* 近35种，我国有26种。

细柱五加 *A. gracilistylus* W. W. Smith 灌木，有时蔓生状，无刺或在叶柄基部单生扁平的刺。掌状复叶，小叶通常5片，在长枝上互生，短枝上簇生。叶无毛或沿脉疏生刚毛。伞形花序常腋生；花黄绿色；花柱2，分离。果扁球形，黑色（图18-64）。分布于南方各省。生于林缘或灌丛。根皮（五加皮）能祛风湿，补益肝肾，强筋壮骨，利水消肿。

图 18-64　细柱五加（韦松基提供）

同属其他多种植物的根皮或茎皮民间亦作"五加皮"用，如无梗五加 *A. sessiliflorus*（Rupr. et Maxim.）Seem.、红毛五加 *A. giraldii* Harms 等。

刺五加 *A. senticosus*（Rupr. et Maxim.）Harms 灌木，枝密生针刺。掌状复叶，小叶五，椭圆状倒卵形，幼叶下面沿脉密生黄褐色毛。伞形花序单生或2～4个丛生茎顶；花瓣黄绿色；花柱5，合生成柱状，子房5室。浆果状核果，球形，有5棱，黑色（图18-65）。分布于东北及河北、山西。生于林缘、灌丛中。根及根状茎或茎（刺五加）能益气健脾，补肾安神。

本科常用药用植物还有**通脱木 *Tetrapanax papyrifer***（Hook.）K. Koch，茎髓（通草）能清热利尿，通气下乳。

图 18-65　刺五加（樊锐锋提供）

虎刺楤木 *Aralia armata*（Wall. ex G. Don）Seem. 或黄毛楤木 *A. decaisneana* Hance 的根（鹰不扑），广西鹅掌柴 *Schefflera kwangsiensis* Merr. ex H. L. Li 的带叶茎枝（汉桃叶）等，亦可药用。

29. 伞形科 Apiaceae（Umbelliferae）

$$\male\female *K_{(5),0}C_5A_5\overline{G}_{(2:2:1)}$$

【特征】

草本，常含挥发油。茎有纵棱，常中空。叶互生，通常分裂或为多裂的复叶，少数为单叶；叶柄基部扩大成鞘状。复伞形花序，稀为伞形花序，常具总苞片；花小，两性；花萼5，与子房贴生；花瓣5；雄蕊5；子房下位，花柱2，具上位花盘。双悬果，每分果有5条主棱（中间背棱1条，两边侧棱各1条，两侧棱和背棱间各有中棱1条），主棱下面有维管束，棱槽内及合生面有纵走的油管1至多条；分果背腹压扁或两侧压扁（图18-66）。

本科植物的化学成分主要有苯丙酸衍生物包括香豆素类、黄酮类和色原酮类、挥发油及与其生源有关的非挥发性成分、三萜与三萜皂苷、聚炔类、脂肪油、酚性成分与生物碱等。

图 18-66 伞形科部分植物花的结构（王光志提供）
1 ～ 5：野胡萝卜，1. 花枝；2. 复伞形花序正面观；3. 小伞形花序背面观，示小总苞；
4. 小伞形花序正面观；5. 双悬果；
6. 川芎的叶，示膨大的叶鞘；7. 花放大，示花瓣、雄蕊的着生方式及上位花盘；
8. 小茴香的双悬果（背腹压扁）；9. 细叶旱芹的双悬果（两侧压扁）

【主要药用属检索表】

1. 单叶，全缘或有缺刻。

 2. 匍匐草本；叶片圆肾形；伞形花序。

  3. 叶片有裂齿或掌状分裂·················· 天胡荽属 *Hydrocotyle*

  3. 叶片无裂齿或有浅齿·················· 积雪草属 *Centella*

 2. 直立草本；叶片披针形或条形；复伞形花序·················· 柴胡属 *Bupleurum*

1. 复叶，或单叶近全裂。

 4. 果有刺或小瘤。

  5. 全体被白色粗硬毛；具总苞片；果有刺·················· 胡萝卜属 *Daucus*

  5. 全体无毛；无总苞片；果有小瘤·················· 防风属 *Saposhnikovia*

 4. 果无刺或瘤。

  6. 叶近革质；果有绒毛·················· 珊瑚菜属 *Glehnia*

  6. 叶非革质；果无绒毛。

   7. 果棱无明显的翅。

    8. 小伞形花序外缘花瓣为辐射瓣；果皮薄而坚硬，果实成熟后不分离·········· 芫荽属 *Coriandrum*

    8. 小伞形花序外缘花瓣不为辐射瓣；果皮薄而柔软，果实成熟后分离。

     9. 叶的末回裂片线形；花金黄色；具强烈香味·················· 茴香属 *Foeniculum*

     9. 叶的末回裂片楔形；花白色；不具香味·················· 明党参属 *Changium*

   7. 果棱全部或部分有翅。

    10. 萼齿明显，三角形 ·················· 羌活属 *Notopterygium*

    10. 萼齿无，或极不明显，少数为线形、钻形。

11. 花瓣白色、粉红色、淡红色或紫色。

    12. 分生果棱等宽，横剖面近五角形 ·· 蛇床属 *Cnidium*

    12. 分生果背棱较主棱宽 1 倍以上，横剖面扁圆形或甚扁。

        13. 分生果侧翅外缘联合，围绕果实形成侧翅环。

          14. 果实全部果棱有窄翅 ·· 藁本属 *Ligusticum*

          14. 果实背棱、中棱线形无翅，侧棱有窄翅 ···················· 前胡属 *Peucedanum*

        13. 分生果侧翅成熟时分离 ·· 当归属 *Angelica*

11. 花瓣黄色、淡黄色或暗黄绿色 ·······································阿魏属 *Ferula*

【药用植物】

本科 200 余属，2500 种。我国约有 90 余属，610 多种，分布全国。已知药用 55 属，234 种。《中国药典》收载 20 种药物。

（1）当归属 *Angelica*　80 种，我国有 26 种。

当归 *A. sinensis*（Oliv.）Diels　多年生大型草本。根粗短，具香气。叶三出式羽状分裂或羽状全裂，最终裂片卵形或狭卵形。复伞形花序，花绿白色。双悬果椭圆形，背向压扁，每分果有 5 条果棱，侧棱延展成宽翅（图 18-67）。主要栽培于甘肃东南部，以岷县最多，其次为云南、四川、陕西、湖北等省。根（当归）能补血活血，调经止痛，润肠通便。

杭白芷 *A. dahurica*（Fisch. ex Hoffm.）Benth. et Hook. f. ex Franch. et Sav. var. *formosana*（H. Boissieu）Shan et C. Q. Yuan　多年生高大草本。根长圆锥形。叶三出二回羽状分裂，最终裂片卵形至长卵形。复伞形花序，花黄绿色（图 18-68）。浙江、安徽、四川等地多栽培。根（白芷）能解表散寒，祛风止痛，宣通鼻窍，燥湿止带，消肿排脓。白芷 *A. dahurica*（Fisch. ex Hoffm.）Benth. et Hook. f. ex Franch. et Sav. 及祁白芷 *A. dahurica* 'Qibaizhi' 的根与杭白芷根同等药用。

重齿毛当归 *A. pubescens* Maxim. f. *biserrata* Shan et C. Q. Yuan 的根（独活）能祛风除湿，通痹止痛。

图 18-67　当归（张新慧提供）

图 18-68　杭白芷（王光志提供）

（2）藁本属 *Ligusticum*　约 60 种，我国有 40 种。

川芎 *L. chuanxiong* Hort. ex S. H. Qiu, et al.　多年生草本。根状茎呈不规则的结节状拳形团块。茎丛生，基部的节膨大成盘状。二至三回羽状复叶，小叶 3～5 对，末回裂片线状披针形至长卵形。复伞形花序，花白色。双悬果卵形（图 18-69）。西南多栽培。根状茎（川芎）能活血行气，祛风止痛。

藁本 *L. sinense* Oliv. 和辽藁本 *L. jeholense*（Nakai et Kitag.）Nakai et Kitag. 的根状茎和根（藁本）能祛风，散寒，除湿，止痛。

（3）柴胡属 *Bupleurum*　约 100 种，我国有 36 种，17 变种，7 变型。

柴胡 *B. chinense* DC.　多年生草本。主根粗大而坚硬。茎直立，上部分枝较多，略呈"之"字形。基生叶早枯，中部叶倒披针形或狭椭圆形，全缘，平行脉。复伞形花序，花黄色。双悬果宽椭圆形（图 18-70）。分布于东北、华北、西北、华东和华中。生长于向阳山坡路边、岸旁或草丛中。柴胡和**狭叶柴胡** *B. scorzonerifolium* Willd. 的根（柴胡）能疏散退热，疏肝解郁，升举阳气。

竹叶柴胡 *B. marginatum* Wall. ex DC. 的全草（滇柴胡）亦可药用。

（4）防风属 *Saposhnikovia*　1 种。

防风 *S. divaricata*（Turcz.）Schischk.　多年生草本。根粗壮。茎基残留褐色叶柄纤维。基生叶二回或近三回羽状全裂，最终裂片条形至倒披针形，顶生叶简化成叶鞘。复伞形花序，花白色。双悬果矩圆状宽卵形（图 18-71）。分布东北、华北、西北，以及山东等地。生长于草原、丘陵、多砾石山坡。根（防风）能祛风解表，胜湿止痛，止痉。

（5）前胡属 *Peucedanum*　120 种，我国有 30 余种。

白花前胡 *P. praeruptorum* Dunn　多年生草本。主根粗壮，圆锥形。茎直立，上部叉状分枝，基部残留褐色叶鞘纤维。基生叶为二至三回羽状分裂，最终裂片菱状倒卵形，叶柄基部有宽鞘。复伞形花序，花白色。双悬果椭圆形或卵形，侧棱有窄而厚的翅（图 18-72）。分布华东、华中、西南等地。生长于山坡林缘、路旁或半阴性的山坡草丛中。根（前胡）和**紫花前胡** *P. decursivum*（Miq.）Maxim. 的根（紫花前胡）能降气化痰，散风清热。

图 18-69　川芎（王光志提供）

图 18-70　柴胡（许佳明提供）

图 18-71　防风（许佳明提供）

图18-72 白花前胡（杨成梓提供）

本科常用药用植物还有**积雪草** *Centella asiatica*（L.）Urb.，全草（积雪草）能清热利湿，解毒消肿。**明党参** *Changium smyrnioides* H. Wolff，根（明党参）能润肺化痰，养阴和胃，平肝，解毒。**蛇床** *Cnidium monnieri*（L.）Cusson，果实（蛇床子）能燥湿祛风，杀虫止痒，温肾壮阳。**野胡萝卜** *Daucus carota* L.，果实（南鹤虱）能杀虫消积。**新疆阿魏** *Ferula sinkiangensis* K. M. Shen 和**阜康阿魏** *F. fukanensis* K. M. Shen，树脂（阿魏）能消积，化癥，散痞，杀虫。**茴香** *Foeniculum vulgare* Mill.，果实（小茴香）能散寒止痛，理气和胃。**珊瑚菜** *Glehnia littoralis* F. Schmidt et Miq.，根（北沙参）能养阴清肺，益胃生津。**羌活** *Notopterygium incisum* C. T. Ting ex H. T. Chang 及**宽叶羌活** *N. franchetii* H. Boissieu，根状茎及根（羌活）能解表散寒，祛风除湿，止痛。

此外，缺刻叶茴芹 *Pimpinella thellungiana* H. Wolff 的全草（羊红膻）、孜然芹 *Cuminum cyminum* L. 的果实（香旱芹）、芫荽 *Coriandrum sativum* L. 的全草等，亦可药用。

（二）合瓣花亚纲

合瓣花亚纲（Sympetalae），又称后生花被亚纲（Metachlamydeae），花瓣多少连合，形成各种形状的花冠，更加有利于昆虫传粉，同时雄蕊和雌蕊得到更好的保护；花的轮数由5轮减至4轮，且各轮数目也逐步减少；通常无托叶；胚珠具1层珠被。

30. 杜鹃花科 Ericaceae

$$\male\female *K_{(4\sim5)} C_{(4\sim5)} A_{8\sim10, 4\sim5} \underline{G}_{(4\sim5:4\sim5:\infty)}, \overline{G}_{(4\sim5:4\sim5:\infty)}$$

【特征】

多为常绿灌木。单叶互生，常革质。花两性，辐射对称或略两侧对称；花萼4～5裂，宿存；花冠4～5裂；雄蕊常为花冠裂片数的2倍，分离，着生花盘基部，花药2室，多顶孔开裂，部分属具尾状或芒状附属物；子房上位或下位，常4～5心皮，4～5室，中轴胎座，胚珠多数。蒴果，少浆果或核果。植物体具盾状腺毛或非腺毛。

本科主要化学成分有酚类、黄酮类、萜类、香豆素类和挥发油。

【药用植物】

本科约 103 属，3350 种，除沙漠地区外，广布全球，尤以亚热带地区为多。我国约有 15 属 757 多种，分布全国，以西南各省区为多。已知药用 12 属，127 种，多为杜鹃属 *Rhododendron* 植物。《中国药典》收载 3 种药物。

常用药用植物有**兴安杜鹃** *Rhododendron dauricum* **L.** 的叶（满山红）有小毒，能止咳祛痰。**羊踯躅** *Rh. molle*（**Blume**）**G. Don** 的花（闹羊花），有大毒，能祛风除湿，散瘀定痛。

此外，滇白珠 *Gaultheria yunnanensis*（Franch.）Rehder 的全株（透骨香）亦可入药，是提取水杨酸甲酯（冬绿油）的原料。大果越橘 *Vaccinium macrocarpon* Aiton、黑果越橘 *V. myrtillus* L. 分别主要分布于北美和欧洲，果实可食，富含维生素 C，有较强的抗氧化活性，并能预防泌尿道感染，作为膳食补充剂应用。

31. 木犀科 Oleaceae

$$\male\female *K_{(4)} C_{(4),0} A_2 \underline{G}_{(2:2:2)}$$

【特征】

灌木或乔木。叶常对生，单叶、三出复叶或羽状复叶。圆锥、聚伞花序或花簇生，偶单生；花常两性，稀单性异株，辐射对称；花萼、花冠常 4 裂，稀无花瓣；雄蕊常 2 枚；子房上位，2 室，每室常 2 胚珠，花柱 1，柱头 2 裂。核果、蒴果、浆果、翅果（图 18-73）。

本科植物含有酚类、木脂素类、苦味素类、苷类、香豆素类、挥发油等。

图 18-73　金钟花的花结构（王光志提供）
1. 花枝；2. 花正面观；3. 花侧面观；4. 花冠展开；5. 合生花萼与雌蕊，示上位子房；6. 雄蕊与雌蕊

【药用植物】

本科约 27 属，400 余种，广布于温带和亚热带地区。我国有 12 属，178 种，南北均产。已知药用 8 属，89 种。《中国药典》收载 6 种药物。

（1）连翘属 *Forsythia*　约 11 种，我国有 6 种。

连翘 *Forsythia suspensa*（**Thunb.**）**Vahl**　落叶灌木。小枝略呈四棱形，疏生皮孔，节间中

空，节部具实心髓。单叶对生，叶片完整或 3 全裂，卵形或长椭圆状卵形，两面无毛。花数朵着生于叶腋，春季先于叶开放；萼 4 深裂；花冠黄色，深 4 裂；雄蕊 2；子房上位，2 室。蒴果卵球形、卵状椭圆形或长椭圆形，先端喙状渐尖，表面疏生瘤状皮孔；种子多数，有翅（图 18-74）。主要分布于太行山、秦岭及黄土高原地带，生山坡灌丛和山谷、山沟疏林中；除华南地区外，其他各地均有栽培。果实（连翘）能清热解毒，消肿散结，疏散风热。

图 18-74　连翘（白吉庆提供）

（2）**梣属 *Fraxinus***　约 60 种，我国有 22 种。

白蜡树 *Fraxinus chinensis* Roxb.　落叶乔木。叶对生，单数羽状复叶，小叶 5～9 枚，常 7 枚，椭圆形或椭圆状卵形。圆锥花序顶生或腋生枝梢；花雌雄异株；无花冠；花萼钟状，不规则分裂；翅果匙形，上中部最宽，先端锐尖，常呈犁头状（图 18-75）。分布于中国南北大部分地区。生山间向阳坡地湿润处；并有栽培，以养殖白蜡虫生产白蜡。白蜡树和**苦枥白蜡树 *F. rhynchophylla* Hance**、**尖叶白蜡树 *F. szaboana* Lingelsh.** 和**宿柱白蜡树 *F. stylosa* Lingelsh.** 的枝皮和干皮（秦皮）能清热燥湿，收涩止痢，止带，明目。

图 18-75　白蜡树（白吉庆提供）

常用药用植物还有**女贞 *Ligustrum lucidum* W. T. Aiton**，果实（女贞子）能滋补肝肾，明目乌发。**暴马丁香 *Syringa reticulata*（Blume）H. Hara var. *mandshurica*（Maxim.）H. Hara**，干皮或枝皮（暴马子皮）能清肺祛痰，止咳平喘。

此外，洋丁香 *S. vulgaris* L.、朝阳丁香 *S. dilatata* Nakai 或紫丁香 *S. oblata* Lindl. 的叶（丁香叶），羽叶丁香 *S. pinnatifolia* Hemsl. 的根（山沉香）等，亦可药用。

32. 龙胆科 Gentianaceae

$$\male\female *K_{(4\sim5)} C_{(4\sim5)} A_{4\sim5} \underline{G}_{(2:1:\infty)}$$

【特征】

草本。单叶对生，全缘，无托叶。聚伞花序或花单生；花两性，辐射对称；花萼筒状，常4～5裂，花冠筒状、漏斗状或辐状，常4～5裂，多旋转状排列，雄蕊与花冠裂片同数且互生，生于花冠管上；子房上位，2心皮，1室，侧膜胎座，胚珠多数。蒴果2瓣裂，种子多数。

本科植物含有多种类型化学成分，如𠮟酮类、环烯醚萜类、黄酮类、萜类等，其中𠮟酮类和环烯醚萜类化合物是龙胆科植物的主要特征性成分。

【药用植物】

本科80属，约700种，广布全球，主产于北温带。我国有22属，427种。已知药用15属，108种。《中国药典》收载6种药物。

（1）龙胆属 *Gentiana*　约360种，我国有近250种。

龙胆 *G. scabra* Bunge　多年生草本。根细长，簇生。单叶对生，无柄，卵形或卵状披针形，全缘，主脉3～5条。聚伞花序密生于茎顶或叶腋；萼5深裂；花冠蓝紫色，钟状，5浅裂，裂片间有褶，短三角形；雄蕊5，花丝基部有翅；子房基部有轮状着生的腺体，上位，1室。蒴果长圆形，种子具翅（图18-76）。分布于东北及华北等地。生于草地、灌丛、林缘。龙胆、条叶龙胆 *G. manshurica* Kitag.、三花龙胆 *G. triflora* Pall.、坚龙胆 *G. rigescens* Franch. 的根及根状茎（龙胆）能清热燥湿，泻肝胆火。

图 18-76　龙胆（许亮提供）

秦艽 *G. macrophylla* Pall.　多年生草本，茎基部有残叶的纤维。茎生叶对生，基生叶簇生，常为矩圆状披针形，5条脉明显。聚伞花序顶生或腋生；花萼1侧开展；花冠蓝紫色；雄蕊5；蒴果矩圆形，无柄（图18-77）。分布于西北、华北、东北及四川等地。生于高山草地及林缘。秦艽、麻花秦艽 *G. straminea* Maxim.、粗茎秦艽 *G. crassicaulis* Duthie ex Burkill、小秦艽 *G. dahurica* Fisch. 的根（秦艽）能祛风湿，清湿热，止痹痛，退虚热。

红花龙胆 *G. rhodantha* Franch. 的全草（红花龙胆）能清热除湿，解毒，止咳。

图 18-77　秦艽（白吉庆提供）

（2）獐牙菜属 *Swertia*　约150种，我国有约75种。

青叶胆 *S. mileensis* T. N. Ho et W. L. Shi 的全草（青叶胆）能清肝利胆，清热利湿。瘤毛獐牙菜 *S. pseudochinensis* H. Hara 的全草（当药）能清热利湿，健胃。川西獐牙菜 *S. mussotii*

Franch. 的全草（川西獐牙菜）也能药用。

此外，双蝴蝶 *Tripterospermum chinense*（Migo）Harry Sm. 的全草能清肺止咳，解毒消肿。

33. 夹竹桃科 Apocynaceae

$$\female\male *K_{(5)} C_{(5)} A_5 \underline{G}_{(2:1\sim2:1\sim\infty)}$$

【特征】

木本或草本，具白色乳汁或水汁。单叶对生或轮生，稀互生，全缘；无托叶，稀有假托叶；叶腋内或叶腋间常有腺体。花单生或聚伞花序，顶生或腋生；花两性，辐射对称；花萼合生成筒状或钟状，常 5 裂，基部内面常有腺体；花冠高脚碟状、漏斗状、坛状，常 5 裂，旋转覆瓦状排列，喉部常有副花冠或附属体（鳞片或膜质或毛状）；雄蕊 5，着生在花冠筒上或花冠喉部；花盘环状、杯状或舌状；子房多为上位，心皮 2，离生或合生，1 或 2 室，侧膜胎座或中轴胎座，胚珠 1 至多颗；花柱常为 1。蓇葖果，稀浆果、核果、蒴果；种子常一端被毛。

本科植物常含生物碱（吲哚类生物碱、甾体类生物碱）、强心苷类、倍半萜类及木脂素等。

【药用植物】

本科 250 属，2000 余种，分布于热带亚热带地区，少数在温带地区。我国有 46 属，176 种，主要分布于长江以南各省及台湾沿海岛屿，华南与西南地区为中国的分布中心。已知药用 35 属，95 种。《中国药典》收载 2 种药物。

（1）**罗布麻属 *Apocynum*** 9 种，我国有 2 种。

罗布麻 *A. venetum* L. 半灌木，具乳汁。枝条常对生，光滑无毛，带红色。单叶对生，椭圆状披针形至卵圆状长圆形，两面无毛，叶缘有细齿。花冠圆筒状钟形，紫红色或粉红色，筒内基部具副花冠；雄蕊 5，花药箭形，基部具耳；花盘肉质环状；心皮 2，离生。蓇葖果双生，下垂（图 18-78）。分布于北方各省区及华东。生于盐碱荒地和沙漠边缘及河流两岸。叶（罗布麻叶）能平肝安神，清热利水。

图 18-78　罗布麻（许佳明提供）

（2）**络石属 *Trachelospermum*** 约 15 种，我国有 6 种。

络石 *T. jasminoides*（Lindl.）Lem. 常绿攀缘灌木，全株具白色乳汁；嫩枝被柔毛。叶对生；叶片椭圆形或卵状披针形。聚伞花序；花萼 5 裂，裂片覆瓦状；花冠高脚碟状，白色，顶端 5 裂。蓇葖果双生；种子顶端具白色绢质种毛（图 18-79）。分布于除新疆、青海、西藏及东北地区以外的各省区。生于山野、溪边、沟谷、林下，攀缘于岩石、树木及墙壁上。带叶藤茎（络石藤）能祛风通络，凉血消肿。

（3）**萝芙木属 *Rauvolfia*** 约 60 种，我国有 7 种。

萝芙木 *R. verticillata*（Lour.）Baill. 灌木，多分枝，具乳汁，全体无毛。单叶对生或 3 ～ 5 叶轮生，长椭圆

图 18-79　络石（王光志提供）

状披针形。聚伞花序，生于上部的小枝的腋间；花冠白色，高脚碟状，花冠筒中部膨大；雄蕊5；心皮2，离生。核果2，离生，卵形或椭圆形，熟时由红变黑（图18-80）。分布于西南、华南地区。生于潮湿的山沟、坡地的疏林下或灌丛中。全株能镇静，降压，活血止痛，清热解毒；为提取"降压灵"和"利血平"的原料。蛇根木 *R. serpentina*（L.）Benth. ex Kurz 用途类似。

本科常用药用植物还有长春花 *Catharanthus roseus*（L.）G. Don，全株有毒，能凉血降压，镇静安神；为提取长春碱和长春新碱的原料。花皮胶藤 *Ecdysanthera utilis* Hayata et Kawak.，以及红杜仲藤 *Parabarium chunianum* Tsiang、毛杜仲藤 *P. huaitingii* Chun et Tsiang、杜仲藤 *P. micranthum*（Wall. ex G. Don）Pierre，树皮（红杜仲）能祛风活络，强筋壮骨；有小毒。

图18-80 萝芙木（徐晔春提供）

34. 萝藦科 Asclepiadaceae

$$\male \female *K_{(5)}C_{(5)}A_5 \underline{G}_{2:1:\infty}$$

【特征】

草本、藤本或灌木，有乳汁。单叶对生，少轮生或互生，全缘；叶柄顶端常具腺体；无托叶。聚伞花序；花两性，辐射对称，5基数；花萼筒短，5裂，裂片重覆瓦状或镊合状排列，内面基部常有腺体；花冠常辐状或坛状，裂片5，覆瓦状或镊合状排列；副花冠由5枚离生或基部合生的裂片或鳞片所组成，生于花冠筒上、雄蕊背部或合蕊冠上；雄蕊5，与雌蕊贴生成中心柱，称合蕊柱；花丝合生成一个有蜜腺的筒包围雌蕊，称合蕊冠，或花丝离生；花药合生成一环而贴生于柱头基部的膨大处；花粉粒联合，包在1层柔韧的薄膜内而成块状，称花粉块；每花药有2或4个花粉块；或花粉器匙形，直立，其上为载粉器，内藏四合花粉，载粉器下面有1载粉器柄，基部有1黏盘，粘于柱头上，与花药互生；无花盘；子房上位，心皮2，离生；花柱2，合生，柱头基部具5棱，顶端各2；胚珠多数。蓇葖果双生，或因1个不育而单生。种子多数，顶端具丝状长毛。

萝藦科的化学成分主要有强心苷类、生物碱类、三萜类和黄酮类等。

【药用植物】

本科约180属，2200种，分布于热带、亚热带、少数温带地区。我国有44属，245种，全国广布，以西南、华南最集中。已知药用33属，112种。《中国药典》收载7种药物。

（1）**鹅绒藤属 Cynanchum** 约200种，我国有近60种。

白薇 C. atratum Bunge 多年生草本，有乳汁；全株被绒毛。根须状，有香气。茎直立，中空。叶对生；叶片卵形或卵状长圆形。聚伞花序，无花序梗；花深紫色。蓇葖果单生。种子一端有长毛（图18-81）。分布于

图18-81 白薇（王海提供）

南北各省。生于林下草地或荒地草丛中。白薇和**蔓生白薇** *C. versicolor* **Bunge** 的根及根状茎（白薇）能清热凉血，利尿通淋，解毒疗疮。

柳叶白前 *C. stauntonii*（**Decne.**）**Schltr. ex H. Lév.** 半灌木，无毛。根状茎细长，匍匐，节上丛生须根，无香气。叶对生，狭披针形。聚伞花序；花冠紫红色，花冠裂片三角形，内面具长柔毛；副花冠裂片盾状；花粉块2，每室1个，长圆形。蓇葖果单生。种子顶端具绢毛（图18-82）。分布于长江流域及西南各省。生于低海拔山谷、湿地、溪边。柳叶白前和**芫花叶白前** *C. glaucescens*（**Decne.**）**Hand.-Mazz.** 的根及根状茎（白前）能降气，消痰，止咳。

徐长卿 *C. paniculatum*（**Bunge**）**Kitag.** 的根及根状茎（徐长卿）能祛风，化湿，止痛，止痒。白首乌 *C. bungei* Decne 的块根能补肝肾，益精血，强筋骨，止心痛。地梢瓜 *C. thesioides*（Freyn）K. Schum. 的种子（细叶白前子）也能药用。

（2）杠柳属 *Periploca* 约10种，我国有5种。

杠柳 *P. sepium* **Bunge** 落叶蔓生灌木，具白色乳汁，全株无毛。叶对生，披针形，革质。聚伞花序腋生；花萼5深裂，其内面基部有10个小腺体；花冠紫红色，裂片5枚，中间加厚，反折，内面被柔毛；副花冠环状，顶端10裂，其中5裂延伸成丝状而顶部内弯；四合花粉承载于基部有黏盘的匙形载粉器上。蓇葖果双生，圆柱状。种子顶部有白色绢毛（图18-83）。分布于长江以北及西南地区。生于平原及低山丘林缘、山坡。根皮（香加皮）能利水消肿，祛风湿，强筋骨；有毒。

此外，**通关藤** *Marsdenia tenacissima*（**Roxb.**）**Moon** 的藤茎（通关藤）能止咳平喘，祛痰，通乳，清热解毒。马莲鞍 *Streptocaulon griffithii* Hook. f. 的根（藤苦参）也能药用。匙羹藤 *Gymnema sylvestre*（Retz.）R. Br. ex Schult.，全株用于治疗风湿痹痛、脉管炎、毒蛇咬伤等；有小毒；含匙羹藤酸类，作为治疗糖尿病、减肥的补充制剂。

图18-82 柳叶白前（葛菲提供）

图18-83 杠柳（白吉庆提供）

35. 旋花科 Convolvulaceae

$$☿*K_5 C_{(5)} A_5 \underline{G}_{(2:1\sim4:1\sim2)}$$

【特征】

草质缠绕藤本，稀木本，常具乳汁。叶互生，单叶，全缘或分裂，偶为复叶；无托叶。花两性，辐射对称，5基数；单花腋生或聚伞花序；萼片常宿存；花冠漏斗状、钟状、坛状等，冠檐常全缘或微5裂，开花前成旋转状；雄蕊着生于花冠管上；花盘环状或杯状；子房上位，常被花盘包围，心皮2，合生成2室，每室胚珠2。蒴果，稀浆果。

本科主要化学成分有莨菪烷类生物碱、黄酮类和香豆素。

【药用植物】

本科 56 属，约 1800 种，广布全世界，主产于美洲和亚洲热带和亚热带地区。我国有 22 属，125 种，南北均产，主产于西南与华南。已知药用 16 属，54 种。《中国药典》收载 3 种药物。

（1）**牵牛属 Pharbitis** 约 24 种，我国有 3 种。

裂叶牵牛 Ph. nil（L.）Choisy 一年生缠绕草本，全株被粗硬毛。叶互生，叶片近卵状心形、阔卵形或长椭圆形，常 3 裂。花单生或 2～3 朵着生花梗顶端；萼片狭披针形；花冠漏斗状，紫红色或浅蓝色；雄蕊 5 枚；子房上位，3 室，每室有胚珠 2 颗。蒴果球形。种子卵状三棱形，黑褐色或淡黄白色（图 18-84）。分布于我国大部分地区或栽培。裂叶牵牛和**圆叶牵牛 Ph. purpurea**（L.）**Voigt** 的种子（牵牛子）能泻水通便，消痰涤饮，杀虫攻积；有毒。

图 18-84　裂叶牵牛（徐晔春提供）

（2）**菟丝子属 Cuscuta** 约 170 种，我国有 11 种。

南方菟丝子 C. australis R. Br. 和**菟丝子 C. chinensis Lam.** 的种子（菟丝子）能补益肝肾，固精缩尿，安胎，明目，止泻；外用消风祛斑。

本科常用药用植物还有丁公藤 **Erycibe obtusifolia Benth.** 和光叶丁公藤 **E. schmidtii Craib**，藤茎（丁公藤）能祛风除湿、消肿止痛；有小毒。马蹄金 **Dichondra micrantha Urb.**，全草能清热利湿，解毒消肿。

36. 马鞭草科 Verbenaceae

$$\male\female\uparrow \ K_{(4\sim5)} \ C_{(4\sim5)} \ A_4 \ \underline{G}_{(2:2\sim4:2\sim1)}$$

【特征】

木本，稀草本，常具特殊的气味。叶对生，稀轮生，单叶或复叶；无托叶。花序各式；花两性，常两侧对称，稀辐射对称；花萼 4～5 裂，宿存；花冠常二唇形，或略不相等的 5 裂；雄蕊 4 枚，二强，少 5 或 2 枚，着生花冠管上；具花盘；子房上位，全缘或稍 4 裂，心皮 2，2 或 4 室，因假隔膜而成 4～10 室，每室胚珠 1～2，花柱顶生，柱头 2 裂。核果或蒴果状。

本科植物的主要化学成分为环烯醚萜类、苯丙素苷类、黄酮类、三萜类化合物及挥发油。

【药用植物】

本科 80 余属，3000 余种，分布于热带和亚热带地区，少数延至温带。中国有 21 属，175 种，主要分布于长江以南各省。已知药用 15 属，100 余种。《中国药典》收载 6 种药物。

（1）**马鞭草属 Verbena** 约 250 种，我国有 1 种。

马鞭草 V. officinalis L. 多年生草本。茎四方形。叶对生；基生叶边缘常有粗锯齿及缺刻；茎生叶常 3 深裂。花小，穗状花序细长；花萼先端 5 齿；花冠淡紫色，5 裂，略二唇形；雄蕊二强；子房 4 室，每室 1 胚珠。果包藏于萼内，熟时分裂成 4 个小坚果（图 18-85）。分布于全国各地。生于山野或荒地。地上部分（马鞭草）能活血散瘀，解毒，利水，退黄，截疟。

图 18-85　马鞭草（丁学欣提供）

（2）**紫珠属** *Callicarpa*　约 140 种，我国有近 50 种。

大叶紫珠 *C. macrophylla* **Vahl**　灌木，稀小乔木，高 3 ～ 5m；小枝近四方形，密生灰白色粗糠状分枝茸毛，稍有臭味。叶对生，叶片长椭圆形，较宽大，边缘有锯齿，背面密生灰白色分枝茸毛，腺点隐于毛中。聚伞花序，花序梗粗壮。花萼杯状，具不明显 4 齿；花冠紫红色，裂片 4；雄蕊花丝长于花冠；子房有毛。果实球形，成熟时紫色（图 18-86）。产广东、广西、贵州、云南。生于海拔 100 ～ 2000m 的疏林下和灌丛中。叶或带叶嫩枝（大叶紫珠）能散瘀止血，消肿止痛。

图 18-86　大叶紫珠（江维克提供）

杜虹花 *C. formosana* **Rolfe** 的叶（紫珠叶）能凉血收敛止血，散瘀解毒消肿。**广东紫珠** *C. kwangtungensis* **Chun** 的茎枝和叶（广东紫珠）能收敛止血，散瘀，清热解毒。紫珠 *C. bodinieri* H. Lév. 和裸花紫珠 *C. nudiflora* Hook. et Arn. 的枝叶（裸花紫珠）有类似功效。

（3）**牡荆属** *Vitex*　约 250 种，我国有 14 种。

牡荆 *V. negundo* **L. var. *cannabifolia*（Siebold et Zucc.）Hand.-Mazz.**　落叶灌木或小乔木。小枝四棱形。掌状复叶对生，小叶多为 5，小叶片椭圆状披针形，边缘有粗锯齿，通常被柔毛。聚伞花序排成圆锥花序式，顶生。花冠淡紫色，二唇形；雄蕊 4 枚。核果球形，黑色；宿萼接近果实的长度（图 18-87）。分布于黄河以南各省区。新鲜叶（牡荆叶）能祛痰，止咳，平喘；供提取牡荆油用。根、茎能祛风解表，清热止咳，解毒消肿。果实能止咳平喘，理气止痛。黄荆 *V. negundo* L. 和荆条 *V. negundo* L. var. *heterophylla*（Franch.）Rehder 用途类似。

图 18-87　牡荆（王海提供）

蔓荆 *V. trifolia* **L.** 和单叶蔓荆 *V. trifolia* **L. var. *simplicifolia* Cham.** 的果实（蔓荆子）能疏风散热，清利头目。

本科常用药用植物还有大青 *Clerodendrum cyrtophyllum* Turcz.，根、茎、叶能清热解毒，祛风除湿，消肿止痛。我国历史上作"大青叶"药用。海州常山 *C. trichotomum* Thunb.，叶（臭梧桐）能祛风除湿，降血压；外洗治痔疮、湿疹。

37. 紫草科 Boraginaceae

$$☿*K_{5,(5)}C_{(5)}A_5\underline{G}_{(2:2\sim4:2\sim1)}$$

【特征】

草本或亚灌木，少为灌木或乔木，常被粗硬毛。单叶互生，稀对生或轮生，常全缘；无托叶。多为蝎尾状聚伞花序；花两性，辐射对称；萼片 5；花冠管状或漏斗状，5 裂，喉部常有附属物；雄蕊 5，着生于花冠管上；具花盘；子房上位，心皮 2，每室 2 胚珠，或子房常 4 深裂而成 4 室，每室 1 胚珠，花柱常单生于子房顶部或 4 分裂子房的基部。4 个小坚果或核果。

本科常含萘醌类色素，如紫草素等；还含生物碱类成分。

【药用植物】

本科 100 属，约 2000 种，分布于温带及热带地区，地中海地区最多。中国有 48 属，269 种，全国均产，但多数分布于青藏高原、横断山脉和西部地区。已知药用 21 属，62 种。《中国药典》收载 2 种药物。

（1）软紫草属 *Arnebia*　约 25 种，我国有 6 种。

新疆紫草 *A. euchroma*（Royle）I. M. Johnst.　多年生草本，被糙毛。须根多条，肉质紫色。基生叶条形，茎生叶变小。花序近球形，具多花；花 5 数；花冠紫色，喉部无附属物；子房 4 裂，柱头顶端 2 裂。小坚果有瘤状突起。分布于西藏、新疆。生于高山多石砾山坡及草坡。新疆紫草和**内蒙紫草 *A. guttata* Bunge** 的根（紫草）能清热凉血，活血解毒，透疹消斑。

（2）滇紫草属 *Onosma*　约 150 种，我国有近 30 种。

滇紫草 *O. paniculatum* Bureau et Franch. 的根部栓皮（滇紫草）、根或根皮药用。密花滇紫草 *O. confertum* W. W. Smith 和露蕊滇紫草 *O. exsertum* Hemsl. 用途相同。

此外，紫草 *Lithospermum erythrorhizon* Siebold et Zucc. 的根药用，称硬紫草。

38. 唇形科 Lamiaceae（Labiatae）

$$\text{☿}\uparrow K_{(5)} C_{(5)} A_{4,2} \underline{G}_{(2:4:1)}$$

【特征】

草本，稀木本，多具挥发油。茎四棱形。叶对生或轮生。花单生或对生，或在叶腋内丛生，或集成轮伞花序或聚伞花序，再排成穗状、总状、圆锥或头状花序；花两性，两侧对称；花萼 5 裂，常二唇形，宿存；花冠 5 裂，常一唇形，少为假单唇形或单唇形；雄蕊 4 枚，二强，或退化为 2 枚；花盘下位，肉质，全缘或 2～4 裂；子房上位，2 心皮，常 4 深裂形成假 4 室，每室胚珠 1 枚，花柱常着生于 4 裂子房的底部。果实为 4 枚小坚果，稀核果状（图 18-88）。

本科植物化学成分类型多样，普遍含二萜类、黄酮类、生物碱类和挥发油。

图 18-88　唇形科益母草、丹参花的结构（王光志提供）

1～3：益母草，1. 花枝；2. 唇形花；3. 花瓣上唇，示二强雄蕊；

4～7：丹参，4. 花侧面观；5. 花纵剖面，示雄蕊着生位置；6. 杠杆雄蕊；7. 深裂子房；

8. 基生花柱；

【主要药用属检索表】

1. 花冠单唇形或假单唇型。

  2. 花冠单唇，上唇很短，2深裂或浅裂，下唇3裂，花冠管内有毛状环。根生叶丛生，全缘

      …………………………………………………………………………………… 筋骨草属 *Ajuga*

  2. 花冠单唇，下唇3裂，花冠管内平滑。叶有齿………………………………… 香科科属 *Teucrium*

1. 花冠二唇形或整齐。

  3. 花萼唇形，有宽钝裂片，全缘，上萼片有盾状附属物，花冠上唇成盔瓣状………… 黄芩属 *Scutellaria*

  3. 花萼常4～5裂，或二唇形，无附属物。

    4. 花冠下裂片为船形，比其他裂片长，不外折，上唇具4圆裂片，花冠基部为囊状，聚伞花序成圆锥花

      序或穗状花序 ……………………………………………………………… 香茶菜属 *Rabdosia*

    4. 花冠下裂片不为船形。

      5. 花冠管包于萼内；花柱顶端等分为钻状萼片2。单叶不分裂 ………………… 罗勒属 *Ocimum*

      5. 花冠管不包于萼内。

    6. 花冠为明显二唇形，有不相等的裂片；上唇盔瓣状、镰刀形或弧形等。

      7. 雄蕊4，花药卵形。

        8. 后对（上侧）雄蕊比前对（下侧）雄蕊长。

          9. 药室初平行，后叉开状；后对雄蕊下倾，前对雄蕊上升，两者交叉；茎粗大，直立。叶心状

            卵圆形。花序密穗状 ……………………………………………… 藿香属 *Agastache*

          9. 药室初略叉开，以后平叉开。

            10. 后对雄蕊直立，前对雄蕊多少向前直伸。叶有缺刻或分裂 …… 裂叶荆芥属 *Shizonepeta*

            10.4枚雄蕊均上升。叶肾形或肾状心形，边缘有齿 ……………… 活血丹属 *Glechoma*

        8. 后对雄蕊比前对雄蕊短。

          11. 萼为二唇，果成熟时闭合，上唇顶端截形，上部凹陷，有3短齿；轮伞花序排成假穗状

            花序 ……………………………………………………………… 夏枯草属 *Prunella*

          11. 萼不分为二唇，果成熟时张开，上唇上部不凹陷，轮伞花序不排成假穗状花序。

            12. 小坚果多少呈三角形。顶平截。

              13. 花冠上唇穹窿成盔状；萼齿顶端无刺。叶全缘或具齿牙 ………… 野芝麻属 *Lamium*

              13. 花冠上唇直立；萼齿顶有刺。叶有裂片或缺刻 ………………… 益母草属 *Leonurus*

            12. 小坚果倒卵形，顶端钝圆；通常花冠管内有柔毛环，顶生假穗状花序 … 水苏属 *Stachys*

      7. 雄蕊2枚，药隔延长，线形，和花丝有关节相连………………………… 鼠尾草属 *Salvia*

    6. 花冠近辐射对称；有上唇则扁平或略弯隆。

      14. 雄蕊4，几相等，非二强雄蕊。

        15. 能育雄蕊2，生前边，药室略叉开 ………………………………… 地瓜儿苗属 *Lycopus*

        15. 能育雄蕊4，药室平行 ……………………………………………… 薄荷属 *Mentha*

      14. 雄蕊2或二强雄蕊。

        16. 能育雄蕊4 ………………………………………………………………… 紫苏属 *Perilla*

        16. 能育雄蕊2 ………………………………………………………………… 石荠苎属 *Mosla*

【药用植物】

  本科约220余属，3500余种。全球广布，主产地为地中海及中亚地区。中国约有99属，800多种，全国均产。已知药用75属，436种。《中国药典》收载30种药物。

（1）鼠尾草属 *Salvia* 约 900（～1000 种），我国有 80 多种。

丹参 *S. miltiorrhiza* Bunge 多年生草本。全株密被长柔毛及腺毛。根肥壮，外皮砖红色。羽状复叶对生；小叶常 3～5，卵圆形或椭圆状卵形。轮伞花序组成假总状花序；花萼二唇形；花冠紫色（图 18-89）。全国大部分地区有分布，多有栽培。生于向阳山坡草丛、沟边、林缘。根和根状茎（丹参）能活血祛瘀，通经止痛，清心除烦，凉血消痈。

（2）益母草属 *Leonurus* 约 20 种，我国有 12 种。

益母草 *L. japonicus* Houtt. 一年生或二年生草本。叶二型；基生叶有长柄，叶片卵状心形或近圆形，边缘 5～9 浅裂；中部叶菱形，掌状 3 深裂，柄短；顶生叶近于无柄，线形或线状披针形。轮伞花序腋生；花冠淡红紫色；小坚果长圆状三棱形（图 18-90）。分布全国。多生于旷野向阳处。地上部分（益母草）能活血调经，利尿消肿，清热解毒；含水苏碱、益母草碱，其注射液作子宫收缩药。果实（茺蔚子）能活血调经，清肝明目。

图 18-89 丹参（白吉庆提供）

图 18-90 益母草（晁志提供）

欧益母草 *L. cardiaca* L.，分布于欧洲和北美，与益母草有类似功效，并有强心作用，用于治疗心脏植物神经功能失调、心悸、冠脉流量减少等。

（3）黄芩属 *Scutellaria* 约 350 种，我国有近 100 种。

黄芩 *S. baicalensis* Georgi 多年生草本。主根肥厚，断面黄色。茎基部多分枝。叶对生，具短柄，披针形至条状披针形，下面被下陷的腺点。总状花序顶生；苞片叶状；雄蕊 4 枚，二强。小坚果卵球形（图 18-91）。分布于北方地区。生于向阳山坡、草原。根（黄芩）能清热燥湿，泻火解毒，止血，安胎。滇黄芩 *S. amoena* C. H. Wright、丽江黄芩 *S. likiangensis* Diels、甘肃黄芩 *S. rehderiana* Diels、粘毛黄芩 *S. viscidula* Bunge 等植物的根在不同地区也做黄芩药用。

图 18-91 黄芩（许佳明提供）

半枝莲 **S. barbata D. Don** 的全草（半枝莲）能清热解毒，化瘀利尿。

（4）薄荷属 *Mentha* 约30种，我国原产及栽培的共有12种。

薄荷 *M. haplocalyx* Briq. 多年生草本。有清凉浓香气。茎四棱。叶对生，叶片卵形或长圆形，两面均有腺鳞及柔毛。轮伞花序腋生；花冠淡紫色或白色。小坚果椭圆形（图18-92）。分布于南北各省，宜生长在潮湿地方。全国各地均有栽培，主产于江苏、江西及湖南等省。地上部分（薄荷）能疏散风热，清利头目，利咽，透疹，疏肝行气。留兰香 *M. spicata* L.、辣薄荷 *M. piperita* L. 的地上部分具有类似功效，从中提取的挥发油常用于牙膏、香皂、口香糖的加香等。

（5）紫苏属 *Perilla* 1种。

紫苏 *P. frutescens*（L.）Britton 一年生草本。具香气。茎方形，绿色或紫色。叶阔卵形或圆形，边缘有粗锯齿，两面紫色或仅下面紫色，两面有毛。轮伞花序，每节2花，组成顶生和腋生、偏向于一侧的总状花序。花萼10脉，果时增大；花冠白色至紫红色，近二唇形；雄蕊4，几不伸出。小坚果球形，具网纹（图18-93）。产于全国各地，多为栽培。果实（紫苏子）能降气化痰，止咳平喘，润肠通便。叶或带叶嫩枝（紫苏叶）能解表散寒，行气和胃。茎（紫苏梗）能理气宽中，止痛，安胎。

图18-92 薄荷（晁志提供）　　　　　图18-93 紫苏（王海提供）

（6）石荠苎属 *Mosla* 约20余种，我国有12种。

石香薷 *M. chinensis* Maxim. 及其栽培品种**江香薷 *M. chinensis* 'Jiangxiangru'** 的地上部分（香薷）能发汗解表，化湿和中。

（7）刺蕊草属 *Pogostemon* 约（40～）60种，我国有16种。

广藿香 *P. cablin*（Blanco）Benth. 多年生草本或半灌木。芳香气浓。茎四棱形，分枝，被绒毛。叶圆形或宽卵圆形，边缘具不规则的齿裂，两面被绒毛。轮伞花序10至多花，穗状花序状。花萼筒状，密被长绒毛；花冠紫色，裂片外面均被长毛；雄蕊外伸，花丝具髯毛（图18-94）。广东广州、肇庆、湛江、海南等地广为栽培。地上部分（广藿香）能芳香化浊，和中止呕，发表解暑。藿香 *Agastache rugosa*（Fisch. et C. A. Mey.）Kuntze 的地上部分有相同功效。

图 18-94　广藿香（晁志提供）

本科常用药用植物还有**筋骨草** *Ajuga decumbens* **Thunb.**，全草（筋骨草）能清热解毒，凉血消肿。**灯笼草** *Clinopodium polycephalum*（**Vaniot**）**C. Y. Wu et S. J. Hsuan** 和**风轮菜** *C. chinense*（**Benth.**）**Kuntze**，地上部分（断血流）能收敛止血。**活血丹** *Glechoma longituba*（**Nakai**）**Kuprian.**，地上部分（连钱草）能利湿通淋，清热解毒，散瘀消肿。**独一味** *Lamiophlomis rotata*（**Benth. ex Hook. f.**）**Kudô**，地上部分（独一味）能活血止血，祛风止痛。**毛叶地瓜儿苗** *Lycopus lucidus* **Turcz. ex Benth. var. *hirtus* Regel**，地上部分（泽兰）能活血调经，祛瘀消痈，利水消肿。**夏枯草** *Prunella vulgaris* **L.**，果穗（夏枯草）能清肝泻火，明目，散结消肿。**碎米桠** *Rabdosia rubescens*（**Hemsl.**）**H. Hara**，地上部分（冬凌草）能清热解毒，活血止痛。**线纹香茶菜** *R. lophanthoides*（**Buch.–Ham. ex D. Don**）**H. Hara** 和**溪黄草** *R. serra*（**Maxim.**）**H. Hara** 的地上部分（溪黄草）、**香茶菜** *R. amethystoides*（**Benth.**）**H. Hara** 和**大萼香茶菜** *R. macrocalyx*（**Dunn**）**H. Hara** 及同属数种植物的地上部分或根状茎（香茶菜）也可药用。**荆芥** *Schizonepeta tenuifolia*（**Benth.**）**Briq.**，地上部分（荆芥）和花穗（荆芥穗）能解表散风，透疹，消疮；炒炭后（荆芥炭和荆芥穗炭）能收敛止血。

此外，**丁香罗勒** *Ocimum gratissimum* **L.** 的全草经水蒸气蒸馏提取的挥发油（丁香罗勒油）、**香排草** *Anisochilus carnosus*（**L. f.**）**Wall.** 的带老茎的根状茎及根（香排草）、**甘青青兰** *Dracocephalum tanguticum* **Maxim.** 的地上部分（甘青青兰）、**山香** *Hyptis suaveolens*（**L.**）**Poit.** 的全草（山香）、**牛至** *Origanum vulgare* **L.** 的全草（牛至）、**块根糙苏** *Phlomis kawaguchii* **Murata** 的块根（块根糙苏）、**螃蟹甲** *Ph. younghusbandii* **Mukerjee** 的块根（螃蟹甲）等，也可药用。

39. 茄科 Solanaceae

$$\male\female * K_{(5)} C_{(5)} A_5 \underline{G}_{(2:2:\infty)}$$

【特征】

草本或灌木，稀乔木。叶互生；全缘或分裂或为复叶；无托叶。花单生、簇生或排成聚伞花序；两性或稀杂性，辐射对称；花萼常 5 裂，宿存，花后常增大；花冠钟状、漏斗状、辐状，裂片 5，镊合状或覆瓦状排列；雄蕊常与花冠裂片同数而互生，着生在花冠管上；具下位花盘。子房上位，中轴胎座，2 心皮合生成两室。浆果或蒴果（图 18-95）。

本科植物体富含生物碱，其中主要是莨菪烷型（tropane）、吡啶型（pyridine）和甾体类（steroid）。

图 18-95　茄科部分植物花和果实的结构（王光志提供）
1～6：龙葵，1.花枝；2.未完全开放的花；3.花纵剖面，示雌蕊着生情况；
4.盛开的花侧面观；5.花冠背面观；6.浆果；
7～12：白花曼陀罗，7.花侧面观；8.花萼展开；9.花冠展开，示雄蕊着生位置及上位子房；
10.子房；11.子房横切面，示心皮数和胚珠；12.蒴果

【药用植物】

本科约 30 属，3000 种，分布于温带至热带地区。我国有 24 属，105 种，35 变种，各省区均有分布。已知药用 25 属，84 种。《中国药典》收载 8 种药物。

（1）**枸杞属 Lycium**　约 80 种，我国有 7 种，3 变种。

宁夏枸杞 L. barbarum L.　有刺灌木。分枝披散或稍斜上。单叶互生或簇生；叶片披针形至卵状长圆形。花腋生或数朵簇生短枝上；花萼钟状，常 2 中裂；花冠漏斗状，粉红色或紫色，5 裂，花冠管部明显长于冠，裂片无毛；雄蕊 5。浆果倒卵形，成熟时鲜红色（图 18-96）。分布于西北和华北。生于向阳潮湿沟岸、山坡。宁夏、甘肃、新疆多有栽培。果实（枸杞子）能滋补肝肾，益精明目。宁夏枸杞和**枸杞 L. chinense Mill.** 的根皮（地骨皮）能凉血除蒸，清肺降火。

（2）**曼陀罗属 Datura**　约 16 种，我国有 4 种。

白花曼陀罗 D. metel L.　多年生草本或亚灌木。叶互生；叶片卵形至宽卵形，先端渐尖或锐尖，基部楔形，不对称，全缘或具稀疏锯齿。花单生，直立；花萼圆筒状，无 5 棱角，先端 5 裂，果时宿存且增大；花冠漏斗状，白色，裂片 5，三角状；雄蕊 5；子房不完全 4 室。蒴果，具短刺，不规则 4 瓣裂。种子扁平（图 18-97）。分布于华东和华南，多为栽培。花（洋金花）能平喘止咳，解痉定痛。曼陀罗 **D. stramonium** L. 和毛曼陀罗 **D. inoxia** Mill. 的花有相同功效。

本科常用药用植物还有颠茄 **Atropa belladonna L.**，全草（颠茄草）作抗胆碱药；是提取阿托品的原料。**辣椒 Capsicum annuum L.**，果实（辣椒）能温中散寒，开胃消食。**莨菪 Hyoscyamus niger L.**，种子（天仙子）能解痉止痛，平喘，安神。**酸浆 Physalis alkekengi L. var. franchetii（Mast.）Makino**，宿萼或带果实的宿萼（锦灯笼）能清热解毒，利咽化痰，利尿通淋。**漏斗泡囊草 Physochlaina infundibularis Kuang**，根（华山参）能温肺祛痰，平喘止咳，安神镇惊；为提取莨菪烷类生物碱的资源植物。

此外，龙葵 *Solanum nigrum* L. 的地上部分（龙葵）、白英 *S. lyratum* Thunb. 的全草（白英）、茄 *S. melongena* L. 的根和茎（茄根）、刺天茄 *S. indicum* L.、牛茄子 *S. surattense* Burm. f.、水茄 *S.*

torvum Sw. 和黄果茄 *S. xanthocarpum* Schrad. et J. C. Wendl. 的根及老茎（丁茄根）等，也可药用。睡茄 *Withania somnifera*（L.）Dunal，原产印度、中东至地中海地区，我国见于甘肃、云南等地，根、叶、浆果有滋补强壮、镇静安神等作用。

图 18-96　宁夏枸杞（张新慧提供）

图 18-97　白花曼陀罗（晃志提供）

40. 玄参科 Scrophulariaceae

$$☿ ↑ K_{(4\sim5)} C_{(4\sim5)} A_{4,2} \underline{G}_{(2:2:\infty)}$$

【特征】

草本，少为灌木或乔木。叶互生，对生、或轮生，无托叶。总状或聚伞花序；花两性，常两侧对称，稀近辐射对称；花萼常4～5裂，宿存；花冠4～5裂，常多少呈二唇形；雄蕊常4枚，二强，着生于花冠管上；花盘环状或一侧退化；子房上位，2心皮，2室，中轴胎座，每室胚珠多数。蒴果，2或4瓣裂，稀为浆果，常具宿存花柱。种子多数（图18-98）。

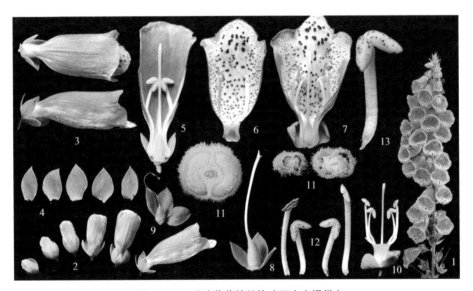

图 18-98　毛地黄花的结构（王光志提供）

1. 花枝；2. 不同发育时期的花；3. 花侧面观；4. 花萼；5. 花冠纵剖面，示花冠上唇；6-7. 花冠下唇，示雄蕊着生位置；
8. 子房；9. 幼果；10. 雄蕊和雌蕊；11. 子房横切，示心皮个数；12. 二强雄蕊；13. 雄蕊特写；

本科植物常含各类环烯醚萜和苯丙素类，部分类群含强心苷类、醌类成分，仅很少类群含生物碱。

【药用植物】

本科约200属，3000种，遍布于世界各地。我国有约56属，680多种，分布于南北各地，主产于西南。已知药用45属，233种。《中国药典》收载8种药物。

（1）玄参属 *Scrophularia*　约200种，我国有30种。

玄参 S. ningpoensis Hemsl.　多年生高大草本。根数条，纺锤形，干后变黑色。茎方形。茎叶下部对生，上部有时互生；叶片卵形至披针形。聚伞花序组成大而疏散的圆锥花序；花萼5裂几达基部；花冠褐紫色，管部多壶状；二强雄蕊。蒴果卵形（图18-99）。分布于华东、华中、华南、西南等地，生于溪边、丛林、高草丛中，各省区多有栽培。根（玄参）药用，能清热凉血，滋阴降火，解毒散结。

（2）地黄属 *Rehmannia*　6种，我国特产。

地黄 R. glutinosa（Gaertn.）Libosch. ex Fisch. et C. A. Mey.　多年生草本，全株密被灰白色长柔毛及腺毛。根肥大呈块状。叶基生，莲座状，叶片倒卵形或长椭圆形。总状花序顶生；花冠管稍弯曲，外面紫红色，内面常有黄色带紫的条纹，顶端5浅裂，略呈二唇形；二强雄蕊；子房上位，2室。蒴果卵形（图18-100）。分布于辽宁和华北、西北、华中、华东等地，各省多栽培，主产于河南、山西。新鲜块根（鲜地黄）能清热生津，凉血，止血；烘焙干燥后（生地黄）能清热凉血，养阴生津；生地黄的加工炮制品（熟地黄）能补血滋阴，益精填髓。

常用药用植物还有**短筒兔耳草 *Lagotis brevituba* Maxim.**，全草（洪连）能清热，解毒，利湿，平肝，行血，调经。**苦玄参 *Picria felterrae* Lour.**，全草（苦玄参）能清热解毒，消肿止痛。**胡黄连 *Picrorhiza scrophulariiflora* Pennell**，根状茎（胡黄连）能退虚热，除疳热，清湿热。**阴行草 *Siphonostegia chinensis* Benth.**，全草（北刘寄奴）能活血祛瘀，通经止痛，凉血，止血，清热利湿。

此外，紫花洋地黄 *Digitalis purpurea* L.、毛花洋地黄 *D. lanata* Ehrh. 的叶是提取强心苷的原料。绵毛鹿茸草 *Monochasma savatieri* Franch. ex Maxim. 的全草（鹿茸草）也可药用。

图 18-99　玄参（杨成梓提供）

图 18-100　地黄（白吉庆提供）

41. 爵床科 Acanthaceae

$$♀↑ K_{(4\sim5)} C_{(4\sim5)} A_{4,2} \underline{G}_{(2:2:2\sim\infty)}$$

【特征】

草本或灌木。茎节常膨大，单叶对生。花两性，两侧对称，每花下通常具 1 苞片和 2 小苞片；聚伞花序排列圆锥状，少为单生或呈总状；花萼 4～5 裂；花冠 4～5 裂，二唇形；雄蕊 4 或 2 枚，4 枚则为二强雄蕊；子房上位，中轴胎座。蒴果，室背开裂，种子常着生于胎座的钩状物上。

本科植物叶、茎的表皮细胞常含钟乳体。化学成分主要有酚类化合物和黄酮类。

【药用植物】

本科约 250 属，3450 种左右，广布于热带及亚热带地区。我国约有 68 属，310 多种，多产于长江流域以南各省区。已知药用 70 余种。《中国药典》收载 4 种药物。

穿心莲 *Andrographis paniculata*（Burm. f.）Nees　原产于热带地区，我国南方有栽培。地上部分（穿心莲）能清热解毒，凉血，消肿。

马蓝 *Baphicacanthus cusia*（Nees）Bremek.　分布于华南、西南、东南亚热带线以南地区。根及根状茎（南板蓝根）能清热解毒，凉血消斑。叶为大青叶的地方代用品，可经加工制备青黛。

此外，**小驳骨 *Gendarussa vulgaris* Nees** 的地上部分（小驳骨）能祛瘀止痛，续筋接骨。水蓑衣 *Hygrophila salicifolia*（Vahl）Nees 的种子（南天仙子）也可药用。

42. 茜草科 Rubiaceae

$$♀*K_{(4\sim6)} C_{(4\sim6)} A_{4\sim6} \overline{G}_{(2:2:1\sim\infty)}$$

【特征】

草本，灌木或乔木，有时攀缘状。单叶对生或轮生，全缘；托叶 2 枚，分离或合生，常宿存。花两性，二歧聚伞花序排成圆锥状或头状，少为单生。花辐射对称，花萼 4～5。花冠 4～5 裂，稀 6 裂；雄蕊 5 枚；雌蕊由 2 心皮合生而成，子房下位，常 2 室，每室 1 至多数胚珠。蒴果、浆果或核果（图 18-101）。

本科植物以生物碱、环烯醚萜类及蒽醌类等为主要特征性成分。

图 18-101　茜草花和果实的结构（张水利提供）

1. 花枝与花侧面观；2. 花正面，示雄蕊个数及与花冠的生长位置关系；
3. 花冠正面观和背面观；4. 子房；5. 子房横切面；
6. 子房纵切面；7. 果实；8. 果实，示果皮与种子

【药用植物】

本科 500～637 属，6000～10700 种，广布于热带和亚热带，少数分布至温带。我国有 98 属，约 676 种，主要分布于西南至东南部，西北至北部较少。已知药用 59 属，210 余种。《中国药典》收载 9 种药物。

（1）茜草属 *Rubia*　约 70 种，我国有近 36 种，2 变种。

茜草 *R. cordifolia* L.　多年生攀缘草本。根丛生，橙红色。枝 4 棱，棱上具倒生刺。叶呈 4 枚轮生状，有长柄；叶片卵形至卵状披针形，基部心形，两面粗糙；基出脉 3 条，下面中脉及叶柄上有微小皮刺。聚伞花序呈疏松的圆锥状。花小，5 数；花冠辐状，黄白色，裂片镊合状排列；子房下位，2 室，每室胚珠 1 枚，着生在隔膜上。浆果成熟时橙黄色（图 18-102）。全国广布。生于疏林、林缘、灌丛或草地上。根和根茎（茜草）能凉血，祛瘀，止血，通经。

图 18-102　茜草（许佳明，白吉庆提供）

（2）栀子属 *Gardenia*　约 250 种，我国有 5 种。

栀子 *G. jasminoides* J. Ellis　常绿灌木。叶对生或 3 叶轮生，有短柄；革质，椭圆状倒卵形至倒阔披针形；上面光亮，下面脉腋内簇生短毛；托叶在叶柄内合成鞘。花大，白色，芳香，单生枝顶；花部常 5～7 数，萼筒有翅状直棱，花冠高脚碟状；子房下位，1 室，胚珠多数。果肉质，外果皮略带革质，熟时黄色，具翅状棱 5～8 条（图 18-103）。分布于我国南部和中部，生于山坡树林中，各地有栽培。果实（栀子）能泻火除烦，清热利湿，凉血解毒；外用消肿止痛；加工成栀子炭，能凉血止血。

图 18-103　栀子（葛菲提供）

（3）钩藤属 *Uncaria*　约 34 种，我国有 12 种。

钩藤 *U. rhynchophylla*（Miq.）Miq. ex Havil.　常绿木质大藤本。小枝四棱形，叶腋有钩状变态枝。叶对生，椭圆形，两面均无毛，干时褐色或红褐色；托叶 2 深裂，裂片条状钻形。头状花序单生叶腋或顶生呈总状花序状，花近无梗。花 5 数，花冠黄色；子房下位，2 室，每室胚珠多数。蒴果，外果皮厚（图 18-104）。分布于湖南、江西、福建、广东、广西及西南地区，生于山谷、溪边、湿润灌丛中。钩藤、**大叶钩藤 *U. macrophylla* Wall.**、**毛钩藤 *U. hirsuta* Havil.**、**华钩藤 *U. sinensis*（Oliv.）Havil.** 和**无柄果钩藤 *U. sessilifructus* Roxb.** 带钩的茎枝（钩藤）能息风定惊，清热平肝。

常用药用植物还有**红大戟 *Knoxia valerianoides* Thorel ex Pit.**，块根（红大戟）能泻水逐饮，消肿散结。**巴戟天 *Morinda officinalis* F. C. How**，根（巴戟天）能补肾壮阳，强筋骨，祛风湿。

此外，鸡矢藤 *Paederia scandens*（Lour.）Merr. 的全草（鸡矢藤）、牛白藤 *Hedyotis hedyotidea*（DC.）Merr. 的全草（牛白藤）、黄毛耳草 *H. chrysotricha*（Palib.）Merr. 的全草（黄毛耳草）、白花蛇舌草 *H. diffusa* Willd. 的全草（白花蛇舌草）等也可药用。小粒咖啡 *Coffea arabica* L. 的种子

含咖啡因，能兴奋神经，强心，健胃，利尿。金鸡纳树 *Cinchona ledgeriana* Moens ex Trimen 的树皮含奎宁，能抗疟，退热。海滨木巴戟 *Morinda citrifolia* L.，原产印尼、澳大利亚，我国见于海南、台湾地区、西沙群岛，果实可食，所含成分有抗菌、抗病毒、降血压、抗肿瘤等多方面活性，作为膳食补充剂应用。

图 18-104　钩藤（徐晔春提供）

43. 忍冬科 Caprifoliaceae

$$\mbox{\male\female} * \uparrow \mathbf{K}_{(4\sim5)} \mathbf{C}_{(4\sim5)} \mathbf{A}_{4\sim5} \overline{\mathbf{G}}_{(2\sim5:1\sim5:1\sim\infty)}$$

【特征】

木本，稀草本。叶对生，单叶，少为羽状复叶；常无托叶。聚伞花序；花两性，辐射对称或两侧对称；花萼 4 ～ 5 裂；花冠管状，通常 5 裂，有时二唇形；雄蕊和花冠裂片同数而互生，着生于花冠管上；雌蕊为 2 ～ 5 心皮合生，子房下位，常为 3 室，每室胚珠 1 枚，有时仅 1 室发育。浆果、核果或蒴果（图 18-105）。

图 18-105　忍冬花和果实的结构（张水利提供）
1. 花枝；2. 花正面观；3. 花侧面观；4. 花冠纵剖面观，示雄蕊着生位置和下位子房；
5. 果实；6. 果实纵切面和横切面观；7. 种子

本科植物以黄酮类、环烯醚类、三萜类、绿原酸类、甾醇类等为主要特征性成分。

【药用植物】

本科约 13 属，500 种，分布于北温带。我国有 12 属，200 余种，全国广布。已知药用的有 9 属，100 余种。《中国药典》收载 4 种药物。

忍冬 *Lonicera japonica* **Thunb.**　半常绿缠绕灌木。幼枝暗红褐色，密生柔毛和腺毛。单叶对生，卵状椭圆形，幼时两面被短毛。总花梗单生叶腋，花成对，苞片叶状；花萼 5 裂，无毛；花冠白色，后转黄色，故称"金银花"，具芳香，外面被有柔毛和腺毛，二唇形，上唇 4 裂，下唇带状而反曲；雄蕊 5 枚；子房下位。浆果，熟时黑色（图 18-106）。除黑龙江、内蒙古、宁夏、青海、新疆、海南和西藏无自然生长外，全国各省均有分布。生于山坡灌丛或疏林中、乱石堆、山脚路旁及村庄篱笆边；现山东、河南多栽培。花蕾或带初开的花（金银花）能清热解毒，疏散风热；茎枝（忍冬藤）能清热解毒，疏风通络。

图 18-106　忍冬（刘长利提供）

灰毡毛忍冬 *L. macranthoides* **Hand.-Mazz.**、**红腺忍冬** *L. hypoglauca* **Miq.**、**华南忍冬** *L. confusa* **DC.** 或**黄褐毛忍冬** *L. fulvotomentosa* **P. S. Hsu et S. C. Cheng** 的花蕾或带初开的花（山银花）功效同金银花。

此外，接骨木 *Sambucus racemosa* L. 的带叶茎枝（接骨木）能接骨续筋，活血止血，祛风利湿。

44. 败酱科 Valerianaceae

$$\text{⚥}\uparrow \ K_{5\sim15,\,0}\ C_{(3\sim5)}\ A_{3\sim4}\ \overline{G}_{(3:3:1)}$$

【特征】

多年生草本，根或根茎常有陈腐气味，浓烈香气或强烈松脂气味，干后尤为明显。叶对生或基生，常羽状分裂，无托叶。聚伞花序呈各种排列，花小，常两性，稍不整齐；花萼 5 裂，或呈冠毛状；花冠钟状或狭漏斗形，基部常呈囊状或有距，上部 3～5 裂；雄蕊常 3 或 4 枚，着生于花冠筒上；子房下位，3 室，仅 1 室发育，内含 1 胚珠，悬垂于室顶。瘦果，有时顶端的宿存花萼呈冠毛状，或与增大的苞片联合成翅果状。

本科植物的根及根状茎常含挥发油而有特殊气味。

【药用植物】

本科 13 属，约 400 种，大部分分布于北温带。我国有 3 属，30 余种，南北均有分布，已知药用 3 属，24 种。《中国药典》收载 3 种药物。

本科常用药用植物有**甘松** *Nardostachys jatamansi* (**D. Don**) **DC.**，根及根状茎（甘松）能理气止痛，开郁醒脾；外用祛湿消肿。**蜘蛛香** *Valeriana jatamansi* **Jones**，根状茎和根（蜘蛛香）能理气止痛，消食止泻，祛风除湿，镇惊安神。缬草 *V. officinalis* L. 的根及根状茎也能安神镇静，欧美用于治疗失眠、焦虑等。黄花败酱 *Patrinia scabiosifolia* Fisch. ex Trevir. 和白花败酱 *P. villosa* (Thunb.) Dufr. 的全草（败酱草、败酱）亦可药用。

45. 葫芦科 Cucurbitaceae

$$♂*K_{(5)}C_{(5)}A_{5,(3\sim5)}; ♀*K_{(5)}C_{(5)}\overline{G}_{(3:1:\infty)}$$

【特征】

草质藤本，具卷须，侧生于叶柄基部。叶互生；常为单叶，掌状分裂，有时为鸟趾状复叶。花单生、簇生，或集成总状花序、圆锥花序或近伞花序。花单性，同株或异株，辐射对称；花萼和花冠裂片5，稀为离瓣；雄蕊3或5枚，分离或合生，花药直或折曲呈S形；3心皮合生，子房下位，多为1室，侧膜胎座。常为瓠果（图18-107）。

本科植物茎具双韧型维管束。植物体富含葫芦烷型、达玛烷型四环三萜和齐墩果烷型等五环三萜及其糖苷成分，同时还有个别属含有木脂素和酚性化合物。

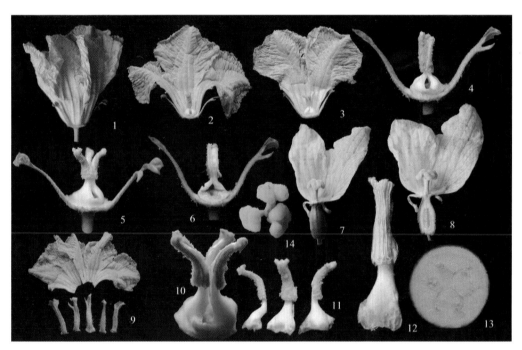

图18-107 南瓜花的结构（王光志提供）

1. 雄花侧面观；2-3. 雄花纵剖面，示雄蕊与花萼的位置关系；4-5. 近成熟和发育成熟的雄蕊；
6. 雄蕊腹面观；7. 雌花侧面观；8. 雌花纵剖面，示下位子房和胚珠；9. 花萼裂片和花冠展开；
10-12. 雄蕊特写；13. 子房横切面，示胎座类型；14. 柱头特写

【药用植物】

本科113属，800多种，大多数分布于热带和亚热带地区。我国有32属，154种，35变型，全国均有分布，南部和西南部最多。已知药用约25属，92种。《中国药典》收载14种药物。

（1）栝楼属 Trichosanthes 约50种，我国有34种，6变种。

栝楼 T. kirilowii Maxim. 多年生草质藤本。块根肥厚，圆柱状。叶常近心形，掌状3～9裂至中裂，边缘常再浅裂或有齿。雌雄异株，雄花组成总状花序，雌花单生；花萼、花冠均5裂，花冠白色，中部以上细裂成流苏状。雄花有雄蕊3枚。瓠果椭圆形，熟时果皮果瓢橙黄色。种子椭圆形、扁平、浅棕色（图18-108）。分布于长江以北，江苏、浙江亦产。生于山坡、林缘。栝楼及**双边栝楼 T. rosthornii Harms** 的果实（瓜蒌）能清热涤痰，宽胸散结，润燥滑肠；果皮（瓜蒌皮）能清热化痰，利气宽胸；种子（瓜蒌子）能润肺化痰，滑肠通便；根（天花粉）能清热泻火，生津止渴，消肿排脓；天花粉蛋白还能引产。

图 18-108　栝楼（郭庆梅提供）

（2）罗汉果属 *Siraitia*　7 种，我国有 4 种。

罗汉果 *S. grosvenorii*（**Swingle**）**C. Jeffrey ex A. M. Lu et Zhi Y. Zhang**　草质藤本，幼时被黄褐色柔毛和黑色疣状腺鳞。块根纺锤状。卷须 2 裂几达基部。叶常卵状心形。雌雄异株；花萼、花冠均 5 裂，花冠黄色；雄花组成总状花序，有雄蕊 5 枚；雌花单生或 2～5 朵集生总梗顶端，子房密被短柔毛。瓠果球形，果皮较薄而脆。种子边缘有两层微波状缘檐（图 18-109）。分布于广东、海南、广西及江西。常生于海拔 400～1400m 的山坡林下及河边湿地、灌丛。果实（罗汉果）能清热润肺，利咽开音，滑肠通便；块根能清利湿热，解毒。

图 18-109　罗汉果（韦松基提供）

（3）绞股蓝属 *Gynostemma*　约 13 种，我国有 11 种，2 变种。

绞股蓝 *G. pentaphyllum*（**Thunb.**）**Makino**　草质藤本。卷须 2 叉，着生叶腋；鸟趾状复叶，有 5～7 小叶，具柔毛。雌雄异株；雌、雄花均排成圆锥花序；花小，花萼、花冠 5 裂，绿白色；雄花有雄蕊 5 枚；雌花具球形子房，2～3 室。浆果小，熟时黑色（图 18-110）。分布于陕西南部及长江以南各省区。生于林下、沟旁。全草（绞股蓝）能清热解毒，止咳祛痰。本种含有多种人参皂苷类成分，具有类似人参的功效。

常用药用植物还有冬瓜 *Benincasa hispida*（**Thunb.**）**Cogn.**，外层果皮（冬瓜皮）能利尿消肿；果实（苦冬瓜）也可药用。土贝母 *Bolbostemma paniculatum*（**Maxim.**）**Franquet**，块茎（土贝母）能解毒，散结，消肿。西瓜 *Citrullus lanatus*（**Thunb.**）**Matsumu. et Nakai**，成熟新鲜果实与皮硝经加工可制成西瓜霜，能清热泻火，消肿止痛。甜瓜 *Cucumis melo* **L.**，成熟种子（甜瓜子）能清肺，润肠，化瘀，排脓，疗伤止痛。丝瓜 *Luffa cylindrica* **M. Roem.** 和广东丝瓜 *L. acutan-*

图 18-110　绞股蓝（晁志提供）

gula（L.）Roxb.，成熟果实的维管束（丝瓜络）能祛风，通络，活血，下乳。**木鳖 *Momordica cochinchinensis*（Lour.）Spreng.**，种子（木鳖子）能散结消肿，攻毒疗疮。

此外，黄瓜 *Cucumis sativus* L. 的种子（黄瓜子）、波棱瓜 *Herpetospermum caudigerum* Wall. 的种子（波棱瓜子）亦可药用。

46. 桔梗科 Campanulaceae

$$\male\female * \uparrow K_{(5)} C_{(5)} A_5 \overline{G}_{(2\sim5:2\sim5:\infty)}, \overline{\underline{G}}_{(2\sim5:2\sim5:\infty)}$$

【特征】

草本，常具乳汁。单叶互生，少数对生或轮生，无托叶。花单生或排成各种花序；花两性，辐射对称或两侧对称；花萼 5 裂，宿存；花冠常钟状或管状，5 裂；雄蕊 5 枚；雌蕊常由 2～5 心皮合生而成，子房常下位或半下位，2～5 室，中轴胎座。蒴果，稀浆果（图 18-111）。

图 18-111　桔梗科部分植物花的结构（张水利、王光志提供）

1～6：桔梗，1. 花侧面观和正面观；2. 花纵切面，示子房位置和雌雄蕊发育时期；
3. 半下位子房侧面观和纵剖面；4. 子房横切面；5. 不同发育时期的雄蕊；6. 种子；
7. 党参花侧面正面观；
8～12：半边莲，8. 完整的花；9. 花冠纵剖面，示花丝着生位置；10. 花冠纵剖面；11. 聚药雄蕊；
12. 子房

桔梗科植物体薄壁细胞常含菊糖；具乳汁管。植物体所含化学成分主要为菊糖、多炔类、三萜类、倍半萜类、甾醇类、苯丙素类和生物碱类化合物等。

【主要药用属检索表】

1. 花冠辐射对称；雄蕊离生；雌蕊 3～5 心皮合生，3～5 室。蒴果 3～5 裂。
　2. 花冠钟状至筒状。雌蕊 3 心皮合生，3 室。蒴果 3 裂。
　　3. 直立草本。花排成总状或圆锥花序。子房下位。蒴果在基部 3 孔裂……………沙参属 *Adenophora*
　　3. 缠绕或直立草本。花单生。子房下位或半下位。蒴果自先端 3 瓣裂……………党参属 *Codonopsis*
　2. 花冠阔钟状。雌蕊 5 心皮合生，5 室。蒴果 5 裂……………………………桔梗属 *Platycodon*
1. 花冠两侧对称；雄蕊合生；雌蕊 2 心皮合生，2 室。蒴果 2 裂……………………半边莲属 *Lobelia*

【药用植物】

本科 60～70 属，约 2000 种，分布全球，以温带和亚热带为多。我国有 16 属，160 多种，分布全国，以西南地区为多。药用植物有 13 属，111 种。《中国药典》收载 4 种药物。

（1）**党参属 Codonopsis** 40 多种，我国约有 39 种。

党参 C. pilosula（**Franch.**）**Nannf.** 多年生缠绕草质藤本，具白色乳汁。根圆柱状，具多数瘤状茎痕，常在中部分枝。叶互生，常卵形，老时仍两面有毛。花单生于枝端；花 5 数，萼裂片狭矩圆形；花冠淡绿色，略带紫晕，阔钟状；子房半下位，3 室。蒴果 3 瓣裂（图 18-112）。分布于陕西、甘肃、山西、内蒙古、四川、东北。生于林边或灌丛中，全国均有栽培。党参及**素花党参 C. pilosula**（**Franch.**）**Nannf. var. modesta**（**Nannf.**）**L. T. Shen**、**川党参 C. tangshen Oliv.** 的根（党参）能健脾益肺，养血生津。管花党参 C. tubulosa Kom. 的根也同等药用。

羊乳 C. lanceolata（Siebold et Zucc.）Trautv. 的根能补虚通乳，排脓解毒。

图 18-112 党参（陈兴兴提供）

（2）**桔梗属 Platycodon** 1 种。

桔梗 P. grandiflorus（**Jacq.**）**A. DC.** 多年生草本，具白色乳汁。根肉质，长圆锥状。叶对生、轮生或互生。花单生或数朵生于枝顶；花萼 5 裂，宿存；花冠阔钟状，蓝色，5 裂；雄蕊 5 枚；子房半下位，雌蕊 5 心皮合生，5 室，中轴胎座，柱头 5 裂。蒴果顶部 5 裂（图 18-113）。全国广布，生于山地草坡或林缘。根（桔梗）能宣肺，利咽，祛痰，排脓。

图 18-113 桔梗（白吉庆提供）

（3）**沙 参 属 Adenophora** 约 50 种，我国有近 40 种。

沙参 A. stricta Miq. 多年生草本，具白色乳汁。根圆锥形，质地较泡松。茎生叶互生，无柄，狭卵形。茎、叶、花萼均被短硬毛。花序狭长；花 5 数；花冠钟状，蓝紫色；花丝基部边缘被毛；花盘宽圆筒状；子房下位，花柱与花冠近等长。蒴果（图 18-114）。分布于四川、贵州、广西、湖南、湖北、河南、陕西、江西、浙江、安徽、江苏。生于山坡草丛中。沙参和**轮叶沙参 A. tetraphylla**（**Thunb.**）**Fisch.** 的根（南沙参）能养阴清肺，益胃生津，化痰，益气。展 枝 沙 参 A.divaricata Franch. et. Sav. 和杏叶沙参 A. hunanensis Nannf. 的

图 18-114 沙参（田云芳、王光志提供）

根同等药用。

（4）半边莲属 *Lobelia* 约 350 种，我国有 19 种。

半边莲 *L. chinensis* Lour. 多年生小草本，具白色乳汁。主茎平卧，分枝直立。叶互生，近无柄，狭披针形。花单生于叶腋；花冠粉红色，裂片全部偏向下方；花丝上部及花药合生，下方的两个花药近端有髯毛；子房下位，2 室。蒴果 2 裂（图 18-115）。分布于长江中下游及以南地区。生于水边、沟边或潮湿草地。全草（半边莲）能清热解毒，利尿消肿。

图 18-115　半边莲（杨成梓提供）

47. 菊科 Asteraceae（Compositae）

$$\male\female * \uparrow K_{0,\infty} C_{(3\sim5)} A_{(4\sim5)} \overline{G}_{(2:1:1)}$$

【特征】

常为草本，稀灌木。有的具乳汁或树脂道。头状花序，或由头状花序再集总状、伞房状等；头状花序为多朵小花集生于花序托上组成；花序托即是缩短的花序轴；组成花序的小花有同形花和异形花两种类型，同形花即组成花序的小花均为管状花或均为舌状花；异形花即花序的周围为舌状花或假舌状花（称边花或缘花），中央是管状花（称盘花）。每朵花的基部具苞片 1 枚，称托片，呈毛状或缺；花两性；萼片常变成冠毛，或呈针状、鳞片状或缺；花冠常为管状花、舌状花；雄蕊 5 枚，聚药雄蕊；雌蕊由 2 心皮合生，1 室，子房下位，柱头 2 裂。连萼瘦果，常具冠毛（图 18-116）。

本科植物体内薄壁细胞中常含菊糖。化学成分主要由黄酮类、生物碱类、聚炔类、香豆素类、倍半萜内酯类、三萜类等。

图 18-116　菊科部分植物花和果实的结构（王光志提供）

1.秋英头状花序纵剖面，示缘花和盘花着生位置；2.秋英总苞片、舌状花和管状花；

3～7：红花，3.头状花序；4.头状花序纵剖面；5.头状花序总苞片的渐变；6.管状花；7.果实；

8.蒲公英舌状花；9.蒲公英连萼瘦果；10.向日葵瘦果；11.蒲公英头状花序

【亚科及主要药用属检索表】

1. 植物体具乳汁管；头状花序全部由舌状花组成·····················舌状花亚科 Liguliflorae
  2. 冠毛有细毛，瘦果粗糙或平滑，有喙或无喙部；叶基生。
    3. 头状花序单生于花葶上，瘦果有向基部渐厚的长喙···············蒲公英属 Taraxacum
    3. 头状花序在茎枝顶端排成伞房状，瘦果极扁压，无喙部···········苦苣菜属 Sonchus
  2. 冠毛有糙毛，瘦果极扁或近圆柱形。
    4. 瘦果极扁平或较扁，两面有细纵肋，顶端有羽毛盘···············莴苣属 Lactuca
    4. 瘦果近圆柱形，腹背稍扁，具 10 翅；总苞片显然无肋 ···········苦荬菜属 Ixeris
1. 植物体无乳汁管；头状花序不是全部由舌状花组成···············管状花亚科 Asteroideae
  5. 头状花序仅有管状花（两性或单性）。
    6. 叶对生，或下部对生，上部互生；总苞片多层；瘦果有冠毛·········泽兰属 Eupatorium
    6. 叶互生，总苞片 2 至多层。
      7. 瘦果无冠毛。
        8. 花序单性，雌花序仅有 2 朵小花，总苞外多钩刺···········苍耳属 Xanthium
        8. 花序外层雌花，内层两性花，头状花序排成总状或圆锥状·······蒿属 Artemisia
      7. 瘦果有冠毛。
        9. 叶缘有刺。
          10. 冠毛羽状，基部连合成环。
            11. 花序基部有叶状苞片，花两性或单性；果多柔毛 ·········苍术属 Atractylodes
            11. 花序基部无叶状苞片，花两性；果无毛 ···············蓟属 Cirsium
          10. 冠毛呈鳞片状或缺；总苞片外轮叶状，边缘有刺；花红色 ·········红花属 Carthamus
        9. 叶缘无刺。
          12. 根具香气。
            13. 多年生高大草本；茎生叶互生；冠毛羽毛状 ···········云木香属 Aucklandia
            13. 多年生低矮草本；叶呈莲座状丛生；冠毛刚毛状 ·········川木香属 Vladimiria
          12. 根不具香气。
            14. 总苞片顶端呈针刺状，末端钩曲；冠毛多而短，易脱落 ·········牛蒡属 Arctium
            14. 总苞片顶端无钩刺；冠毛长，不易脱落 ···············祁州漏芦属 Rhaponticum
  5. 头状花序有管状花和舌状花（单性或无性）两种。
    15. 瘦果有冠毛。
      16. 舌状花、管状花均为黄色；花药基部戟形，有细长渐尖的尾部 ·········旋覆花属 Inula
      16. 舌状花白色或蓝紫色，管状花黄色；花药基部钝 ···············紫菀属 Aster
    15. 瘦果无冠毛。
      17. 叶对生；总苞片叶质；花序托有托片。
        18. 舌状花 1 层，先端 3 裂；总苞片 2 层；瘦果为内层总苞片（或外层托片）所包裹
        ···豨莶草属 Siegesbeckia
        18. 舌状花 2 层，先端全缘或 2 裂；总苞片数层；内层总苞片平，不包裹瘦果 ·····鳢肠属 Eclipta
      17. 叶互生；总苞片边缘干膜质；花序托无托片 ···············菊属 Chrysanthemum

【药用植物】

菊科是被子植物第一大科，约 1000 属，25000 ～ 30000 种。广布全球，主要产于温带地区。

我国有 200 余属，2000 多种，分布全国。已知药用 155 属，778 种。《中国药典》收载 53 种药物。

菊科根据是否具有乳汁管、头状花序中小花的类型和构造等，分为 2 个亚科：舌状花亚科和管状花亚科。

（1）管状花亚科 Asteroideae（Tubuliflorae, Carduoideae）　头状花序全部为同形两性的管状花，或有异形的小花，即边缘花为假舌状花，盘花为管状花；植物体无乳汁。

①**菊属 _Chrysanthemum_**　近 40 种，我国有 22 种。

菊 _Ch. morifolium_ Ramat.　多年生草本，基部木质，全体被白色绒毛。叶片卵形至披针形，叶缘有粗大锯齿或羽裂。头状花序直径 2.5 ～ 20cm；总苞片多层；缘花舌状、雌性、形色多样；盘花管状、两性、黄色，具托片。瘦果无冠毛（图 18-117）。全国各地栽培。头状花序（菊花）能散风清热，平肝明目，清热解毒。因药材产地和加工方法不同，有贡菊、亳菊、滁菊、杭菊、怀菊等商品。野菊 _Ch. indicum_ L. 的头状花序（野菊花）能清热解毒，泻火平肝。

图 18-117　菊（刘守金提供）

②**红花属 _Carthamus_**　18 ～ 20 种，我国 2 种。

红花 _C. tinctorius_ L.　一年生草本。叶互生，长椭圆形或卵状披针形，叶缘齿端有尖刺。头状花序具总苞片 2 ～ 3 列，卵状披针形，上部边缘有锐刺，内侧数列卵形，无刺；花序全由管状花组成，初开时黄色，后变为红色。瘦果无冠毛（图 18-118）。我国东北、华北、西北、西南及山东、浙江等地，特别是新疆广泛栽培。花（红花）能活血通经，散瘀止痛。

图 18-118　红花（刘长利提供）

③**苍术属 _Atractylodes_**　约 7 种，我国有 5 种。

茅苍术 _A. lancea_（Thunb.）DC.　多年生草本。根状茎粗肥，结节状，横断面有红棕色油点，具香气。叶无柄，下部叶常 3 裂，两侧裂片较小，顶裂片大，卵形。头状花序直径 1 ～ 2cm；花冠白色（图 18-119）。分布于华东、中南及西南。生于山坡草丛中。茅苍术及**北苍术 _A. chinensis_（Bunge）Koidz.** 的根状茎（苍术）能燥湿健脾，祛风散寒，明目。

白术 _A. macrocephala_ Koidz. 的根状茎（白术）能健脾益气，燥湿利水，止汗，安胎。

④**蒿属 _Artemisia_**　约 300 种，我国有近 86 种，44 变种。

艾 _A. argyi_ H. Lév. et Vaniot　多年生草本。中下部叶卵状椭圆形，羽状深裂，裂片有粗齿或羽状缺刻，上面有腺点，下面有灰白色绒毛。头状花序排成总状；总苞卵圆形，长约 3mm（图 18-120）。广布于全国各省。生于路旁、荒野，亦有栽培。叶（艾叶）能温经止血，

图 18-119　茅苍术（王海提供）

散寒止痛；外用去湿止痒，供灸治或熏洗用。

　　黄花蒿 *A. annua* L. 一年生草本，全株具强烈气味。叶常三回羽状深裂，裂片及小裂片矩圆形或倒卵形。头状花序极多数，排成圆锥状；小花黄色，全为管状花；外层雌性，内层两性（图18-121）。广布于全国各地。生于山坡、荒地。地上部分（青蒿）能清虚热，除骨蒸，解暑热，截疟，退黄。所含青蒿素（artemisinin）用于治疗疟疾。

　　滨蒿 *A. scoparia* Waldst. et Kit. 和茵陈蒿 *A. capillaris* Thunb. 的地上部分（茵陈）能清热利湿，利胆退黄。奇蒿 *A. anomala* S. Moore、白苞蒿 *A. lactiflora* Wall. ex DC. 的全草（刘寄奴）亦可药用。

　　本亚科常用药用植物还有蓍 *Achillea alpina* L.，地上部分（蓍草）能解毒利湿，活血止痛。牛蒡 *Arctium lappa* L.，果实（牛蒡子）能疏散风热，宣肺透疹，解毒利咽；新鲜全草（鲜牛蒡草）也可药用。紫菀 *Aster tataricus* L. f.，根和根状茎（紫菀）能润肺下气，消痰止咳。云木香 *Aucklandia lappa*（Decne.），根（木香）能行气止痛，健脾消食。艾纳香 *Blumea balsamifera*（L.）DC.，新鲜叶经提取加工制成的结晶（艾片）能开窍醒神，清热止痛。天名精 *Carpesium abrotanoides* L.，果实（鹤虱）能杀虫消积；全草（天名精）亦可药用。鹅不食草 *Centipeda minima*（L.）A. Braun et Asch.，全草（鹅不食草）能发散风寒，通鼻窍，止咳。蓟 *Cirsium japonicum* DC. 和刺儿菜 *C. setosum*（Willd.）M. Bieb.，地上部分（分别为大蓟、小蓟）能凉血止血，散瘀解毒消痈。苦蒿 *Conyza blinii* H. Lév.，地上部分（金龙胆草）能清热化痰，止咳平喘，解毒利湿，凉血止血。驴欺口 *Echinops latifolius* Tausch. 和华东蓝刺头 *E. grijsii* Hance，根（禹州漏芦）能清热解毒，消痈，下乳，舒筋通脉。鳢肠 *Eclipta prostrata*（L.）L.，地上部分（墨旱莲）能滋补肝肾，凉血止血；鲜茎榨汁（墨旱莲草汁）也可药用。短葶飞蓬 *Erigeron breviscapus*（Vaniot）Hand.-Mazz.，全草（灯盏细辛、灯盏花）能活血通络止痛，祛风散寒。佩兰 *Eupatorium fortunei* Turcz.，地上部分（佩兰）能芳香化湿，醒脾开胃，发表解暑。轮叶泽兰 *E. lindleyanum* DC.，干燥地上部分（野马追）能化痰止咳平喘。旋覆花 *Inula japonica* Thunb. 与欧亚旋覆花 *I. britannica* L. 的头状花序（旋覆花）能降气，消痰，行水，止呕；旋覆花及条叶旋覆花 *I. linariifolia* Turcz. 的地上部分（金沸草）亦有类似功效。土木香 *I. helenium* L. 的根（土木香）能健脾和胃，行气止痛，安胎。翼齿六棱菊 *Laggera pterodonta*（DC.）Benth.，地上部分（臭灵丹草）能清热解毒，止咳祛痰。祁州漏芦 *Rhaponticum uniflorum*（L.）DC.，根（漏芦）功效同禹州漏芦。天山雪莲 *Saussurea involucrata*（Kar. et Kir.）Sch. Bip.，地上部

图 18-120　艾（刘长利提供）

图 18-121　黄花蒿（葛菲提供）

分（天山雪莲）能温肾助阳，祛风胜湿，通经活血。**千里光 _Senecio scandens_ Buch.-Ham. ex D. Don**，地上部分（千里光）能清热解毒，明目，利湿。**豨莶 _Sigesbeckia orientalis_ L.**、**腺梗豨莶 _S. pubescens_（Makino）Makino** 和**毛梗豨莶 _S. glabrescens_（Makino）Makino** 的地上部分（豨莶草）能祛风湿，利关节，解毒。**水飞蓟 _Silybum marianum_（L.）Gaertn.**，果实（水飞蓟）能清热解毒，疏肝利胆。**一枝黄花 _Solidago decurrens_ Lour.**，全草（一枝黄花）能清热解毒，疏散风热。**款冬 _Tussilago farfara_ L.**，花蕾（款冬花）能润肺下气，止咳化痰。**川木香 _Vladimiria souliei_（Franch.）Y. Ling** 与**灰毛川木香 _V. souliei_（Franch.）Y. Ling var.cinerea Y. Ling** 的根（川木香）功效与木香近似。**苍耳 _Xanthium sibiricum_ Patrin ex Widder**，带总苞的果实（苍耳子）能散风寒，通鼻窍，祛风湿。

此外，地胆草 _Elephantopus scaber_ L. 的全草（地胆草）、一点红 _Emilia sonchifolia_（L.）DC. 的全草（一点红）、华泽兰 _Eupatorium chinense_ L. 的根（广东土牛膝）、总状青木香 _Inula racemosa_ Hook. f. 的根（藏木香）、羊耳菊 _I. cappa_（Buch.–Ham. ex D. Don）DC. 的全草（羊耳菊）和根（羊耳菊根）、马兰 _Kalimeris indica_（L.）Sch. –Bip. 的全草（马兰草）、麻叶千里光 _Senecio cannabifolius_ Less. 和全叶千里光 _S. cannabifolius_ Less. var. _integrifolius_（Koidz.）Kitam. 的地上部分（返魂草）、甜叶菊 _Stevia rebaudiana_（Bertoni）的叶（甜叶菊）等亦可药用。

松果菊 _Echinacea purpurea_（L.）Moench，又名紫锥菊，原产北美，世界各地多有栽培；在美国和欧洲被广泛使用，被普遍认为具有免疫增强作用，用于治疗感冒和流感。

（2）舌状花亚科 Cichorioideae（Liguliflorae） 头状花序全部小花均为舌状花；植物体通常有乳汁。

蒲公英属 _Taraxacum_ 2000 余种，我国有 70 种，1 变种。

蒲公英 _T. mongolicum_ Hand.-Mazz. 多年生草本，有乳汁。根垂直生。叶莲座状生基生，倒披针形，羽状深裂，顶裂片较大。花葶数个，外层总苞片先端常有小角状突起，内层总苞片远长于外层，先端有小角；全为黄色舌状花。瘦果先端具细长的喙，冠毛白色（图 18–122）。除新疆、西藏等省区外，全国广布。生于田野、山坡、草地。蒲公英和碱地蒲公英 _T. borealisinense_ Kitam. 的全草（蒲公英）能清热解毒，消肿散结，利尿通淋。

图 18-122　蒲公英（刘长利提供）

本亚科中，**菊苣 _Cichorium intybus_ L.** 和**毛菊苣 _C. glandulosum_ Boiss. et A. Huet.**[注] 的地上部分或根（菊苣）能清肝利胆，健胃消食，利湿消肿。苦菜 _Ixeris chinensis_（Thunb.）Nakai 的全草（苦菜）、苣荬菜 _Sonchus arvensis_ L. 的全草（北败酱）等也可药用。

注：按《中国植物志》英文版，_Cichorium glandulosum_ 为 _C. pumilum_ 的异名，产自地中海至西南亚一带，我国不产。

二、单子叶植物纲

48. 禾本科 Poaceae（Gramineae）

$$♀ *P_{2\sim3} A_{3\sim6} \underline{G}_{(2\sim3:1:1)}$$

【特征】

草本或木本。茎特称为秆（culm），圆柱形，多直立，节和节间明显。单叶互生，2列；常由叶片、叶鞘和叶舌组成，叶鞘一侧开裂，叶片常带形或披针形，基部直接着生在叶鞘顶端；在叶片、叶鞘连接处的近轴面常有膜质薄片，称为叶舌；在叶鞘顶端的两侧各有1附属物，称为叶耳。花序以小穗（spikelet）为基本单位，然后再排成各种复合花序；小穗轴（花序轴）基部的苞片称为颖（glume）；花常两性，小穗轴上具小花1至多数；小花基部的2枚苞片，称为外稃（lemma）和内稃（palea）；花被片退化为鳞被（浆片），常2～3枚；雄蕊多为3～6，少为1枚，花药常丁字状着生；雌蕊1，子房上位，1室，胚珠1，花柱2～3，柱头羽毛状。颖果（图18-123）。

本科的果实中含有大量的糖类、淀粉、蛋白质等营养成分，是人类粮食作物的主要来源。其他成分主要有生物碱类、三萜类、黄酮类、挥发油类、香豆素类、有机酸类等。

图18-123 小麦的花序及花的结构（王光志提供）
1. 复穗状花序；2. 复穗状花序特写；3. 一个完整的小穗；4. 一个小穗的组成，示颖片和每朵花的稃片；
5. 一朵花，示内颖和浆片；6. 雌蕊和雄蕊；7. 雌蕊，示子房，柱头和浆片；8. 颖果

【主要药用属检索表】

1. 乔木或灌木状；叶二型，有箨叶与营养叶之分，竿箨早落；············ 刚竹属 *Phyllostachys*
1. 草本；叶单型，无箨叶
  2. 雌小穗包于骨质总苞内·············· 薏苡属 *Coix*
  2. 雌小穗外无骨质总苞。
    3. 须根中下部膨大呈纺锤形。雄蕊2枚·············· 淡竹叶属 *Lophatherum*
    3. 须根中下部不膨大。雄蕊3枚或6枚。

4. 多年生，具发达根状茎的苇状沼生草本；外稃基盘之两侧密生等长或长于其稃体之丝状柔毛；雄蕊 3 枚 ······················· 芦苇属 *Phragmites*

4. 一年生，成熟花之下有 2 枚不孕花外稃；颖退化，仅在小穗柄顶端呈二半月形之痕迹；雄蕊 6 枚 ······················· 稻属 *Oryza*

【药用植物】

本科约 700 属，近 10000 种，广泛分布于世界各地。我国有 200 余属，1500 种以上，全国各省区均有分布。本科是被子植物中的大科之一，具有重要的经济价值与药用价值。已知药用 85 属，173 种。《中国药典》收载 13 种药物。

（1）薏苡属 *Coix*　4 种，我国有 2 种。

薏苡 *C. lacryma-jobi* L. var. *ma-yuen*（Rom. Caill.）Stapf　一年生草本。秆高 1～1.5m，多分枝。总状花序，雄花序位于雌花序上部，具 5～6 对雄小穗；雌小穗位于花序下部，为甲壳质的椭圆形总苞所包被。总苞有纵长直条纹，质地较薄，揉搓和手指按压可破，暗褐色或浅棕色。颖果长圆形（图 18-124）。多分布于长江中下游及以南省区，特别是我国东南部常见栽培或逸生，辽宁、河北、河南、陕西等地也有。生于温暖潮湿的坡边地和山谷溪沟。种仁（薏苡仁）能利水渗湿，健脾止泻，除痹，排脓，解毒散结。

图 18-124　薏苡（杨成梓提供）

（2）淡竹叶属 *Lophatherum*　2 种，我国均有。

淡竹叶 *L. gracile* Brongn.　多年生草本；须根中部膨大呈纺锤形小块根。叶舌质硬，褐色，背有糙毛；叶片披针形，具明显小横脉。圆锥花序，小穗线状披针形；颖具 5 脉，边缘膜质；雄蕊 2。颖果长椭圆形（图 18-125）。分布于华东、华南、西南等地区。生于山坡、林地或林缘、道旁蔽荫处。茎叶（淡竹叶）能清热泻火，除烦止渴，利尿通淋。

淡竹 *Phyllostachys nigra*（Lodd. ex Lindl.）Munro var. *henonis*（Mitford）Stapf ex Rendle、青竿竹 *Bambusa tuldoides* Munro、大头典竹 *Sinocalamus beecheyanus*（Munro）McClure var. *pubescens* P. F. Li 茎秆的中间层（竹茹）能清热化痰，除烦，止呕。

常用药用植物还有青皮竹 *Bambusa textilis* McClure 和华思劳竹 *Schizostachyum chinense* Rendle，秆内分泌物（天竺黄）能清热豁痰，凉心定惊。大麦 *Hordeum vulgare* L.，成熟果实经发芽干燥的炮制加工品（麦芽）能行气消食，健脾开胃，回乳消胀。大白茅 *Imperata cylindrica*（L.）P. Beauv. var. *major*（Nees）C. E. Hubb.，根状茎（白茅根）能凉血止血，清热利尿。稻 *Oryza sativa* L. 和粟 *Setaria italica*（L.）P. Beauv.，成熟果实经发芽干燥的炮制加工品（稻芽和谷芽）能消食和中，健脾开胃。芦苇 *Phragmites*

图 18-125　淡竹叶（晁志提供）

communis Trin.，根状茎（芦根）能清热泻火，生津止渴，除烦，止呕，利尿。

此外，粉单竹 *Lingnania chungii*（McClure）McClure 和撑篙竹 *Bambusa pervariabilis* McClure 卷而未放的幼叶（竹心）、净竹 *Phyllostachys nuda* McClure 及同属数种植物的鲜杆中的液体（鲜竹沥）、小麦 *Triticum aestivum* L.轻浮瘪瘦的果实（浮小麦）、玉蜀黍 *Zea mays* L.的花柱和柱头（玉米须）等，也可药用。

49. 莎草科 Cyperaceae

$$♀*P_0A_3\underline{G}_{(2\sim3:1:1)}；♂*P_0A_3,♀*P_0\underline{G}_{(2\sim3:1:1)}$$

【特征】

草本。多生于潮湿地或沼泽地。常具细长横走根状茎。茎特称为秆，多实心，通常三棱形。单叶基生或茎生，叶片条形或线形，多排成 3 列，有封闭的叶鞘。2 至多朵花组成小穗，再由小穗聚成各式花序；小花单生于鳞片（颖片）腋内，两性或单性；通常雌雄同株，花被不存在或退化成刚毛或鳞片，有时雌花被苞片形成的囊苞所包围；雄蕊通常 3 枚；子房上位，由 2 至 3 心皮组成 1 室，具 1 枚基生胚珠，花柱单一，柱头 2～3 裂。小坚果，有时被苞片形成的果囊所包裹。

本科与禾本科的主要区别是：秆三棱，实心，无节。叶 3 列，常无叶舌，叶鞘封闭。小坚果。

【药用植物】

本科 80 余属，约 4000 种；广布于全世界。我国有 33 属，860 多种，全国分布；已知药用 16 属，110 种。《中国药典》收载 2 种药物。

香附 *Cyperus rotundus* L.的块茎（香附）能疏肝理郁、理气宽中、调经止痛。荸荠 *Eleocharis tuberosa* Schult. 的球茎淀粉（荸荠粉）、荆三棱 *Bolboschoenus yagara*（Ohwi）Y. C. Yang et M. Zhan 的块茎、短叶水蜈蚣 *Kyllinga brevifolia* Rottb. 的全草等，也可药用。

50. 棕榈科 Arecaceae（Palmae）

$$♀*P_{3+3}A_{3+3}\underline{G}_{(3:1\sim3:1)}；♂*P_{3+3}A_{3+3},♀*P_{3+3}\underline{G}_{(3:1\sim3:1)}$$

【特征】

乔木、灌木或藤本。茎通常不分枝。叶互生，多为羽状或掌状分裂；叶柄基部常扩大成具纤维的鞘。花两性或单性，雌雄同株或异株，有时杂性，组成肉穗花序；花序通常大型多分枝，具 1 个或多个佛焰苞；萼片 3，花瓣 3，离生或合生；雄蕊多为 6 枚，2 轮；子房上位，心皮 3，离生或基部合生，子房 1～3 室，柱头 3，每心皮内有胚珠 1～2。核果或浆果。

【药用植物】

本科约 210 属，约 2800 种，分布于热带、亚热带地区。我国约 28 属，100 余种，分布于西南至东南部各省区。已知药用 16 属，25 种。《中国药典》收载 4 种药物。

常用药用植物有槟榔 *Areca catechu* L.，果皮（大腹皮）能行气宽中，行水消肿；成熟种子（槟榔）能杀虫，消积，行气，利水，截疟。**麒麟竭 *Daemonorops draco*（Willd.）Blume**，果实渗出的树脂的加工品（血竭）能活血定痛，化瘀止血，生肌敛疮。**棕榈 *Trachycarpus fortunei*（Hook.）H. Wendl.**，叶柄（棕榈）能收涩止血。

51. 天南星科 Araceae

♂ $*P_0A_{(1\sim8),(\infty),1\sim8,\infty}$ ；♀ $*P_0\underline{G}_{1\sim\infty:1\sim\infty:1\sim\infty}$ ；♀ $*P_{4\sim6}A_{4\sim6}\underline{G}_{1\sim\infty:1\sim\infty:1\sim\infty}$

【特征】

草本植物；地下茎多样。叶常基生。肉穗花序，花序外面有佛焰苞包围；花两性或单性，辐射对称。花雌雄同序者，雌花位于花序轴下部，雄花位于花序轴上部。花被片无或 4～6；雄蕊 1 至多数；子房上位，心皮 1 至数枚，组成 1 至数室，每室胚珠 1 至多数。浆果（图 18-126）。

本科植物常有黏液细胞、含针晶束。植物体所含化学成分主要为挥发油、苷类、生物碱类及多糖类。

图 18-126　天南星科部分植物花的结构（王光志提供）

1～5：异叶天南星，1. 花枝；2. 雄花序；3. 雄花序剖开，示总苞片和花序轴的位置关系；4. 雄花特写；5. 果序；
6～9：半夏，6. 叶和花序；7. 花序纵剖面，示雄花、雌花的着生位置及花序轴与总苞片的着生关系；
8. 石菖蒲花序，示叶状总苞片；9. 石菖蒲花序纵剖面

【主要药用属检索表】

1. 花两性；花被片 6；佛焰苞和叶片同色、同形 ·· 菖蒲属 Acorus
1. 花单性；花被通常不存在。
　2. 草本，具块茎；肉穗花序有顶生附属器。
　　3. 佛焰苞管喉部闭合；肉穗花序下部雌花序与上部雄花序间有不育部分，附属器超出佛焰苞很长········
　　·· 半夏属 Pinellia
　　3. 佛焰苞管喉部张开。
　　　4. 雌雄同株；叶片常箭形或箭状戟形；佛焰苞常紫红色····················· 犁头尖属 Typhonium
　　　4. 雌雄异株；叶片常掌状或鸟足状分裂；佛焰苞多绿白色····················· 天南星属 Arisaema
　2. 亚灌木状草本，具地上茎；肉穗花序上部无附属器；佛焰苞檐部展开为舟状，先端内弯，果期脱落；雄蕊分离；胚珠多数·· 千年健属 Homalomena

【药用植物】

本科约 115 属，2000 余种，分布于热带及亚热带地区。我国有 35 属，205 种，多分布于西

南、华南各省区。已知药用 22 属，106 种。《中国药典》收载 7 种药物。

（1）天南星属 *Arisaema* 约 150 种，我国有 82 种。

天南星 *A. erubescens*（**Wall.**）**Schott** 块茎扁球形。叶 1 枚，叶柄中部以下具鞘，叶片放射状分裂，裂片无定数。佛焰苞绿色，管部圆筒形，檐部常三角状卵形至长圆状卵形，先端渐狭，略下弯，有线形尾尖或无。肉穗花序两性，雄花序单性；附属器棒状，圆柱形，直立。雄花雄蕊 2 ～ 4。雌花子房卵圆形。浆果（图 18-127）。除东北、内蒙古、新疆、山东、江苏外各省区都有分布，海拔 3200m 以下的林下、灌丛、草坡、荒地均有生长。天南星和**异叶天南星** *A. heterophyllum* **Blume**、**东北天南星** *A. amurense* **Maxim.** 的块茎（天南星）能散结消肿，外用治痈肿，蛇虫咬伤。

（2）半夏属 *Pinellia* 6 种，我国 5 种。

半夏 *P. ternata*（**Thunb.**）**Breit.** 块茎圆球形。叶 2 ～ 5 枚，有时 1 枚。叶柄上具珠芽。幼苗叶片为全缘单叶；老株叶片 3 全裂。佛焰苞绿色或绿白色，管部狭圆柱形。肉穗花序，雌花集中在花轴下部，雄花集中在花轴上部，中间间隔约 3mm；附属器细柱状，长达 10cm。浆果（图 18-128）。全国大部分地区有分布。块茎（半夏）能燥湿化痰，降逆止呕，消痞散结。掌叶半夏 *P. pedatisecta* Schott 的块茎在江苏、河北、河南、山西等地作天南星使用。

图 18-127 天南星（王海提供）　　　　　　　　　图 18-128 半夏（徐晔春提供）

（3）菖蒲属 *Acorus*[注] 4 种，我国均有。

石菖蒲 *A. tatarinowii* **Schott** 多年生草本；根状茎横走，芳香，直径 2 ～ 5mm。叶片剑状线形，长 20 ～ 50cm，中脉不显著。佛焰苞叶状，剑状线形；肉穗花序。花两性，黄绿色。浆果。种子具长硬毛，种皮光滑（图 18-129）。产黄河以南各省区。生长于湿地或溪旁石上。根状茎（石菖蒲）能开窍豁痰，醒神益智，化湿开胃。**藏菖蒲** *A. calamus* **L.** 的根状茎（藏菖蒲）能温胃，消炎止痛。

注：《中国植物志》英文版中将其列入菖蒲科 Acoraceae。

图 18-129　石菖蒲（王光志提供）

常用药用植物还有**千年健** *Homalomena occulta*（**Lour.**）**Schott**，根状茎（千年健）能祛风湿，壮筋骨。**独角莲** *Typhonium giganteum* **Engl.**，块茎（白附子）能祛风痰，定惊搐，解毒散结，止痛。鞭檐犁头尖 *T. flagelliforme*（G. Lodd.）Blume，块茎（水半夏）为半夏在两广、福建等地区的习用品。海芋 *Alocasia odora*（Roxb.）K. Koch 的根状茎也可药用。

52. 百合科 Liliaceae

$$♀\ *P_{3+3,\ (3+3)}\ A_{3+3}\ \underline{G}_{(3:3:1\sim∞)}$$

【特征】

通常为具根状茎、球茎或鳞茎的多年生草本。叶基生或在茎上互生，较少为对生或轮生，常具弧形平行脉。花两性，稀单性；常为辐射对称；花被片 6，2 轮，离生或部分连合，常为花冠状；雄蕊通常与花被片同数，花药基着或丁字状着生；子房上位，稀半下位；常 3 室，中轴胎座，每室胚珠 1 至多数。蒴果或浆果，稀坚果（图 18-130）。

本科植物体常含黏液细胞及针晶束。本科的化学成分复杂，类型多样，主要含甾体皂苷、强心苷、甾体生物碱等。

图 18-130　浙贝母花的结构（王光志提供）
1. 花枝；2. 花正面观；3. 花侧面观；4. 花被腹面观，示蜜腺位置；5. 花被背面观；
6. 花被与雄蕊；7～8. 雄蕊与雌蕊；9. 花被脱落后的子房；10. 果实顶面观

【主要药用属检索表】

1. 植株无鳞茎。

  2. 叶轮生茎顶端；花单朵顶生，外轮花被片叶状，绿色·····································重楼属 *Paris*

  2. 叶和花非上述情况

    3. 叶退化为鳞片，而具簇生的针状、扁圆柱状或近条形的叶状枝·····················天门冬属 *Asparagus*

    3. 叶较大，或多枚基生，或互生、对生、轮生于茎或枝条上；无叶状枝。

      4. 成熟种子果实发育早期外果皮即破裂，漏出种子，成熟种子浆果状。

        5. 子房上位···山麦冬属 *Liriope*

        5. 子房半下位···沿阶草属 *Ophiopogon*

      4. 非上述情况。

        6. 叶肉质肥厚，边缘常具刺状小齿···芦荟属 *Aloe*

        6. 叶草质，边缘不具刺状小齿。

          7. 花单性···菝葜属 *Smilax*

          7. 花两性。

            8. 雄蕊 3 枚···知母属 *Anemarrhena*

            8. 雄蕊 6 枚。

              9. 蒴果···萱草属 *Hemerocallis*

              9. 浆果···黄精属 *Polygonatum*

1. 植株具鳞茎。

  10. 伞形花序；植株常具葱蒜味···葱属 *Allium*

  10. 花序通常非伞形花序；植物一般无葱蒜味。

    11. 花被片基部有蜜腺窝···贝母属 *Fritillaria*

    11. 花被片基部无蜜腺窝···百合属 *Lilium*

【药用植物】

本科约 230 属，3500 种，多分布于亚热带及温带地区。我国有 60 属，约 560 种，全国各地均有分布。已知药用 52 属，374 种。《中国药典》收载 22 种药物。

（1）百合属 *Lilium* 约 80 种，我国有 39 种。

卷丹 *L. lancifolium* Thunb. 具鳞茎；鳞叶多数，肉质。茎具白色绵毛。叶散生，矩圆状披针形或披针形，上部叶腋有珠芽。花下垂，花被片披针形，反卷，橙红色，有紫黑色斑点。蒴果（图 18-131）。全国大部分地区有分布。生于海拔 400 ～ 2500m 的山坡灌木林下、草地、路边或水旁。卷丹和**百合 *L. brownii* F. E. Brown ex Miellez var. *viridulum* Baker**、**细叶百合 *L. pumilum* DC.** 的肉质鳞叶（百合）能养阴润肺，清心安神。

（2）贝母属 *Fritillaria* 约 130 种，我国有 24 种。

浙贝母 *F. thunbergii* Miq. 具由 2 枚鳞叶互抱组成的鳞茎。叶常对生、散生或轮生，近条形至披针形。花 1 ～ 6 朵，淡黄色，钟形，俯垂；叶状苞片 2 ～ 4 枚，先端卷曲。蒴果具棱，棱上有宽 6 ～ 8mm 的翅（图 18-132）。分布于江苏南部、

图 18-131　卷丹（杨成梓提供）

浙江北部和湖南。生于海拔较低的山丘荫蔽处或竹林下。鳞茎（浙贝母）能清热化痰止咳，解毒散结消痈。

川贝母 *F. cirrhosa* D. Don、甘肃贝母 *F. przewalskii* Maxim. ex Batal.、暗紫贝母 *F. unibracteata* P. K. Hsiao et K. C. Hsia、瓦布贝母 *F. unibracteata* var. *wabuensis*（S. Y. Tang et S. C. Yue）Z. D. Liu, Shu Wang et S. C. Chen、梭砂贝母 *F. delavayi* Franch. 和太白贝母 *F. taipaiensis* P. Y. Li 的鳞茎（川贝母）能清热润肺，化痰止咳，散结消痈。新疆贝母 *F. walujewii* Regel 和伊贝母 *F. pallidiflora* Schrenk 的鳞茎（伊贝母）、平贝母 *F. ussuriensis* Maxim. 的鳞茎（平贝母）能清热润肺，化痰止咳。湖北贝母 *F. hupehensis* P. K. Hsiao et K. C. Hsia 的鳞茎（湖北贝母）能清热化痰，止咳，散结。

（3）黄精属 *Polygonatum* 约 60 种，我国有约 40 种。

黄精 *P. sibiricum* Delar. ex Redouté 根状茎圆柱形，节间两头不等膨大。叶 4～6 枚轮生，条状披针形，先端稍卷曲。2～4 朵花似成伞形状，花梗明显，俯垂；花被片 6，乳白色至淡黄色，下部合生成筒。浆果黑色（图 18-133）。分布于东北、华北，以及西北、华东的一些省区。黄精和滇黄精 *P. kingianum* Collett et Hemsl.、多花黄精 *P. cyrtonema* Hua 的根状茎（黄精）能补气养阴，健脾，润肺，益肾。

玉竹 *P. odoratum*（Mill.）Druce 的根状茎（玉竹）能养阴润燥，生津止渴。

（4）重楼属 *Paris* 约 24 种，我国有 22 种。

七叶一枝花 *P. polyphylla* Sm. var. *chinensis*（Franch.）H. Hara 具根状茎。茎直立，不分枝。叶常 7 枚，轮生。花单生，外轮花被片绿色，狭卵状披针形，内轮花被片狭条形；雄蕊 8～10 枚，药隔突出部分长 1～1.5mm。蒴果（图 18-134）。分布于西南、华南及中南等省区。生于林下。七叶一枝花和云南重楼 *P. polyphylla* Sm. var. *yunnanensis*（Franch.）Hand.-Mazz. 的根状茎（重楼）能清热解毒，消肿止痛，凉肝定惊。

（5）沿阶草属 *Ophiopogon* 约 65 种，我国有近 50 种。

麦冬 *O. japonicus*（L. f.）Ker-Gawl. 多年生草本，具椭圆形或纺锤形的小块根。叶基生成丛，禾叶状。总状花序；花葶通常比叶短得多。花被片常稍下垂而不展开，披针形，白色或淡紫色；花柱基部宽阔，向上渐狭；

图 18-132 浙贝母（侯皓然提供）

图 18-133 黄精（王海提供）

图 18-134 七叶一枝花（杨成梓提供）

子房半下位。种子球形，成熟时暗蓝色（图18-135）。南方大部分地区有分布。生于山坡阴湿处、林下或溪旁；浙江、四川等地均有栽培。块根（麦冬）能养阴生津，润肺清心。

（6）菝葜属 *Smilax* 约300种，我国有近80种。

光叶菝葜 *S. glabra* Roxb. 攀缘灌木。根状茎粗厚，块状，常由匍匐茎相连接而成。叶互生，全缘，卵状披针形，下面有时带苍白色；叶片脱落点通常位于叶柄近顶端处；具托叶卷须。花小，单性异株。伞形花序，总花梗短于叶柄；花明显六棱状球形；花被片6，绿白色；雄花雄蕊3枚，长不超过花被片的一半。浆果球形，熟时紫黑色（图18-136）。分布于甘肃南部和长江流域以南各省区。生于林中、灌丛下、河岸、山谷中或林缘。根状茎（土茯苓）能解毒，除湿，通利关节。

图18-135 麦冬（王光志提供）

图18-136 光叶菝葜（葛菲提供）

菝葜 *S. china* L. 的根状茎（菝葜）能利湿去浊，祛风除痹，解毒散瘀。

常用药用植物还有小根蒜 *Allium macrostemon* Bunge 和薤 *A.chinense* G. Don 的鳞茎（薤白）能通阳散结，行气导滞。大蒜 *A. sativum* L. 的鳞茎（大蒜）能解毒消肿，杀虫，止痢。韭菜 *A. tuberosum* Rottler ex Spreng. 的成熟种子（韭菜子）能温补肝肾，壮阳固精。洋葱 A. cepa L. 的新鲜鳞茎（洋葱）也可药用。库拉索芦荟 *Aloe barbadensis* Mill.、好望角芦荟 *A. ferox* Mill. 或其他同属近缘植物，叶的汁液浓缩干燥物（芦荟）能泻下通便，清肝泻火，杀虫疗疳。知母 *Anemarrhena asphodeloides* Bunge 的根状茎（知母）能清热泻火，滋阴润燥。天门冬 *Asparagus cochinchinensis*（Lour.）Merr. 的块根（天冬）能养阴润燥，清肺生津。滇南天门冬 A. subscandens F. T. Wang et S. C. Chen 的块根（傣百部）也可药用。山麦冬属（*Liriope*）植物湖北麦冬 *L. spicata*（Thunb.）Lour. var. *prolifera* Y. T. Ma 和阔叶山麦冬（短葶山麦冬）*L. muscari*（Decne.）L. H. Bailey 的块根（山麦冬）与麦冬功效相同。柬埔寨龙血树 *Dracaena cambodiana* Pierre ex Gagnep.、剑叶龙血树 *D. cochinchinensis*（Lour.）S. C. Chen，树脂（龙血竭）药用。

53. 石蒜科 Amaryllidaceae

$$\male\female * \uparrow P_{3+3,\,(3+3)}\, A_{3+3,\,(3+3)}\, \overline{G}_{(3:3:\infty)}$$

【特征】

多年生草本。具鳞茎、根状茎或块茎。叶基生，常条形。花单生或排成伞形、总状等花序，有 1 至数枚总苞片；花两性，辐射对称或两侧对称；花被 6，花瓣状，2 轮，分离或下部合生；雄蕊 6，花丝分离，有时基部扩大合生成副花冠；子房下位，3 室，中轴胎座，每室胚珠多数。蒴果，稀为浆果。

【药用植物】

本科 100 余属，1200 余种；主产于温带地区。我国约有 17 属，44 种，以长江以南为多；已知药用 10 属，29 种。《中国药典》收载 1 种药物。

仙茅 *Curculigo orchioides* Gaertn. 的根状茎（仙茅）能温肾壮阳、祛寒除湿；有毒。剑麻 *Agave sisalana* Perrine ex Engelm.、龙舌兰 *A. americana* L. 等龙舌兰属植物含有甾体皂苷元，是生产甾体激素药物的重要原料。石蒜 *Lycoris radiata*（L'Hér.）Herb.、中国石蒜 *L. chinensis* Traub 等的鳞茎有解毒、祛痰、利尿、催吐、杀虫等的功效，但有小毒；含有石蒜碱、伪石蒜碱、多花水仙碱、力可拉敏、加兰他敏等十多种生物碱；加兰他敏和力可拉敏为治疗小儿麻痹后遗症、重症肌无力等的重要药物。

54. 薯蓣科 Dioscoreaceae

$$\male * P_{3+3,\,(3+3)}\, A_6;\quad \female * P_{3+3,\,(3+3)}\, \overline{G}_{(3:3:2)}$$

【特征】

缠绕草质或木质藤本。具根状茎或块茎，形态多样。叶互生，有时中部以上对生，单叶或掌状复叶，基出脉 3～9，侧脉网状；叶柄扭转，有时基部有关节。花单性或两性，常雌雄异株；雄花花被片 6，2 轮，离生或基部合生；雄蕊 6，有时其中 3 枚退化；雌花花被片与雄花相似；子房下位，3 室，每室常有胚珠 2 枚。蒴果，浆果或翅果；蒴果三棱形，棱扩大呈翅状。

薯蓣科植物的主要活性成分是甾体皂苷，如薯蓣皂苷、山草薢皂苷等，是合成激素类药物的原料。生物碱类也在本科植物中分布，如薯蓣碱、山药碱。

【药用植物】

本科约 9 属，650 种，分布于全球的热带和温带地区。我国有 1 属，约 49 种，主要分布于西南至东南各省区。已知药用 37 种。《中国药典》收载 6 种药物。

薯蓣 *Dioscorea opposita* Thunb. 缠绕草质藤本。根状茎长圆柱形，垂直生长。茎右旋。单叶，常在茎下部互生，中部以上对生；叶片纸质，卵状三角形至宽卵形或戟形，边缘常 3 裂；叶腋内常有珠芽。雌雄异株；穗状花序，雄花序轴明显地呈"之"字状曲折。蒴果宽大于长，3 棱状扁圆形或 3 棱状圆形。种子四周有膜质翅（图 18-137）。除青藏、新疆、岭南外，大部分地区有分布。生于山坡、山谷林下，溪边、路旁的灌丛中或杂草中；或为栽培。根状茎（山药）能补脾养胃，生津

图 18-137　薯蓣（王海提供）

益肺，补肾涩精。

　　常用药用植物还有**穿龙薯蓣** *D. nipponica* Makino，根状茎（穿山龙）能祛风除湿，舒筋通络、活血止痛，止咳平喘。**粉背薯蓣** *D. hypoglauca* Palib.，根状茎（粉萆薢）能利湿去浊，祛风除痹。**绵萆薢** *D. spongiosa* J. Q. Xi, M. Mizuno et W. L. Zhao 和**福州薯蓣** *D. futschauensis* Uline ex R. Knuth，根状茎（绵萆薢）有相同功效。**黄山药** *D. panthaica* Prain et Burkill，根状茎（黄山药）能理气止痛，解毒消肿。黄独 *D. bulbifera* L. 的块茎（黄药子）也能药用。

55. 鸢尾科 Iridaceae

$$☿ * ↑ P_{(3+3)} A_3 \overline{G}_{(3:3:\infty)}$$

【特征】

　　常为多年生草本。地下部分通常具根状茎、球茎或鳞茎。叶多基生，条形或剑形，基部鞘状，互相套迭。花两性，色泽鲜艳美丽，常辐射对称，单生或组成各种花序；花被裂片6，2轮排列；雄蕊3；花柱1，上部多有3个分枝，分枝圆柱形或扁平呈花瓣状，柱头3～6，子房下位，3室，中轴胎座，胚珠多数。蒴果，成熟时室背开裂。

　　鸢尾科植物主要活性成分是异黄酮和𠮷酮，异黄酮类如鸢尾苷、异鸢尾苷，𠮷酮类如芒果苷。

【药用植物】

　　本科约60属，800种，广泛分布于热带、亚热带及温带地区。我国有11属，71种，13变种及5变型（主要为鸢尾属植物），多分布于西南、西北及东北各地。已知药用8属，39种。《中国药典》收载3种药物。

　　（1）番红花属 *Crocus*　约75种，我国有2种，野生1种，栽培1种。

　　番红花 *C. sativus* L.　多年生草本。球茎扁圆球形，外有黄褐色的膜质包被。叶条形，基生，不互相套迭，叶丛基部包有4～5片膜质的鞘状叶。花茎极短。花淡紫色、蓝紫色或紫红色；花被管细长，裂片6，2轮排列；雄蕊3；花柱细长，橙红色，上部3分枝，柱头3，略扁，顶端有齿。蒴果（图18-138）。原产于欧洲南部，国内有栽培。柱头（西红花）能活血化瘀，凉血解毒，解郁安神。

　　（2）射干属 *Belamcanda*　2种，我国有1种。

　　射干 *B. chinensis*（L.）Redouté　多年生草本。根状茎为不规则的块状，黄色或黄褐色。叶互生，嵌迭状排列，剑形，基部鞘状抱茎。伞房状二歧聚伞花序顶生；花橙红色，散生深红色斑点；花被裂片6，2轮排列，内轮裂片较外轮裂片略小；雄蕊3；花柱顶端3裂，裂片边缘向外翻卷；子房下位，3室，胚珠多数。蒴果，室背开裂。种子着生在果轴上（图18-139）。全国大部

图 18-138　番红花（晁志提供）

图 18-139　射干（汪文杰提供）

分地区均有分布。生于林缘或山坡草地。根状茎（射干）能清热解毒，消痰，利咽。

鸢尾 *Iris tectorum* Maxim. 的根状茎（川射干）与射干功效相同。

56. 姜科 Zingiberaceae

$$♀↑\ K_{(3)}\ C_{(3)}\ A_1 \overline{G}_{(3:1\sim3:∞)}$$

【特征】

多年生草本，通常具特殊香味。常具根状茎，或有时根的末端膨大呈块状。叶通常2行排列，羽状平行脉；具叶鞘及叶舌。花序种种；花两性，常两侧对称；花被片6，2轮，外轮萼状，常合生成管，1侧开裂，顶端常又3齿裂，内轮花冠状，基部合生，上部3裂，通常位于后方的1枚裂片较两侧的为大；唇瓣1，形态与色彩多样；侧生退化雄蕊2，花瓣状、或极小或缺；发育雄蕊1；子房下位，3室，中轴胎座，或1室，侧膜胎座，胚珠常多数。蒴果，或呈浆果状。种子有假种皮（图18-140）。

姜科植物普遍含挥发油，如姜属、姜黄属、山姜属、豆蔻属、山奈属等属植物，其中成分主要为单萜与倍半萜，多具有散寒解表、理气健胃作用。山姜属、山奈属植物中尚含有黄酮类化合物。

图 18-140 艳山姜花的结构（王光志提供）
1. 花枝；2. 花侧面观；3. 外轮花被展开；4～6. 花侧面观；7. 内轮花被与唇瓣纵剖面观，示1枚能育雄蕊的着生位置；
8. 内轮花被和唇瓣纵剖正面观；9. 花正面观；10. 雄蕊和剥离出的花柱和柱头；
11. 雄蕊和柱头特写；12. 下位子房纵切；13. 花药横切面

【主要药用属检索表】

1. 侧生退化雄蕊花瓣状···姜黄属 *Curcuma*

1. 侧生退化雄蕊小或不存在。

  2. 花序顶生·· 山姜属 *Alpinia*

  2. 花序单独自根状茎发出。

    3. 侧生退化雄蕊与唇瓣分离···豆蔻属 *Amomum*

    3. 侧生退化雄蕊与唇瓣连合···姜属 *Zingiber*

【药用植物】

本科约 49 属，1500 种，主要分布于热带、亚热带地区。我国有 19 属，150 余种，分布于东南至西南各地。已知药用 15 属，100 余种。《中国药典》收载 17 种药物。

（1）姜属 ***Zingiber*** 80 种，我国有 14 种。

姜 *Z. officinale* Roscoe 根状茎肥厚，多分枝，有特殊辛辣味。叶 2 列，叶片狭窄，披针形或线状披针形；叶舌膜质，短小。穗状花序球果状，生于由根状茎发出的总花梗上，总花梗长达 25cm；苞片覆瓦状排列，卵形，顶端具小尖头。花萼管状，具 3 齿，通常一侧开裂；花冠黄绿色；唇瓣中裂片长圆状倒卵形，有紫色条纹及淡黄色斑点，侧裂片较小；药隔附属体钻状（图 18-141）。我国大部分地区有栽培。干燥根状茎（干姜）能温中散寒，回阳通脉，温肺化饮。新鲜根状茎（生姜）能解表散寒，温中止呕，化痰止咳，解鱼蟹毒。

（2）姜黄属 ***Curcuma*** 约 50 种，我国约 4 种。

姜黄 *C. longa* L. 根状茎发达，分枝多，内部橙黄色，极香；不定根末端膨大呈块根。叶片长圆形或椭圆形，两面无毛。秋季开花，穗状花序由顶部叶鞘内抽出；苞片淡绿色，上部无花的较窄，白色，边缘淡红色；花冠淡黄色；侧生退化雄蕊比唇瓣短，与花丝及唇瓣的基部相连成管状；唇瓣倒卵形，淡黄色，中部深黄，药室基部有距（图 18-142）。华南、西南地区多栽培。根状茎（姜黄）能破血行气，通经止痛。

图 18-141 姜（苏亨修提供）

图 18-142 姜黄（晁志提供）

姜黄与广西莪术 ***C. kwangsiensis*** S. G. Lee et C. F. Liang、温郁金 ***C. wenyujin*** Y. H. Chen et C. Ling、蓬莪术 ***C. phaeocaulis*** Valeton 的块根（郁金）能活血止痛，行气解郁，清心凉血，利胆退黄。后 3 种植物的根状茎蒸或煮至透心后晒干（莪术）能行气破血，消积止痛。此外，温郁金的根状茎趁鲜纵切厚片后晒干（片姜黄）能破血行气，通经止痛。

（3）山姜属 ***Alpinia*** 约 230 种，我国有 46 种，2 变种。

益智 *A. oxyphylla* Miq. 多年生草本。根状茎较短。叶片披针形，基部近圆形，顶端具尾尖；叶舌长 1 ～ 2cm，2 裂。总状花序顶生，在花蕾时全部包藏于一帽状总苞片中，花时整个脱落；小苞片极短，膜质，棕色；侧生退化雄蕊钻状；唇瓣倒卵形，粉白色而具红色脉纹，先端边缘皱波状；子房密被绒毛。蒴果鲜时球形，干时纺锤形（图 18-143）。海南、广东、广西等地有分布。成熟果实（益智）能暖肾固精缩尿，温脾止泻摄唾。

图 18-143　益智（韦松基提供）

大高良姜 *A. galanga*（L.）Willd. 的果实（红豆蔻）能散寒燥湿，醒脾消食。草豆蔻 *A. katsumadae* Hayata 的近成熟种子（草豆蔻）能燥湿行气，温中止呕。高良姜 *A. officinarum* Hance 的根状茎（高良姜）能温胃止呕，散寒止痛。山姜 *A. japonica*（Thunb.）Miq. 的根状茎（山姜）也可药用。

（4）豆蔻属 *Amomum*　约 150 种，我国有近 40 种。

阳春砂 *A. villosum* Lour.　多年生草本。根状茎匍匐地面。茎散生。中部叶片长披针形，上部叶片线形，两面均无毛；叶舌长 3～5mm。穗状花序；唇瓣圆匙形，白色，顶端具二裂、反卷、黄色的小尖头，具瓣柄；药隔附属体 3 裂；子房被白色柔毛。蒴果椭圆形，成熟时紫红色，干后褐色，表面被柔刺（图 18-144）。分布于福建、广东、广西及云南。栽培或野生于山地荫湿之处。阳春砂和绿壳砂 *A. villosum* Lour. var. *xanthioides*（Wall. ex Baker）T. L. Wu et S. J. Chen、海南砂 *A. longiligulare* T. L. Wu 的果实（砂仁）能化湿开胃，温脾止泻，理气安胎。

图 18-144　阳春砂（徐晔春、刘基柱等提供）

草果 *A. tsao-ko* Crevost et Lemaire 的果实（草果）能燥湿温中，截疟除痰。白豆蔻 *A. kravanh* Pierre ex Gagnep.、爪哇白豆蔻 *A. compactum* Sol. ex Maton 的果实（豆蔻）能化湿行气，温中止呕，开胃消食。

常用药用植物还有**山奈 *Kaempferia galanga* L.**，根状茎（山奈）能行气温中，消食，止痛。珊瑚姜 *Zingiber corallinum* Hance 的根状茎（珊瑚姜）、短蕊姜花 *Hedychium venustum* Wight[注] 的根状茎（野姜）也可药用。

57. 兰科 Orchidaceae

$$☿↑ P_{3+3} A_{1\sim2} \overline{G}_{(3:1:\infty)}$$

【特征】

多为陆生或附生草本。常有块茎或肥厚的根状茎，或有由茎的一部分膨大而成的肉质假鳞茎。总状花序、圆锥花序，稀头状花序或花单生。花两性，常两侧对称；花被片6，2轮；萼片3，离生或合生；花瓣3，中央1枚特化为唇瓣（由于花作180°扭转，常位于下方），形态变化多样；花柱、柱头与雄蕊完全合生成1柱状体，特称为合蕊柱；蕊柱顶端常具药床和1花药，腹面有1柱头穴，柱头与花药之间有1舌状物，称蕊喙；花粉常黏合成团块状，并进一步特化成花粉块；子房下位，常1室而具侧膜胎座，胚珠多数；常为蒴果。种子细小，极多（图18-145）。

兰科大多数为虫媒花，其花粉块的精巧结构与传粉机制的多样性，植物与真菌之间的共生关系等，都达到了极高的地步，因此说兰科是被子植物进化最高级、花部结构最为复杂的科之一。

兰科植物体常具有黏液细胞，内含草酸钙针晶。本科的主要化学成分有生物碱类化合物、芪类化合物、酚类化合物、苷类化合物、多糖类成分、菲醌类化合物等。

图18-145　白及花的结构（王光志提供）

1. 花侧面观；2. 花正面观；3. 花被各部解离；4. 合蕊柱与下位子房；
5. 合蕊柱正面观，示药帽与蕊喙；6. 合蕊柱正面观，示花粉块着生位置；
7～8. 合蕊柱侧、正面观，示蕊喙与附着花粉块的柱头；9. 药帽腹面观，示花粉块；10. 子房横切面

注:《中国植物志》及其英文版均未收载，按文献记载，本种产于南亚等地区。

【主要药用属检索表】

1. 腐生草本；萼片与花瓣合生成筒…………………………………………………… 天麻属 *Gastrodia*

1. 陆生或附生草本；萼片与花瓣分离。

   2. 具蕊柱足（合蕊柱基部向前下方的延伸物）…………………………………… 石斛属 *Dendrobium*

   2. 无蕊柱足……………………………………………………………………………… 白及属 *Bletilla*

【药用植物】

本科约 700 属，20000 种，多分布于热带、亚热带地区。我国有 171 属，1247 种及许多亚种、变种和变型，多分布于云南、台湾地区及海南等地。已知药用 76 属，287 种。《中国药典》收载 5 种药物。

（1）天麻属 *Gastrodia*　约 20 种，我国有 13 种。

天麻 *G. elata* Blume　腐生草本。块茎肉质，具较密的节。茎直立，高可达 1m，无绿叶，下部被数枚膜质鞘。总状花序，具 30 ～ 50 朵花；苞片宿存。萼片与花瓣合生，花被筒坛状，基部膨大，顶端 5 裂；两枚侧萼片合生处有深裂口；唇瓣 3 裂，顶端边缘有不规则短流苏，基部有一对肉质胼胝体；合蕊柱有短的蕊柱足。蒴果（图 18-146）。除华南及黑龙江、新疆、青海等省区外，全国大部分地区均有分布。生于疏林下、林中空地、林缘、灌丛边缘。块茎（天麻）能息风止痉，平抑肝阳，祛风通络。

（2）石斛属 *Dendrobium*　约 1000 种，我国有 74 种，2 变种。

金钗石斛 *D. nobile* Lindl.　附生草本。茎直立，肉质状肥厚，呈稍扁的圆柱形，基部明显收狭；干后金黄色。叶革质，长圆形，先端不等侧 2 裂，基部下延为抱茎的鞘。总状花序。花大而美丽，白色或淡紫红色；萼囊圆锥形；唇瓣宽卵形，基部两侧具紫红色条纹，唇瓣中央具 1 个紫红色大斑块；蕊柱足绿色；花粉团 2 对，几无附属物。蒴果（图 18-147）。分布于我国台湾、香港、湖北、海南、广西、四川、贵州、云南及西藏等省区。生于山地林中树干上或山

图 18-146　天麻（徐晔春、汪文杰提供）

图 18-147　金钗石斛（郑艳雁提供）

谷岩石上。金钗石斛、**霍山石斛** *Dendrobium huoshanense* **C. Z. Tang et S. J. Cheng**、**鼓槌石斛** *D. chrysotoxum* **Lindl.**、**流苏石斛** *D. fimbriatum* **Hook.** 及其同属近似种的茎（石斛）能益胃生津，滋阴清热。**铁皮石斛** *D. officinale* **Kimura et Migo** 的茎（铁皮石斛）有相同功效。

（3）白及属 *Bletilla*　约6种，我国有4种。

白及 *B. striata*（**Thunb.**）**Rchb. f.**　陆生草本。块茎肥厚，扁球形，上面具荸荠似的环带，富黏性。叶互生，基部收狭成鞘并抱茎。总状花序顶生，花序轴多少呈"之"字状曲折。花紫红色或粉红色；萼片与花瓣相似，离生；唇瓣中部以上明显3裂，唇盘上面的5条脊状褶片仅在中裂片上面为波状；花粉团8个。蒴果直立（图18-148）。主要分布于长江中下游以南省区。生林下、路边草丛或岩石缝中。块茎（白及）能收敛止血，消肿生肌。

常用药用植物还有**杜鹃兰** *Cremastra appendiculata*（**D. Don**）**Makino**、**独蒜兰** *Pleione bulbocodioides*（**Franch.**）**Rolfe**、**云南独蒜兰** *P. yunnanensis* **Rolfe**，三者的干燥假鳞茎（山慈菇）能清热解毒，化痰散结。

图 18-148　白及（王光志提供）

被子植物门分科检索表

1. 子叶 2 个，极稀可为 1 个或较多；茎具中央髓部；在多年生的木本植物有年轮；叶片常具网状脉；花常为 5 出或 4 出数。（次 1 项见 287 页）··· **双子叶植物纲** Dicotyledoneae

  2. 花无真正的花冠（花被片逐渐变化，呈覆瓦状排列成 2 至数层的，也可在此检查）；有或无花萼，有时可类似花冠。（次 2 项见 263 页）

    3. 花单性，雌雄同株或异株，其中雄花，或雌花和雄花均可成葇荑花序或类似葇荑状的花序。（次 3 项见 254 页）

      4. 无花萼，或在雄花中存在。

        5. 雌花花梗与椭圆形膜质苞片中脉的下半部合生；心皮 1 ············· **漆树科** Anacardiaceae

                            （**九子母属** *Dobinea*）

        5. 雌花情形非如上所述；心皮 2 或更多数。

          6. 多为木质藤本；全缘单叶，具掌状脉；果为浆果·············· **胡椒科** Piperaceae

          6. 乔木或灌木；叶可呈各种型式，但常为羽状脉；果不为浆果。

            7. 旱生性植物，有具节的分枝，和极退化的叶片，后者在每节上且连合成为具齿的鞘状物

            ··· **木麻黄科** Casuarinaceae

                            （**木麻黄属** *Casuarina*）

            7. 植物体为其他情形者。

              8. 果实为具多数种子的蒴果；种子有丝状毛茸·········· **杨柳科** Salicaceae

              8. 果实为仅具 1 种子的小坚果、核果或核果状的坚果。

                9. 叶为羽状复叶；雄花有花被··········· **胡桃科** Juglandaceae

                9. 叶为单叶（有时在杨梅科中可为羽状分裂）。

                  10. 果实为肉质核果；雄花无花被 ······ **杨梅科** Myricaceae

                  10. 果实为小坚果；雄花有花被 ······ **桦木科** Betulaceae

      4. 有花萼，或在雄花中不存在。

        11. 子房下位。（次 11 项见 254 页）

          12. 叶对生，叶柄基部互相连合 ············ **金粟兰科** Chloranthaceae

          12. 叶互生。

            13. 叶为羽状复叶 ·················· **胡桃科** Juglandaceae

            13. 叶为单叶。

              14. 果为蒴果 ·············· **金缕梅科** Hamamelidaceae

              14. 果为坚果。

15. 坚果封藏于一变大呈叶状的总苞中 ················· **桦木科** Betulaceae

15. 坚果有一壳斗下托，或封藏在一多刺的果壳中 ········· **山毛榉科**（壳斗科）Fagaceae

11. 子房上位。

　16. 植物体中具白色乳汁。

　　17. 子房 1 室；桑葚果 ·· **桑科** Moraceae

　　17. 子房 2～3 室；蒴果 ··································· **大戟科** Euphorbiaceae

　16. 植物体中无乳汁，或在大戟科的重阳木属 *Bischofia* 中具红色汁液。

　　18. 子房为单心皮所组成；雄蕊的花丝在花蕾中向内屈曲 ········· **荨麻科** Urticaceae

　　18. 子房为 2 枚以上的连合心皮所组成；雄蕊的花丝在花蕾中常直立（在大戟科的重阳木属 *Bischofia* 及巴豆属 *Croton* 中则向前屈曲）。

　　　19. 果实为 3 个（稀可 2～4 个）离果瓣所成的蒴果；雄蕊 10 至多数，有时少于 10

　　　　·· **大戟科** Euphorbiaceae

　　　19. 果实为其他情形；雄蕊少数至数个（大戟科的黄桐树属 *Endospermum* 为 6～10），或和花萼裂片同数且对生。

　　　　20. 雌雄同株的乔木或灌木。

　　　　　21. 子房 2 室；蒴果 ································ **金缕梅科** Hamamelidaceae

　　　　　21. 子房 1 室；坚果或核果 ··························· **榆科** Ulmaceae

　　　　20. 雌雄异株的植物。

　　　　　22. 草本或草质藤本；叶为掌状分裂或为掌状复叶 ········· **桑科** Moraceae

　　　　　22. 乔木或灌木；叶全缘，或在重阳木属为 3 小叶所成的复叶 ········ **大戟科** Euphorbiaceae

3. 花两性或单性，但并不成为荑荑花序。

　23. 子房或子房室内有数个至多数胚珠。（次 23 项见 256 页）

　24. 寄生性草本，无绿色叶片 ······························· **大花草科** Rafflesiaceae

　24. 非寄生性植物，有正常绿叶，或叶退化而以绿色茎代行叶的功用。

　　25. 子房下位或部分下位。（次 25 项见 255 页）

　　　26. 雌雄同株或异株，如为两性花时，则成肉质穗状花序。（次 26 项见 255 页）

　　　　27. 草本。

　　　　　28. 植物体含多量液汁；单叶常不对称 ·············· **秋海棠科** Begoniaceae

　　　　　　　　　　　　　　　　　　　　　　　　　　　　（秋海棠属 *Begonia*）

　　　　　28. 植物体不含多量液汁；羽状复叶 ················ **四数木科** Datiscaceae

　　　　　　　　　　　　　　　　　　　　　　　　　　　　（野麻属 *Datisca*）

　　　　27. 木本。

　　　　　29. 花两性，成肉质穗状花序；叶全缘 ·············· **金缕梅科** Hamamelidaceae

　　　　　　　　　　　　　　　　　　　　　　　　　　　　（假马蹄荷属 *Chunia*）

　　　　　29. 花单性，成穗状、总状或头状花序；叶缘有锯齿或具裂片。

　　　　　　30. 花成穗状或总状花序；子房 1 室 ·············· **四数木科** Datiscaceae

　　　　　　　　　　　　　　　　　　　　　　　　　　　（四数木属 *Tetrameles*）

　　　　　　30. 花呈头状花序；子房 2 室 ···················· **金缕梅科** Hamamelidaceae

　　　　　　　　　　　　　　　　　　　　　　　　　　（枫香树亚科 Liquidambaroideae）

26. 花两性，但不成肉质穗状花序。

  31. 子房 1 室。

    32. 无花被；雄蕊着生在子房上 ················· 三白草科 Saururaceae

    32. 有花被；雄蕊着生在花被上。

      33. 茎肥厚，绿色，常具棘针；叶常退化；花被片和雄蕊都多数；浆果

      ················· 仙人掌科 Cactaceae

      33. 茎不成上述形状；叶正常；花被片和雄蕊皆为五出或四出数，或雄蕊数为前者的 2 倍；

      蒴果 ················· 虎耳草科 Saxifragaceae

  31. 子房 4 室或更多室。

    34. 乔木；雄蕊为不定数 ················· 海桑科 Sonneratiaceae

    34. 草本或灌木。

      35. 雄蕊 4 ················· 柳叶菜科 Onagraceae

      （丁香蓼属 *Ludwigia*）

      35. 雄蕊 6 或 12 ················· 马兜铃科 Aristolochiaceae

25. 子房上位。

  36. 雌蕊或子房 2 个，或更多数。

  37. 草本。

    38. 复叶或多少有些分裂，稀可为单叶（仅驴蹄草属 *Caltha*）全缘或具齿裂；心皮多数至

    少数 ················· 毛茛科 Ranunculaceae

    38. 单叶，叶缘有锯齿；心皮和花萼裂片同数 ················· 虎耳草科 Saxifragaceae

    （扯根菜属 *Penthorum*）

  37. 木本。

    39. 花的各部为整齐的三出数 ················· 木通科 Lardizabalaceae

    39. 花为其他情形。

      40. 雄蕊数个至多数，连合成单体 ················· 梧桐科 Sterculiaceae

      （苹婆族 *Sterculieae*）

      40. 雄蕊多数，离生。

        41. 花两性；无花被 ················· 昆栏树科 Trochodendraceae

        （昆栏树属 *Trochodendron*）

        41. 花雌雄异株，具 4 个小形萼片 ················· 连香树科 Cercidiphyllaceae

        （连香树属 *Cercidiphyllum*）

  36. 雌蕊或子房单独 1 个。

    42. 雄蕊周位，即着生于萼筒或杯状花托上。（次 42 项见 256 页）

      43. 有不育雄蕊，且和 8 ～ 12 能育雄蕊互生 ················· 大风子科 Flacourtiaceae

      （脚骨脆属 *Casearia*）

      43. 无不育雄蕊。

        44. 多汁草本植物；花萼裂片呈覆瓦状排列，成花瓣状，宿存；蒴果盖裂

        ················· 番杏科 Aizoaceae

        （海马齿属 *Sesuvium*）

        44. 植物体为其他情形；花萼裂片不成花瓣状。

45. 叶为双数羽状复叶，互生；花萼裂片呈覆瓦状排列；果实为荚果；常绿乔木
　　　　　　　　　　　　　　　　　　　　　　　　　　　　　 豆科 Leguminosae
　　　　　　　　　　　　　　　　　　　　　　　　（云实亚科 *Caesalpinoideae*）

45. 叶为单叶对生或轮生；花萼裂片呈镊合状排列；非荚果。

46. 雄蕊为不定数；子房 10 室或更多室；果实浆果状·········· 海桑科 Sonneratiaceae

46. 雄蕊 4 ～ 12（不超过花萼裂片的 2 倍）；子房 1 室至数室；果实蒴果状。

47. 花杂性或雌雄异株，微小，成穗状花序，再成总状或圆锥状排列
　　　　　　　　　　　　　　　　　　　　　　　　　　　 隐翼科 Crypteroniaceae
　　　　　　　　　　　　　　　　　　　　　　　　　　（隐翼属 *Crypteronia*）

47. 花两性，中型，单生至排列成圆锥花序 ··············· 千屈菜科 Lythraceae

42. 雄蕊下位，即着生于扁平或凸起的花托上。

48. 木本；叶为单叶。

49. 乔木或灌木；雄蕊常多数，离生；胚珠生于侧膜胎座或隔膜上
　　　　　　　　　　　　　　　　　　　　　　　　　　 大风子科 Flacourtiaceae

49. 木质藤本；雄蕊 4 或 5，基部连合成杯状或环状；胚珠基生（即位于子房室的基底）
　　　　　　　　　　　　　　　　　　　　　　　　　　 浆果苋科 Deeringea

48. 草本或亚灌木。

50. 植物体沉没水中，常为一具背腹面呈原叶体状的构造，像苔藓
　　　　　　　　　　　　　　　　　　　　　　　　　　 川苔草科 Podostemaceae

50. 植物体非如上述情形。

51. 子房 3 ～ 5 室。

52. 食虫植物；叶互生；雌雄异株 ··············· 猪笼草科 Nepenthaceae
　　　　　　　　　　　　　　　　　　　　　　　（猪笼草属 *Nepenthes*）

52. 非食虫植物；叶对生或轮生；花两性 ··············· 番杏科 Aizoaceae
　　　　　　　　　　　　　　　　　　　　　　　（粟米草属 *Mollugo*）

51. 子房 1 ～ 2 室。

53. 叶为复叶或多少有些分裂 ··············· 毛茛科 Ranunculaceae

53. 叶为单叶。

54. 侧膜胎座。

55. 花无花被 ··············· 三白草科 Saururaceae

55. 花具 4 离生萼片 ··············· 十字花科 Cruciferae

54. 特立中央胎座。

56. 花序呈穗状、头状或圆锥状；萼片多少为干膜质 ·········· 苋科 Amaranthaceae

56. 花序呈聚伞状；萼片草质 ··············· 石竹科 Caryophyllaceae

23. 子房或其子房室内仅有 1 至数个胚珠。

57. 叶片中常有透明微点。（次 57 项见 257 页）

58. 叶为羽状复叶 ··············· 芸香科 Rutaceae

58. 叶为单叶，全缘或有锯齿。

59. 草本植物或有时在金粟兰科为木本植物；花无花被，常成简单或复合的穗状花序，但在胡椒科齐头绒属 *Zippelia* 则成疏松总状花序。（次 59 项见 257 页）

60. 子房下位，仅 1 室有 1 胚珠；叶对生，叶柄在基部连合 ⋯⋯⋯⋯⋯ **金粟兰科** Chloranthaceae

60. 子房上位；叶为对生时，叶柄不在基部连合。

  61. 雌蕊由 3 ～ 6 近于离生心皮组成，每心皮各有 2 ～ 4 胚珠 ⋯⋯⋯⋯ **三白草科** Saururaceae

                    （**三白草属** *Saururus*）

  61. 雌蕊由 1 ～ 4 合生心皮组成，仅 1 室，有 1 胚珠 ⋯⋯⋯⋯⋯⋯⋯ **胡椒科** Piperaceae

              （**齐头绒属** *Zippelia*，**豆瓣绿属** *Peperomia*）

59. 乔木或灌木；花具一层花被；花序有各种类型，但不为穗状。

  62. 花萼裂片常 3 片，呈镊合状排列；子房为 1 心皮所成，成熟时肉质，常以 2 瓣裂开；雌雄
    异株 ⋯⋯⋯⋯⋯⋯⋯⋯⋯⋯⋯⋯⋯⋯⋯⋯⋯⋯⋯⋯⋯⋯⋯ **肉豆蔻科** Myristicaceae

  62. 花萼裂片 4 ～ 6 片，呈覆瓦状排列；子房为 2 ～ 4 合生心皮所组成。

    63. 花两性；果实仅 1 室，蒴果状，2 ～ 3 瓣裂开 ⋯⋯⋯⋯⋯⋯ **大风子科** Flacourtiaceae

                    （**脚骨脆属** *Casearia*）

    63. 花单性，雌雄异株；果实 2 ～ 4 室，肉质或革质，很晚才裂开 ⋯⋯ **大戟科** Euphorbiaceae

                    （**白树属** *Gelonium*）

57. 叶片中无透明微点。

64. 雄蕊连为单体，至少在雄花中有这现象，花丝互相连合成筒状或成一中柱。

  65. 肉质寄生草本植物，具退化呈鳞片状的叶片，无叶绿素 ⋯⋯⋯⋯⋯ **蛇菰科** Balanophoraceae

  65. 植物体非为寄生性，有绿叶。

    66. 雌雄同株，雄花成球形头状花序，雌花以 2 个同生于 1 个有 2 室而具钩状芒刺的果壳中
    ⋯⋯⋯⋯⋯⋯⋯⋯⋯⋯⋯⋯⋯⋯⋯⋯⋯⋯⋯⋯⋯⋯⋯⋯⋯⋯⋯⋯ **菊科** Compositae

                    （**苍耳属** *Xanthium*）

    66. 花两性，如为单性时，雄花及雌花也无上述情形。

      67. 草本植物；花两性。

        68. 叶互生 ⋯⋯⋯⋯⋯⋯⋯⋯⋯⋯⋯⋯⋯⋯⋯⋯⋯⋯⋯⋯ **藜科** Chenopodiaceae

        68. 叶对生。

          69. 花显著，有连合成花萼状的总苞 ⋯⋯⋯⋯⋯⋯⋯ **紫茉莉科** Nyctaginaceae

          69. 花微小，无上述情形的总苞 ⋯⋯⋯⋯⋯⋯⋯⋯ **苋科** Amaranthaceae

      67. 乔木或灌木，稀可为草本；花单性或杂性；叶互生。

        70. 萼片呈覆瓦状排列，至少在雄花中如此 ⋯⋯⋯⋯⋯ **大戟科** Euphorbiaceae

        70. 萼片呈镊合状排列。

          71. 雌雄异株；花萼常具 3 裂片；雌蕊为 1 心皮所成，成熟时肉质，且常以 2 瓣裂开
          ⋯⋯⋯⋯⋯⋯⋯⋯⋯⋯⋯⋯⋯⋯⋯⋯⋯⋯⋯⋯⋯⋯ **肉豆蔻科** Myristicaceae

          71. 花单性或雄花和两性花同株；花萼具 4 ～ 5 裂片或裂齿；雌蕊为 3 ～ 6 近于离生的
             心皮所成，各心皮于成熟时为革质或木质，呈蓇葖果状而不裂开
             ⋯⋯⋯⋯⋯⋯⋯⋯⋯⋯⋯⋯⋯⋯⋯⋯⋯⋯⋯⋯⋯⋯ **梧桐科** Sterculiaceae

                    （**苹婆族** *Sterculieae*）

64. 雄蕊各自分离，有时仅为 1 个，或花丝成为分枝的簇丛（如大戟科的蓖麻属 *Ricinus*）。

  72. 每花有雌蕊 2 个至多数，近于或完全离生；或花的界限不明显时，则雌蕊多数，成 1 球形头
    状花序。（次 72 项见 258 页）

    73. 花托下陷，呈杯状或坛状。（次 73 项见 258 页）

      74. 灌木；叶对生；花被片在坛状花托的外侧排列成数层 ⋯⋯⋯ **蜡梅科** Calycanthaceae

74. 草本或灌木；叶互生；花被片在杯或坛状花托的边缘排列成一轮 ·······················薔薇科 Rosaceae

73. 花托扁平或隆起，有时可延长。

　　75. 乔木、灌木或木质藤本。

　　　　76. 花有花被 ···木兰科 Magnoliaceae

　　　　76. 花无花被。

　　　　　　77. 落叶灌木或小乔木；叶卵形，具羽状脉和锯齿缘；无托叶；花两性或杂性，在叶腋中丛生；翅

　　　　　　　　果无毛，有柄 ···昆栏树科 Trochodendraceae

　　　　　　　　　　　　　　　　　　　　　　　　　　　　　　　　　　　　　　　（领春木属 Euptelea）

　　　　　　77. 落叶乔木；叶广阔，掌状分裂，叶缘有缺刻或大锯齿；有托叶围茎成鞘，易脱落；花单性，雌

　　　　　　　　雄同株，分别聚成球形头状花序；小坚果，围以长柔毛而无柄 ············悬铃木科 Platanaceae

　　　　　　　　　　　　　　　　　　　　　　　　　　　　　　　　　　　　　　　（悬铃木属 Platanus）

　　75. 草本或稀为亚灌木，有时为攀缘性。

　　　　78. 胚珠倒生或直生。

　　　　　　79. 叶片多少有些分裂或为复叶；无托叶或极微小；有花被（花萼）；胚珠倒生；花单生或成各种类

　　　　　　　　型的花序 ··毛茛科 Ranunculaceae

　　　　　　79. 叶为全缘单叶；有托叶；无花被；胚珠直生；花成穗形总状花序 ·······　三白草科 Saururaceae

　　　　78. 胚珠常弯生；叶为全缘单叶。

　　　　　　80. 直立草本；叶互生，非肉质 ··　商陆科 Phytolaccaceae

　　　　　　80. 平卧草本；叶对生或近轮生，肉质 ····································　番杏科 Aizoaceae

　　　　　　　　　　　　　　　　　　　　　　　　　　　　　　　　　　　　（针晶粟草属 Gisekia）

72. 每花仅有 1 个复合或单雌蕊，心皮有时于成熟后各自分离。

　81. 子房下位或半下位。（次 81 项见 259 页）

　　82. 草本。（次 82 项见 259 页）

　　　83. 水生或小型沼泽植物。

　　　　84. 花柱 2 个或更多；叶片（尤其沉没水中的）常成羽状细裂或为复叶

　　　　　　··小二仙草科 Haloragidaceae

　　　　84. 花柱 1 个；叶为线形全缘单叶 ···杉叶藻科 Hippuridaceae

　　　83. 陆生草本。

　　　　85. 寄生性肉质草本，无绿叶。

　　　　　　86. 花单性，雌花常无花被；无珠被及种皮 ·····················　蛇菰科 Balanophoraceae

　　　　　　86. 花杂性，有一层花被，两性花有 1 雄蕊；有珠被及种皮 ··············　锁阳科 Cynomoriaceae

　　　　　　　　　　　　　　　　　　　　　　　　　　　　　　　　　　　　（锁阳属 Cynomorium）

　　　　85. 非寄生性植物，或在百蕊草属 Thesium 为半寄生性，但均有绿叶。

　　　　　　87. 叶对生，其形宽广而有锯齿缘 ·······················　金粟兰科 Chloranthaceae

　　　　　　87. 叶互生。

　　　　　　　　88. 平铺草本（限于我国植物），叶片宽，三角形，多少有些肉质············　番杏科 Aizoaceae

　　　　　　　　　　　　　　　　　　　　　　　　　　　　　　　　　　　　（番杏属 Tetragonia）

　　　　　　　　88. 直立草本，叶片窄而细长 ···　檀香科 Santalaceae

　　　　　　　　　　　　　　　　　　　　　　　　　　　　　　　　　　　　（百蕊草属 Thesium）

82. 灌木或乔木。

 89. 子房 3 ～ 10 室。

  90. 坚果 1 ～ 2 个，同生在一个木质且可裂为 4 瓣的壳斗里 ················ **山毛榉科（壳斗科）** Fagaceae

                           （**水青冈属** *Fagus*）

  90. 核果，并不生在壳斗里。

   91. 雌雄异株，成顶生的圆锥花序，后者并不为叶状苞片所托 ············ **山茱萸科** Cornaceae

                          （**鞘柄木属** *Torricellia*）

   91. 花杂性，形成球形的头状花序，后者为 2 ～ 3 白色叶状苞片所托 ··········· **蓝果树科** Nyssaceae

                          （**珙桐属** *Davidia*）

 89. 子房 1 或 2 室，或在铁青树科的青皮木属 *Schoepfia* 中，子房的基部可为 3 室。

  92. 花柱 2 个。

   93. 蒴果，2 瓣裂开 ·· **金缕梅科** Hamamelidaceae

   93. 果呈核果状，或为蒴果状的瘦果，不裂开 ··················· **鼠李科** Rhamnaceae

  92. 花柱 1 个或无花柱。

   94. 叶片下面多少有些具皮屑状或鳞片状的附属物 ·············· **胡颓子科** Elaeagnaceae

   94. 叶片下面无皮屑状或鳞片状的附属物。

    95. 呈叶缘锯齿或圆锯齿，稀可在荨麻科的紫麻属 *Oreocnide* 中有全缘者。

     96. 叶对生，具有羽状脉；雄花裸露，有雄蕊 1 ～ 3 个 ············ **金粟兰科** Chloranthaceae

     96. 叶互生，大都于叶基有三出脉；雄花有花被及雄蕊 4 个（稀可 3 或 5 个）

       ·· **荨麻科** Urticaceae

    95. 叶全缘，互生或对生。

     97. 植物体寄生在乔木的树干或枝条上；果呈浆果状 ·················· **桑寄生科** Loranthaceae

     97. 植物体大都陆生，或有时可为寄生性；果呈坚果状或核果状；胚珠 1 ～ 5 个。

      98. 花多为单性；胚珠垂悬于基底胎座上 ·················· **檀香科** Santalaceae

      98. 花两性或单性；胚珠垂悬于子房室的顶端或中央胎座的顶端。

       99. 雄蕊 10 个，为花萼裂片的 2 倍数 ················· **使君子科** Combretaceae

                      （**诃子属** *Terminalialinn*）

       99. 雄蕊 4 或 5 个，和花萼裂片同数且对生 ·············· **铁青树科** Olacaceae

81. 子房上位，如有花萼时，和它相分离，或在紫茉莉科及胡颓子科中，当果实成熟时，子房为宿存萼筒所包围。

100. 托叶鞘围抱茎的各节；草本，稀可为灌木 ····························· **蓼科** Polygonaceae

100. 无托叶鞘，在悬铃木科有托叶鞘但易脱落。

 101. 草本，或有时在藜科及紫茉莉科中为亚灌木。（次 101 项见 261 页）

  102. 无花被。（次 102 项见 260 页）

   103. 花两性或单性；子房 1 室，内仅有 1 个基生胚珠。

    104. 叶基生，由 3 小叶而成；穗状花序在一个细长基生无叶的花梗上 ············ **小檗科** Berberidaceae

    104. 叶茎生，单叶；穗状花序顶生或腋生，但常和叶相对生 ··············· **胡椒科** Piperaceae

   103. 花单性；子房 3 或 2 室。

    105. 水生或微小的沼泽植物，无乳汁；子房 2 室，每室内含 2 个胚珠 ······· **水马齿科** Callitrichaceae

                        （**水马齿属** *Callitriche*）

    105. 陆生植物；有乳汁；子房 3 室，每室内仅含 1 个胚珠 ············· **大戟科** Euphorbiaceae

102. 有花被，当花为单性时，特别是雄花是如此。

　106. 花萼呈花瓣状，且呈管状。

　　107. 花有总苞，有时这总苞类似花萼……………………………………　紫茉莉科 Nyctaginaceae

　　107. 花无总苞。

　　　108. 胚珠 1 个，在子房的近顶端处………………………………………　瑞香科 Thymelaeaceae

　　　108. 胚珠多数，生在特立中央胎座上……………………………………　报春花科 Primulaceae

　　　　　　　　　　　　　　　　　　　　　　　　　　　　　　　　　　　（海乳草属 Glaux）

　106. 花萼非如上述情形。

　　109. 雄蕊周位，即位于花被上。

　　　110. 叶互生，羽状复叶而有草质的托叶；花无膜质苞片；瘦果………………薔薇科 Rosaceae

　　　　　　　　　　　　　　　　　　　　　　　　　　　　　　　　　　（地榆族 Sanguisorbieae）

　　　110. 叶对生，或在蓼科的冰岛蓼属 Koenigia 为互生，单叶无草质托叶；花有膜质苞片。

　　　　111. 花被片和雄蕊各为 5 或 4 个，对生；囊果；托叶膜质……………石竹科 Caryophyllaceae

　　　　111. 花被片和雄蕊各为 3 个，互生；坚果；无托叶……………………蓼科 Polygonaceae

　　　　　　　　　　　　　　　　　　　　　　　　　　　　　　　　　　（冰岛蓼属 Koenigia）

　　109. 雄蕊下位，即位于子房下。

　　　112. 花柱或其分枝为 2 或数个，内侧常为柱头面。

　　　　113. 子房常为数个至多数心皮连合而成………………………………　商陆科 Phytolaccaceae

　　　　113. 子房常为 2 或 3（或 5）心皮连合而成。

　　　　　114. 子房 3 室，稀可 2 或 4 室………………………………………　大戟科 Euphorbiaceae

　　　　　114. 子房 1 或 2 室。

　　　　　　115. 叶为掌状复叶或具掌状脉而有宿存托叶…………………………　桑科 Moraceae

　　　　　　　　　　　　　　　　　　　　　　　　　　　　　　　　　（大麻亚科 Cannaboideae）

　　　　　　115. 叶具羽状脉，或稀可为掌状脉而无托叶，也可在藜科中叶退化成鳞片或为肉质而形如
　　　　　　　　　圆筒。

　　　　　　　116. 花有草质而带绿色或灰绿色的花被及苞片……………………　藜科 Chenopodiaceae

　　　　　　　116. 花有干膜质而常有色泽的花被及苞片…………………………　苋科 Amaranthaceae

　　　112. 花柱 1 个，常顶端有柱头，也可无花柱。

　　　　117. 花两性。

　　　　　118. 雌蕊为单心皮；花萼由 2～3 个膜质且宿存的萼片组成；雄蕊 2～3 个

　　　　　　　………………………………………………………………………………毛茛科 Ranunculaceae

　　　　　　　　　　　　　　　　　　　　　　　　　　　　　　　　　（星叶草属 Circaeaster）

　　　　　118. 雌蕊由 2 合生心皮而成。

　　　　　　119. 萼片 2 片；雄蕊多数……………………………………………　罂粟科 Papaveraceae

　　　　　　　　　　　　　　　　　　　　　　　　　　　　　　　　　（博落回属 Macleaya）

　　　　　　119. 萼片 4 片；雄蕊 2 或 4……………………………………………　十字花科 Cruciferae

　　　　　　　　　　　　　　　　　　　　　　　　　　　　　　　　　（独行菜属 Lepidium）

　　　　117. 花单性。

　　　　　120. 沉没于淡水中的水生植物；叶细裂成丝状（次 120 项见 261 页）

　　　　　　　………………………………………………………………………………金鱼藻科 Ceratophyllaceae

　　　　　　　　　　　　　　　　　　　　　　　　　　　　　　　　　（金鱼藻属 Ceratophyllum）

120. 陆生植物；叶为其他情形。

    121. 叶含多量水分；托叶连接叶柄的基部；雄花的花被 2 片；雄蕊多数

            ··**假牛繁缕科 Theligonaceae**

                         （**假牛繁缕属** *Theligonum*）

    121. 叶不含多量水分；如有托叶时，也不连接叶柄的基部；雄花的花被片和雄蕊均各为 4 或

        5 个，二者相对生 ···荨麻科 Urticaceae

101. 木本植物或亚灌木。

  122. 耐寒旱性的灌木，或在藜科的琐琐属 *Haloxylon* 为乔木；叶微小，细长或呈鳞片状，也可有时（如藜

    科）为肉质而成圆筒形或半圆筒形。

    123. 雌雄异株或花杂性；花萼为三出数，萼片微呈花瓣状，和雄蕊同数且互生；花柱 1，极短，常有

      6 ～ 9 放射状且有齿裂的柱头；核果；胚体劲直；常绿而基部偃卧的灌木；叶互生，无托叶

      ·· **岩高兰科 Empetraceae**

                         （**岩高兰属** *Empetrum*）

    123. 花两性或单性，花萼为五出数，稀可三出或四出数，萼片或花萼裂片草质或革质，和雄蕊同数且对

      生，或在藜科中雄蕊由于退化而数较少，甚或 1 个；花柱或花柱分枝 2 或 3 个，内侧常为柱头面；胞

      果或坚果；胚体弯曲如环或弯曲成螺旋形。

      124. 花无膜质苞片；雄蕊下位；叶互生或对生；无托叶；枝条常具关节·············藜科 Chenopodiaceae

      124. 花有膜质苞片；雄蕊周位；叶对生，基部常互相连合；有膜质托叶；枝条不具关节

        ···石竹科 Caryophyllaceae

  122. 不是上述的植物；叶片矩圆形或披针形，或宽广至圆形。

    125. 果实及子房均为 2 至数室，或在大风子科中为不完全的 2 至数室。（次 125 项见 262 页）

    126. 花常为两性。

      127. 萼片 4 或 5 片，稀可 3 片，呈覆瓦状排列。

        128. 雄蕊 4 个；4 室的蒴果 ···**水青树科 Tetracentraceae**

        128. 雄蕊多数；浆果状的核果···大风子科 Flacouriticeae

      127. 萼片多 5 片，呈镊合状排列。

        129. 雄蕊为不定数；具刺的蒴果···**杜英科 Elaeocarpaceae**

                      （**猴欢喜属** *Sloanea*）

        129. 雄蕊和萼片同数；核果或坚果。

          130. 雄蕊和萼片对生，各为 3 ～ 6 ···**铁青树科 Olacaceae**

          130. 雄蕊和萼片互生，各为 4 或 5 ···**鼠李科 Rhamnaceae**

    126. 花单性（雌雄同株或异株）或杂性。

      131. 果实各种；种子无胚乳或有少量胚乳。

        132. 雄蕊常 8 个；果实坚果状或为有翅的蒴果；羽状复叶或单叶·············**无患子科 Sapindaceae**

        132. 雄蕊 5 或 4 个，且和萼片互生；核果有 2 ～ 4 个小核；单叶·············**鼠李科 Rhamnaceae**

                      （**鼠李属** *Rhamnus*）

      131. 果实多呈蒴果状，无翅；种子常有胚乳。

        133. 果实为具 2 室的蒴果，有木质或革质的外种皮及角质的内果皮

          ···**金缕梅科 Hamamelidaceae**

        133. 果实为蒴果时，也不像上述情形。

134. 胚珠具腹脊；果实有各种类型，但多为室间裂开的蒴果·················· **大戟科** Euphorbiaceae

134. 胚珠具背脊；果实为室背裂开的蒴果，或有时呈核果状·················· **黄杨科** Buxaceae

125. 果实及子房均为 1 或 2 室，稀可在无患子科的荔枝属 *Litchi* 及韶子属 *Nephelium* 中为 3 室，或在卫矛科的十齿花属 *Dipentodon* 及铁青树科的铁青树属 *Olax* 中，子房的下部为 3 室，而上部为 1 室。

135. 花萼具显著的萼筒，且常呈花瓣状。

136. 叶无毛或下面有柔毛；萼筒整个脱落·················· **瑞香科** Thymelaeaceae

136. 叶下面具银白色或棕色的鳞片；萼筒或其下部永久宿存，当果实成熟时，变为肉质而紧密包着子房·················· **胡颓子科** Elaeagnaceae

135. 花萼不像上述情形，或无花被。

137. 花药以 2 或 4 舌瓣裂开·················· **樟科** Lauraceae

137. 花药不以舌瓣裂开。

138. 叶对生。

139. 果实为有双翅或呈圆形的翅果·················· **槭树科** Aceraceae

139. 果实为有单翅而呈细长形兼矩圆形的翅果·················· **木犀科** Oleaceae

138. 叶互生。

140. 叶为羽状复叶。

141. 叶为二回羽状复叶，或退化仅具叶状柄（特称为叶状叶柄 phyllodia）
·················· **豆科** Leguminosae

（金合欢属 *Acacia*）

141. 叶为一回羽状复叶。

142. 小叶边缘有锯齿；果实有翅·················· **马尾树科** Rhoipteleaceae

（马尾树属 *Rhoiptelea*）

142. 小叶全缘；果实无翅。

143. 花两性或杂性·················· **无患子科** Sapindaceae

143. 雌雄异株·················· **漆树科** Anacardiaceae

（黄连木属 *Pistacia*）

140. 叶为单叶。

144. 花均无花被。

145. 多为木质藤本；叶全缘；花两性或杂性，成紧密的穗状花序·········· **胡椒科** Piperaceae

（胡椒属 *Piper*）

145. 乔木；叶缘有锯齿或缺刻；花单性。

146. 叶宽广，具掌状脉或掌状分裂，叶缘具缺刻或大锯齿；有托叶，围茎成鞘，但易脱落；雌雄同株，雌花和雄花分别成球形的头状花序；雌蕊为单心皮而成；小坚果为倒圆锥形而有棱角，无翅也无梗，但围以长柔毛·················· **悬铃木科** Platanaceae

（悬铃木属 *Platanus*）

146. 叶椭圆形至卵形，具羽状脉及锯齿缘；无托叶；雌雄异株，雄花聚成疏松有苞片的簇丛，雌花单生于苞片的腋内；雌蕊为 2 心皮组成；小坚果扁平，具翅且有柄，但无毛
·················· **杜仲科** Eucommiaceae

（杜仲属 *Eucommia*）

144. 常有花萼，尤其在雄花。

147. 植物体内有乳汁··桑科 Moraceae

147. 植物体内无乳汁。

148. 花柱或其分枝 2 或数个，但在大戟科的核果木属 *Drypetes* 中则柱头几无柄，呈盾状或肾脏形。

149. 雌雄异株或有时为同株；叶全缘或具波状齿。

150. 矮小灌木或亚灌木；果实干燥，包藏于具有长柔毛而互相连合成双角状的 2 苞片中；胚体弯曲如环 ······················藜科 Chenopodiaceae

（优若藜属 *Eurotia*）

150. 乔木或灌木；果实呈核果状，常为1室含 1 种子，不包藏于苞片内；胚体劲直

······················大戟科 Euphorbiaceae

149. 花两性或单性；叶缘多有锯齿或具齿裂，稀可全缘。

151. 雄蕊多数··大风子科 Flacourtiaceae

151. 雄蕊 10 个或较少。

152. 子房 2 室，每室有 1 个至数个胚珠；果实为木质蒴果

······················金缕梅科 Hamamelidaceae

152. 子房 1 室，仅含1胚珠；果实不是木质蒴果 ··················榆科 Ulmaceae

148. 花柱 1 个，也可有时（如荨麻属）不存，而柱头呈画笔状。

153. 叶缘有锯齿；子房为 1 心皮而成。

154. 花两性··山龙眼科 Proteaceae

154. 雌雄异株或同株。

155. 花生于当年新枝上；雄蕊多数····························蔷薇科 Rosaceae

（奥樱属 *Maddenia*）

155. 花生于老枝上；雄蕊和萼片同数····················荨麻科 Urticaceae

153. 叶全缘或边缘有锯齿；子房为 2 个以上连合心皮所成。

156. 果实呈核果状或坚果状，内有 1 种子；无托叶。

157. 子房具 2 或 2 个胚珠；果实于成熟后由萼筒包围··········铁青树科 Olacaceae

157. 子房仅具 1 个胚珠；果实和花萼相分离，或仅果实基部由花萼衬托之

······················山柚仔科 Opiliaceae

156. 果实呈蒴果状或浆果状，内含 1 个至数个种子。

158. 花下位，雌雄异株，稀可杂性；雄蕊多数；果实呈浆果状；无托叶

······················大风子科 Flacourtiaceae

（柞木属 *Xylosma*）

158. 花周位，两性；雄蕊 5～12 个；果实呈蒴果状；有托叶，但易脱落。

159. 花为腋生的簇丛或头状花序；萼片 4～6 片··········大风子科 Flacourtiaceae

（脚骨脆属 *Casearia*）

159. 花为腋生的伞形花序；萼片 10～14 片··················卫矛科 Celastraceae

（十齿花属 *Dipentodon*）

2. 花具花萼也具花冠，或有两层以上的花被片，有时花冠可为蜜腺叶所代替。

160. 花冠常为离生的花瓣所组成。（次 160 项见 280 页）

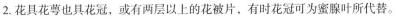

161. 成熟雄蕊（或单体雄蕊的花药）多在 10 个以上，通常多数，或其数超过花瓣的 2 倍。（次 161 项见 269 页）

162. 花萼和 1 个或更多的雌蕊多少有些互相愈合，即子房下位或半下位。（次 162 项见 265 页）

 163. 水生草本植物；子房多室······**睡莲科** Nymphaeaceae

 163. 陆生植物；子房 1 至数室，也可心皮为 1 至数个，或在海桑科中为多室。

  164. 植物体具肥厚的肉质茎，多有刺，常无真正叶片······**仙人掌科** Cactaceae

  164. 植物体为普通形态，不呈仙人掌状，有真正的叶片。

   165. 草本植物或稀可为亚灌木。

    166. 花单性。

     167. 雌雄同株；花鲜艳，多成腋生聚伞花序；子房 2～4 室······**秋海棠科** Begoniaceae

      （秋海棠属 *Begonia*）

     167. 雌雄异株；花小而不显著，呈腋生穗状或总状花序······**四数木科** Datiscaceae

    166. 花常两性。

     168. 叶基生或茎生，呈心形，或在阿柏麻属 *Apama* 为长形，不为肉质；花为三出数

     ······**马兜铃科** Aristolochiaceae

      （细辛族 *Asareae*）

     168. 叶茎生，不呈心形，多少有些肉质，或为圆柱形；花不是三出数。

      169. 花萼裂片常为 5，叶状；蒴果 5 室或更多室，在顶端呈放射状裂开

      ······**番杏科** Aizoaceae

      169. 花萼裂片 2；蒴果 1 室，盖裂······**马齿苋科** Portulacaceae

       （马齿苋属 *Portulaca*）

   165. 乔木或灌木（但在虎耳草科的银梅草属 *Deinanthe* 及草绣球属 *Cardiandra* 为亚灌木，黄山梅属 *Kirengeshoma* 为多年生高大草本），有时以气生小根而攀缘。

    170. 叶通常对生（虎耳草科的草绣球属 *Cardiandra* 为例外），或在石榴科的石榴属 *Punica* 中有时可互生。

     171. 叶缘常有锯齿或全缘；花序（除山梅花属 *Philadelpheae* 外）常有不孕的边缘花

     ······**虎耳草科** Saxifragaceae

     171. 叶全缘；花序无不孕花。

      172. 叶为脱落性；花萼呈朱红色······**石榴科** Punicaceae

       （石榴属 *Punica*）

      172. 叶为常绿性；花萼不呈朱红色。

       173. 叶片中有腺体微点；胚珠常多数······**桃金娘科** Myrtaceae

       173. 叶片中无微点。

        174. 胚珠在每子房室中为多数······**海桑科** Sonneratiaceae

        174. 胚珠在每子房室中仅 2 个，稀可较多······**红树科** Rhizophoraceae

    170. 叶互生。

     175. 花瓣细长形兼长方形，最后向外翻转······**八角枫科** Alangiaceae

      （八角枫属 *Alangium*）

     175. 花瓣不成细长形，且纵为细长形时，也不向外翻转。

      176. 叶无托叶。（次 176 项见 265 页）

177. 叶全缘；果实肉质或木质 ···玉蕊科 Lecythidaceae

（玉蕊属 *Barringtonia*）

177. 叶缘多少有些锯齿或齿裂；果实呈核果状，其形歪斜···········山矾科 Symplocaceae

（山矾属 *Symplocos*）

176. 叶有托叶。

178. 花瓣呈旋转状排列；花药隔向上延伸；花萼裂片中 2 个或更多个在果实上变大而呈
翅状 ·· 龙脑香科 Dipterocarpaceae

178. 花瓣呈覆瓦状或旋转状排列（如蔷薇科的火棘属 *Pyracantha*）；花药隔并不向上延
伸；花萼裂片也无上述变大情形。

179. 子房 1 室，内具 2 ～ 6 侧膜胎座，各有 1 个至多数胚珠；果实为革质蒴果，自顶
端以 2 ～ 6 片裂开···大风子科 Flacourtiaceae

（天料木属 *Homalium*）

179. 子房 2 ～ 5 室，内具中轴胎座，或其心皮在腹面互相分离而具边缘胎座。

180. 花成伞房、圆锥、伞形或总状等花序，稀可单生；子房 2～5 室，或心皮 2～5
个，下位，每室或每心皮有胚珠 1 ～ 2 个，稀可有时为 3 ～ 10 个或为多数；
果实为肉质或木质假果；种子无翅·····························蔷薇科 Rosaceae

（梨亚科 Pomoideae）

180. 花成头状或肉穗花序；子房 2 室，半下位，每室有胚珠 2 ～ 6 个；果为木质蒴
果；种子有或无 ··· 金缕梅科 Hamamelidaceae

（马蹄荷亚科 Bucklandioideae）

162. 花萼和 1 个或更多的雌蕊互相分离，即子房上位。

181. 花为周位花。（次 181 项见 266 页）

182. 萼片和花瓣相似，覆瓦状排列成数层，着生于坛状花托的外侧·················· 蜡梅科 Calycanthaceae

（洋蜡梅属 *Calycanthus*）

182. 萼片和花瓣有分化，在萼筒或花托的边缘排列成 2 层。

183. 叶对生或轮生，有时上部者可互生，但均为全缘单叶；花瓣常于蕾中呈皱折状。

184. 花瓣无爪，形小，或细长；浆果·····························海桑科 Sonneratiaceae

184. 花瓣有细爪，边缘具腐蚀状的波纹或具流苏；蒴果····················千屈菜科 Lythraceae

183. 叶互生，单叶或复叶；花瓣不呈皱折状。

185. 花瓣宿存；雄蕊的下部连成一管 ··· 亚麻科 Linaceae

（黏木属 *Ixonanthes*）

185. 花瓣脱落性；雄蕊互相分离。

186. 草本植物，具二出数的花朵；萼片 2 片，早落性；花瓣 4 个··················罂粟科 Papaveraceae

（花菱草属 *Eschscholzia*）

186. 木本或草本植物，具五出或四出数的花朵。

187. 花瓣镊合状排列；果实为荚果；叶多为二回羽状复叶，有时叶片退化，而叶柄发育为叶状
柄；心皮 1 个（次 187 项见 266 页）·····························豆科 Leguminosae

（含羞草亚科 **Mimosoideae**）

187.花瓣覆瓦状排列；果实为核果、蓇葖果或瘦果；叶为单叶或复叶；心皮 1 个至多数

···蔷薇科 Rosaceae

181.花为下位花，或至少在果实时花托扁平或隆起。

188.雌蕊少数至多数，互相分离或微有连合。

189.水生植物。

190.叶片呈盾状，全缘···睡莲科 Nymphaeaceae

190.叶片不呈盾状，多少有些分裂或为复叶·······················毛茛科 Ranunculaceae

189.陆生植物。

191.茎为攀缘性。

192.草质藤本。

193.花显著，为两性花·······································毛茛科 Ranunculaceae

193.花小型，为单性，雌雄异株·····················防己科 Menispermaceae

192.木质藤本或为蔓生灌木。

194.叶对生，复叶由 3 小叶所成，或顶端小叶形成卷须·············毛茛科 Ranunculaceae

（锡兰莲属 Naravelia）

194.叶互生，单叶。

195.花单性。

196.心皮多数，结果时聚生成一球状的肉质体或散布于极延长的花托上

···木兰科 Magnoliaceae

（五味子亚科 Schisandroideae）

196.心皮 3 ～ 6，果为核果或核果状 ·····························防己科 Menispermaceae

195.花两性或杂性；心皮数个，果为蓇葖果。·····················五桠果科 Dilleniaceae

（锡叶藤属 Tetracera）

191.茎直立，不为攀缘性。

197.雄蕊的花丝连成单体···锦葵科 Malvaceae

197.雄蕊的花丝互相分离。

198.草本植物，稀可为亚灌木；叶片多少有些分裂或为复叶。

199.叶无托叶；种子有胚乳·······························毛茛科 Ranunculaceae

199.叶多有托叶；种子无胚乳·······························蔷薇科 Rosaceae

198.木本植物；叶片全缘或边缘有锯齿，也稀有分裂者。

200.萼片及花瓣均为镊合状排列；胚乳具嚼痕·····················番荔枝科 Annonaceae

200.萼片及花瓣均为覆瓦状排列；胚乳无嚼痕。

201.萼片及花瓣相同，三出数，排列成 3 层或多层，均可脱落·········木兰科 Magnoliaceae

201.萼片及花瓣甚有分化，多为五出数，排列成 2 层，萼片宿存。

202.心皮 3 个至多数；花柱互相分离；胚珠为不定数·····················五桠果科 Dilleniaceae

202.心皮 3 ～ 10 个；花柱完全合生；胚珠单生 ·····················金莲木科 Ochnaceae

（金莲木属 Ochna）

188.雌蕊 1 个，但花柱或柱头为 1 至多数。

203.叶片中具透明微点。（次 203 项见 267 页）

204.叶互生，羽状复叶或退化为仅有 1 顶生小叶（次 204 项见 267 页）·····················芸香科 Rutaceae

　204. 叶对生，单叶……………………………………………………………… 藤黄科 Guttiferae

203. 叶片中无透明微点。

　205. 子房单纯，具 1 子房室。

　　206. 乔木或灌木；花瓣呈镊合状排列；果实为荚果……………………… 豆科 Leguminosae

　　　　　　　　　　　　　　　　　　　　　　　　　　　　　　　（含羞草亚科 Mimosoideae）

　　206. 草本植物；花瓣呈覆瓦状排列；果实不是荚果。

　　　207. 花为五出数；蓇葖果…………………………………………… 毛茛科 Ranunculaceae

　　　207. 花为三出数；浆果…………………………………………… 小檗科 Berberidaceae

205. 子房为复合性。

　208. 子房 1 室，或在马齿苋科的土人参属 *Talinum* 中子房基部为 3 室。

　　209. 特立中央胎座。

　　　210. 草本；叶互生或对生；子房的基部 3 室，有多数胚珠…………… 马齿苋科 Portulacaceae

　　　　　　　　　　　　　　　　　　　　　　　　　　　　　　　　（土人参属 *Talinum*）

　　　210. 灌木；叶对生；子房 1 室，内有成为 3 对的 6 个胚………………… 红树科 Rhizophoraceae

　　　　　　　　　　　　　　　　　　　　　　　　　　　　　　　　（秋茄树属 *Kandelia*）

　　209. 侧膜胎座。

　　　211. 灌木或小乔木（在半日花科中常为亚灌木或草本植物），子房柄不存在或极短；果实为蒴果或
　　　　　浆果。

　　　　212. 叶对生；萼片不相等，外面 2 片较小，或有时退化，内面 3 片呈旋转状排列
　　　　　　………………………………………………………………半日花科 Cistaceae

　　　　　　　　　　　　　　　　　　　　　　　　　　　　　　（半口花属 *Helianthemum*）

　　　　212. 叶常互生，萼片相等，呈覆瓦状或镊合状排列。

　　　　　213. 植物体内含有色泽的汁液；叶具掌状脉，全缘；萼片 5 片，互相分离，基部有腺体；种皮
　　　　　　　肉质，红色 ……………………………………………………红木科 Bixaceae

　　　　　　　　　　　　　　　　　　　　　　　　　　　　　　　　（红木属 *Bixa*）

　　　　　213. 植物体内不含有色泽的汁液；叶具羽状脉或掌状脉；叶缘有锯齿或全缘；萼片 3 ～ 8 片，
　　　　　　　离生或合生；种皮坚硬，干燥 ……………………………大风子科 Flacourtiaceae

　　　211. 草本植物，如为木本植物时，则具有显著的子房柄；果实为浆果或核果。

　　　　214. 植物体内含乳汁；萼片 2 ～ 3 ……………………………… 罂粟科 Papaveraceae

　　　　214. 植物体内不含乳汁；萼片 4 ～ 8。

　　　　　215. 叶为单叶或掌状复叶；花瓣完整；长角果……………… 白花菜科 Capparidaceae

　　　　　215. 叶为单叶，或为羽状复叶或分裂；花瓣具缺刻或细裂；蒴果仅于顶端裂开
　　　　　　　………………………………………………………………木犀草科 Resedaceae

　208. 子房 2 室至多室，或为不完全的 2 至多室。

　　216. 草本植物，具多少有些呈花瓣状的萼片。（次 216 项见 268 页）

　　　217. 水生植物；花瓣为多数雄蕊或鳞片状的蜜腺叶所代替……………… 睡莲科 Nymphaeaceae

　　　　　　　　　　　　　　　　　　　　　　　　　　　　　　　　（萍蓬草属 *Nuphar*）

　　　217. 陆生植物。

　　　　218. 一年生草本植物；叶呈羽状细裂；花两性（次 218 项见 268 页）…… 毛茛科 Ranunculaceae

　　　　　　　　　　　　　　　　　　　　　　　　　　　　　　　（黑种草属 *Nigella*）

218. 多年生草本植物；叶全缘而呈掌状分裂；雌雄同株┄┄┄┄┄┄┄┄┄ **大戟科** Euphorbiaceae

（麻风树属 *Jatropha*）

216. 木本植物，或陆生草本植物，常不具呈花瓣状的萼片。

219. 萼片于蕾内呈镊合状排列。

220. 雄蕊互相分离或连成数束。

221. 花药 1 室或数室；叶为掌状复叶或单叶，全缘，具羽状脉┄┄┄┄┄ **木棉科** Bombacaceae

221. 花药 2 室；叶为单叶，叶缘有锯齿或全缘。

222. 花药以顶端 2 孔裂开┄┄┄┄┄┄┄┄┄┄┄┄┄┄┄┄┄┄┄ **杜英科** Elaeocarpaceae

222. 花药纵长裂开┄┄┄┄┄┄┄┄┄┄┄┄┄┄┄┄┄┄┄┄┄┄┄┄ **椴树科** Tiliaceae

220. 雄蕊连为单体，至少内层者如此，并且多少有些连成管状。

223. 花单性；萼片 2 或 3 片┄┄┄┄┄┄┄┄┄┄┄┄┄┄┄┄┄┄┄┄ **大戟科** Euphorbiaceae

（油桐属 *Aleurites*）

223. 花常两性；萼片多 5 片，稀可较少。

224. 花药 2 室或更多室。

225. 无副萼；多有不育雄蕊；花药 2 室；叶为单叶或掌状分裂┄┄┄┄ **梧桐科** Sterculiaceae

225. 有副萼；无不育雄蕊；花药数室；叶为单叶，全缘且具羽状脉

┄┄┄┄┄┄┄┄┄┄┄┄┄┄┄┄┄┄┄┄┄┄┄┄┄┄┄┄┄┄┄ **木棉科** Bombacaceae

（榴莲属 *Durio*）

224. 花药 1 室。

226. 花粉粒表面平滑；叶为掌状复叶┄┄┄┄┄┄┄┄┄┄┄┄┄┄┄ **木棉科** Bombacaceae

（木棉属 *Gossampinus*）

226. 花粉粒表面有刺；叶有各种情形┄┄┄┄┄┄┄┄┄┄┄┄┄┄┄ **锦葵科** Malvaceae

219. 萼片于蕾内呈覆瓦状或旋转状排列，或有时（如大戟科的巴豆属 *Croton*）近于呈镊合状排列。

227. 雌雄同株或稀可异株；果实为蒴果，由 2～4 个各自裂为 2 片的离果所成

┄┄┄┄┄┄┄┄┄┄┄┄┄┄┄┄┄┄┄┄┄┄┄┄┄┄┄┄┄┄┄ **大戟科** Euphorbiaceae

227. 花常两性，或在猕猴桃科的猕猴桃属 *Actinidia* 为杂性或雌雄异株；果为其他情形。

228. 萼片在果实时增大且成翅状；雄蕊具伸长的花药隔┄┄┄┄┄ **龙脑香科** Dipterocarpaceae

228. 萼片及雄蕊二者不为上述情形。

229. 雄蕊排列成二层，外层 10 个和花瓣对生，内层 5 个和萼片对生

┄┄┄┄┄┄┄┄┄┄┄┄┄┄┄┄┄┄┄┄┄┄┄┄┄┄┄┄┄┄┄ **蒺藜科** Zygophyllaceae

（骆驼蓬属 *Peganum*）

229. 雄蕊的排列为其他情形。

230. 食虫的草本植物；叶基生，呈管状，其上再具有小叶片┄┄┄┄ **瓶子草科** Sarraceniaceae

230. 不是食虫植物；叶茎生或基生，但不呈管状。

231. 植物体呈耐寒旱状；叶为全缘单叶。（次 231 项见 269 页）

232. 叶对生或上部者互生；萼片 5 片，互不相等，外面 2 片较小或有时退化，内面 3
片较大，成旋转状排列，宿存；花瓣早落　┄┄┄┄┄┄┄┄ **半日花科** Cistaceae

232. 叶互生；萼片 5 片，大小相等；花瓣宿存；在内侧基部各有 2 舌状物

┄┄┄┄┄┄┄┄┄┄┄┄┄┄┄┄┄┄┄┄┄┄┄┄┄┄┄┄┄┄┄ **柽柳科** Tamaricaceae

（琵琶柴属 *Reaumuria*）

231. 植物体不是耐寒旱状；叶常互生；萼片 2 ～ 5 片，彼此相等；呈覆瓦状或稀可呈镊合状排列。

　233. 草本或木本植物；花为四出数，或其萼片多为 2 片且早落。

　　234. 植物体内含乳汁；无或有极短子房柄；种子有丰富胚乳……………罂粟科 Papaveraceae

　　234. 植物体内不含乳汁；有细长的子房柄；种子无或有少量胚乳

　　　　…………………………………………………………………………白花菜科 Capparidaceae

　233. 木本植物；花常为五出数，萼片宿存或脱落。

　　235. 果实为具 5 个棱角的蒴果，分成 5 个骨质各含 1 或 2 个种子的心皮后，再各沿其缝线而 2 瓣裂开

　　　　………………………………………………………………………………蔷薇科 Rosaceae

　　　　　　　　　　　　　　　　　　　　　　　　　　　　　　　（白鹃梅属 *Exochorda*）

　　235. 果实不为蒴果，如为蒴果时则为室背裂开。

　　　236. 蔓生或攀缘的灌木；雄蕊互相分离；子房 5 室或更多室；浆果，常可食…猕猴桃科 Actinidiaceae

　　　236. 直立乔木或灌木；雄蕊至少在外层者连为单体，或连成 3 ～ 5 束而着生于花瓣的基部；子房
　　　　　5 ～ 3 室。

　　　　237. 花药能转动，以顶端孔裂开；浆果；胚乳颇丰富………………猕猴桃科 Actinidiaceae

　　　　　　　　　　　　　　　　　　　　　　　　　　　　　　　　（水东哥属 *Saurauia*）

　　　　237. 花药能或不能转动，常纵长裂开；果实有各种情形；胚乳通常量微小…………山茶科 Theaceae

161. 成熟雄蕊 10 个或较少，如多于 10 个时，其数并不超过花瓣的 2 倍。

　238. 成熟雄蕊和花瓣同数，且和它对生。（次 238 项见 270 页）

　　239. 雌蕊 3 个至多数，离生。

　　　240. 直立草本或亚灌木；花两性，五出数……………………………………蔷薇科 Rosaceae

　　　　　　　　　　　　　　　　　　　　　　　　　　　　　　　（地蔷薇属 *Chamaerhodos*）

　　　240. 木质或草质藤本，花单性，常为三出数。

　　　　241. 叶常为单叶；花小型；核果；心皮 3 ～ 6 个，呈星状排列，各含 1 胚珠

　　　　　…………………………………………………………………………防己科 Menispermaceae

　　　　241. 叶为掌状复叶或由 3 小叶组成；花中型；浆果；心皮 3 个至多数，轮状或螺旋状排列，各含 1 个
　　　　　或多数胚珠 ……………………………………………………………木通科 Lardizabalaceae

　　239. 雌蕊 1 个。

　　　242. 子房 2 至数室。（次 242 项见 270 页）

　　　　243. 花萼裂齿不明显或微小；以卷须缠绕他物的木质或草质藤本植物………………葡萄科 Vitaceae

　　　　243. 花萼具 4 ～ 5 裂片；乔木、灌木或草本植物，有时虽也可为缠绕性，但无卷须。

　　　　　244. 雄蕊连成单体。

　　　　　　245. 叶为单叶；每子房室内含胚珠 2 ～ 6 个（或在可可树亚族 *Theobromineae* 中为多数）

　　　　　　　…………………………………………………………………………梧桐科 Sterculiaceae

　　　　　　245. 叶为掌状复叶；每子房室内含胚珠多数……………………………木棉科 Bombacaceae

　　　　　　　　　　　　　　　　　　　　　　　　　　　　　　　　　　　（吉贝属 *Ceiba*）

　　　　　244. 雄蕊互相分离，或稀可在其下部连成一管。

　　　　　　246. 叶无托叶；萼片各不相等，呈覆瓦状排列；花瓣不相等，在内层的 2 片常很小

　　　　　　　…………………………………………………………………………清风藤科 Sabiaceae

　　　　　　246. 叶常有托叶；萼片同大，呈镊合状排列；花瓣均大小同形。

　　　　　　　247. 叶为单叶（次 247 项见 270 页）……………………………鼠李科 Rhamnaceae

247. 叶为 1 ～ 3 回羽状复叶 ·································· 葡萄科 Vitaceae

（火筒树属 *Leea*）

242. 子房 1 室（在马齿苋科的土人参属 *Talinum* 及铁青树科的铁青树属 *Olax* 中则子房的下部多少有些成为 3 室）。

248. 子房下位或半下位。

249. 叶互生，边缘常有锯齿；蒴果 ················· 大风子科 Flacourtiaceae

（天料木属 *Homalium*）

249. 叶多对生或轮生，全缘；浆果或核果 ··········· 桑寄生科 Loranthaceae

248. 子房上位。

250. 花药以舌瓣裂开 ·································· 小檗科 Berberidaceae

250. 花药不以舌瓣裂开。

251. 缠绕草本；胚珠 1 个；叶肥厚，肉质 ··········· 落葵科 Basellaceae

（落葵属 *Basella*）

251. 直立草本，或有时为木本；胚珠 1 个至多数。

252. 雄蕊连成单体；胚珠 2 个 ················· 梧桐科 Sterculiaceae

（蛇婆子属 *Walthenia*）

252. 雄蕊互相分离；胚珠 1 个至多数。

253. 花瓣 6 ～ 9 片；雌蕊单纯 ··············· 小檗科 Berberidaceae

253. 花瓣 4 ～ 8 片；雌蕊复合。

254. 常为草本；花萼有 2 个分离萼片。

255. 花瓣 4 片；侧膜胎座 ··············· 罂粟科 Papaveraceae

（角茴香属 *Hypecoum*）

255. 花瓣常 5 片；基底胎座 ··············· 马齿苋科 Portulacaceae

254. 乔木或灌木，常蔓生；花萼呈倒圆锥形或杯状。

256. 通常雌雄同株；花萼裂片 4 ～ 5；花瓣呈覆瓦状排列；无不育雄蕊；胚珠有 2 层珠被 ··························· 紫金牛科 Myrsinaceae

（信筒子属 *Embelia*）

256. 花两性；花萼于开花时微小，而具不明显的齿裂；花瓣多为镊合状排列；有不育雄蕊（有时代以蜜腺）；胚珠无珠被。

257. 花萼于果时增大；子房的下部为 3 室，上部为 1 室，内含 3 个胚珠 ··························· 铁青树科 Olacaceae

（铁青树属 *Olax*）

257. 花萼于果时不增大；子房 1 室，内仅含 1 个胚珠 ·········· 山柚子科 Opiliaceae

238. 成熟雄蕊和花瓣不同数，如同数时则雄蕊和它互生。

258. 雌雄异株；雄蕊 8 个，不相同，其中 5 个较长，有伸出花外的花丝，且和花瓣相互生，另 3 个则较短而藏于花内；灌木或灌木状草本；互生或对生单叶；心皮单生；雌花无花被，无梗，贴生于宽圆形的叶状苞片上 ··························· 漆树科 Anacardiaceae

（九子母属 *Dobinea*）

258. 花两性或单性，若为雌雄异株时，其雄花中也无上述情形的雄蕊。

259. 花萼或其筒部和子房多少有些相连合。（次 259 项见 272 页）

260. 每子房室内含胚珠或种子 2 个至多数。

  261. 花药以顶端孔裂开；草本或木本植物；叶对生或轮生，大都于叶片基部具 3 ～ 9 脉

                                                                  野牡丹科 Melastomaceae

  261. 花药纵长裂开。

    262. 草本或亚灌木；有时为攀缘性。

      263. 具卷须的攀缘草本；花单性•••**葫芦科** Cucurbitaceae

      263. 无卷须的植物；花常两性。

        264. 萼片或花萼裂片 2 片；植物体多少肉质而多水分•••••••••••••••••**马齿苋科** Portulacaceae

                                          （**马齿苋属** *Portulaca*）

        264. 萼片或花萼裂片 4 ～ 5 片；植物体常不为肉质。

          265. 花萼裂片呈覆瓦状或镊合状排列；花柱 2 个或更多；种子具胚乳••••••••**虎耳草科** Saxifragaceae

          265. 花萼裂片呈镊合状排列；花柱 1 个，具 2 ～ 4 裂，或为 1 呈头状的柱头；种子无胚乳

                                                    柳叶菜科 Onagraceae

    262. 乔木或灌木，有时为攀缘性。

      266. 叶互生。

        267. 花数朵至多数成头状花序；常绿乔木；叶革质，全缘或具浅裂

                                            金缕梅科 Hamamelidaceae

        267. 花成总状或圆锥花序。

          268. 灌木；叶为掌状分裂，基部具 3 ～ 5 脉；子房 1 室，有多数胚珠；浆果

                                          虎耳草科 Saxifragaceae

                                         （**茶藨子属** *Ribes*）

          268. 乔木或灌木；叶缘有锯齿或细锯齿，有时全缘，具羽状脉；子房 3 ～ 5 室，每室内含 2 至数个 胚珠，或在山茉莉属 *Huodendron* 为多数；干燥或木质核果，或蒴果，有时具棱角或有翅 **野茉 莉科** Styracaceae

      266. 叶常对生（使君子科的榄李树属 *Lumnitzera* 例外，同科的风车子属 *Combretum* 也可有时为互生， 或互生和对生共存于一枝上）。

        269. 胚珠多数，除冠盖藤属 *Pileostegia* 自子房室顶端垂悬外，均位于侧膜或中轴胎座上；浆果或蒴 果；叶缘有锯齿或为全缘，但均无托叶；种子含胚乳••••••••••••••••••••••**虎耳草科** Saxifragaceae

        269. 胚珠 2 个至数个，近于自房室顶端垂悬；叶全缘或有圆锯齿；果实多不裂开，内有种子 1 至 数个。

          270. 乔木或灌木，常为蔓生，无托叶，不为形成海岸林的组成分子（榄李树属 *Lumnitzera* 例外）； 种子无胚乳，落地后始萌芽 •••••••••••••••••••••••••••••••••••**使君子科** Combretaceae

          270. 常绿灌木或小乔木，具托叶；多为形成海岸林的主要组成分子；种子常有胚乳，在落地前即萌 芽（胎生）•••**红树科** Rhizophoraceae

260. 每子房室内仅含胚珠或种子 1 个。

  271. 果实裂开为 2 个干燥的离果，并共同悬于一果梗上；花序常为伞形花序（在变豆菜属 *Sanicula* 及鸭儿芹 属 *Cryptotaenia* 中为不规则的花序，在刺芹菱属 *Eryngium* 中，则为头状花序）••••• **伞形科** Umbelliferae

  271. 果实不裂开或裂开而不是上述情形的；花序可为各种类型。

272. 草本植物。

   273. 花柱或柱头 2～4 个；种子具胚乳；果实为小坚果或核果，具棱角或有翅

                  ………………………………………………… 小二仙草科 Haloragidaceae

   273. 花柱 1 个，具有 2 头状或呈 2 裂的柱头；种子无胚乳。

      274. 陆生草本植物，具对生叶；花为二出数；果实为一具钩状刺毛的坚果……… **柳叶菜科** Onagraceae

                                        （**露珠草属** *Circaea*）

      274. 水生草本植物，有聚生而漂浮水面的叶片；花为四出数；果实为具 2～4 刺的坚果（栽培种果实可无显著的刺）……………………………………… **菱科** Trapaceae

                                        （**菱属** *Trapa*）

272. 木本植物。

   275. 果实干燥或为蒴果状。

      276. 子房 2 室；花柱 2 个………………………………………… 金缕梅科 Hamamelidaceae

      276. 子房 1 室；花柱 1 个。

         277. 花序伞房状或圆锥状…………………………………… 莲叶桐科 Hernandiaceae

         277. 花序头状…………………………………………………… 蓝果树科 Nyssaceae

                                 （**旱莲木属** *Camptotheca*）

   275. 果实核果状或浆果状。

      278. 叶互生或对生；花瓣呈镊合状排列；花序有各种型式，但稀为伞形或头状，有时且可生于叶片上。

         279. 花瓣 3～5 片，卵形至披针形；花药短………………………… 山茱萸科 Cornaceae

         279. 花瓣 4～10 片，狭窄形并向外翻转；花药细长 …………… 八角枫科 Alangiaceae

                                （**八角枫属** *Alangium*）

      278. 叶互生；花瓣呈覆瓦状或镊合状排列；花序常为伞形或呈头状。

         280. 子房 1 室；花柱 1 个；花杂性兼雌雄异株，雌花单生或以少数朵至数朵聚生，雌花多数，腋生为有花梗的簇丛……………………………………… 蓝果树科 Nyssaceae

                                 （**蓝果树属** *Nyssa*）

         280. 子房 2 室或更多室；花柱 2～5 个；如子房为 1 室而具 1 花柱时（例如马蹄参属 *Diplopanax*），则花两性，形成顶生类似穗状的花序 ………………… 五加科 Araliaceae

259. 花萼和子房相分离。

   281. 叶片中有透明微点。

      282. 花整齐，稀可两侧对称；果实不为荚果……………………………芸香科 Rutaceae

      282. 花整齐或不整齐；果实为荚果……………………………………豆科 Leguminosae

   281. 叶片中无透明微点。

      283. 雌蕊 2 个或更多，互相分离或仅有局部的连合；也可子房分离而花柱连合成 1 个。（次 283 项见 274 页）

      284. 多水分的草本，具肉质的茎及叶……………………………………景天科 Crassulaceae

      284. 植物体为其他情形。

         285. 花为周位花。（次 285 项见 273 页）

            286. 花的各部分呈螺旋状排列，萼片逐渐变为花瓣；雄蕊 5 或 6 个；雌蕊多数（次 286 项见 273 页）

             ………………………………………………… 蜡梅科 Calycanthaceae

                               （**蜡梅属** *Chimonanthus*）

286. 花的各部分呈轮状排列，萼片和花瓣甚有分化。

    287. 雌蕊 2～4 个，各有多数胚珠；种子有胚乳；无托叶··················· **虎耳草科** Saxifragaceae

    287. 雌蕊 2 个至多数，各有 1 至数个胚珠；种子无胚乳；有或无托叶··············· **蔷薇科** Rosaceae

285. 花为下位花，或在悬铃木科中微呈周位。

  288. 草本或亚灌木。

    289. 各子房的花柱互相分离。

      290. 叶常互生或基生，多少有些分裂；花瓣脱落性，较萼片为大，或于天葵属 *Semiaquilegia*
        稍小于成花瓣状的萼片 ································ **毛茛科** Ranunculaceae

      290. 叶对生或轮生，为全缘单叶；花瓣宿存性，较萼片小··············· **马桑科** Coriariaceae

                         （**马桑属** *Coriaria*）

    289. 各子房合具 1 共同的花柱或柱头；叶为羽状复叶；花为五出数；花萼宿存；花中有和花瓣互
      生的腺体；雄蕊 10 个 ······························ **牻牛儿苗科** Geraniaceae

                        （**熏倒牛属** *Biebersteinia*）

  288. 乔木、灌木或木本的攀缘植物。

    291. 叶为单叶。

      292. 叶对生或轮生····································· **马桑科** Coriariaceae

                        （**马桑属** *Coriaria*）

      292. 叶互生。

        293. 叶为脱落性，具掌状脉；叶柄基部扩张成帽状以覆盖腋芽
          ·· **悬铃木科** Platanaceae

                        （**悬铃木属** *Platanus*）

        293. 叶为常绿性或脱落性，具羽状脉。

          294. 雌蕊 7 个至多数（稀可少至 5 个）；直立或缠绕性灌木；花两性或单性
            ··································· **木兰科** Magnoliaceae

          294. 雌蕊 4～6 个；乔木或灌木；花两性。

            295. 子房 5 或 6 个，以一共同的花柱而连合，各子房均可成熟为核果
              ···························· **金莲木科** Ochnaceae

                        （**赛金莲木属** *Ouratia*）

            295. 子房 4～6 个，各具 1 花柱，仅有 1 子房可成熟为核果····· **漆树科** Anacardiaceae

                        （**山檨仔属** *Buchanania*）

    291. 叶为复叶。

      296. 叶对生································· **省沽油科** Staphyleaceae

      296. 叶互生。

        297. 木质藤本；叶为掌状复叶或三出复叶·············· **木通科** Lardizabalaceae

        297. 乔木或灌木（有时在牛栓藤科中有缠绕性者）；叶为羽状复叶。

          298. 果实为肉质蓇葖果，内含数种子，倒卵形，扁平，状似猫屎··· **木通科** Lardizabalaceae

                        （**猫儿屎属** *Decaisnea*）

          298. 果实为其他情形。

            299. 果实为蓇葖果 ·························· **牛栓藤科** Connaraceae

            299. 果实为离果，或在臭椿属 *Ailanthus* 中为翅果 ·············· **苦木科** Simaroubaceae

283. 雌蕊 1 个，或至少其子房为 1 个。

  300. 雌蕊或子房确是单纯的，仅 1 室。

    301. 果实为核果或浆果。

      302. 花为三出数，稀可二出数；花药以舌瓣裂开 ································ 樟科 Lauraceae

      302. 花为五出或四出数；花药纵长裂开。

        303. 落叶具刺灌木；雄蕊 10 个，周位，均可发育 ··············· 蔷薇科 Rosaceae

                        （扁核木属 Prinsepia）

        303. 常绿乔木；雄蕊 1～5 个，下位，常仅其中 1 或 2 个可发育··············· 漆树科 Anacardiaceae

                        （杧果属 Mangifera）

    301. 果实为蓇葖果或荚果。

      304. 果实为蓇葖果。

        305. 落叶灌木；叶为单叶；蓇葖果内含 2 至数个种子·············· 蔷薇科 Rosaceae

                        （绣线菊亚科 Spiraeoideae）

        305. 常为木质藤本；叶多为单数复叶或具 3 小叶，有时因退化而只有 1 小叶；蓇葖果内仅含 1 个种子
           ·· 牛栓藤科 Connaraceae

      304. 果实为荚果 ···································· 豆科 Leguminosae

  300. 雌蕊或子房并非单纯者，有 1 个以上的子房室或花柱、柱头、胎座等部分。

    306. 子房 1 室或因有 1 假隔膜的发育而成 2 室，有时下部 2～5 室，上部 1 室。（次 306 项见 276 页）

      307. 花下位，花瓣 4 片，稀可更多。

        308. 萼片 2 片 ·································· 罂粟科 Papaveraceae

        308. 萼片 4～8 片。

          309. 子房柄常细长，呈线状 ····················· 白花菜科 Capparidaceae

          309. 子房柄极短或不存在。

            310. 子房为 2 个心皮连合组成，常具 2 子房室及 1 假隔膜·········· 十字花科 Cruciferae

            310. 子房 3～6 个心皮连合组成，仅 1 子房室。

              311. 叶对生，微小，为耐寒旱性；花为辐射对称；花瓣完整，具瓣爪，其内侧有舌状的鳞片附
                属物 ······································· 瓣鳞花科 Frankeniaceae

                            （瓣鳞花属 Frankenia）

              311. 叶互生，显著，非为耐寒旱性；花为两侧对称；花瓣常分裂，但其内侧并无鳞片状的附
                属物 ······································· 木犀草科 Resedaceae

      307. 花周位或下位，花瓣 3～5 片，稀可 2 片或更多。

        312. 每子房室内仅有胚珠 1 个。（次 312 项见 275 页）

          313. 乔木，或稀为灌木；叶常为羽状复叶。

            314. 叶常为羽状复叶，具托叶及小托叶·············· 省沽油科 Staphyleaceae

                         （银鹊树属 Tapiscia）

             314. 叶为羽状复叶或单叶，无托叶及小托叶·············· 漆树科 Anacardiaceae

          313. 木本或草本；叶为单叶。

            315. 通常均为木本，稀可在樟科的无根藤属 Cassytha 则为缠绕性寄生草本；叶常互生，无膜质
              托叶。（次 315 项见 275 页）

              316. 乔木或灌木；无托叶；花为三出或二出数；萼片和花瓣同形，稀可花瓣较大；花药以舌
                瓣裂开；浆果或核果（次 316 项见 275 页）····························· 樟科 Lauraceae

316. 蔓生性的灌木，茎为合轴型，具钩状的分枝；托叶小而早落；花为五出数，萼片和花瓣不同形，前者且于结实时增大成翅状；花药纵长裂开；坚果 ……… 钩枝藤科 Ancistrocladaceae

（钩枝藤属 *Ancistrocladus*）

315. 草本或亚灌木；叶互生或对生，具膜质托叶鞘…………………………………… 蓼科 Polygonaceae

312. 每子房室内有胚珠 2 个至多数。

317. 乔木、灌木或木质藤本。

318. 花瓣及雄蕊均着生于花萼上………………………………………… 千屈菜科 Lythraceae

318. 花瓣及雄蕊均着生于花托上（或于西番莲科中雄蕊着生于子房柄上）。

319. 核果或翅果，仅有 1 种子。

320. 花萼具显著的 4 或 5 裂片或裂齿，微小而不能长大…………………… 茶茱萸科 Icacinaceae

320. 花萼呈截平头或具不明显的萼齿，微小，但能在果实上增大………… 铁青树科 Olacaceae

（铁青树属 *Olax*）

319. 蒴果或浆果，内有 2 个至多数种子。

321. 花两侧对称。

322. 叶为二至三回羽状复叶；雄蕊 5 个………………………… 辣木科 Moringaceae

（辣木属 *Moringa*）

322. 叶为全缘的单叶；雄蕊 8 个………………………………… 远志科 Polygalaceae

321. 花辐射对称；叶为单叶或掌状分裂。

323. 花瓣具有直立而常彼此衔接的瓣爪…………………………海桐花科 Pittosporaceae

（海桐花属 *Pittosporum*）

323. 花瓣不具细长的瓣爪。

324. 植物体为耐寒旱性，有鳞片状或细长形的叶片；花无小苞片…… 柽柳科 Tamaricaceae

324. 植物体非为耐寒旱性，具有较宽大的叶片。

325. 花两性。

326. 花萼和花瓣不甚分化，且前者较大…………………大风子科 Flacourtiaceae

（红子木属 *Erythrospermum*）

326. 花萼和花瓣很有分化，前者很小………………………… 堇菜科 Violaceae

（雷诺木属 *Rinorea*）

325. 雌雄异株或花杂性。

327. 乔木；花的每一花瓣基部各具位于内方的一鳞片；无子房柄

…………………………………………………………大风子科 Flacourtiaceae

（大风子属 *Hydnocarpus*）

327. 多为具卷须而攀缘的灌木；花常具一为 5 鳞片所成的副冠，各鳞片和萼片相对生；有子房柄……………………………… 西番莲科 Passifloraceae

（蒴莲属 *Adenia*）

317. 草本或亚灌木。

328. 胎座位于子房室的中央或基底。（次 328 项见 276 页）

329. 花瓣着生于花萼的喉部………………………………………… 千屈菜科 Lythraceae

329. 花瓣着生于花托上。

330. 萼片 2 片；叶互生，稀可对生·· 马齿苋科 Portulacaceae

330. 萼片 5 或 4 片；叶对生·· 石竹科 Caryophyllaceae

328. 胎座为侧膜胎座。

331. 食虫植物，具生有腺体刚毛的叶片······································· 茅膏菜科 Droseraceae

331. 非为食虫植物，也无生有腺体毛茸的叶片。

332. 花两侧对称。

333. 花有一位于前方的距状物；蒴果 3 瓣裂开····························· 堇菜科 Violaceae

333. 花有一位于后方的大型花盘；蒴果仅于顶端裂开···················· 木犀草科 Resedaceae

332. 花整齐或近于整齐。

334. 植物体为耐寒旱性；花瓣内侧各有 1 舌状的鳞片·················· 瓣鳞花科 Frankeniaceae

（瓣鳞花属 *Frankenia*）

334. 植物体非为耐寒旱性；花瓣内侧无鳞片的舌状附属物。

335. 花中有副冠及子房柄·· 西番莲科 Passifloraceae

（西番莲属 *Passiflora*）

335. 花中无副冠及子房柄·· 虎耳草科 Saxifragaceae

306. 子房 2 室或更多室。

336. 花瓣形状彼此极不相等。

337. 每子房室内有数个至多数胚珠。

338. 子房 2 室··· 虎耳草科 Saxifragaceae

338. 子房 5 室··· 凤仙花科 Balsaminaceae

337. 每子房室内仅有 1 个胚珠。

339. 子房 3 室；雄蕊离生；叶盾状，叶缘具棱角或波纹·············· 旱金莲科 Tropaeolaceae

（旱金莲属 *Tropaeolum*）

339. 子房 2 室（稀可 1 或 3 室）；雄蕊连合为一单体；叶不呈盾状，全缘 ············· 远志科 Polygalaceae

336. 花瓣形状彼此相等或微有不等，且有时花也可为两侧对称。

340. 雄蕊数和花瓣数既不相等，也不是它的倍数。（次 340 项见 277 页）

341. 叶对生。

342. 雄蕊 4 ～ 10 个，常 8 个。

343. 蒴果··· 七叶树科 Hippocastanaceae

343. 翅果··· 槭树科 Aceraceae

342. 雄蕊 2 或 3 个，也稀可 4 或 5 个。

344. 萼片及花瓣均为五出数；雄蕊多为 3 个······························· 翅子藤科 Hippocrateaceae

344. 萼片及花瓣常均为四出数；雄蕊 2 个，稀可 3 个····················· 木犀科 Oleaceae

341. 叶互生。

345. 叶为单叶，多全缘，或在油桐属 *Aleurites* 中可具 3 ～ 7 裂片；花单性 ····· 大戟科 Euphorbiaceae

345. 叶为单叶或复叶；花两性或杂性。

346. 萼片为镊合状排列；雄蕊连成单体···································· 梧桐科 Sterculiaceae

346. 萼片为覆瓦状排列；雄蕊离生。

347. 子房 4 或 5 室，每子房室内有 8 ～ 12 胚珠；种子具翅（次 347 项见 277 页） ··· 楝科 Meliaceae

（香椿属 *Toona*）

347. 子房常 3 室，每子房室内有 1 至数个胚珠；种子无翅。

　　348. 花小型或中型，下位，萼片互相分离或微有连合⋯⋯⋯⋯⋯⋯ 无患子科 Sapindaceae

　　348. 花大型，美丽，周位，萼片互相连合成一钟形的花萼⋯⋯⋯⋯钟萼木科 Bretschneideraceae

　　　　（钟萼木属 *Bretschneidera*）

340. 雄蕊数和花瓣数相等，或是它的倍数。

　349. 每子房室内有胚珠或种子 3 个至多数。（次 349 项见 278 页）

　　350. 叶为复叶。

　　　351. 雄蕊连合成为单体⋯⋯⋯⋯⋯⋯⋯⋯⋯⋯⋯⋯⋯⋯⋯⋯⋯⋯ 酢浆草科 Oxalidaceae

　　　351. 雄蕊彼此相互分离。

　　　　352. 叶互生。

　　　　　353. 叶为二至三回的三出叶，或为掌状叶⋯⋯⋯⋯⋯⋯⋯⋯⋯ 虎耳草科 Saxifragaceae

　　　　　　（落新妇亚族 *Astilbinae*）

　　　　　353. 叶为一回羽状复叶⋯⋯⋯⋯⋯⋯⋯⋯⋯⋯⋯⋯⋯⋯⋯⋯⋯⋯ 棟科 Meliaceae

　　　　　　（香椿属 *Toona*）

　　　　352. 叶对生。

　　　　　354. 叶为双数羽状复叶⋯⋯⋯⋯⋯⋯⋯⋯⋯⋯⋯⋯⋯⋯⋯⋯⋯ 蒺藜科 Zygophyllaceae

　　　　　354. 叶为单数羽状复叶⋯⋯⋯⋯⋯⋯⋯⋯⋯⋯⋯⋯⋯⋯⋯⋯⋯ 省沽油科 Staphyleaceae

　350. 叶为单叶。

　　355. 草本或亚灌木。

　　　356. 花周位；花托多少有些中空。

　　　　357. 雄蕊着生于杯状花托的边缘⋯⋯⋯⋯⋯⋯⋯⋯⋯⋯⋯⋯⋯⋯ 虎耳草科 Saxifragaceae

　　　　357. 雄蕊着生于杯状或管状花萼（或即花托）的内侧⋯⋯⋯⋯⋯ 千屈菜科 Lythraceae

　　　356. 花下位；花托常扁平。

　　　　358. 叶对生或轮生，常全缘。

　　　　　359. 水生或沼泽草本，有时（例如田繁缕属 *Bergia*）为亚灌木；有托叶

　　　　　　⋯⋯⋯⋯⋯⋯⋯⋯⋯⋯⋯⋯⋯⋯⋯⋯⋯⋯⋯⋯⋯⋯⋯⋯⋯⋯ 沟繁缕科 Elatinaceae

　　　　　359. 陆生草本；无托叶⋯⋯⋯⋯⋯⋯⋯⋯⋯⋯⋯⋯⋯⋯⋯⋯⋯ 石竹科 Caryophyllaceae

　　　　358. 叶互生或基生；稀可对生，边缘有锯齿，或叶退化为无绿色组织的鳞片。

　　　　　360. 草本或亚灌木；有托叶；萼片呈镊合状排列，脱落性⋯⋯⋯⋯⋯ 椴树科 Tiliaceae

　　　　　　（黄麻属 *Corchorus*，田麻属 *Corchoropsis*）

　　　　　360. 多年生常绿草本，或为死物寄生植物而无绿色组织；无托叶；萼片呈覆瓦状排列，宿存性

　　　　　　⋯⋯⋯⋯⋯⋯⋯⋯⋯⋯⋯⋯⋯⋯⋯⋯⋯⋯⋯⋯⋯⋯⋯⋯⋯⋯ 鹿蹄草科 Pyrolaceae

　　355. 木本植物。

　　　361. 花瓣常有彼此衔接或其边缘互相依附的柄状瓣爪⋯⋯⋯⋯⋯ 海桐花科 Pittosporaceae

　　　　（海桐花属 *Pittosporum*）

　　　361. 花瓣无瓣爪，或仅具互相分离的细长柄状瓣爪。

　　　　362. 花托空凹；萼片呈镊合状或覆瓦状排列。（次 362 项见 278 页）

　　　　　363. 叶互生，边缘有锯齿，常绿性⋯⋯⋯⋯⋯⋯⋯⋯⋯⋯⋯⋯⋯ 虎耳草科 Saxifragaceae

　　　　　　（鼠刺属 *Itea*）

　　　　　363. 叶对生或互生，全缘，脱落性。

364. 子房 2 ～ 6 室，仅具 1 花柱；胚珠多数，着生于中轴胎座上·········千屈菜科 Lythraceae

364. 子房 2 室，具 2 花柱；胚珠数个，垂悬于中轴胎座上·········金缕梅科 Hamamelidaceae

（双花木属 Disanthus）

362. 花托扁平或微凸起；萼片呈覆瓦状或于杜英科中呈镊合状排列。

365. 花为四出数；果实呈浆果状或核果状；花药纵长裂开或顶端舌瓣裂开。

366. 穗状花序腋生于当年新枝上；花瓣先端具齿裂··········杜英科 Elaeocarpaceae

（杜英属 Elaeocarpus）

366. 穗状花序腋生于昔年老枝上；花瓣完整··········旌节花科 Stachyuraceae

（旌节花属 Stachyurus）

365. 花为五出数；果实呈蒴果状；花药顶端孔裂。

367. 花粉粒单纯；子房 3 室··········桤叶树科 Clethraceae

（桤叶树属 Clethra）

367. 花粉粒复合，成为四合体；子房 5 室··········杜鹃花科 Ericaceae

349. 每子房室内有胚珠或种子 1 或 2 个。

368. 草本植物，有时基部呈灌木状。

369. 花单性、杂性，或雌雄异株。

370. 具卷须的藤本；叶为二回三出复叶··········无患子科 Sapindaceae

（倒地铃属 Cardiospermum）

370. 直立草本或亚灌木；叶为单叶··········大戟科 Euphorbiaceae

369. 花两性。

371. 萼片呈镊合状排列；果实有刺··········椴树科 Tiliaceae

（刺蒴麻属 Triumfetta）

371. 萼片呈覆瓦状排列；果实无刺。

372. 雄蕊彼此分离；花柱互相连合··········牻牛儿苗科 Geraniaceae

372. 雄蕊互相连合；花柱彼此分离··········亚麻科 Linaceae

368. 木本植物。

373. 叶肉质，通常仅为 1 对小叶所组成的复叶··········蒺藜科 Zygophyllaceae

373. 叶为其他情形。

374. 叶对生；果实为 1、2 或 3 个翅果所组成。

375. 花瓣细裂或具齿裂；每果实有 3 个翅果··········金虎尾科 Malpighiaceae

375. 花瓣全缘；每果实具 2 个或连合为 1 个的翅果··········槭树科 Aceraceae

374. 叶互生，如为对生时，则果实不为翅果。

376. 叶为复叶，或稀可为单叶而有具翅的果实。（次 376 项见 279 页）

377. 雄蕊连为单体。

378. 萼片及花瓣均为三出数；花药 6 个，花丝生于雄蕊管的口部··········橄榄科 Burseraceae

378. 萼片及花瓣均为四出至六出数；花药 8 ～ 12 个，无花丝，直接着生于雄蕊管的喉部或裂齿之间··········楝科 Meliaceae

377. 雄蕊各自分离。

379. 叶为单叶；果实为一具 3 翅而其内仅有 1 个种子的小坚果（次 379 项见 279 页）

··········卫矛科 Celastraceae

（雷公藤属 Tripterygium）

379. 叶为复叶；果实无翅。

　380. 花柱 3 ～ 5 个；叶常互生，脱落性·············· **漆树科** Anacardiaceae
　380. 花柱 1 个；叶互生或对生。

　　381. 叶为羽状复叶，互生，常绿性或脱落性；果实有各种类型········ **无患子科** Sapindaceae
　　381. 叶为掌状复叶，对生，脱落性；果实为蒴果·············· **七叶树科** Hippocastanaceae

376. 叶为单叶；果实无翅。

382. 雄蕊连成单体，或如为 2 轮时，至少其内轮者如此，有时有花药无花丝（例如大戟科的三宝木属 Trigonastemon ）。

　383. 花单性；萼片或花萼裂片 2 ～ 6 片，呈镊合状或覆瓦状排列·········· **大戟科** Euphorbiaceae
　383. 花两性；萼片 5 片，呈覆瓦状排列。

　　384. 果实呈蒴果状；子房 3 ～ 5 室，各室均可成熟·············· **亚麻科** Linaceae
　　384. 果实呈核果状；子房 3 室，大都其中的 2 室为不孕性，仅另 1 室可成熟，而有 1 或 2 个胚珠·············· **古柯科** Erythroxylaceae

（古柯属 Erythroxylum ）

382. 雄蕊各自分离，有时在毒鼠子科中可和花瓣相连合而形成 1 管状物。

385. 果呈蒴果状。

　386. 叶互生或稀可对生；花下位。

　　387. 叶脱落性或常绿性；花单性或两性；子房 3 室，稀可 2 或 4 室，有时可多至 15 室（例如算盘子属 Glochidion ） ·············· **大戟科** Euphorbiaceae
　　387. 叶常绿性；花两性；子房 5 室·············· **五列木科** Pentaphylacaceae

（五列木属 Pentaphylax ）

　386. 叶对生或互生；花周位·············· **卫矛科** Celastraceae

385. 果呈核果状，有时木质化，或呈浆果状。

　388. 种子无胚乳，胚体肥大而多肉质。

　　389. 雄蕊 10 个 ·············· **蒺藜科** Zygophyllaceae
　　389. 雄蕊 4 或 5 个。

　　　390. 叶互生；花瓣 5 片，各 2 裂或成 2 部分·············· **毒鼠子科** Dichapetalaceae

（毒鼠子属 Dichapetalum ）

　　　390. 叶对生；花瓣 4 片，均完整·············· **刺茉莉科** Salvadoraceae

（刺茉莉属 Azima ）

　388. 种子有胚乳，胚体有时很小。

　　391. 植物体为耐寒旱性；花单性，三出或二出数·············· **岩高兰科** Empetraceae

（岩高兰属 Empetrum ）

　　391. 植物体为普通形状；花两性或单性，五出或四出数。

　　　392. 花瓣呈镊合状排列。（次 392 项见 280 页）

　　　　393. 雄蕊和花瓣同数·············· **茶茱萸科** Icacinaceae
　　　　393. 雄蕊为花瓣的倍数。

　　　　　394. 枝条无刺，而有对生的叶片·············· **红树科** Rhizophoraceae

（红树族 Gynotrocheae ）

　　　　　394. 枝条有刺，而有互生的叶片·············· **铁青树科** Olacaceae

（海檀木属 Ximenia ）

392. 花瓣呈覆瓦状排列，或在大戟科的小盘木属 *Microdesmis* 中为扭转兼覆瓦状排列。

    395. 花单性，雌雄异株；花瓣较小于萼片 ················· 大戟科 Euphorbiaceae

        （小盘木属 *Microdesmis*）

    395. 花两性或单性；花瓣常较大于萼片。

      396. 落叶攀缘灌木；雄蕊 10 个；子房 5 室，每室内有胚珠 2 个

        ·············· 猕猴桃科 Actinidiaceae

        （藤山柳属 *Clematoclethra*）

      396. 多为常绿乔木或灌木；雄蕊 4 或 5 个。

        397. 花下位，雌雄异株或杂性；无花盘 ················· 冬青科 Aquifoliaceae

        （冬青属 *Ilex*）

        397. 花周位，两性或杂性；有花盘 ················· 卫矛科 Celastraceae

        （异卫矛亚科 *Cassinioideae*）

160. 花冠多少合生。

  398. 成熟雄蕊或单体雄蕊的花药数多于花冠裂片。（次 398 项见 281 页）

    399. 心皮 1 个至数个，互相分离或大致分离。

      400. 叶为单叶或有时可为羽状分裂，对生，肉质 ················· 景天科 Crassulaceae

      400. 叶为二回羽状复叶，互生，不呈肉质 ················· 豆科 Fabaceae（Leguminosae）

        （含羞草亚科 *Mimosoideae*）

    399. 心皮 2 个或更多，连合成一复合性子房。

      401. 雌雄同株或异株，有时为杂性。

        402. 子房 1 室；无分枝而呈棕榈状的小乔木 ················· 番木瓜科 Caricaceae

        （番木瓜属 *Carica*）

        402. 子房 2 室至多室；具分枝的乔木或灌木。

          403. 雄蕊连成单体，或至少内层者如此；蒴果 ················· 大戟科 Euphorbiaceae

          （麻风树属 *Jatropha*）

          403. 雄蕊各自分离；浆果 ················· 柿树科 Ebenaceae

    401. 花两性。

      404. 花瓣连成一盖状物，或花萼裂片及花瓣均可合成为 1 或 2 层的盖状物。

        405. 叶为单叶，具有透明微点 ················· 桃金娘科 Myrtaceae

        405. 叶为掌状复叶，无透明微点 ················· 五加科 Araliaceae

        （多蕊木属 *Tupidanthus*）

      404. 花瓣及花萼裂片均不连成盖状物。

        406. 每子房室中有 3 个至多数胚珠。（次 406 项见 281 页）

          407. 雄蕊 5～10 个或其数不超过花冠裂片的 2 倍，稀可在野茉莉科的银钟花属 *Halesia* 其数可达 16 个，而为花冠裂片的 4 倍。（次 407 项见 281 页）

          408. 雄蕊连成单体或其花丝于基部互相连合；花药纵裂；花粉粒单生。

            409. 叶为复叶；子房上位；花柱 5 个 ················· 酢浆草科 Oxalidaceae

            409. 叶为单叶；子房下位或半下位；花柱 1 个；乔木或灌木，常有星状毛

            ·············· 野茉莉科 Styracaceae

          408. 雄蕊各自分离；花药顶端孔裂；花粉粒为四合型 ················· 杜鹃花科 Ericaceae

407. 雄蕊多数。

    410. 萼片和花瓣常各为多数，而无显著的区分；子房下位；植物体肉质，绿色，常具棘针，而其叶退化 ··· 仙人掌科 Cactaceae

    410. 萼片和花瓣常各为 5 片，而有显著的区分；子房上位。

        411. 萼片呈镊合状排列；雄蕊连成单体 ································ 锦葵科 Malvaceae

        411. 萼片呈显著的覆瓦状排列。

            412. 雄蕊连成 5 束，且每束着生于一花瓣的基部；花药顶端孔裂开；浆果 ··· 猕猴桃科 Actinidiaceae （水冬哥属 *Saurauia*）

            412. 雄蕊的基部连成单体；花药纵长裂开；蒴果 ············ 山茶科 Theaceae （紫茎木属 *Stewartia*）

406. 每子房室中常仅有 1 或 2 个胚珠。

    413. 花萼中的 2 片或更多片于结实时能长大成翅状 ················ 龙脑香科 Dipterocarpaceae

    413. 花萼裂片无上述变大的情形。

        414. 植物体常有星状毛茸 ··· 野茉莉科 Styracaceae

        414. 植物体无星状毛茸。

            415. 子房下位或半下位；果实歪斜 ······················· 山矾科 Symplocaceae （山矾属 *Symplocos*）

            415. 子房上位。

                416. 雄蕊相互连合为单体；果实成熟时分裂为离果 ············ 锦葵科 Malvaceae

                416. 雄蕊各自分离；果实不是离果。

                    417. 子房 1 或 2 室；蒴果 ····················· 瑞香科 Thymelaeaceae （沉香属 *Aquilaria*）

                    417. 子房 6～8 室；浆果 ····················· 山榄科 Sapotaceae （紫荆木属 *Madhuca*）

398. 成熟雄蕊并不多于花冠裂片或有时因花丝的分裂则可过之。

418. 雄蕊和花冠裂片为同数且对生。（次 418 项见 282 页）

419. 植物体内有乳汁 ··· 山榄科 Sapotaceae

419. 植物体内不含乳汁。

420. 果实内有数个至多数种子。

    421. 乔木或灌木；果实呈浆果状或核果状 ························· 紫金牛科 Myrsinaceae

    421. 草本；果实呈蒴果状 ··· 报春花科 Primulaceaa

420. 果实内仅有 1 个种子。

    422. 子房下位或半下位。

        423. 乔木或攀缘性灌木；叶互生 ······························· 铁青树科 Olacaceae

        423. 常为半寄生性灌木；叶对生 ······························· 桑寄生科 Loranthaceae

    422. 子房上位。

        424. 花两性。（次 424 项见 282 页）

            425. 攀缘性草本；萼片 2；果为肉质宿存花萼所包围（次 425 项见 282 页）···落葵科 Basellaceae （落葵属 *Basella*）

425. 直立草本或亚灌木，有时为攀缘性；萼片或萼裂片 5；果为蒴果或瘦果，不为花萼所包围
·· 蓝雪科 Plumbaginaceae

424. 花单性，雌雄异株；攀缘性灌木。

426. 雄蕊连合成单体；雌蕊单纯性·································· 防己科 Menispermaceae
（锡生藤亚族 Cissampelinae）

426. 雄蕊各自分离；雌蕊复合性···································· 茶茱萸科 Icacinaceae
（微花藤属 Iodes）

418. 雄蕊和花冠裂片为同数且互生，或雄蕊数较花冠裂片为少。

427. 子房下位。（次 427 项见 283 页）

428. 植物体常以卷须而攀缘或蔓生；胚珠及种子皆为水平生长于侧膜胎座上········ 葫芦科 Cucurbitaceae

428. 植物体直立，如为攀缘时也无卷须；胚珠及种子并不为水平生长。

429. 雄蕊互相连合。

430. 花整齐或两侧对称，成头状花序，或在苍耳属 Xanthium 中，雌花序为一仅含 2 花的果壳，其外生有钩状刺毛；子房 1 室，内仅有 1 个胚珠················· 菊科 Compositae

430. 花多两侧对称，单生或成总状或伞房花序；子房 2 或 3 室，内有多数胚珠。

431. 花冠裂片呈镊合状排列；雄蕊 5 个，具分离的花丝及连合的花药····· 桔梗科 Campanulaceae
（半边莲亚科 Lobelioideae）

431. 花冠裂片呈覆瓦状排列；雄蕊 2 个，具连合的花丝及分离的花药····· 花柱草科 Stylidiaceae
（花柱草属 Stylidium）

429. 雄蕊各自分离。

432. 雄蕊和花冠相分离或近于分离。

433. 花药顶端孔裂开；花粉粒连合成四合体；灌木或亚灌木················ 杜鹃花科 Ericaceae
（乌饭树亚科 Vaccinioideae）

433. 花药纵长裂开，花粉粒单纯；多为草本。

434. 花冠整齐；子房 2～5 室，内有多数胚珠················ 桔梗科 Campanulaceae

434. 花冠不整齐；子房 1～2 室，每子房室内仅有 1 或 2 个胚珠····· 草海桐科 Goodeniaceae

432. 雄蕊着生于花冠上。

435. 雄蕊 4 或 5 个，和花冠裂片同数。

436. 叶互生；每子房室内有多数胚珠································ 桔梗科 Campanulaceae

436. 叶对生或轮生；每子房室内有 1 个至多数胚珠。

437. 叶轮生，如为对生时，则有托叶存在················ 茜草科 Rubiaceae

437. 叶对生，无托叶或稀可有明显的托叶。

438. 花序多为聚伞花序·······························忍冬科 Caprifoliaceae

438. 花序为头状花序····························· 川续断科 Dipsacaceae

435. 雄蕊 1～4 个，其数较花冠裂片为少。

439. 子房 1 室。

440. 胚珠多数，生于侧膜胎座上················ 苦苣苔科 Gesneriaceae

440. 胚珠 1 个，垂悬于子房的顶端················ 川续断科 Dipsacaceae

439. 子房 2 室或更多室，具中轴胎座。

441. 子房 2～4 室，所有的子房室均可成熟；水生草本（次 441 项见 283 页）
·· 胡麻科 Pedaliaceae
（茶菱属 Trapella）

441. 子房 3 或 4 室，仅其中 1 或 2 室可成熟。

  442. 落叶或常绿的灌木；叶片常全缘或边缘有锯齿 ·················· **忍冬科** Caprifoliaceae

  442. 陆生草本；叶片常有很多的分裂 ························· **败酱科** Valerianaceae

427. 子房上位。

443. 子房深裂为 2～4 部分；花柱或数花柱均自子房裂片之间伸出。

444. 花冠两侧对称或稀可整齐；叶对生 ································ **唇形科** Labiatae

444. 花冠整齐；叶互生。

  445. 花柱 2 个；多年生匍匐性小草本；叶片呈圆肾形 ··············· **旋花科** Convolvulaceae

    （马蹄金属 *Dichondra*）

  445. 花柱 1 个 ································ **紫草科** Boraginaceae

443. 子房完整或微有分割，或为 2 个分离的心皮所组成；花柱自子房的顶端伸出。

446. 雄蕊的花丝分裂。

  447. 雄蕊 2 个，各分为 3 裂 ························ **罂粟科** Papaveraceae

    （紫堇亚科 Fumarioideae）

  447. 雄蕊 5 个，各分为 2 裂 ························ **五福花科** Adoxaceae

    （五福花属 *Adoxa*）

446. 雄蕊的花丝单纯。

448. 花冠不整齐，常多少有些呈二唇状。（次 448 项见 284 页）

449. 成熟雄蕊 5 个。

  450. 雄蕊和花冠离生 ································ **杜鹃花科** Ericaceae

  450. 雄蕊着生于花冠上 ································ **紫草科** Boraginaceae

449. 成熟雄蕊 2 或 4 个，退化雄蕊有时也可存在。

451. 每子房室内仅含 1 或 2 个胚珠（如为后一情形时，也可在次 451 项检索之）。

  452. 叶对生或轮生；雄蕊 4 个，稀可 2 个；胚珠直立，稀可垂悬。

    453. 子房 2～4 室，共有 2 个或更多的胚珠 ··············· **马鞭草科** Verbenaceao

    453. 子房 1 室，仅含 1 个胚珠 ··············· **透骨草科** Phrymaceae

    （透骨草属 *Phryma*）

  452. 叶互生或基生；雄蕊 2 或 4 个，胚珠垂悬；子房 2 室，每子房室内仅有 1 个胚珠

  ················ **玄参科** Scrophulariaceae

451. 每子房室内有 2 个至多数胚珠。

454. 子房 1 室具侧膜胎座或中央胎座（有时可因侧膜胎座的深入而为 2 室）。（次 454 项见 284 页）

  455. 草本或木本植物，不为寄生性，也非食虫性。

    456. 多为乔木或木质藤本；叶为单叶或复叶，对生或轮生，稀可互生，种子有翅，但无胚乳

    ················ **紫葳科** Bignoniaceae

    456. 多为草本；叶为单叶，基生或对生；种子无翅，有或无胚乳 ····· **苦苣苔科** Gesneriaceae

  455. 草本植物，为寄生性或食虫性。

    457. 植物体寄生于其他植物的根部，而无绿叶存在；雄蕊 4 个；侧膜胎座

    ················ **列当科** Orobanchaceae

    457. 植物体为食虫性，有绿叶存在；雄蕊 2 个；特立中央胎座；多为水生或沼泽植物，且有

     具距的花冠 ················ **狸藻科** Lentibulariaceae

454. 子房 2～4 室，具中轴胎座，或于角胡麻科中为子房 1 室而具侧膜胎座。

　458. 植物体常具分泌黏液的腺体毛茸；种子无胚乳或具一薄层胚乳。

　　459. 子房最后成为 4 室；蒴果的果皮质薄而不延伸为长喙；油料植物⋯⋯**胡麻科 Pedaliaceae**

　　　　　　　　　　　　　　　　　　　　　　　　　　　　　　　（**胡麻属 *Sesamum***）

　　459. 子房 1 室；蒴果的内皮坚硬而呈木质，延伸为钩状长喙；栽培花卉

　　　　　⋯⋯⋯⋯⋯⋯⋯⋯⋯⋯⋯⋯⋯⋯⋯⋯⋯⋯⋯⋯⋯⋯⋯⋯ **角胡麻科 Martyniaceae**

　　　　　　　　　　　　　　　　　　　　　　　　　　　　　　（**角胡麻属 *Pooboscidea***）

　458. 植物体不具上述的毛茸；子房 2 室。

　　460. 叶对生；种子无胚乳，位于胎座的钩状突起上⋯⋯⋯⋯⋯⋯⋯⋯ **爵床科 Acanthaceae**

　　460. 叶互生或对生；种子有胚乳，位于中轴胎座上。

　　　461. 花冠裂片具深缺刻；成熟雄蕊 2 个⋯⋯⋯⋯⋯⋯⋯⋯⋯⋯ **茄科 Solanaceae**

　　　　　　　　　　　　　　　　　　　　　　　　　　　　　（**蝴蝶花属 *Schizanthus***）

　　　461. 花冠裂片全缘或仅其先端具一凹陷；成熟雄蕊 2 或 4 个⋯⋯ **玄参科 Scrophulariaceae**

448. 花冠整齐；或近于整齐。

462. 雄蕊数较花冠裂片为少。

　463. 子房 2～4 室，每室内仅含 1 或 2 个胚珠。

　　464. 雄蕊 2 个⋯⋯⋯⋯⋯⋯⋯⋯⋯⋯⋯⋯⋯⋯⋯⋯⋯⋯⋯⋯⋯⋯⋯**木犀科 Oleaceae**

　　464. 雄蕊 4 个。

　　　465. 叶互生，有透明腺体微点存在⋯⋯⋯⋯⋯⋯⋯⋯⋯⋯⋯⋯ **苦槛蓝科 Myoporaceae**

　　　465. 叶对生，无透明微点⋯⋯⋯⋯⋯⋯⋯⋯⋯⋯⋯⋯⋯⋯⋯⋯ **马鞭草科 Verbenaceae**

　463. 子房 1 或 2 室，每室内有数个至多数胚珠。

　　466. 雄蕊 2 个；每子房室内有 4～10 个胚珠垂悬于室的顶端 ⋯⋯⋯⋯ **木犀科 Oleaceae**

　　　　　　　　　　　　　　　　　　　　　　　　　　　　　　（**连翘属 *Forsythia***）

　　466. 雄蕊 4 或 2 个；每子房室内有多数胚珠着生于中轴或侧膜胎座上。

　　　467. 子房 1 室，内具分歧的侧膜胎座，或因胎座深入而使子房成 2 室⋯⋯⋯⋯ **苦苣苔科 Gesneriaceae**

　　　467. 子房为完全的 2 室，内具中轴胎座。

　　　　468. 花冠于蕾中常折迭；子房 2 心皮的位置偏斜⋯⋯⋯⋯⋯⋯⋯ **茄科 Solanaceae**

　　　　468. 花冠于蕾中不折迭，而呈覆瓦状排列；子房的 2 心皮位于前后方⋯⋯ **玄参科 Scrophulariaceae**

462. 雄蕊和花冠裂片同数。

　469. 子房 2 个，或为 1 个而成熟后呈双角状。

　　470. 雄蕊各自分离；花粉粒也彼此分离⋯⋯⋯⋯⋯⋯⋯⋯⋯⋯⋯⋯⋯ **夹竹桃科 Apocynaceae**

　　470. 雄蕊互相连合；花粉粒连成花粉块⋯⋯⋯⋯⋯⋯⋯⋯⋯⋯⋯⋯ **萝藦科 Asclepiadaceae**

　469. 子房 1 个，不呈双角状。

　　471. 子房 1 室或因 2 侧膜胎座的深入而成 2 室。（次 471 项见 285 页）

　　　472. 子房为 1 心皮所成。（次 472 项见 285 页）

　　　　473. 花显著，呈漏斗形而簇生；果实为 1 瘦果，有棱或有翅⋯⋯⋯⋯⋯⋯ **紫茉莉科 Nyctaginaceae**

　　　　　　　　　　　　　　　　　　　　　　　　　　　　　　（**紫茉莉属 *Mirabilis***）

　　　　473. 花小型而形成球形的头状花序；果实为 1 荚果，成熟后则裂为仅含 1 种子的节荚

　　　　　⋯⋯⋯⋯⋯⋯⋯⋯⋯⋯⋯⋯⋯⋯⋯⋯⋯⋯⋯⋯⋯⋯⋯⋯⋯ **豆科 Leguminosae**

　　　　　　　　　　　　　　　　　　　　　　　　　　　　　　（**含羞草属 *Mimosa***）

472. 子房为 2 个以上连合心皮所成。

474. 乔木或攀缘性灌木，稀可为一攀缘性草本，而体内具有乳汁（例如心翼果属 *Cardiopteris*）；果实呈核果状（但心翼果属则为干燥的翅果），内有 1 个种子 ·················· 茶茱萸科 Icacinaceae

474. 草本或亚灌木，或于旋花科的麻辣仔藤属 *Erycibe* 中为攀缘灌木；果实呈蒴果状（或于麻辣仔藤属中呈浆果状），内有 2 个或更多的种子。

475. 花冠裂片呈覆瓦状排列。

476. 叶茎生，羽状分裂或为羽状复叶（限于我国植物如此）·········田基麻科 Hydrophyllaceae

（水叶族 *Hydrophylleae*）

476. 叶基生，单叶，边缘具齿裂··············苦苣苔科 Gesneriaceae

（苦苣苔属 *Conandron*，黔苣苔属 *Tengia*）

475. 花冠裂片常呈旋转状或内折的镊合状排列。

477. 攀缘性灌木；果实呈浆果状，内有少数种子··············旋花科 Convolvulaceae

（麻辣仔藤属 *Erycibe*）

477. 直立陆生或漂浮水面的草本；果实呈蒴果状，内有少数至多数种子··· 龙胆科 Gentianaceae

471. 子房 2 ～ 10 室。

478. 无绿叶而为缠绕性的寄生植物··············旋花科 Convolvulaceae

（菟丝子亚科 Cuscutoideae）

478. 不是上述的无叶寄生植物。

479. 叶常对生，且多在两叶之间具有托叶所成的连接线或附属物··············马钱科 Loganiaceae

479. 叶常互生，或有时基生，如为对生时，其两叶之间也无托叶所成的联系物，有时其叶也可轮生。

480. 雄蕊和花冠离生或近于离生。

481. 灌木或亚灌木；花药顶端孔裂；花粉粒为四合体；子房常 5 室······· 杜鹃花科 Ericaceae

481. 一年或多年生草本，常为缠绕性；花药纵长裂开；花粉粒单纯；子房常 3 ～ 5 室

·············· 桔梗科 Campanulaceae

480. 雄蕊着生于花冠的筒部。

482. 雄蕊 4 个，稀可在冬青科为 5 个或更多。

483. 无主茎的草本，具由少数至多数花朵所形成的穗状花序生于一基生花葶上

·············· 车前科 Plantaginaceae

（车前属 *Plantago*）

483. 乔木、灌木，或具有主茎的草本。

484. 叶互生，多常绿··············冬青科 Aquifoliaceae

（冬青属 *Ilex*）

484. 叶对生或轮生。

485. 子房 2 室，每室内有多数胚珠··············玄参科 Scrophulariaceae

485. 子房 2 室至多室，每室内有 1 或 2 个胚珠··············马鞭草科 Verbenaceae

482. 雄蕊常 5 个，稀可更多。

486. 每子房室内仅有 1 或 2 个胚珠。（次 486 项见 286 页）

487. 子房 2 或 3 室；胚珠自子房室近顶端垂悬；木本植物；叶全缘。（次 487 项见 286 页）

488. 每花瓣 2 裂或 2 分；花柱 1 个；子房无柄，2 或 3 室，每室内各有 2 个胚珠；核果；有托叶

　　　　　　　　　　　　　　　　　　　　　　　　　　　　　　毒鼠子科 Dichapetalaceae

　　　　　　　　　　　　　　　　　　　　　　　　　　　　　　（毒鼠子属 Dichapetalum）

488. 每花瓣均完整；花柱 2 个；子房具柄，2 室，每室内仅有 1 个胚珠；翅果；无托叶

　　　　　　　　　　　　　　　　　　　　　　　　　　　　　　茶茱萸科 Icacinaceae

487. 子房 1～4 室；胚珠在子房室基底或中轴的基部直立或上举；无托叶；花柱 1 个，稀可 2 个，有时在紫草科的破布木属 Cordia 中其先端可成两次的 2 分。

　　489. 果实为核果；花冠有明显的裂片，并在蕾中呈覆瓦状或旋转状排列；叶全缘或有锯齿；通常均为直立木本或草本，多粗壮或具刺毛 ⋯⋯⋯⋯⋯⋯⋯⋯⋯⋯⋯⋯⋯ 紫草科 Boraginaceae

　　489. 果实为蒴果；花瓣整或具裂片；叶全缘或具裂片，但无锯齿缘。

　　　　490. 通常为缠绕性稀可为直立草本，或为半木质的攀缘植物至大型木质藤本（例如盾苞藤属 Neuropeltis）；萼片多互相分离；花冠常完整而几无裂片，于蕾中呈旋转状排列，也可有时深裂而其裂片成内折的镊合状排列（例如盾苞藤属）⋯⋯⋯⋯⋯⋯⋯⋯⋯ 旋花科 Convolvulaceae

　　　　490. 通常均为直立草本；萼片连合成钟形或筒状；花冠有明显的裂片，唯于蕾中也成旋转状排列

　　　　　　　　　　　　　　　　　　　　　　　　　　　　　　花葱科 Polemoniaceae

486. 每子房室内有多数胚珠，或在花葱科中有时为 1 至数个；多无托叶。

　　491. 高山区生长的耐寒旱性低矮多年生草本或丛生亚灌木；叶多小型，常绿，紧密排列成覆瓦状或莲座式；花无花盘；花单生至聚集成几为头状花序；花冠裂片成覆瓦状排列；子房 3 室；花柱 1 个；柱头 3 裂；蒴果室背开裂⋯⋯⋯⋯⋯⋯⋯⋯⋯⋯⋯⋯ 岩梅科 Diapensiaceae

　　491. 草本或木本，不为耐寒旱性；叶常为大型或中型，脱落性，疏松排列而各自展开；花多有位于子房下方的花盘。

　　　　492. 花冠不于蕾中折迭，其裂片呈旋转状排列，或在田基麻科中为覆瓦状排列。

　　　　　　493. 叶为单叶，或在花葱属 Polemonium 为羽状分裂或为羽状复叶；子房 3 室（稀可 2 室）；花柱 1 个；柱头 3 裂；蒴果多室背开裂⋯⋯⋯⋯⋯⋯⋯⋯⋯⋯ 花葱科 Polemoniaceae

　　　　　　493. 叶为单叶，且在田基麻属 Hydrolea 为全缘；子房 2 室；花柱 2 个；柱头呈头状；蒴果室间开裂

　　　　　　　　　　　　　　　　　　　　　　　　　　　　　　田基麻科 Hydrophyllaceae

　　　　　　　　　　　　　　　　　　　　　　　　　　　　　　（田基麻族 Hydroleeae）

　　　　492. 花冠裂片呈镊合状或覆瓦状排列，或其花冠于蕾中折迭，且成旋转状排列；花萼常宿存；子房 2 室；或在茄科中为假 3 室至假 5 室；花柱 1 个；柱头完整或 2 裂。

　　　　　　494. 花冠多于蕾中折迭，其裂片呈覆瓦状排列；或在曼陀罗属 Datura 成旋转状排列，稀可在枸杞属 Lycium 和颠茄属 Atropa 等属中，并不于蕾中折迭，而呈覆瓦状排列，雄蕊的花丝无毛；浆果，或为纵裂或横裂的蒴果 ⋯⋯⋯⋯⋯⋯⋯⋯⋯⋯⋯⋯⋯ 茄科 Solanaceae

　　　　　　494. 花冠不于蕾中折迭，其裂片呈覆瓦状排列；雄蕊的花丝具毛茸（尤以后方的 3 个如此）。

　　　　　　　　495. 室间开裂的蒴果⋯⋯⋯⋯⋯⋯⋯⋯⋯⋯⋯⋯⋯⋯⋯⋯⋯ 玄参科 Scrophulariaceae

　　　　　　　　　　　　　　　　　　　　　　　　　　　　　　（毛蕊花属 Verbascum）

　　　　　　　　495. 浆果，有刺灌木⋯⋯⋯⋯⋯⋯⋯⋯⋯⋯⋯⋯⋯⋯⋯⋯⋯⋯⋯ 茄科 Solanaceae

　　　　　　　　　　　　　　　　　　　　　　　　　　　　　　（枸杞属 Lycium）

1. 子叶 1 个；茎无中央髓部，也无呈年轮状的生长；叶多具平行叶脉；花为三出数，有时为四出数，但极少为五出数······**单子叶植物纲** Monocotyledoneae

496. 木本植物，或其叶于芽中呈折迭状。

 497. 灌木或乔木；叶细长或呈剑状，在芽中不呈折迭状······**露兜树科** Pandanaceae

 497. 木本或草本；叶甚宽，常为羽状或扇形的分裂，在芽中呈折迭状而有强韧的平行脉或射出脉。

  498. 植物体多甚高大，呈棕榈状，具简单或分枝少的主干；花为圆锥或穗状花序，托以佛焰状苞片······**棕榈科** Palmae

  498. 植物体常为无主茎的多年生草本，具常深裂为 2 片的叶片；花为紧密的穗状花序······**环花科** Cyclanthaceae

   （**巴拿马草属** *Carludovica*）

496. 草本植物或稀可为木质茎，但其叶于芽中从不呈折迭状。

 499. 无花被或在眼子菜科中很小（次 499 项见 288 页）。

  500. 花包藏于或附托以呈覆瓦状排列的壳状鳞片（特称为颖）中，由多花至 1 花形成小穗（自形态学观点而言，此小穗实即简单的穗状花序）。

   501. 秆多少有些呈三棱形，实心；茎生叶呈三行排列；叶鞘封闭；花药以基底附着花丝；果实为瘦果或囊果······**莎草科** Cyperaceae

   501. 秆常呈圆筒形；中空；茎生叶呈二行排列；叶鞘常在一侧纵裂开；花药以其中部附着花丝；果实通常为颖果······**禾本科** Gramineae

  500. 花虽有时排列为具总苞的头状花序，但并不包藏于呈壳状的鳞片中。

   502. 植物体微小，无真正的叶片，仅具无茎而漂浮水面或沉没水中的叶状体······**浮萍科** Lemnaceae

   502. 植物体常具茎，也具叶，其叶有时可呈鳞片状。

    503. 水生植物，具沉没水中或漂浮水面的片叶。（次 503 项见 288 页）

     504. 花单性，不排列成穗状花序。

      505. 叶互生；花成球形的头状花序······**黑三棱科** Sparganiaceae

       （**黑三棱属** *Sparganium*）

      505. 叶多对生或轮生；花单生，或在叶腋间形成聚伞花序。

       506. 多年生草本；雌蕊为 1 个或更多而互相分离的心皮所成；胚珠自子房室顶端垂悬······**眼子菜科** Potamogetonaceae

        （**角果藻族** *Zannichellieae*）

       506. 一年生草本；雌蕊 1 个，具 2～4 柱头；胚珠直立于子房室的基底······**茨藻科** Najadaceae

        （**茨藻属** *Najas*）

     504. 花两性或单性，排列成简单或分歧的穗状花序。

      507. 花排列于 1 扁平穗轴的一侧。

       508. 海水植物；穗状花序不分歧，但具雌雄同株或异株的单性花；雄蕊 1 个，具无花丝而为 1 室的花药；雌蕊 1 个，具 2 柱头；胚珠 1 个，垂悬于子房室的顶端······**眼子菜科** Potamogetonaceae

        （**大叶藻属** *Zostera*）

       508. 淡水植物；穗状花序常分为二歧而具两性花；雄蕊 6 个或更多，具极细长的花丝和 2 室的花药；雌蕊为 3～6 个离生心皮所成；胚珠在每室内 2 个或更多，基生······**水蕹科** Aponogetonaceae

        （**水蕹属** *Aponogeton*）

      507. 花排列于穗轴的周围，多为两性花；胚珠常仅 1 个······**眼子菜科** Potamogetonaceae

503. 陆生或沼泽植物，常有位于空气中的叶片。

  509. 叶有柄，全缘或有各种形状的分裂，具网状脉；花形成一肉穗花序，后者常有一大型而常具色彩的佛焰苞片 ·· 天南星科 Araceae

  509. 叶无柄，细长形、剑形，或退化为鳞片状，其叶片常具平行脉。

   510. 花形成紧密的穗状花序，或在帚灯草科为疏松的圆锥花序。

    511. 陆生或沼泽植物；花序为由位于苞腋间的小穗所组成的疏散圆锥花序；雌雄异株；叶多呈鞘状
    ·· 帚灯草科 Restionaceae
    （薄果草属 Leptocarpus）

    511. 水生或沼泽植物；花序为紧密的穗状花序。

     512. 穗状花序位于一呈二棱形的基生花葶的一侧，而另一侧则延伸为叶状的佛焰苞片；花两性
     ·· 天南星科 Araceae
     （石菖蒲属 Acorus）

     512. 穗状花序位于一圆柱形花梗的顶端，形如蜡烛而无佛焰苞；雌雄同株·········· 香蒲科 Typhaceae

   510. 花序有各种型式。

    513. 花单性，成头状花序。

     514. 头状花序单生于基生无叶的花葶顶端；叶狭窄，呈禾草状，有时叶为膜质
     ·· 谷精草科 Eriocaulaceae
     （谷精草属 Eriocaulon）

     514. 头状花序散生于具叶的主茎或枝条的上部，雄性者在上，雌性者在下；叶细长，呈扁三棱形，直立或漂浮水面，基部呈鞘状 ·································· 黑三棱科 Sparganiaceae
     （黑三棱属 Sparganium）

    513. 花常两性。

     515. 花序呈穗状或头状，包藏于 2 个互生的叶状苞片中；无花被；叶小，细长形或呈丝状；雄蕊 1 或 2 个；子房上位，1 ～ 3 室，每子房室内仅有 1 个垂悬胚珠
     ·· 刺鳞草科 Centrolepidaceae

     515. 花序不包藏于叶状的苞片中；有花被。

      516. 子房 3 ～ 6 个，至少在成熟时互相分离·············· 水麦冬科 Juncaginaceae
      （水麦冬属 Triglochin）

      516. 子房 1 个，由 3 心皮连合所组成·················· 灯心草科 Juncaceae

499. 有花被，常显著，且呈花瓣状。

  517. 雌蕊 3 个至多数，互相分离。（次 517 项见 289 页）

   518. 死物寄生性植物，具呈鳞片状而无绿色叶片。

    519. 花两性，具 2 层花被片；心皮 3 个，各有多数胚珠·············· 百合科 Liliaceae
    （无叶莲属 Petrosavia）

    519. 花单性或稀可杂性，具一层花被片；心皮数个，各仅有 1 个胚珠·········· 霉草科 Triuridaceae
    （喜阴草属 Sciaphila）

   518. 不是死物寄生性植物，常为水生或沼泽植物，具有发育正常的绿叶。

    520. 花被裂片彼此相同；叶细长，基部具鞘·············· 水麦冬科 Juncaginaceae
    （芝菜属 Scheuchzeria）

    520. 花被裂片分化为萼片和花瓣 2 轮。

521. 叶（限于我国植物）呈细长形，直立；花单生或成伞形花序；蓇葖果⋯⋯⋯ **花蔥科** Butomaceae

（**花蔥属** *Butomus*）

521. 叶呈细长兼披针形至卵圆形，常为箭镞状而具长柄；花常轮生，成总状或圆锥花序；瘦果

⋯⋯⋯⋯⋯⋯⋯⋯⋯⋯⋯⋯⋯⋯⋯⋯⋯⋯⋯⋯⋯⋯⋯⋯⋯⋯⋯⋯⋯⋯⋯⋯⋯ **泽泻科** Alismataceae

517. 雌蕊 1 个，复合性或于百合科的岩菖蒲属 *Tofieldia* 中其心皮近于分离。

522. 子房上位，或花被和子房相分离。（次 522 项见 290 页）

523. 花两侧对称；雄蕊 1 个，位于前方，即着生于远轴的 1 个花被片的基部⋯⋯⋯ **田蔥科** Philydraceae

（**田蔥属** *Philydrum*）

523. 花辐射对称，稀可两侧对称；雄蕊 3 个或更多。

524. 花被分化为花萼和花冠 2 轮，后者于百合科的重楼族中，有时为细长形或线形的花瓣所组成，稀可缺。

525. 花形成紧密而具鳞片的头状花序；雄蕊 3 个；子房 1 室⋯⋯⋯⋯⋯⋯⋯⋯ **黄眼草科** Xyridaceae

（**黄眼草属** *Xyris*）

525. 花不形成头状花序；雄蕊数在 3 个以上。

526. 叶互生，基部具鞘，平行脉；花为腋生或顶生的聚伞花序；雄蕊 6 个，或因退化而数较少

⋯⋯⋯⋯⋯⋯⋯⋯⋯⋯⋯⋯⋯⋯⋯⋯⋯⋯⋯⋯⋯⋯⋯⋯⋯⋯⋯⋯⋯ **鸭跖草科** Commelinaceae

526. 叶以 3 个或更多个生于茎的顶端而成一轮，网状脉而于基部具 3～5 脉；花单独顶生；雄蕊 6 个、8 个或 10 个⋯⋯⋯⋯⋯⋯⋯⋯⋯⋯⋯⋯⋯⋯⋯⋯⋯⋯⋯⋯⋯⋯⋯⋯⋯⋯⋯ **百合科** Liliaceae

（**重楼族** *Parideae*）

524. 花被裂片彼此相同或近于相同，于百合科的白丝草属 *Chinographis* 中则极不相同，又在同科的油点草属 *Tricyrtis* 中其外层 3 个花被裂片的基部呈囊状。

527. 花小型，花被裂片绿色或棕色。

528. 花位于一穗形总状花序上；蒴果自一宿存的中轴上裂为 3～6 瓣，每果瓣内仅有 1 个种子

⋯⋯⋯⋯⋯⋯⋯⋯⋯⋯⋯⋯⋯⋯⋯⋯⋯⋯⋯⋯⋯⋯⋯⋯⋯⋯⋯ **水麦冬科** Juncaginaceae

（**水麦冬属** *Triglochin*）

528. 花位于各种型式的花序上；蒴果室背开裂为 3 瓣，内有多数至 3 个种子

⋯⋯⋯⋯⋯⋯⋯⋯⋯⋯⋯⋯⋯⋯⋯⋯⋯⋯⋯⋯⋯⋯⋯⋯⋯⋯⋯⋯⋯⋯⋯ **灯心草科** Juncaceae

527. 花大型或中型，或有时为小型，花被裂片多少有些具鲜明的色彩。

529. 叶（限于我国植物）的顶端变为卷须，并有闭合的叶鞘；胚珠在每室内仅为 1 个；花排列为顶生的圆锥花序⋯⋯⋯⋯⋯⋯⋯⋯⋯⋯⋯⋯⋯⋯⋯⋯⋯⋯⋯⋯⋯ **须叶藤科** Flagellariaceae

（**须叶藤属** *Flagellaria*）

529. 叶的顶端不变为卷须；胚珠在每子房室内为多数，稀可仅为 1 个或 2 个。

530. 直立或漂浮的水生植物；雄蕊 6 个，彼此不相同，或有时有不育者

⋯⋯⋯⋯⋯⋯⋯⋯⋯⋯⋯⋯⋯⋯⋯⋯⋯⋯⋯⋯⋯⋯⋯⋯⋯⋯⋯ **雨久花科** Pontederiaceae

530. 陆生植物；雄蕊 6 个、4 个或 2 个，彼此相同。

531. 花为四出数，叶（限于我国植物）对生或轮生，具有显著纵脉及密生的横脉

⋯⋯⋯⋯⋯⋯⋯⋯⋯⋯⋯⋯⋯⋯⋯⋯⋯⋯⋯⋯⋯⋯⋯⋯⋯⋯⋯⋯⋯ **百部科** Stemonaceae

（**百部属** *Stemona*）

531. 花为三出或四出数；叶常基生或互生⋯⋯⋯⋯⋯⋯⋯⋯⋯⋯⋯⋯⋯ **百合科** Liliaceae

522. 子房下位，或花被多少有些和子房相愈合。

    532. 花两侧对称或为不对称形。

        533. 花被片均成花瓣状；雄蕊和花柱多少有些互相连合·················· 兰科 Orchidaceae

        533. 花被片并不是均成花瓣状，其外层者形如萼片；雄蕊和花柱相分离。

            534. 后方的 1 个雄蕊常为不育性，其余 5 个则均发育而具有花药。

                535. 叶和苞片排列成螺旋状；花常因退化而为单性；浆果；花被呈管状，其一侧不久即裂开

                ·················· 芭蕉科 Musaceae

                （芭蕉属 *Musa*）

                535. 叶和苞片排列成 2 行；花两性，蒴果。

                    536. 萼片互相分离或至多可和花冠相连合；居中的 1 花瓣并不成为唇瓣 ··· 芭蕉科 Musaceae

                    （鹤望兰属 *Strelitzia*）

                    536. 萼片互相连合成管状；居中（位于远轴方向）的 1 花瓣为大形而成唇瓣

                    ·················· 芭蕉科 Musaceae

                    （兰花蕉属 *Orchidantha*）

            534. 后方的 1 个雄蕊发育而具有花药。其余 5 个则退化，或变形为花瓣状。

                537. 花药 2 室；萼片互相连合为一萼筒，有时呈佛焰苞状·················· 姜科 Zingiberaceae

                537. 花药 1 室；萼片互相分离或至多彼此相衔接。

                  538. 子房 3 室，每子房室内有多数胚珠位于中轴胎座上；各不育雄蕊呈花瓣状，互相于基部简

                  短连合·················· 美人蕉科 Cannaceae

                    （美人蕉属 *Canna*）

                538. 子房 3 室或因退化而成 1 室，每子房室内仅含 1 个基生胚珠；各不育雄蕊也呈花瓣状，唯

                  多少有些互相连合·················· 竹芋科 Marantaceae

    532. 花常辐射对称，也即花整齐或近于整齐。

        539. 水生草本，植物体部分或全部沉没水中·················· 水鳖科 Hydrocharitaceae

        539. 陆生草本。

            540. 植物体为攀缘性；叶片宽广，具网状脉（还有数主脉）和叶柄·········薯蓣科 Dioscoreaceae

            540. 植物体不为攀缘性；叶具平行脉。

                541. 雄蕊 3 个。

                  542. 叶 2 行排列，两侧扁平而无背腹面之分，由下向上重叠跨覆；雄蕊和花被的外层裂片相

                  对生·················· 鸢尾科 Iridaceae

                  542. 叶不为 2 行排列；茎生叶呈鳞片状；雄蕊和花被的内层裂片相对生

                  ·················· 水玉簪科 Burmanniaceae

            541. 雄蕊 6 个。

                  543. 果实为浆果或蒴果，而花被残留物多少和它相合生，或果实为一聚花果；花被的内层裂

                  片各于其基部有 2 舌状物；叶呈长带形，边缘有刺齿或全缘 ····· 凤梨科 Bromielaceae

                543. 果实为蒴果或浆果，仅为 1 花所成；花被裂片无附属物。

                    544. 子房 1 室，内有多数胚珠位于侧膜胎座上；花序为伞形，具长丝状的总苞片

                  ·················· 蒟蒻薯科 Taccaceae

                  544. 子房 3 室，内有多数至少数胚珠位于中轴胎座上。

545. 子房部分下位···百合科 Liliaceae

（肺筋草属 *Aletris*，沿阶草属 *Ophiopogon*，球子草属 *Peliosanthes*）

545. 子房完全下位·······································石蒜科 Amaryllidaceae

检索表注释

1. 花无真正花冠：即缺少花冠（无被花或单被花）、或花萼花冠无明显分化（同被花）。有些植物的萼片呈花瓣状，也属于无真正的花冠。

2. 桑椹果：即桑属植物的果实。聚花果的一种，多由雌花序发育而成，每朵花的子房各发育成一个小瘦果，包藏于肥厚多汁的肉质花被中。

3. 蜜腺叶：多指具蜜腺的特化花瓣，如毛茛科乌头属 *Aconitum*、翠雀属 *Delphinium*、木通科串果藤属 *Sinofranchetia* 等类群中的花瓣。

4. 子房单纯：是指由 1 枚心皮形成的雌蕊的子房，如单雌蕊或离生心皮雌蕊的子房。

5. 雌蕊单纯：即雌蕊由 1 个心皮构成。其子房也必是单纯的。

6. 小托叶：指复叶的小叶基部附近托叶状的小叶片。

7. 花粉粒单纯：大多数植物的花粉粒在成熟时是单独存在的，称单粒花粉粒；有些植物的花粉粒是 2 个以上（多数为 4 个）集合在一起，称复合花粉粒；极少数植物的许多花粉粒集合在一起，称花粉块，如兰科、萝藦科等植物。单粒花粉粒即是单纯的。

8. 花丝单纯：即花丝不合生成雄蕊管（单体雄蕊）或分枝状（多体雄蕊）。

附录二

学名对照表

《中国药典》中植物名	《中国药典》中学名	中文别名	新接受学名^注
广州相思子	*Abrus cantoniensis* Hance		*Abrus pulchellus* Wall. ex Thwaites subsp. *cantoniensis* (Hance) Verdc.
红毛五加	*Acanthopanax giraldii* Harms		*Eleutherococcus giraldii* (Harms) Nakai
细柱五加	*Acanthopanax gracilistylus* W. W. Smith		*Eleutherococcus nodiflorus* (Dunn) S. Y. Hu
刺五加	*Acanthopanax senticosus* (Rupr. et Maxim.) Harms		*Eleutherococcus senticosus* (Rupr. et Maxim.) Maxim.
无梗五加	*Acanthopanax sessiliflorus* (Rupr. et Maxim.) Seem.		*Eleutherococcus sessiliflorus* (Rupr. et Maxim.) S. Y. Hu
铁棒锤	*Aconitum szechenyianum* J. Gay		*Aconitum pendulum* N. Busch
石菖蒲	*Acorus tatarinowii* Schott	金钱蒲	*Acorus gramineus* Sol. ex Aiton
杏叶沙参	*Adenophora hunanensis* Nannf.		*Adenophora petiolata* Pax et K. Hoffm. subsp. *hunanensis* (Nannf.) D. Y. Hong et S. Ge
库拉索芦荟	*Aloe barbadensis* Mill.	芦荟	*Aloe vera* (L.) Burm. f.
草豆蔻	*Alpinia katsumadae* Hayata		*Alpinia hainanensis* K. Schum.
白豆蔻	*Amomum kravanh* Pierre ex Gagnep.		*Amomum krervanh* Pierre ex Gagnep.
杭白芷	*Angelica dahurica* (Fisch. ex Hoffm.) Benth. et Hook. f. ex Franch. et Sav. var. *formosana* (H. Boissieu) Shan et C. Q. Yuan		*Angelica dahurica* 'Hangbaizhi'
重齿毛当归	*Angelica pubescens* Maxim. f. *biserrata* Shan et C. Q. Yuan	重齿当归	*Angelica biserrata* (Shan et C. Q. Yuan) C. Q. Yuan et Shan
北细辛	*Asarum heterotropoides* F. Schmidt var. *mandshuricum* (Maxim.) Kitag.	细辛	*Asarum heterotropoides* F. Schmidt f. *mandshuricum* (Maxim.) Kitag.
汉城细辛	*Asarum sieboldii* Miq. var. *seoulense* Nakai	汉城细辛	*Asarum sieboldii* Miq.
扁茎黄芪	*Astragalus complanatus* R. Br. ex Bunge	背扁膨果豆	*Phyllolobium chinense* Fisch.

注：基本上，维管植物参照《中国植物志》英文版，藻类植物参照 *Algae Base*，菌类、地衣参照 *Catalogue of Life* 2016 *Annual Checklist*，苔藓植物参照 *Tropicos*。中文别名参照《中国植物志》英文版。

续表

《中国药典》中植物名	《中国药典》中学名	中文别名	新接受学名
膜荚黄芪	*Astragalus membranaceus* (Fisch.) Bunge		*Astragalus mongholicus* Bunge
蒙古黄芪	*Astragalus membranaceus* (Fisch.) Bunge var. *mongholicus* (Bunge) P. K. Hsiao		*Astragalus mongholicus* Bunge
北苍术	*Atractylodes chinensis* (Bunge) Koidz.	苍术	*Atractylodes lancea* (Thunb.) DC.
木香	*Aucklandia lappa* Decne.	云木香	*Aucklandia costus* Falc.
木耳	*Auricularia auricula* (L.) Underw.		*Auricularia auricula-judae* (Bull.) Quél.
马蓝	*Baphicacanthus cusia* (Nees) Bremek.	板蓝	*Strobilanthes cusia* (Nees) Kuntze
尖叶番泻	*Cassia acutifolia* Delile		*Senna alexandrina* Mill.
狭叶番泻	*Cassia angustifolia* Vahl		*Senna alexandrina* Mill.
决明	*Cassia obtusifolia* L.		*Senna obtusifolia* (L.) H. S. Irwin et Barneby
小决明	*Cassia tora* L.		*Senna tora* (L.) Roxb.
蛋白核小球藻	*Chlorella pyrenoidosa* H. Chick		*Auxenochlorella pyrenoidosa* (H. Chick) Molinari et Calvo–Pérez
毛菊苣	*Cichorium glandulosum* Boiss. et A. Huet		*Cichorium pumilum* Jacq.
金鸡纳树	*Cinchona ledgeriana* (Howard) Bern. Moens ex Trimen		*Cinchona calisaya* Wedd.
刺儿菜	*Cirsium setosum* (Willd.) M. Bieb.		*Cirsium arvense* (L.) Scop. var. *integrifolium* Wimm. et Grab.
甜橙	*Citrus sinensis* (L.) Osbeck		*Citrus aurantium* Osbeck
化州柚	*Citrus grandis* 'Tomentosa'		*Citrus maxima* 'Tomentosa'
柚	*Citrus grandis* (L.) Osbeck		*Citrus maxima* (Burm. f.) Merr.
佛手	*Citrus medica* L. var. *sarcodactylis* (Hoola van Nooten) Swingle	香橼	*Citrus medica* L.
香圆	*Citrus wilsonii* Tanaka	香橙	*Citrus junos* Siebold ex Tanaka
水翁	*Cleistocalyx operculatus* (Roxb.) Merr. et L. M. Perry	水翁蒲桃	*Syzygium nervosum* DC.
东北铁线莲	*Clematis mandshurica* Rupr.	辣蓼铁线莲	*Clematis terniflora* DC. var. *mandshurica* (Rupr.) Ohwi
素花党参	*Codonopsis pilosula* Nannf. var. *modesta* (Nannf.) L. T. Shen	党参	*Codonopsis pilosula* (Franch.) Nannf.
川党参	*Codonopsis tangshen* Oliv.		*Codonopsis pilosula* (Franch.) Nannf. subsp. *tangshen* (Oliv.) D. Y. Hong

《中国药典》中植物名	《中国药典》中学名	中文别名	新接受学名
苦蒿	*Conyza blinii* H. Lév.	熊胆草	*Eschenbachia blinii* (H. Lév.) Brouillet
凉山虫草	*Cordyceps liangshanensis* M. Zang, D. Liu et R. Hu		*Metacordyceps liangshanensis* (M. Zang, D. Liu et R. Hu) G. H. Sung, J. M. Sung, Hywel–Jones et Spatafora
冬虫夏草菌	*Cordyceps sinensis* (Berk.) Sacc.		*Ophiocordyceps sinensis* (Berk.) G. H. Sung, J. M. Sung, Hywel–Jones et Spatafora
蝉花菌	*Cordyceps sobolifera* (Hill ex Watson) Berk. et Broome		*Ophiocordyceps sobolifera* (Hill ex Watson) G. H. Sung, J. M. Sung, Hywel–Jones et Spatafora
彩绒革盖菌	*Coriolus versicolor* (L.) Quél.		*Trametes versicolor* (L.) Lloyd
构棘	*Cudrania cochinchensis* (Lour.) Kudô et Masam.		*Maclura cochinchinensis* (Lour.) Corner
柘树	*Cudrania tricuspidata* (Carrière) Bureau ex Lavallée	柘	*Maclura tricuspidata* Carrière
铁皮石斛	*Dendrobium officinale* Kimura et Migo	黄石斛	*Dendrobium catenatum* Lindl.
小槐花	*Desmodium caudatum* (Thunb.) DC.		*Ohwia caudata* (Thunb.) H. Ohashi
粉背薯蓣	*Dioscorea hypoglauca* Palib.		*Dioscorea collettii* Hook. f. var. *hypoglauca* (Palib.) S. J. Pei et C. T. Ting
薯蓣	*Dioscorea opposita* Thunb.		*Dioscorea polystachya* Turcz.
扁豆	*Dolichos lablab* L.		*Lablab purpureus* (L.) Sweet
槲蕨	*Drynaria fortunei* (Kunze ex Mett.) J. Sm.		*Drynaria roosii* Nakai.
花皮胶藤	*Ecdysanthera utilis* Hayata et Kawak.	杜仲藤	*Urceola micrantha* (Wall. ex G. Don) D. J. Middleton
蓝刺头	*Echinops latifolius* Tausch	驴欺口	*Echinops davuricus* Fisch. ex Hornem.
荸荠	*Eleocharis tuberosa* Schult.		*Eleocharis dulcis* (Burm. f.) Trin. ex Hensch.
刺桐	*Erythrina variegata* L. var. *orientalis* (L.) Merr.		*Erythrina variegata* L.
丁香	*Eugenia caryophyllata* Thunb.	丁子香	*Syzygium aromaticum* (L.) Merr. et L. M. Perry
石虎	*Euodia ruticarpa* (A. Juss) Benth. var. *officinalis* (Dode) C. C. Huang		*Tetradium ruticarpum* (A. Juss.) T. G. Hartley
疏毛吴茱萸	*Euodia ruticarpa* (A. Juss.) Benth. var. *bodinieri* (Dode) C. C. Huang		*Tetradium ruticarpum* (A. Juss.) T. G. Hartley
吴茱萸	*Euodia ruticarpa* (A. Juss.) Benth.		*Tetradium ruticarpum* (A. Juss.) T. G. Hartley

续表

《中国药典》中植物名	《中国药典》中学名	中文别名	新接受学名
苦枥白蜡树	*Fraxinus rhynchophylla* Hance	花曲柳	*Fraxinus chinensis* Roxb. subsp. *rhynchophylla* (Hance) A. E. Murray
尖叶白蜡树	*Fraxinus szaboana* Lingelsh.	白蜡树	*Fraxinus chinensis* Roxb.
湖北贝母	*Fritillaria hupehensis* P. K. Hsiao et K. C. Hsia	天目贝母	*Fritillaria monantha* Migo
滇白珠	*Gaultheria yunnanensis* (Franch.) Rehder		*Gaultheria leucocarpa* Blume var. *yunnanensis* (Franch.) T. Z. Hsu et R. C. Fang
小驳骨	*Gendarussa vulgaris* Nees		*Justicia gendarussa* Burm. f.
白花蛇舌草	*Oldenlandia diffusa* (Willd.) Roxb.		*Hedyotis diffusa* Willd.
波棱瓜	*Herpetospermum caudigerum* Wall.		*Herpetospermum pedunculosum* (Ser.) C. B. Clarke
水蓑衣	*Hygrophila salicifolia* (Vahl) Nees		*Hygrophila ringens* (L.) R. Br. ex Spreng.
羊耳菊	*Inula cappa* (Buch.–Ham. ex D. Don) DC.		*Duhaldea cappa* (Buch.–Ham. ex D. Don) Pruski et Anderb.
菘蓝	*Isatis indigotica* Fortune		*Isatis tinctoria* L.
内南五味子	*Kadsura interior* A. C. Smith	异形南五味子	*Kadsura heteroclita* (Roxb.) Craib
马兰	*Kalimeris indica* (L.) Sch. Bip.		*Aster indicus* L.
红大戟	*Knoxia valerianoides* Thorel ex Pit.		*Knoxia roxburghii* (Spreng.) M. A. Rau
翼齿六棱菊	*Laggera pterodonta* (DC.) Benth.		*Laggera crispata* (Vahl) Hepper et J. R. I. Wood
海带	*Laminaria japonica* Aresch.		*Saccharina japonica* (Aresch.) C. E. Lane, C. Mayes, Druehl et G. W. Saunders
脱皮马勃	*Lasiosphaera fenzlii* Reichardt		*Langermannia fenzlii* (Reichardt) Kreisel
川芎	*Ligusticum chuanxiong* Hort. ex S. H. Qiu, et al.		*Ligusticum sinense* ‘Chuanxiong’
湖北麦冬	*Liriope spicata* (Thunb.) Lour. var. *prolifera* Y. T. Ma	山麦冬	*Liriope spicata* (Thunb.) Lour.
卷丹	*Lilium lancifolium* Thunb.		*Lilium tigrinum* Ker Gawl.
粉单竹	*Lingnania chungii* (McClure) McClure	粉箪竹	*Bambusa chungii* McClure
黄褐毛忍冬	*Lonicera fulvotomentosa* P. S. Hsu et S. C. Cheng	大花忍冬	*Lonicera macrantha* (D. Don) Spreng.
丝瓜	*Luffa cylindrica* (L.) Roem.		*Luffa aegyptiaca* Mill.
望春花	*Magnolia biondii* Pamp.		*Yulania biondii* (Pamp.) D. L. Fu
玉兰	*Magnolia denudata* Desr.	望春玉兰	*Yulania denudata* (Desr.) D. L. Fu
厚朴	*Magnolia officinalis* Rehder et E. H. Wilson		*Houpoëa officinalis* (Rehder et E. H. Wilson) N. H. Xia et C. Y. Wu

《中国药典》中植物名	《中国药典》中学名	中文别名	新接受学名
凹叶厚朴	*Magnolia officinalis* Rehder et E. H. Wilson var. *biloba* Rehder et E. H. Wilson		*Houpoëa officinalis* (Rehder et E. H. Wilson) N. H. Xia et C. Y. Wu
武当玉兰	*Magnolia sprengeri* Pamp.		*Yulania sprengeri* (Pamp.) D. L. Fu
薄荷	*Mentha haplocalyx* Briq.		*Mentha canadensis* L.
丰城崖豆藤	*Millettia nitida* Benth. var. *hirsutissima* Z. Wei		*Callerya nitida* (Benth.) R. Geesink var. *hirsutissima* (Z. Wei) X. Y. Zhu
尖叶提灯藓	*Mnium cuspidatum* Hedw.	匐灯藓	*Plagiomnium cuspidatum* (Hedw.) T. J. Kop.
绣毛千斤拔	*Maughania ferruginea* (Wall. ex Benth.) H. L. Li.	大叶千斤拔	*Flemingia macrophylla* (Willd.) Prain
大叶千斤拔	*Maughania macrophylla* (Willd.) Kuntze		*Flemingia macrophylla* (Willd.) Prain
蔓性千斤拔	*Maughania philippinensis* (Merr. et Rolfe) H. L. Li.	千斤拔	*Flemingia prostrata* Roxb.
轮叶棘豆	*Oxytropis chiliophylla* Royle ex Benth.	小叶棘豆	*Oxytropis microphylla* (Pall.) DC.
鸡矢藤	*Paederia scandens* (Lour.) Merr.		*Paederia foetida* L.
川赤芍	*Paeonia veitchii* Lynch		*Paeonia anomala* L. subsp. *veitchii* (Lynch) D. Y. Hong et K. Y. Pan
红杜仲藤	*Parabarium chunianum* Tsiang	华南杜仲藤	*Urceola quintaretii* (Pierre) D. J. Middleton
毛杜仲藤	*Parabarium huaitingii* Chun et Tsiang		*Urceola huaitingii* (Chun et Tsiang) D. J. Middleton
杜仲藤	*Parabarium micranthum* (Wall. ex G. Don) Pierre		*Urceola micrantha* (Wall. ex G. Don) D. J. Middleton
黄绿青霉	*Penicillium citreoviride* Biourge		*Penicillium citreonigrum* Dierckx
岛青霉	*Penicillium islandicum* Sopp		*Talaromyces islandicus* (Sopp) Samson, N. Yilmaz, Frisvad et Seifert
点青霉	*Penicillium notatum* Westling		*Penicillium chrysogenum* Thom
紫花前胡	*Peucedanum decursivum* (Miq.) Maxim.		*Angelica decursiva* (Miq.) Franch. et Sav.
裂叶牵牛	*Pharbitis nil* (L.) Choisy	牵牛	*Ipomoea nil* (L.) Roth
圆叶牵牛	*Pharbitis purpurea* (L.) Voigt		*Ipomoea purpurea* (L.) Roth
绿豆	*Phaseolus radiatus* L.		*Vigna radiata* (L.) R. Wilczek
块根糙苏	*Phlomis kawaguchii* Murata		*Phlomis younghusbandii* Mukerjee
芦苇	*Phragmites communis* Trin.		*Phragmites australis* (Cav.) Trin. ex Steud.
卡瓦胡椒	*Piper methysticum* G. Forst.		*Macropiper methysticum* (G. Forst.) Hook. et Arn.

续表

《中国药典》中植物名	《中国药典》中学名	中文别名	新接受学名
毛蒟	*Piper puberulum* (Benth.) Maxim.		*Piper hongkongense* C. DC.
木藤蓼	*Polygonum aubertii* L. Henry	木藤首乌	*Fallopia aubertii* (L. Henry) Holub
虎杖	*Polygonum cuspidatum* Siebold et Zucc.		*Reynoutria japonica* Houtt.
何首乌	*Polygonum multiflorum* Thunb.		*Fallopia multiflora* (Thunb.) Haraldson
茯苓	*Poria cocos* F. A. Wolf		*Wolfiporia cocos* (F. A. Wolf) Ryvarden et Gilb.
坛紫菜	*Porphyra haitanensis* Chang et Zheng		*Pyropia haitanensis* (T. J. Chang et B. F. Zheng) N. Kikuchi et M. Miyata
甘紫菜	*Porphyra tenera* Kjellm.		*Pyropia tenera* (Kjellm.) N. Kikuchi, M. Miyata, M. S. Hwang et H. G. Choi
条斑紫菜	*Porphyra yezoensis* Ueda		*Pyropia yezoensis* (Ueda) M. S. Hwang et H. G. Choi
杏	*Prunus armeniaca* L.		*Armeniaca vulgaris* Lam.
山杏	*Prunus armeniaca* L. var. *ansu* Maxim.		*Armeniaca vulgaris* Lam. var. *ansu* (Maxim.) T. T. Yu et L. T. Lu
山桃	*Prunus davidiana* (Carriére) Franch.		*Amygdalus davidiana* (Carriére) de Vos ex L. Henry
欧李	*Prunus humilis* Bunge		*Cerasus humilis* (Bunge) S. Ya. Sokolov
郁李	*Prunus japonica* Thunb.		*Cerasus japonica* (Thunb.) Loisel.
东北杏	*Prunus mandshurica* Koehne		*Armeniaca mandshurica* (Maxim.) Skvortsov
梅	*Prunus mume* (Siebold) Siebold et Zucc.		*Armeniaca mume* Siebold
长柄扁桃	*Prunus pedunculata* Maxim.		*Amygdalus pedunculata* Pall.
桃	*Prunus persica* (L.) Batsch		*Amygdalus persica* L.
西伯利亚杏	*Prunus sibirica* L.	山杏	*Armeniaca sibirica* (L.) Lam.
补骨脂	*Psoralea corylifolia* L.		*Cullen corylifolium* (L.) Medik.
野葛	*Pueraria lobata* (Willd.) Ohwi	葛麻姆	*Pueraria montana* (Lour.) Merr. var. *lobata* (Willd.) Maesen et S. M. Almeida ex Sanjappa et Pradeep
甘葛藤	*Pueraria thomsonii* Benth.	粉葛	*Pueraria montana* (Lour.) Merr. var. *thomsonii* (Benth.) M. R. Almeida
香茶菜	*Rabdosia amethystoides* (Benth.) H. Hara		*Isodon amethystoides* (Benth.) H. Hara
线纹香茶菜	*Rabdosia lophanthoides* (Buch.–Ham. ex D. Don) H. Hara		*Isodon lophanthoides* (Buch.–Ham. ex D. Don) H. Hara

《中国药典》中植物名	《中国药典》中学名	中文别名	新接受学名
大萼香茶菜	*Rabdosia macrocalyx* (Dunn) H. Hara		*Isodon macrocalyx* (Dunn) Kudô
碎米桠	*Rabdosia rubescens* (Hemsl.) H. Hara		*Isodon rubescens* (Hemsl.) H. Hara
溪黄草	*Rabdosia serra* (Maxim.) H. Hara		*Isodon serra* (Maxim.) Kudô
接骨木	*Sambucus racemosa* L.		*Sambucus williamsii* Hance
无患子	*Sapindus mukorossi* Gaertn.		*Sapindus saponaria* L.
广西鹅掌柴	*Schefflera kwangsiensis* Merr. ex H. L. Li	白花鹅掌柴	*Schefflera leucantha* R. Vig.
荆芥	*Schizonepeta tenuifolia* (Benth.) Briq.	裂叶荆芥	*Nepeta tenuifolia* Benth.
大头典竹	*Sinocalamus beecheyanus* (Munro) McClure var. *pubescens* P. F. Li		*Bambusa beecheyana* Munro var. *pubescens* (P. F. Li) W. C. Lin
毛青藤	*Sinomenium acutum* (Thunb.) Rehder et E. H. Wilson var. *cinereum* Diels ex Rehder et E. H. Wilson	风龙	*Sinomenium acutum* (Thunb.) Rehder et E. H. Wilson
刺天茄	*Solanum* indicum L.		*Solanum violaceum* Ortega
牛茄子	*Solanum surattense* Burm. f.	毛果茄	*Solanum virginianum* L.
黄果茄	*Solanum xanthocarpum* Schrad. et J. C. Wendl.	毛果茄	*Solanum virginianum* L.
苣荬菜	*Sonchus arvensis* L.		*Sonchus wightianus* DC.
马莲鞍	*Streptocaulon griffithii* Hook. f.	暗消藤	*Streptocaulon juventas* (Lour.) Merr.
红霉素链霉菌	*Streptomyces erythraeus* (Waksman) Waksman et Henrici		*Saccharopolyspora erythraea* (Waksman) Labeda
青叶胆	*Swertia mileensis* T. N. Ho et W. L. Shi	蒙自獐牙菜	*Swertia leducii* Franch.
朝鲜丁香	*Syringa dilatata* Nakai		*Syringa oblata* Lindl. subsp. *dilatata* (Nakai) P. S. Green et M. C. Chang
暴马丁香	*Syringa reticulata* (Blume) H. Hara var. *mandshurica* (Maxim.) H. Hara		*Syringa reticulata* (Blume) H. Hara subsp. *amurensis* (Rupr.) P. S. Green et M. C. Chang
碱地蒲公英	*Taraxacum borealisinense* Kitam.	华蒲公英	*Taraxacum sinicum* Kitag.
红豆杉	*Taxus chinensis* (Pilg.) Rehder		*Taxus wallichiana* Zucc. var. *chinensis* (Pilg.) Florin
南方红豆杉	*Taxus chinensis* (Pilg.) Rehder var. *mairei* (Lemée et H. Lév.) W. C. Cheng et L. K. Fu		*Taxus wallichiana* Zucc. var. *mairei* (Lemée et H. Lév.) L. K. Fu et Nan Li
金果榄	*Tinospora capillipes* Gagnep.	青牛胆	*Tinospora sagittata* (Oliv.) Gagnep.

续表

《中国药典》中植物名	《中国药典》中学名	中文别名	新接受学名
独角莲	*Typhonium giganteum* Engl.		*Sauromatum giganteum* (Engl.) Cusimano et Hett.
王不留行	*Vaccaria segetalis* (Neck.) Garcke	麦蓝菜	*Vaccaria hispanica* (Mill.) Rauschert
狭山野豌豆	*Vicia amoena* Fisch. ex Ser. var. *angusta* Freyn.	山野豌豆	*Vicia amoena* Fisch. ex Ser.
毛山野豌豆	*Vicia amoena* Fisch. ex Ser. var. *sericea* Kitag.	山野豌豆	*Vicia amoena* Fisch. ex Ser.
单叶蔓荆	*Vitex trifolia* L. var. *simplicifolia* Cham		*Vitex rotundifolia* L. f.
灰毛川木香	*Vladimiria souliei* (Franch.) Y. Ling var. *cinerea* Y. Ling		*Dolomiaea souliei* (Franch.) C. Shih var. *cinerea* (Y. Ling) Q. Yuan
川木香	*Vladimiria souliei* (Franch.) Y. Ling		*Dolomiaea souliei* (Franch.) C. Shih
苍耳	*Xanthium sibiricum* Patrin et Widder		*Xanthium strumarium* L.

全国中医药行业高等教育"十四五"规划教材

全国高等中医药院校规划教材（第十一版）

教材目录（第一批）

注：凡标☆号者为"核心示范教材"。

（一）中医学类专业

序号	书 名	主 编		主编所在单位	
1	中国医学史	郭宏伟	徐江雁	黑龙江中医药大学	河南中医药大学
2	医古文	王育林	李亚军	北京中医药大学	陕西中医药大学
3	大学语文	黄作阵		北京中医药大学	
4	中医基础理论☆	郑洪新	杨 柱	辽宁中医药大学	贵州中医药大学
5	中医诊断学☆	李灿东	方朝义	福建中医药大学	河北中医学院
6	中药学☆	钟赣生	杨柏灿	北京中医药大学	上海中医药大学
7	方剂学☆	李 冀	左铮云	黑龙江中医药大学	江西中医药大学
8	内经选读☆	翟双庆	黎敬波	北京中医药大学	广州中医药大学
9	伤寒论选读☆	王庆国	周春祥	北京中医药大学	南京中医药大学
10	金匮要略☆	范永升	姜德友	浙江中医药大学	黑龙江中医药大学
11	温病学☆	谷晓红	马 健	北京中医药大学	南京中医药大学
12	中医内科学☆	吴勉华	石 岩	南京中医药大学	辽宁中医药大学
13	中医外科学☆	陈红风		上海中医药大学	
14	中医妇科学☆	冯晓玲	张婷婷	黑龙江中医药大学	上海中医药大学
15	中医儿科学☆	赵 霞	李新民	南京中医药大学	天津中医药大学
16	中医骨伤科学☆	黄桂成	王拥军	南京中医药大学	上海中医药大学
17	中医眼科学	彭清华		湖南中医药大学	
18	中医耳鼻咽喉科学	刘 蓬		广州中医药大学	
19	中医急诊学☆	刘清泉	方邦江	首都医科大学	上海中医药大学
20	中医各家学说☆	尚 力	戴 铭	上海中医药大学	广西中医药大学
21	针灸学☆	梁繁荣	王 华	成都中医药大学	湖北中医药大学
22	推拿学☆	房 敏	王金贵	上海中医药大学	天津中医药大学
23	中医养生学	马烈光	章德林	成都中医药大学	江西中医药大学
24	中医药膳学	谢梦洲	朱天民	湖南中医药大学	成都中医药大学
25	中医食疗学	施洪飞	方 泓	南京中医药大学	上海中医药大学
26	中医气功学	章文春	魏玉龙	江西中医药大学	北京中医药大学
27	细胞生物学	赵宗江	高碧珍	北京中医药大学	福建中医药大学

序号	书 名	主 编		主编所在单位	
28	人体解剖学	邵水金		上海中医药大学	
29	组织学与胚胎学	周忠光	汪 涛	黑龙江中医药大学	天津中医药大学
30	生物化学	唐炳华		北京中医药大学	
31	生理学	赵铁建	朱大诚	广西中医药大学	江西中医药大学
32	病理学	刘春英	高维娟	辽宁中医药大学	河北中医学院
33	免疫学基础与病原生物学	袁嘉丽	刘永琦	云南中医药大学	甘肃中医药大学
34	预防医学	史周华		山东中医药大学	
35	药理学	张硕峰	方晓艳	北京中医药大学	河南中医药大学
36	诊断学	詹华奎		成都中医药大学	
37	医学影像学	侯 键	许茂盛	成都中医药大学	浙江中医药大学
38	内科学	潘 涛	戴爱国	南京中医药大学	湖南中医药大学
39	外科学	谢建兴		广州中医药大学	
40	中西医文献检索	林丹红	孙 玲	福建中医药大学	湖北中医药大学
41	中医疫病学	张伯礼	吕文亮	天津中医药大学	湖北中医药大学
42	中医文化学	张其成	臧守虎	北京中医药大学	山东中医药大学

（二）针灸推拿学专业

序号	书 名	主 编		主编所在单位	
43	局部解剖学	姜国华	李义凯	黑龙江中医药大学	南方医科大学
44	经络腧穴学☆	沈雪勇	刘存志	上海中医药大学	北京中医药大学
45	刺法灸法学☆	王富春	岳增辉	长春中医药大学	湖南中医药大学
46	针灸治疗学☆	高树中	冀来喜	山东中医药大学	山西中医药大学
47	各家针灸学说	高希言	王 威	河南中医药大学	辽宁中医药大学
48	针灸医籍选读	常小荣	张建斌	湖南中医药大学	南京中医药大学
49	实验针灸学	郭 义		天津中医药大学	
50	推拿手法学☆	周运峰		河南中医药大学	
51	推拿功法学☆	吕立江		浙江中医药大学	
52	推拿治疗学☆	井夫杰	杨永刚	山东中医药大学	长春中医药大学
53	小儿推拿学	刘明军	邰先桃	长春中医药大学	云南中医药大学

（三）中西医临床医学专业

序号	书 名	主 编		主编所在单位	
54	中外医学史	王振国	徐建云	山东中医药大学	南京中医药大学
55	中西医结合内科学	陈志强	杨文明	河北中医学院	安徽中医药大学
56	中西医结合外科学	何清湖		湖南中医药大学	
57	中西医结合妇产科学	杜惠兰		河北中医学院	
58	中西医结合儿科学	王雪峰	郑 健	辽宁中医药大学	福建中医药大学
59	中西医结合骨伤科学	詹红生	刘 军	上海中医药大学	广州中医药大学
60	中西医结合眼科学	段俊国	毕宏生	成都中医药大学	山东中医药大学
61	中西医结合耳鼻咽喉科学	张勤修	陈文勇	成都中医药大学	广州中医药大学
62	中西医结合口腔科学	谭 劲		湖南中医药大学	

（四）中药学类专业

序号	书名	主编		主编所在单位	
63	中医学基础	陈晶	程海波	黑龙江中医药大学	南京中医药大学
64	高等数学	李秀昌	邵建华	长春中医药大学	上海中医药大学
65	中医药统计学	何雁		江西中医药大学	
66	物理学	章新友	侯俊玲	江西中医药大学	北京中医药大学
67	无机化学	杨怀霞	吴培云	河南中医药大学	安徽中医药大学
68	有机化学	林辉		广州中医药大学	
69	分析化学（上）（化学分析）	张凌		江西中医药大学	
70	分析化学（下）（仪器分析）	王淑美		广东药科大学	
71	物理化学	刘雄	王颖莉	甘肃中医药大学	山西中医药大学
72	临床中药学☆	周祯祥	唐德才	湖北中医药大学	南京中医药大学
73	方剂学	贾波	许二平	成都中医药大学	河南中医药大学
74	中药药剂学☆	杨明		江西中医药大学	
75	中药鉴定学☆	康廷国	闫永红	辽宁中医药大学	北京中医药大学
76	中药药理学☆	彭成		成都中医药大学	
77	中药拉丁语	李峰	马琳	山东中医药大学	天津中医药大学
78	药用植物学☆	刘春生	谷巍	北京中医药大学	南京中医药大学
79	中药炮制学☆	钟凌云		江西中医药大学	
80	中药分析学☆	梁生旺	张彤	广东药科大学	上海中医药大学
81	中药化学☆	匡海学	冯卫生	黑龙江中医药大学	河南中医药大学
82	中药制药工程原理与设备	周长征		山东中医药大学	
83	药事管理学☆	刘红宁		江西中医药大学	
84	本草典籍选读	彭代银	陈仁寿	安徽中医药大学	南京中医药大学
85	中药制药分离工程	朱卫丰		江西中医药大学	
86	中药制药设备与车间设计	李正		天津中医药大学	
87	药用植物栽培学	张永清		山东中医药大学	
88	中药资源学	马云桐		成都中医药大学	
89	中药产品与开发	孟宪生		辽宁中医药大学	
90	中药加工与炮制学	王秋红		广东药科大学	
91	人体形态学	武煜明	游言文	云南中医药大学	河南中医药大学
92	生理学基础	于远望		陕西中医药大学	
93	病理学基础	王谦		北京中医药大学	

（五）护理学专业

序号	书名	主编		主编所在单位	
94	中医护理学基础	徐桂华	胡慧	南京中医药大学	湖北中医药大学
95	护理学导论	穆欣	马小琴	黑龙江中医药大学	浙江中医药大学
96	护理学基础	杨巧菊		河南中医药大学	
97	护理专业英语	刘红霞	刘娅	北京中医药大学	湖北中医药大学
98	护理美学	余雨枫		成都中医药大学	
99	健康评估	阚丽君	张玉芳	黑龙江中医药大学	山东中医药大学

序号	书名	主编		主编所在单位	
100	护理心理学	郝玉芳		北京中医药大学	
101	护理伦理学	崔瑞兰		山东中医药大学	
102	内科护理学	陈燕	孙志岭	湖南中医药大学	南京中医药大学
103	外科护理学	陆静波	蔡恩丽	上海中医药大学	云南中医药大学
104	妇产科护理学	冯进	王丽芹	湖南中医药大学	黑龙江中医药大学
105	儿科护理学	肖洪玲	陈偶英	安徽中医药大学	湖南中医药大学
106	五官科护理学	喻京生		湖南中医药大学	
107	老年护理学	王燕	高静	天津中医药大学	成都中医药大学
108	急救护理学	吕静	卢根娣	长春中医药大学	上海中医药大学
109	康复护理学	陈锦秀	汤继芹	福建中医药大学	山东中医药大学
110	社区护理学	沈翠珍	王诗源	浙江中医药大学	山东中医药大学
111	中医临床护理学	裘秀月	刘建军	浙江中医药大学	江西中医药大学
112	护理管理学	全小明	柏亚妹	广州中医药大学	南京中医药大学
113	医学营养学	聂宏	李艳玲	黑龙江中医药大学	天津中医药大学

（六）公共课

序号	书名	主编		主编所在单位	
114	中医学概论	储全根	胡志希	安徽中医药大学	湖南中医药大学
115	传统体育	吴志坤	邵玉萍	上海中医药大学	湖北中医药大学
116	科研思路与方法	刘涛	商洪才	南京中医药大学	北京中医药大学

（七）中医骨伤科学专业

序号	书名	主编		主编所在单位	
117	中医骨伤科学基础	李楠	李刚	福建中医药大学	山东中医药大学
118	骨伤解剖学	侯德才	姜国华	辽宁中医药大学	黑龙江中医药大学
119	骨伤影像学	栾金红	郭会利	黑龙江中医药大学	河南中医药大学洛阳平乐正骨学院
120	中医正骨学	冷向阳	马勇	长春中医药大学	南京中医药大学
121	中医筋伤学	周红海	于栋	广西中医药大学	北京中医药大学
122	中医骨病学	徐展望	郑福增	山东中医药大学	河南中医药大学
123	创伤急救学	毕荣修	李无阴	山东中医药大学	河南中医药大学洛阳平乐正骨学院
124	骨伤手术学	童培建	曾意荣	浙江中医药大学	广州中医药大学

（八）中医养生学专业

序号	书名	主编		主编所在单位	
125	中医养生文献学	蒋力生	王平	江西中医药大学	湖北中医药大学
126	中医治未病学概论	陈涤平		南京中医药大学	